蒋 晓 主编

沈培玉 苗 青 副主编

AutoCAD 2019 中文版
机械设计标准实例教程

清华大学出版社
北京

内　容　简　介

本书全面、系统地介绍 AutoCAD 2019 中文版的功能及其在机械制图中的应用。全书共 15 章，主要内容包括绘图预备知识、绘图入门、绘图环境设置、绘图辅助工具、简单平面图形绘制、复杂平面图形绘制、三视图的绘制与参数化绘图、剖视图的绘制、工程文字的注写、尺寸标注、机械符号块和标准件库的创建、零件图和装配图的绘制、机械样板文件与查询功能、基本三维实体模型的创建和三维复杂实体模型的创建。每章都配有"上机操作实验指导""上机操作常见问题解答"及"操作经验和技巧"，并提供相应的上机题。本书紧密结合基本知识提供了丰富的实例，具有很强的专业性和实用性。

本书适合作为高校各专业相关课程的教材，也可供从事机械设计的工程技术人员参考和 AutoCAD 软件爱好者自学。

图书在版编目（CIP）数据

AutoCAD 2019 中文版机械设计标准实例教程 / 蒋晓主编. —北京：清华大学出版社，2020.9
ISBN 978-7-302-55673-2

Ⅰ. ①A… Ⅱ. ①蒋… Ⅲ. ①机械设计－计算机辅助设计－AutoCAD 软件－教材 Ⅳ. ①TH122

中国版本图书馆 CIP 数据核字（2020）第 100812 号

责任编辑：汪汉友　战晓雷
封面设计：常雪影
责任校对：白　蕾
责任印制：沈　露

出版发行：清华大学出版社
网　　　　址：http://www.tup.com.cn, http://www.wqbook.com
地　　　　址：北京清华大学学研大厦 A 座　　　　邮　编：100084
社　总　机：010-62770175　　　　邮　购：010-83470235
投稿与读者服务：010-62776969，c-service@tup.tsinghua.edu.cn
质　量　反　馈：010-62772015，zhiliang@tup.tsinghua.edu.cn
课　件　下　载：http://www.tup.com.cn,010-83470236
印　装　者：三河市龙大印装有限公司
经　　销：全国新华书店
开　　本：185mm×260mm　印　张：31.75　插页：2　字　数：755 千字
版　　次：2020 年 10 月第 1 版　　　　印　次：2020 年 10 月第 1 次印刷
定　　价：118.00 元

产品编号：083149-01

出版说明

在教育部关于"高等学校计算机基础教育三层次方案"的指导下,我国高等学校的计算机基础教育事业蓬勃发展。经过多年的教学改革与实践,全国很多学校在计算机基础教育这一领域中积累了大量宝贵的经验,取得了可喜的成果。

随着科教兴国战略的实施以及社会信息化进程的加快,目前我国的高等教育事业正面临着新的发展机遇,但同时也必须面对新的挑战。这些都对高等学校的计算机基础教育提出了更高的要求。为了适应教学改革的需要,进一步推动我国高等学校计算机基础教育事业的发展,我们在全国各高等学校精心挖掘和遴选了一批经过教学实践检验的优秀教学成果,编辑出版了这套教材。这套教材的选题范围涵盖了计算机基础教育的三个层次,包括面向各高校开设的计算机必修课、选修课以及与各类专业相结合的计算机课程。

为了保证出版质量,同时更好地适应教学需求,本套教材将采取开放的体系和滚动出版的方式(即成熟一本、出版一本,并保持不断更新),坚持宁缺毋滥的原则,力求反映我国高等学校计算机基础教育的最新成果,使本套教材无论在技术质量上还是文字质量上均成为真正的"精选"。

清华大学出版社一直致力于计算机教育用书的出版工作,在计算机基础教育领域出版了许多优秀的教材。本套教材的出版将进一步丰富和扩大清华大学出版社在这一领域的选题范围、层次和深度,以适应高校计算机基础教育课程层次化、多样化的趋势,从而更好地满足各学校由于条件、师资和生源水平、专业领域等的差异而产生的不同需求。我们热切期望全国广大教师能够积极参与到本套教材的编写工作中来,把自己的教学成果与全国的同行们分享;同时也欢迎广大读者对本套教材提出宝贵意见,以便我们改进工作,为读者提供更好的服务。

我们的电子邮件地址是 jiaoh@tup.tsinghua.edu.cn;联系人:焦虹。

前　言

　　我们长期从事 CAD/CAID 的教学与 CAD/CAID 技术的应用和研发工作，编著或翻译过多种 AutoCAD、Pro/E、Creo、Rhino、MDT、Visual LISP 和 NONOBJECT 等方面的图书。我们近年来编写的关于 AutoCAD 2010、AutoCAD 2011、AutoCAD 2013、AutoCAD 2014和 AutoCAD 2016 的 5 本实例教程（均由清华大学出版社出版）受到了业界的欢迎，并被许多著名高校选用为教材，累计发行数万册。在 AutoCAD 2019 推出后，我们在广泛听取读者的意见和建议的基础上，对前 5 本实例教程进行了总结和完善，以 AutoCAD 2019 在机械设计中的应用为主线精心组织内容，并且严格按照最新的机械制图国家标准编写了本书。其主要特点如下：

- 科学性。由浅入深、循序渐进地对学时和内容进行科学合理的安排。
- 完整性。涵盖 AutoCAD 2014 到 AutoCAD 2019 的主要功能。
- 操作性。通过实例讲解绘图命令各选项的功能以及操作方法、步骤和技巧，对命令行提示给出完整、详细的解释，非常便于读者自学。
- 实用性。以一个综合机械应用实例为主线索串联各章的内容，并通过每章的"上机操作实验指导"详细介绍完成该实例的操作方法和步骤。
- 多样性。突出操作方法的多样性，注重创新能力的培养。
- 独特性。每章所附的"上机操作常见问题解答"与"操作经验和技巧"为本书所特有的内容，既可以解决读者的疑问，也可以减轻任课教师的教学负担。
- 经典性。所选实例堪称经典，使读者易于触类旁通。
- 针对性。各章配有针对性强的上机题，供读者上机练习和复习，并附有绘图提示或建模提示。
- 简明性。根据机械类专业的需要，对 AutoCAD 2019 的内容进行了筛选和整合，突出了简明性和高效性。
- 丰富性。本书配有电子教案等资源，供任课教师选用。

　　贯穿本书的重要指导思想是"边学边用、边用边学"。这种源自语言学习的方法经过实践证明是学习 CAD 软件最佳的方法。我们采用这种方法培训过数以万计的学员，取得了非常好的效果。需要说明的是，本书虽然是以 AutoCAD 2019 中文版为平台，但在编著过程中也兼顾了 AutoCAD 2014 到 AutoCAD 2018 各版本的功能（书中一一注明了不同版本新增的功能）。

　　本书由江南大学蒋晓主编，沈培玉、苗青为副主编，唐正宁、蒋璐珺、袁月、栾春燕和高雪等参与了编著工作，全书由蒋晓负责策划和统稿。课件由蒋晓、沈培玉、苗青、袁月、栾春燕和高雪等制作。

相关资源文件可以直接在清华大学出版社网站（http://www.tup.com.cn）或者作者网站免费下载。

由于时间仓促，且限于作者水平，书中疏漏之处在所难免，欢迎读者批评指正。

江南火鸟设计
2020 年 8 月

目　录

───────── AutoCAD 2019 中文版机械设计标准实例教程

第 1 章 绘图预备知识

AutoCAD 是在业界用户最多、使用最广泛的计算机辅助绘图与设计软件。它是由美国 Autodesk 公司开发的，其最大的优势就是绘制二维工程图。同时，它也可以进行三维建模和渲染。AutoCAD 自 1982 年 12 月推出初始的 R1.0 版本，三十几年来，经过不断的发展和完善，操作更加方便，功能更加齐全，在机械设计、土木建筑、电子电气、装饰装潢、服装设计、家具设计、园林设计和工业设计等行业应用非常普及。

本章介绍的主要内容和新命令如下：

（1）启动 AutoCAD 2019 的方法。

（2）AutoCAD 2019 界面介绍。

（3）启动和响应命令的方法。

（4）点输入的方法。

（5）LINE（直线）命令。

（6）ERASE（删除）命令。

（7）命令的放弃、重做和中止。

（8）图形文件的管理。

（9）退出 AutoCAD 2019 的方法。

1.1 启动 AutoCAD 2019 的方法

启动 AutoCAD 2019 有下列 3 种方法：

（1）双击 Windows 桌面上的 AutoCAD 2019 快捷方式图标 **A**。

（2）在 Windows 桌面上的"开始"菜单中选择"所有程序"|Autodesk |"AutoCAD 2019 - 简体中文（Simplified Chinese）"|"AutoCAD 2019 - 简体中文（Simplified Chinese）"命令。

（3）双击已存在的 AutoCAD 2019 图形文件（dwg 格式）。

1.2 AutoCAD 2019 工作空间

从 AutoCAD 2008 开始，除原有的"AutoCAD 经典"工作空间和"三维建模"工作空间外，新增了"草图与注释"工作空间；从 AutoCAD 2011 开始又新增了"三维基础"[①]工作空间。但从 AutoCAD 2015 开始不再提供"AutoCAD 经典"工作空间。AutoCAD 2019 中的"草图与注释"工作空间界面如图 1-1 所示。对习惯于 AutoCAD 传统界面的用户来说，可以自行创建"AutoCAD 经典"工作空间，详细步骤可参见 1.12 节，其界面如图 1-2

---

① 参见第 14 章。

所示。

菜单浏览器　　功能区选项卡　　快速访问工具栏　　标题栏　　信息中心

文件选项卡

绘图区

功能区面板

十字光标

坐标系

命令行

状态行

图 1-1　　"草图与注释"工作空间界面

快速访问工具栏　　经典菜单栏　　标题栏　　信息中心

菜单浏览器

文件选项卡

绘图区

工具栏

十字光标

坐标系

命令行

状态行

图 1-2　　"AutoCAD 经典"工作空间界面

　　　　AutoCAD 2019 中文版机械设计标准实例教程

工作空间可以用以下 4 种方法切换：

（1）在工作空间工具栏或快速访问工具栏的下拉列表中选择。

（2）通过经典菜单栏访问菜单，执行"工具"|"工作空间"命令。

（3）在命令行输入命令 WSCURRENT（或者 WSC），根据提示输入需要的工作空间。

（4）单击状态行中的 图标按钮，在弹出的如图 1-3 所示的"工作空间"菜单中选择相应的工作空间。

图 1-3　"工作空间"菜单

1.3　AutoCAD 2019 界面介绍

在"工作空间"菜单中选择"草图与注释"选项，进入"草图与注释"工作空间，其工作界面主要由标题栏、快速访问工具栏、菜单浏览器、功能区选项卡、功能区面板、文件选项卡、绘图区、状态行和命令行等组成。其界面与"AutoCAD 经典"工作空间界面相比，最主要的区别就是功能区取代了工具栏和经典菜单栏，使界面变得简洁，并且可以方便地选择需要的命令按钮，能够提高绘图的效率。

1.3.1　标题栏

标题栏位于主界面的顶部，用于显示当前正在运行的 AutoCAD 2019 应用程序名称和打开的图形文件名等信息。如果是 AutoCAD 2019 默认的图形文件，其名称为 Drawing$n$.dwg（其中，n 是数字）。单击标题栏右端的 ▭ ▭ ✕ 按钮，可以最小化、最大化或关闭应用程序窗口。

1.3.2　经典菜单栏

经典菜单栏默认共有 12 个菜单项，单击菜单项或按 Alt 键和菜单项中带下画线的字母，将打开对应的菜单。例如，按 Alt+M 组合键，会打开如图 1-4 所示的"修改"菜单。经典菜单栏中包括绝大多数 AutoCAD 命令。经典菜单栏中的菜单项具有以下特点：

（1）菜单项带 ▸ 符号，表示该菜单项还有子菜单。

（2）菜单项带…符号，表示执行该菜单项命令后，将弹出一个对话框。

（3）菜单项带按键组合，则该菜单项命令可以通过组合键来执行。例如，按 Ctrl+Q 组合键，则执行"退出"命令。

（4）菜单项带快捷键，则表示该菜单项所在的菜单打开时，按该字母键即可启动该菜单项命令。例如，对于"复制（Y）"菜单项，按 Y 键即可执行"复制"命令。

除经典菜单栏以外，AutoCAD 还提供了一种非常便捷的菜单——快捷菜单。在屏幕上不同的位置或不同的进程中右击，将弹出不同的快捷菜单。图 1-5(a)为启动画圆命令后在绘图区右击弹出的快捷菜单，图 1-5(b)为画圆命令结束后在绘图区右击弹出的快捷菜单，图 1-5(c)为在命令行右击弹出的快捷菜单。

图 1-4　"修改"菜单

（a）圆命令执行过程中　　　（b）圆命令结束后　　　（c）在命令行右击

图 1-5　快捷菜单

1.3.3　菜单浏览器

单击 AutoCAD 2019 工作空间界面左上角的 图标按钮，将展开菜单浏览器，如图 1-6 所示。将鼠标指针移至需要的菜单命令上并单击即可执行该命令。

1.3.4　工具栏

工具栏是 AutoCAD 2019 为用户提供的又一种调用命令的方式。单击工具栏中的图标按钮，即可执行该图标按钮对应的 AutoCAD 命令。

图 1-6　菜单浏览器

1. 工具栏提示

如果将鼠标指针移至工具栏任意图标按钮上停留片刻，则会显示该图标按钮对应的工具提示，包括对该图标按钮的简要说明、对应的命令名和命令标记等。图 1-7 为"多边形"图标按钮对应的工具提示。当鼠标指针在该图标按钮上再继续停留一会儿，将显示其扩展的工具提示[①]，如图 1-8 所示。

图 1-7　"多边形"图标按钮的工具提示

---

① 此为 AutoCAD 2009 新增的功能。

2．打开工具栏和关闭工具栏

如果要打开或关闭工具栏，可以先在工具栏上右击或者执行"工具"|"工具栏"|AutoCAD命令，然后在弹出的如图1-9所示的工具栏快捷菜单上单击工具栏名称菜单项。

图1-8 "多边形"图标按钮扩展的工具提示　　　　图1-9 工具栏快捷菜单

3．随位工具栏

如果将鼠标指针移至工具栏中右下角带 ◢ 的图标按钮上，按住鼠标左键不放，将显示与该图标按钮相关的随位工具栏。向下移动鼠标指针至随位工具栏中的某一图标按钮上，然后松开鼠标左键，即可启动该图标按钮对应的命令。图1-10为与窗口缩放工具栏按钮 相关的随位工具栏。

4．固定工具栏和浮动工具栏

附在绘图区边界上的工具栏称为固定工具栏。如果工具栏没有被锁定，可以将鼠标指针移至工具栏的边框上，按住鼠标左键并拖动，将工具栏拖曳到绘图区，则工具栏成为浮动工具栏，其位置可以自由调整。相反，如果浮动工具栏被拖曳到绘图区边界上，则又变为固定工具栏。另外，如果把鼠标指针移至工具栏的边界线上，会出现双箭头（↕）形状，则可以拖动改变其形状和大小，如图 1-11 所示。

另外，如果单击某个浮动工具栏边框上的 ⊠ 按钮，可以关闭该工具栏。

图 1-10　随位工具栏

图 1-11　浮动工具栏

1.3.5　状态行

状态行位于屏幕的最底端，用于显示当前的绘图状态。其最左侧显示当前光标在绘图区位置的坐标值，如果鼠标指针停留在菜单上，则显示对应菜单命令的功能说明。在坐标值右侧，从左往右依次排列的图标按钮分别对应相关的辅助绘图工具，即"模型空间""栅格显示""捕捉模式""推断约束""动态输入""正交模式""极轴追踪""等轴测草图""对象捕捉追踪""二维对象捕捉""显示/隐藏线宽""显示/隐藏透明度""选择循环""三维对象捕捉""允许/禁止动态 UCS""选择过滤""小控件""注释可见性"[①]"注释缩放""注释比例""切换工作空间""注释监视器""单位""快捷特性""锁定用户界面""隔离对象""图形性能""全屏显示"，如图 1-12 所示。用户可以单击对应的图标按钮使其打开或关闭。相关图标按钮的功能将在后面的章节中详细介绍。

要控制这些图标按钮的显示，可以单击状态行右端的 ≡ 图标按钮，在弹出的如图 1-13 所示的快捷菜单中选择。

---

① 此为 AutoCAD 2013 新增功能。

图 1-12　状态行

　　另外，单击状态行最右侧的 图标按钮（或者执行"视图"|"全屏显示"菜单命令），可以将相关的窗口元素全部隐藏，仅显示快速访问工具栏和命令行窗口，使绘图区扩大，以方便编辑图形，如图 1-14 所示。

图 1-13　状态行快捷菜单　　　　　　　　图 1-14　全屏显示后的界面

　　　　　　　　　　　　AutoCAD 2019 中文版机械设计标准实例教程

1.3.6 命令行窗口

命令行窗口位于绘图区的下方，是 AutoCAD 进行人机交互、输入命令和显示相关信息与提示的区域。命令行窗口也是浮动的，用户可像改变 Windows 窗口那样来改变命令行窗口的大小，也可以将其拖动到屏幕的其他位置。

命令行窗口还可以被关闭，用户可以单击 按钮或者执行"工具"|"命令行"菜单命令，弹出如图 1-15 所示的"命令行-关闭窗口"对话框，单击"是"按钮，命令行窗口即被关闭。

执行"视图"|"显示"|"文本窗口"菜单命令，也可以按 F2 键或者从键盘输入 TEXTSCR 命令，切换到如图 1-16 所示的 AutoCAD 文本窗口，在该窗口中可以用类似于文本编辑的方法，剪切、复制和粘贴历史命令和提示信息。

图 1-15 "命令行-关闭窗口"对话框   图 1-16 AutoCAD 文本窗口

1.3.7 绘图区

绘图区是界面中间的空白区域，用户在这里绘制和编辑图形。绘图区实际上是无限大的，用户可以通过缩放、平移等命令[①]来观察绘图区中的图形。

在绘图区左下角显示坐标系图标，默认情况下，坐标系为世界坐标系（World Coordinate System，WCS），水平向右为 X 轴正方向，垂直向上为 Y 轴正方向。另外，在绘图区还有一个十字光标，其交点为光标在当前坐标系中的位置。当移动鼠标时，可以改变绘图区光标的位置。

1.3.8 快速访问工具栏

快速访问工具栏中包含了最常用的工具栏图标按钮，如图 1-17 所示，默认显示的有 9 个图标按钮。即"新建""打开""保存""另存为""从 Web 和 Mobile 中打开""保存到 Web 和 Mobile""打印""放弃""重做"。可以单击快速访问工具栏右侧的 下拉图标按钮，

---

① 参见第 4 章。

弹出如图 1-17 所示的"自定义快速访问工具栏"菜单,单击该菜单上的工具栏图标按钮名称,则可以在快速访问工具栏中显示或不显示某个工具栏图标按钮。

图 1-17 "自定义快速访问工具栏"菜单

1.3.9 功能区

功能区除了在"草图与注释"工作空间中存在外,也出现在"三维基础"[①] 工作空间和"三维建模"[②]工作空间中。功能区中有若干个选项卡,如图 1-18 所示。默认情况下,"草图与注释"工作空间包括"默认""插入""注释""参数化""三维工具""可视化""视图""管理""输出""附加模块""协作"11 个功能选项卡(图 1-18 只显示了其中 8 个功能选项卡),每个功能选项卡包括若干个面板,每个面板又包括若干相关的图标按钮。

图 1-18 功能区

每个面板底部显示该面板的名称。如果面板右侧带 ▼ 图标,单击该面板名称可以打开包含其他工具和控件的滑出式面板,如图 1-19 所示;当光标移出面板后,已打开的滑出面板将自动关闭。在功能区右击,将弹出如图 1-20 所示的快捷菜单,可以打开和关闭选项卡或面板。

---

①② 参见第 14 章。

———————— AutoCAD 2019 中文版机械设计标准实例教程

图 1-19　滑出式面板

图 1-20　功能区快捷菜单

1.4　启动命令的方法

1.4.1　从命令行启动命令

AutoCAD 命令行的命令提示符为"命令:"。在其后输入命令名（或命令别名）并按 Enter 键或空格键，然后以命令提示为向导进行操作。

例如，要启动"直线"命令，可以输入命令名 LINE 或命令别名 L。有些命令在输入后将显示对话框。这时，可以在这些命令前输入"-"，则显示等价的命令行提示信息，而不再显示对话框（例如-LAYER）。对话框操作更加友好和灵活。

注意：

（1）在 AutoCAD 中，命令名或命令别名不区分大小写。本书为了统一和醒目起见，全部采用大写。

（2）命令别名不一定是该命令的第一个字母。可以执行"工具"|"自定义"|"编辑程序参数（acad.pgp）"菜单命令，访问 acad.pgp 文件，该文件列出了所有命令的别名。

（3）AutoCAD 2014 新增了智能化的输入命令功能，只要输入命令中间的字符，就会自动列出所有包含这些字符的命令。例如，输入 INE，所有包含 INE 字符的命令都会被列出。即使命令输入错误，也会被自动更正为最接近且有效的 AutoCAD 命令。例如，如果输入了 LIME，会自动启动 LINE 命令。

1.4.2　从菜单启动命令

在经典菜单栏中，单击某个菜单项，则打开菜单。然后将鼠标指针移至需要启动的菜单命令并单击即可执行该命令。如图 1-21 所示，在菜单栏中选择"绘图"|"直线"菜单项，启动"直线"命令。

从绘图
面板启
动命令

从菜单
启动命令

命令行
启动命令

图 1-21　启动命令的 3 种方法

1.4.3　从功能区或工具栏启动命令

在功能区或工具栏中单击某个图标按钮，则启动相应命令。例如，单击"绘图"工具栏中的 图标按钮，或者单击"默认"选项卡中"绘图"面板中的 图标按钮，则启动"直线"命令。

注意：如果选择菜单或工具栏方式启动命令，命令行显示该命令前会自动加一个下画线，例如_LINE。然而，无论采用何种方法，命令行显示的提示与执行该命令的过程都是一样的。

1.4.4　重复执行命令

按 Enter 键或空格键可以重复刚执行的命令。例如，刚执行了"直线"命令，按 Enter 键或空格键可以重复执行"直线"命令。在绘图区右击，在弹出的快捷菜单中选择"重复××"，则重复执行上一次执行的命令。也可以在命令行右击，在弹出的快捷菜单中选择"近期使用的命令"菜单项中最近执行的某个命令。

1.5　响应命令的方法

1.5.1　在绘图区操作

在启动命令后，用户需要输入点的坐标值、选择对象以及选择相关的选项来响应命令。在 AutoCAD 中，一类命令是通过对话框来执行的，另一类命令则是根据命令行提示来执行的。从 AutoCAD 2006 开始又新增加了动态输入功能①，可以在绘图区操作，完全可以取代传统的命令行。在动态输入被激活时，在光标附近将显示工具栏提示，例如，图 1-22 为"矩

---

① 参见 2.1 节。

形"命令的提示"指定另一个角点或 [面积(A)/尺寸(D)/旋转(R)]"。用户可以在提示框中输入坐标，并按 Tab 键在几个工具栏提示中切换，按键盘上的↓键显示和选择各相关的选项以响应命令。

图 1-22　动态输入

1.5.2　在命令行操作

在命令行操作是 AutoCAD 最传统的方法。如图 1-23 所示，在启动命令后，根据命令行的提示，用键盘输入坐标值，再按 Enter 键或空格键。对[ ]中的选项可以通过用键盘输入（ ）中的关键字母选择，然后再按 Enter 键或空格键。从 AutoCAD 2013 开始，用户可以不通过键盘输入，而直接单击以蓝色显示的选项关键字母。

```
命令: RECTANG
× ✎  □ ▼ RECTANG 指定第一个角点或 [倒角(C) 标高(E) 圆角(F) 厚度(T) 宽度(W)]:                    ▲
```

图 1-23　在命令行操作

1.6　点输入的方法

1.6.1　用鼠标直接拾取点

在绘图区移动光标至指定的位置后，直接单击拾取点。这种定点方法非常方便快捷，但不能用来精确定点。如果要拾取特殊点，则必须借助于对象捕捉功能[①]。

1.6.2　用键盘输入点坐标

用键盘直接在命令行输入点的坐标可以精确定点。在 AutoCAD 中，采用的是直角坐标、极坐标、球坐标和柱坐标这 4 种（常用的是前两种），且输入时还可以采用绝对坐标和相对坐标两种形式。

1．绝对直角坐标

直接输入 X、Y 坐标值或 X、Y、Z 坐标值（如果是绘制平面图形，Z 坐标默认为 0，可以不输入），表示相对于当前坐标原点的坐标值。例如，在图 1-24 中，点 A 的坐标值为 (40,40)，则应输入"40,40"；点 B 的坐标值为 (100,100)，则应输入"100,100"。

注意：坐标中间的逗号是半角符号。

---

① 参见 2.2 节。

图 1-24　直角坐标

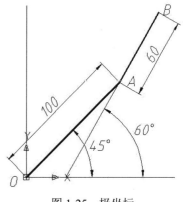

图 1-25　极坐标

2．相对直角坐标

相对直角坐标用相对于上一已知点之间的绝对直角坐标值的增量来确定输入点的位置。输入 X、Y 偏移量时，在前面必须加@。例如，图 1-24 所示的点 B 相对于点 A 的相对直角坐标为"@60,60"，而点 A 相对于点 B 的相对直角坐标为"@-60,-60"。

注意：如果只输入@，则等于输入@0,0。

3．绝对极坐标

在输入绝对极坐标时，直接输入"长度<角度"。这里长度是指该点与坐标原点的距离，角度是指该点与坐标原点的连线与 X 轴正向之间的夹角，逆时针为正，顺时针为负。例如，图 1-25 所示的点 A 的绝对极坐标为"100<45"。

4．相对极坐标

相对极坐标用相对于上一已知点之间的距离和与上一已知点的连线与 X 轴正向之间的夹角来确定输入点的位置，格式为"@长度<角度"。例如，在图 1-25 中，点 B 相对于点 A 的相对极坐标为"@60<60"，点 A 相对于点 B 的相对极坐标为"@-60<60"或"@60<-120"。

1.7　基　本　操　作

1.7.1　直线的绘制

利用"直线"命令可以绘制任意多条首尾相连的直线段，即折线。

调用命令的方式如下：

- 功能区：单击"默认"选项卡"绘图"面板中的 🔲 图标按钮。
- 菜单：执行"绘图"|"直线"菜单命令。
- 图标：单击"绘图"工具栏中的 🔲 图标按钮。
- 键盘命令：LINE 或 L。

操作步骤如下：

第 1 步，调用"直线"命令。

第 2 步，命令提示为"指定第一个点"时，通常用鼠标在屏幕上直接单击拾取或者用键盘输入直线起点的绝对坐标。

———————— AutoCAD 2019 中文版机械设计标准实例教程

第 3 步，命令提示为"指定下一点或 [放弃(U)]"时，输入下一点的坐标，按 Enter 键。

第 4 步，命令提示为"指定下一点或 [放弃(U)]"时，按 Enter 键，结束直线的绘制。如果输入 U，按 Enter 键，将取消刚绘制的一段直线。

注意：如果是绘制一系列首尾相连的直线段，可以在上述操作的第 4 步不按 Enter 键，继续输入下一点的坐标。当命令提示为"指定下一点或 [闭合(C)/放弃(U)]"时，可以输入 C，按 Enter 键，使首点和末点自动连接起来。

【例 1-1】 绘制如图 1-24 所示的直线 AB。

操作如下[①]：

命令：_LINE	单击 ✏ 图标按钮，启动"直线"命令
指定第一个点：**40,40**↵	输入点 A 的绝对直角坐标
指定下一点或[放弃(U)]：**100,100**↵	输入点 B 的绝对直角坐标，或者输入点 B 相对于点 A 的相对直角坐标@60,60
指定下一点或[放弃(U)]：↵	按 Enter 键，结束"直线"命令

【例 1-2】 绘制如图 1-25 所示的直线 OA 和直线 AB。

操作如下：

命令：_LINE	单击 ✏ 图标按钮，启动"直线"命令
指定第一个点：**0,0**↵	输入点 O 的绝对直角坐标
指定下一点或[放弃(U)]：**100<45**↵	输入点 A 的绝对极坐标
指定下一点或[放弃(U)]：**@60<60**↵	输入点 B 相对于点 A 的相对极坐标
指定下一点或[闭合(C)/放弃(U)]：↵	按 Enter 键，结束"直线"命令。如果输入 C，按 Enter 键，点 B 和点 O 将自动相连

1.7.2 图线的删除

对于图形中不需要的图线，可以用"删除"命令将其删除。

调用命令的方式如下：

- 功能区：单击"默认"选项卡"修改"面板中的 ✏ 图标按钮。
- 菜单：执行"修改"|"删除"菜单命令。
- 图标：单击"修改"工具栏中的 ✏ 图标按钮。
- 键盘命令：ERASE 或 E。

操作步骤如下：

第 1 步，调用"删除"命令。

第 2 步，命令提示为"选择对象"时，十字光标会显示为拾取框 □ 。用户可以根据需要利用某种选择对象的方法[②]选择要删除的图线。

第 3 步，命令提示为"选择对象"时，按 Enter 键，结束"删除"命令。

---

① 左栏为命令、命令提示及相应的操作，右栏为对操作和系统提示的说明。其中，↵ 表示按 Enter 键，黑体字符为用户输入内容。

② 参见 4.3 节。

注意：

（1）在 AutoCAD 中，除了可以采用上述先调用操作命令再选择对象的"动宾方式"外，还可以采用先选择对象再调用操作命令的"主谓方式"。

（2）可以在对象上单击以选择对象，然后再按键盘上的 Delete 键来删除对象。

（3）可以用 OOPS 命令恢复最后一次用"删除"命令删除的对象。

【例 1-3】　删除如图 1-25 所示的直线 OA 和直线 AB。

操作如下：

命令：_ERASE	单击 图标按钮，启动"删除"命令
选择对象： 找到 1 个	选择直线 OA 系统提示
选择对象： 找到 1 个，总计 2 个	选择直线 AB 系统提示
选择对象：↵	按 Enter 键，结束选择对象

1.7.3　命令的放弃

"放弃"命令可以实现从最后一个命令开始，逐一取消前面执行的命令。

调用命令的方式如下：

- 菜单：执行"编辑"|"放弃"菜单命令。
- 图标：单击标准工具栏中的 ⇐ （放弃）图标按钮或单击快速访问工具栏中的 ⇐ 图标按钮。
- 键盘命令：UNDO 或 U。

注意：U 命令仅取消前一次命令操作，相当于 UNDO1。可以输入任意次 U，直到图形还原为当前编辑任务开始时为止。

1.7.4　命令的重做

调用"重做"命令可以恢复刚执行 UNDO 或 U 命令所放弃的命令操作。

调用命令的方式如下：

- 菜单：执行"编辑"|"重做"菜单命令。
- 图标：单击标准菜单中的 ⇒ （重做）图标按钮或单击快速访问工具栏中的 ⇒ 图标按钮。
- 键盘命令：REDO 或 MREDO。

操作及选项说明如下：

（1）"全部(A)"选项恢复前面的所有操作。

（2）如果输入一个正整数，则恢复指定个数的操作。

（3）"上一个(L)"选项只恢复上一个操作。

注意：

（1）REDO 只能恢复上一个用 UNDO 或 U 命令放弃的操作。

（2）MREDO 恢复前面几个用 UNDO 或 U 命令放弃的操作。该命令必须紧跟在 UNDO

———————— AutoCAD 2019 中文版机械设计标准实例教程

或 U 命令后使用才有效。

单击放弃图标按钮或重做图标按钮的列表箭头,打开放弃或重做历史项目下拉列表,选中几个命令,可以一次放弃或重做多个命令,如图 1-26 和图 1-27 所示。

图 1-26　放弃多个命令

图 1-27　重做多个命令

1.7.5　命令的中止

按 Esc 键可以中止正在执行的命令,回到等待命令状态。也可以在绘图区右击,在弹出的快捷菜单中选择"取消"命令。

注意:当某个命令正在执行时又启动其他命令,则退出正在执行的命令。

1.8　图形文件的管理

AutoCAD 中图形文件的管理与 Office 中文档文件的管理基本相同,包括新建图形文件、打开图形文件、关闭图形文件、保存图形文件和改名保存图形文件,其操作方法也类似。

1.8.1　新建图形文件

利用"新建"命令可以创建新的图形文件。

调用命令的方式如下:

- 菜单:执行"文件"|"新建"命令或执行 【A】|"新建"|"图形"命令。
- 图标:单击标准工具栏中的 □ 图标按钮或单击快速访问工具栏中的 □ 图标按钮。
- 键盘命令:NEW 或 QNEW。

操作步骤如下:

第 1 步,调用"新建"命令,弹出如图 1-28 所示的"选择样板"对话框。

第 2 步,在 AutoCAD 给出的样板文件名称列表框中,选择系统默认的样板文件或由用户自行创建的专用样板文件[①]。

注意:对于本书中的实例,如果没有特别说明,即选择 acadiso.dwt 样板文件。

第 3 步,单击"打开"按钮。

1.8.2　打开图形文件

"打开"命令可以打开已保存的图形文件。

[①]　参见第 13 章。

图 1-28 "选择样板"对话框

调用命令的方式如下：

- 菜单：执行"文件"|"打开"命令或执行 |"打开"|"图形"命令。
- 图标：单击标准工具栏中的 图标按钮或单击快速访问工具栏中的 图标按钮。
- 键盘命令：OPEN。

操作步骤如下：

第 1 步，调用"打开"命令，弹出如图 1-29 所示的"选择文件"对话框。

图 1-29 "选择文件"对话框

第 2 步，在"查找范围"下拉列表框中选择要打开的文件所在的文件夹，在"名称"列表框中双击该文件，或者选中该文件后单击"打开"按钮。

注意：从 AutoCAD 2000 开始支持多文档操作功能，可以按住 Ctrl 键或 Shift 键选择多个文件同时打开。在打开的多个图形文件之间，可以用 Ctrl+F6 或 CtrL+Tab 组合键来切换。

1.8.3 关闭图形文件

利用"关闭"命令可以关闭已打开的图形文件。

调用命令的方式如下：

- 菜单：执行"文件"|"关闭"命令，或执行"窗口"|"关闭"命令，或执行 🅰 | "关闭"|"当前图形"命令。
- 图标：单击文件窗口右上角的 ❌ 图标按钮。
- 键盘命令：CLOSE。

操作步骤如下：

调用"关闭"命令。如果用户对图形所作修改尚未保存，则 AutoCAD 将弹出如图 1-30 所示的提示对话框，提示用户保存文件。如果单击"是"按钮，将弹出如图 1-31 所示的"图形另存为"对话框，要求确定图形文件存放的位置和名称，然后关闭图形文件[①]；如果单击"否"按钮，则文件被关闭而不保存；如果单击"取消"按钮，则取消"关闭"命令。

图 1-30　AutoCAD 提示对话框

图 1-31　"图形另存为"对话框

[①]　参见 1.8.4 节。

注意：如果要关闭多个已打开的图形文件，而不退出 AutoCAD，则可以执行"窗口"|"全部关闭"命令或者执行 ▲|"关闭"|"所有图形"命令，也可以在命令行输入 CLOSEALL。

1.8.4 保存图形文件

可以利用"保存"命令保存当前的图形文件。

调用命令的方式如下：

- 菜单：执行"文件"|"保存"命令或执行 ▲|"保存"命令。
- 图标：单击标准工具栏中的 📙 图标按钮或单击快速访问工具栏中的 📙 图标按钮。
- 键盘命令：QSAVE 或 SAVE。

操作步骤如下：

第 1 步，调用"保存"命令。如果当前图形文件已经命名，则系统将直接用当前图形文件名称保存图形，而不需要再进行其他操作；如果当前图形文件未命名，则弹出如图 1-31 所示的"图形另存为"对话框。

第 2 步，在"保存于"下拉列表框中可以指定文件保存的路径。

第 3 步，在"文件类型"下拉列表框中选择保存文件的格式或不同的版本，如图 1-32 所示。文件名可以用默认的 Drawingn.dwg 或者由用户自己输入。

```
AutoCAD 2018 图形 (*.dwg)
AutoCAD 2013/LT2013 图形 (*.dwg)
AutoCAD 2010/LT2010 图形 (*.dwg)
AutoCAD 2007/LT2007 图形 (*.dwg)
AutoCAD 2004/LT2004 图形 (*.dwg)
AutoCAD 2000/LT2000 图形 (*.dwg)
AutoCAD R14/LT98/LT97 图形 (*.dwg)
AutoCAD 图形标准 (*.dws)
AutoCAD 图形样板 (*.dwt)
AutoCAD 2018 DXF (*.dxf)
AutoCAD 2013/LT2013 DXF (*.dxf)
AutoCAD 2010/LT2010 DXF (*.dxf)
AutoCAD 2007/LT2007 DXF (*.dxf)
AutoCAD 2004/LT2004 DXF (*.dxf)
AutoCAD 2000/LT2000 DXF (*.dxf)
AutoCAD R12/LT2 DXF (*.dxf)
```

图 1-32 "文件类型"下拉列表框

第 4 步，单击"保存"按钮。

1.8.5 改名保存图形文件

"另存为"命令可以用新文件名保存当前图形文件。

调用命令的方式如下：

- 菜单：执行"文件"|"另存为"命令或执行 ▲|"另存为"|"图形"命令。
- 图标：单击快速访问工具栏中的 📙 图标按钮。
- 键盘命令：SAVEAS。

操作步骤如下：

启动命令后，将弹出如图 1-31 所示的"图形另存为"对话框，操作方法同 1.8.4 节。

1.9　退出 AutoCAD 2019 的方法

退出 AutoCAD 2019 时调用命令的方法如下：

- 菜单：执行"文件"|"退出"命令或执行 A |"退出 Autodesk AutoCAD 2019"命令。
- 图标：单击 AutoCAD 2019 应用程序窗口标题栏右端的 X 图标按钮。

注意：应用程序窗口和 1.8.3 节所述文件窗口是两类不同的窗口。

- 键盘命令：EXIT 或 QUIT。

操作步骤如下：

调用"退出"命令时，如果用户对图形所作修改尚未保存，在退出 AutoCAD 前，系统会弹出如图 1-30 所示的提示对话框，提示用户保存文件，操作方法同 1.8.3 节。

1.10　上机操作实验指导一：漏斗的绘制

本节介绍如图 1-33 所示漏斗的绘制方法和步骤。主要涉及的命令包括本章介绍的"直线"命令、"新建"命令和"保存"命令。

图 1-33　漏斗

操作步骤如下：

第 1 步，绘图环境设置。执行"文件"|"新建"命令，则弹出如图 1-28 所示的"选择样板"对话框，选择 acadiso.dwt 样板文件，单击"打开"按钮。

第 2 步，绘制图形。

操作如下：

命令：_LINE	单击 图标按钮，启动"直线"命令
指定第一个点：	用光标拾取点 A
指定下一点或 [放弃(U)]：@0,65↵	输入点 B 相对于点 A 的相对直角坐标
指定下一点或 [放弃(U)]：@50<135↵	输入点 C 相对于点 B 的相对极坐标

指定下一点或 [闭合(C)/放弃(U)]: **@74,0.**⏎	输入点 D 相对于点 C 的相对直角坐标
指定下一点或 [闭合(C)/放弃(U)]: **@50<-135.**⏎	输入点 E 相对于点 D 的相对极坐标
指定下一点或 [闭合(C)/放弃(U)]: **@0,-60.**⏎	输入点 F 相对于点 E 的相对直角坐标
指定下一点或 [闭合(C)/放弃(U)]: **c.**⏎	选择"闭合"选项,点 F 和点 A 自动相连

第 3 步,保存图形文件。单击快速访问工具栏中的 💾 图标按钮,弹出如图 1-31 所示的"图形另存为"对话框。在"保存于"下拉列表框中选择文件保存的路径,输入文件名"漏斗",单击"保存"按钮。

1.11 上机操作常见问题解答

1. 如何调整十字光标线的长度?

在绘图区中右击,在快捷菜单中选择"选项"命令,弹出如图 1-34 所示的"选项"对话框,在"显示"选项卡中的"十字光标大小"选项组中,可以在文本框中直接输入数值,也可以拖动滑块来调整十字光标线的长度。

图 1-34 "选项"对话框的"显示"选项卡

2. 在 AutoCAD 中如果出现意外,对图形文件有何补救的办法?

(1) AutoCAD 有自动存盘的功能。在如图 1-35 所示的"选项"对话框的"打开和保存"选项卡中的"文件安全措施"选项组中,选中"自动保存"复选框,并在"保存间隔分钟数"文本框中输入自动存盘的时间间隔。在"选项"对话框的"文件"选项卡中,单击"自动保存文件位置"左侧的加号(+),可以查看自动保存文件的路径,如图 1-36 所示。

然后，利用 Windows 资源管理器找到自动保存文件，将其扩展名 sv$改为 dwg。

图 1-35　"选项"对话框的"打开和保存"选项卡

图 1-36　自动保存文件位置

（2）每次保存图形文件时，AutoCAD 会将上一次保存的图形文件保存为同名的、扩展名为 bak 的备份文件，用户可以将该文件的扩展名改为 dwg（主名也应改变）。注意，应确认图 1-35 所示的"选项"对话框的"打开和保存"选项卡的"文件安全措施"选项组中"每次保存时均创建备份副本"复选框选中,或将变量 ISAVEBAK 的值设置为 1。

3. 如何控制图形文件管理对话框的显示?

要控制 1.8 节所述"打开""新建"等图形文件管理对话框显示与否,可以在命令行输入变量名 FILEDIA 并设置其值为 1 或 0。

4. 如何控制经典菜单栏的显示?

要控制 1.3.2 节所述经典菜单栏的显示,可以单击快速访问工具栏上的▼图标按钮,弹出如图 1-17 所示的"自定义快速访问工具栏"菜单,执行"显示菜单栏"或"隐藏菜单栏"命令。也可以在命令行输入变量名 MENUBAR 并设置其值为 1 或 0。

1.12 操作经验和技巧

1. 如何快速将上一次绘制的直线或圆弧的末点作为起点绘制新直线?

如果要绘制的新直线的起点就是上一次绘制的直线或圆弧的末点,最快速的方法就是启动"直线"命令,当系统提示"指定第一个点"时,直接按 Enter 键或空格键。如果上一次绘制的是圆弧,则圆弧的末点就是新直线的起点,该点的切线方向就是新直线的方向,系统提示"直线长度:"时,可以直接输入新直线的长度,即可绘制一条新直线,如图 1-37 所示。

图 1-37 从圆弧的末点开始绘制新直线

2. 如何使在 AutoCAD 2019 中绘制的图形文件能在低版本的 AutoCAD 中打开?

AutoCAD 软件是向下兼容的,在高版本的 AutoCAD 中能够打开低版本的图形文件,而反过来不行。但是,可以将 AutoCAD 2019 的图形文件在保存时选择低版本的文件类型,如图 1-32 所示。

3. 如何快捷地绘制水平线和垂直线?

如果要用"直线"命令绘制水平线和垂直线,可以单击状态行上的正交模式图标按钮,打开正交模式①。命令提示为"指定下一点或 [放弃（U）]"时,用鼠标指针指定直线的方向,然后直接输入直线的长度,按 Enter 键即可。

4. 如何设置 AutoCAD 2019 绘图区的背景颜色?

操作步骤如下:

第 1 步,在绘图区中右击,在快捷菜单中选择"选项"命令。在弹出的如图 1-34 所示的"选项"对话框"显示"选项卡的"窗口元素"选项组中,单击"颜色"按钮,弹出"图形窗口颜色"对话框,如图 1-38 所示。

---

① 参见 3.2.3 节。

图 1-38 "图形窗口颜色"对话框

第 2 步，在"上下文"列表框中选择"二维模型空间"，在"颜色"下拉列表框中选择需要的颜色，单击"应用并关闭"按钮，返回"选项"对话框。

第 3 步，单击"应用"按钮，再单击"确定"按钮。

5. 在 AutoCAD 2019 中如何创建经典工作空间？

操作步骤如下：

第 1 步，参见 1.11 节，在"自定义快速访问工具栏"菜单中执行"显示菜单栏"命令，显示经典菜单栏。

第 2 步，在功能区选项卡上右击，在弹出的快捷菜单中选择"关闭"命令，如图 1-39 所示，关闭功能区。

图 1-39 快捷菜单

第 3 步，执行"工具"|"工具栏"|AutoCAD 命令，选择"修改""绘图""图层""工作空间""样式""标准""特性"等选项，打开对应的常用工具栏,并且拖曳到绘图区相应的位置。

第 4 步，在快速访问工具栏"工作空间"下拉列表中选择"将当前工作空间另存为"选项。弹出如图 1-40 所示的"保存工作空间"对话框，在"名称"文本框中，输入"AutoCAD经典"，单击"保存"按钮。

图 1-40　"保存工作空间"对话框

1.13　上　机　题

用"直线"命令绘制如图 1-41 和图 1-42 所示的平面图形。

图 1-41　平面图形 1

图 1-42　平面图形 2

————— AutoCAD 2019 中文版机械设计标准实例教程

第2章 绘图入门

AutoCAD 2019 提供了丰富的绘图和编辑命令以及实用的辅助绘图工具，能够精确、快捷地绘制机械图样。然而，机械图样千变万化，有的简单，也有的很复杂，但都是由直线、圆和圆弧等基本的图线组成的，绘图的流程总体上也大同小异。本章将通过最简单的绘图和编辑命令绘制最基本的图形，对在 AutoCAD 2019 中绘图的过程作初步介绍。

本章介绍的内容和新命令如下：

（1）动态输入。

（2）对象捕捉功能。

（3）CIRCLE（圆）命令。

（4）RECTANG 或 RECTANGLE（矩形）命令。

（5）OFFSET（偏移）命令。

（6）TRIM 修剪命令。

2.1 动 态 输 入

动态输入是 AutoCAD 2006 新增的一种比命令行输入更友好的人机交互方式。单击状态行上的 图标按钮，可以打开动态输入功能。动态输入包括指针输入、标注输入和动态提示 3 项功能。动态输入的有关设置可以在"草图设置"对话框的"动态输入"选项卡中完成，如图 2-1 所示。

图 2-1 "草图设置"对话框的"动态输入"选项卡

调用命令的方式如下：

- 菜单：执行"工具"|"绘图设置"命令。
- 键盘命令：DSETTINGS、DDRMODES、DS 或 SE。
- 状态行：在状态行上的 9 个图标按钮中的任一个上右击，在弹出的快捷菜单中选择相应的设置项，打开"草图设置"对话框，再选择"动态输入"选项卡。

2.1.1　指针输入

选中"启用指针输入"复选框，则启用指针输入功能。在绘图区中移动光标时，光标附近的工具栏提示会显示坐标，如图 2-2 所示。用户可以在工具栏提示处输入坐标值，并用 Tab 键在几个工具栏提示间切换。

2.1.2　标注输入

选中"可能时启用标注输入"复选框，则启用标注输入功能。当按照命令提示输入第二点时，工具栏提示中的距离和角度值将随着光标的移动而改变，如图 2-3 所示。用户可以在工具栏提示中输入距离和角度值，并用 Tab 键在它们之间切换。

图 2-2　指针输入　　　　　　　　　　　　　图 2-3　标注输入

2.1.3　动态提示

选中"在十字光标附近显示命令提示和命令输入"复选框，则启用动态提示。在光标附近会显示命令提示，用户可以使用键盘上↓键显示命令的其他选项，如图 2-4 所示，然后在工具栏提示中对提示作出响应。

【例 2-1】　利用动态输入功能绘制如图 1-25 所示的图形。

第 1 步，单击状态行上的 图标按钮，打开动态输入功能。

第 2 步，调用"直线"命令。

第 3 步，在工具栏提示中输入横坐标值 0，按 Tab 键，再输入纵坐标值 0，按 Enter 键，如图 2-2 所示。

　　第 4 步，在工具栏提示中输入距离值 100，按 Tab 键，再输入角度值 45，按 Enter 键，如图 2-3 所示。

　　第 5 步，在工具栏提示中输入距离值 60，按 Tab 键，再输入角度值 60，按 Enter 键，如图 2-4 所示。

图 2-4　动态提示

2.2　对象捕捉

　　用户在绘图过程中，经常要用到一些图形中已存在的特殊点，如直线的中点、圆和圆弧的圆心等。直接移动光标并通过目测来精确拾取这些点是非常困难的，此时必须借助 AutoCAD 提供的对象捕捉功能。在 AutoCAD 2019 中，对象捕捉模式共 17 种，如表 2-1 所示。

表 2-1　对象捕捉模式

名　称	图　标	关键字	作　　用
临时追踪点		Tt	创建对象捕捉所使用的临时点
捕捉自		Fro	在命令中获取某个点相对于参照点的偏移
端点		End	捕捉到对象（如圆弧、直线、多线、多段线线段、样条曲线、面域或三维对象）的最近端点或角
中点		Mid	捕捉到对象（如圆弧、椭圆、直线、多段线线段、面域、样条曲线、构造线或三维对象的边）的中点
交点		Int	捕捉到对象（如圆弧、圆、椭圆、直线、多段线、射线、面域、样条曲线或构造线）的交点。延伸交点不能用于对象捕捉模式
外观交点		App	捕捉在三维空间中不相交，但在当前视图中看起来可能相交的两个对象的视觉交点

名　称	图　标	关键字	作　用
延长线	----	Ext	当光标经过对象的端点时，显示临时延长线或圆弧，以便用户在延长线或圆弧上指定点
圆心	⊙	Cen	捕捉到圆弧、圆、椭圆或椭圆弧的中心点
几何中心	▣	Gcen	捕捉到多段线、二维多段线和二维样条曲线的几何中心点
象限点	◇	Qua	捕捉到圆弧、圆、椭圆或椭圆弧的象限点（即 0°、90°、180°、270°）
切点	○	Tan	捕捉到圆弧、圆、椭圆、椭圆弧或样条曲线的切点
垂足	⊥	Per	捕捉到对象（如圆弧、圆、椭圆、椭圆弧、直线、多线、多线段、射线、面域、三维实体、样条曲线或构造线）的垂足
平行线	∥	Par	将直线段、多段线线段、射线或构造线限制为与其他线性对象平行
插入点	⊡	Ins	捕捉到对象（如属性、块或文字）的插入点
节点	▫	Nod	捕捉到点对象、标注定义点或标注文字原点
最近点	⊠	Nea	捕捉到对象（如圆弧、圆、椭圆、椭圆弧、直线、点、多段线、射线、样条曲线或构造线）的最近点
两点之间的中点	无	M2P	捕捉任意两点的中点

2.2.1　自动对象捕捉

用户在绘制和编辑图形时，常常会用到多种对象捕捉模式。在 AutoCAD 中，允许预设置多种捕捉模式，然后在命令操作过程中需要指定点时轻松捕捉符合要求的点。

调用命令的方式如下：
- 菜单：执行"工具"|"绘图设置"命令。
- 键盘命令：OSNAP 或 OS。
- 图标：右击状态行上的 ▢ 图标按钮，弹出如图 2-5 所示的自动对象捕捉快捷菜单。
- 状态行：在状态行上的 9 个图标按钮中的任一个上右击，在弹出的快捷菜单中选择相应的设置项，打开如图 2-6 所示的"草图设置"对话框（或者单击"对象捕捉"工具栏中的 图标按钮），再选择"对象捕捉"选项卡。

操作步骤如下：

第 1 步，调用"绘图设置"命令，选择"对象捕捉"选项卡。

第 2 步，在"对象捕捉模式"选项组中将需要设置的捕捉模式的复选框选中。

第 3 步，单击"确定"按钮。

完成设置后，只要将对象捕捉功能打开，当系统提示用户指定点时，将光标移动到要捕捉的目标点附近，AutoCAD 就可以捕捉到该特殊点，这就是自动对象捕捉。对象捕捉功能可以随时打开或关闭，其方法有以下 3 种：

（1）在"对象捕捉"选项卡中，选中"启用对象捕捉"复选框。

图 2-5　自动对象捕捉快捷菜单

图 2-6　"草图设置"对话框的"对象捕捉"选项卡

（2）单击状态行上的 □ 图标按钮。

（3）按 F3 键。

注意：

（1）对象捕捉模式不宜选择太多，一般只选择常用的几个对象捕捉模式。一些不常用的对象捕捉模式可以使用临时对象捕捉。

（2）可以在自动对象捕捉快捷菜单中单击需要设置的捕捉模式的图标按钮。

2.2.2　临时对象捕捉

用户在绘制和编辑图形时，除了应用自动对象捕捉外，对于一些不常用的捕捉模式，可以临时指定，即临时对象捕捉。这种方式只对该指定点起作用。指定临时对象捕捉常用的方法有 4 种：

（1）单击如图 2-7 所示的对象捕捉工具栏中相应的图标按钮。

图 2-7　对象捕捉工具栏

（2）输入对象捕捉模式的关键字，如表 2-1 所示。

（3）同时按住 Shift 键（或 Ctrl 键）和鼠标右键，弹出如图 2-8 所示的对象捕捉快捷菜单。

（4）将系统变量 MBUTTONPAN 设置为 0，可以使用鼠标中键或滚轮打开对象捕捉快捷菜单。

注意：对象捕捉模式的关键字不是命令，只有在指定点时才有效。如果在"命令："提示后直接输入对象捕捉模式的关键字，系统将提示"未知命令×××。按 F1 键查看帮助。"

⊶	临时追踪点(K)
⌐₀	自(F)
	两点之间的中点(T)
	点过滤器(T) ▶
	三维对象捕捉(3) ▶
↗	端点(E)
↗	中点(M)
✕	交点(I)
✕	外观交点(A)
─	延长线(X)
◎	圆心(C)
▣	几何中心
⬩	象限点(Q)
⟳	切点(G)
⊥	垂直(P)
∥	平行线(L)
∘	节点(D)
⊡	插入点(S)
⊼	最近点(R)
⋔	无(N)
⬠	对象捕捉设置(O)...

图 2-8 对象捕捉快捷菜单

【**例 2-2**】 利用"平行线"捕捉模式绘制已知直线 AB 的平行线 CD 且长度为 100。
操作如下：

命令：_LINE	单击 ╱ 图标按钮，启动"直线"命令
指定第一个点：	单击鼠标拾取 C 点
指定下一点或 [放弃(U)]：_par 到 100↵	单击对象捕捉工具栏中的 ╱ 图标按钮，将光标移到直线 AB 上停留，显示如图 2-9 所示的"平行"标记，移动光标到要绘制的平行线的位置，待出现如图 2-10 所示的"平行"追踪辅助线和提示时，输入 100 并按 Enter 键，得到 D 点
指定下一点或 [放弃(U)]：↵	按 Enter 键，结束"直线"命令

图 2-9 "平行"标记和提示

图 2-10 "平行"·追踪辅助线和提示

【例 2-3】　利用"切点"捕捉模式绘制两圆的公切线。

操作如下：

命令：_LINE	单击 ✏ 图标按钮，启动"直线"命令
指定第一个点：_tan 到	单击对象捕捉工具栏中的 🖰 图标按钮，移动光标至左边小圆上，在出现如图 2-11 所示的"递延切点"标记后单击
指定下一点或 [放弃(U)]：_tan 到	单击对象捕捉工具栏中的 🖰 图标按钮，移动光标至右边大圆上，在出现如图 2-12 所示的"递延切点"标记后单击
指定下一点或 [放弃(U)]：↵	按 Enter 键，结束"直线"命令

图 2-11　小圆上"递延切点"标记和提示

图 2-12　大圆上"递延切点"标记和提示

【例 2-4】　利用交点捕捉模式绘制过直线 AB 和直线 CD 的延伸交点 E 的水平线 EF 且长度为 100。

操作如下：

命令：_LINE	单击 ✏ 图标按钮，启动"直线"命令
指定第一个点：_int 于　和	单击对象捕捉工具栏中的 ✕ 图标按钮，移动光标至直线 AB 上，显示"延伸交点"标记（图 2-13）后，单击。再移动光标至直线 CD 上，显示"交点"标记（图 2-14）后，单击
指定下一点或 [放弃(U)]：@100,0↵ 指定下一点或 [放弃(U)]：	输入点 F 相对于点 E 的相对直角坐标 按 Enter 键，结束"直线"命令

图 2-13　拾取直线 AB　　　　　　　图 2-14　拾取直线 CD

【例 2-5】　已知圆 O1 利用"捕捉自"捕捉模式绘制如图 2-15 所示的圆 O2。

操作如下：

命令：_CIRCLE	单击 ⊙ 图标按钮，启动"圆"命令
指定圆的圆心或 [三点(3P)/两点(2P)/切点、切点、半径(T)]：_from 基点：	单击对象捕捉工具栏中的 图标按钮
_cen 于	移动光标至圆 O1 的轮廓上，出现"圆心"标记（图 2-16）后，单击（在图 2-6 所示的"草图设置"对话框"对象捕捉"选项卡"对象捕捉模式"选项组中需要将"圆心"复选框选中，也可以单击对象捕捉工具栏中的 ⊙ 图标按钮）
<偏移>：@100,40 ↵	输入圆 O2 相对于圆 O1 的偏移值，即相对直角坐标，确定圆 O2 圆心的位置
指定圆的半径或 [直径(D)]：20↵	输入圆 O2 的半径 20

图 2-15　已知圆 O1 绘制圆 O2　　　　　图 2-16　捕捉圆 O1 的圆心

【例 2-6】　利用"临时追踪点"捕捉模式绘制如图 2-17 所示的圆柱体的中心线。

操作如下：

命令：_LINE	单击 图标按钮，启动"直线"命令
指定第一个点：_tt 指定临时对象追踪点：	单击对象捕捉工具栏中的 图标按钮
_mid 于	单击对象捕捉工具栏中的 图标按钮，移动光标至左端垂直线中点附近，出现"中点"标记后，单击。再向左移动光标，显示如图 2-18 所示的水平辅助追踪线及相应的提示
指定第一点：5↵	输入 5，按 Enter 键
指定下一点或 [放弃(U)]：@60,0↵	输入右端点相对于左端点的相对直角坐标
指定下一点或 [放弃(U)]：↵	按 Enter 键，结束"直线"命令

图 2-17　圆柱体　　　　　　　　图 2-18　追踪点

【例 2-7】　有如图 2-19 所示的圆弧 AB 和直线 CD，利用"延长线"捕捉模式绘制直线 EF。

操作如下：

命令：_LINE	单击 图标按钮，启动"直线"命令
指定第一个点：_ext 于 30↵	单击对象捕捉工具栏中的 图标按钮，移动光标至 B 点上，稍停一会儿，B 点上会出现一个"+"，然后，顺着 AB 弧延长方向移动光标，会显示辅助追踪线，如图 2-20 所示，输入 30，按 Enter 键
指定第一个点：_ext 于 25↵	单击对象捕捉工具栏中的 图标按钮，移动光标至 D 点上，稍停一会儿，D 点上会出现一个"+"，然后，顺着 CD 直线延长方向移动光标，会显示辅助追踪线，输入 25，按 Enter 键
指定下一点或 [放弃(U)]:	按 Enter 键，结束"直线"命令

图 2-19 绘制直线 EF　　　　　　　　图 2-20 使用"延长线"捕捉模式

2.3 圆 的 绘 制

利用"圆"命令可以用 6 种方式绘制圆。

调用命令的方式如下：

- 功能区：单击"默认"选项卡"绘图"面板中的 图标按钮。
- 菜单：执行"绘图"|"圆"命令。
- 图标：单击绘图工具栏中的 图标按钮。
- 键盘命令：CIRCLE 或 C。

通过选择不同选项组合成 6 种绘制圆的方式，也可以直接执行"绘图"菜单中的"圆"命令，或在"草图与注释"工作空间单击功能区面板中的"圆"下拉式图标按钮，如图 2-21 所示。

2.3.1 指定圆心和半径画圆

已知圆心和半径，可以绘制圆。

操作步骤如下：

第 1 步，调用"圆"命令。

第 2 步，命令提示为"指定圆的圆心或 [三点(3P)/两点(2P)/切点、切点、半径(T)]:"时，用一种定点方式指定圆的圆心。

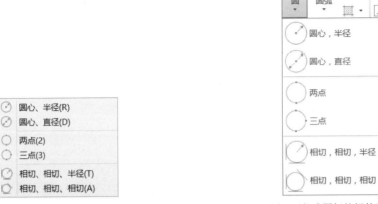

(a) "绘图"菜单中的"圆"命令　　　　　　　　(b) "圆"下拉式图标按钮的选项列表

图 2-21　利用菜单和功能区面板执行"圆"命令

第 3 步，命令提示为"指定圆的半径或 [直径(D)]："时，输入半径值，按 Enter 键。

【例 2-8】　已知圆心和半径，绘制如图 2-22 所示的圆。

图 2-22　指定圆心和半径画圆

操作如下：

命令：_CIRCLE	单击 ⊙ 图标按钮，启动"圆"命令
指定圆的圆心或 [三点(3P)/两点(2P)/切点、切点、半径(T)]：_int 于	利用"交点"捕捉模式捕捉点 A
指定圆的半径或 [直径(D)] <10.0000>：↵	输入圆的半径 10

注意：在 AutoCAD 中，< >中的数值为默认值（如本例中的 10.0000）。如果输入值与默认值相同，可以直接按 Enter 键确认；否则，需要用户重新输入。

2.3.2　指定圆心和直径画圆

已知圆心和直径，可以绘制圆。

操作步骤如下：

第 1 步和第 2 步，同 2.3.1 节第 1 步和第 2 步。

第 3 步，命令提示为"指定圆的半径或 [直径(D)]："时，输入 D，按 Enter 键。

第 4 步，命令提示为"指定圆的直径："时，输入直径值，按 Enter 键。

【例 2-9】 已知圆心和直径绘制如图 2-23 所示的圆。

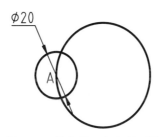

图 2-23 指定圆心和直径画圆

操作如下：

命令：_CIRCLE	单击 ⊙图标按钮，启动"圆"命令
指定圆的圆心或 [三点(3P)/两点(2P)/切点、切点、半径(T)]：_qua 于	利用"象限点"捕捉模式捕捉点 A
指定圆的半径或 [直径(D)] <20.0000>：**D**↵	选择"直径"选项
指定圆的直径 <40.0000>：**20**↵	输入直径 20

2.3.3 指定直径两端点画圆

已知圆直径的两个端点，可以绘制圆。

操作步骤如下：

第 1 步，调用"圆"命令。

第 2 步，命令提示为"指定圆的圆心或 [三点(3P)/两点(2P)/切点、切点、半径(T)]："时，输入 2P，按 Enter 键。

第 3 步和第 4 步，命令提示分别为"指定圆直径的第一个端点："和"指定圆直径的第二个端点："时，用定点方式分别响应。

【例 2-10】 指定直径两端点绘制如图 2-24 所示的圆。

图 2-24 指定直径两端点画圆

操作如下：

命令：_CIRCLE	单击 ⊙图标按钮，启动"圆"命令
指定圆的圆心或 [三点(3P)/两点(2P)/切点、切点、半径(T)]：**2P**↵	选择"两点"选项
指定圆直径的第一个端点：_int 于	利用"交点"捕捉模式捕捉点 A
指定圆直径的第二个端点：_int 于	利用"交点"捕捉模式捕捉点 B

2.3.4 指定三点画圆

已知圆上的任意三点，可以绘制圆。

操作步骤如下：

第 1 步，调用"圆"命令。

第 2 步，命令提示为"指定圆的圆心或 [三点(3P)/两点(2P)/切点、切点、半径(T)]:"时，输入 3P，按 Enter 键。

第 3 步～第 5 步，命令提示为"指定圆上的第 n 个点:"（n 为一、二、三）时，用定点方式分别响应。

【例 2-11】 绘制如图 2-25 所示的矩形的外接圆和内切圆。

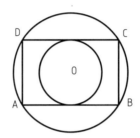

图 2-25 矩形的外接圆和内切圆

操作如下：

命令：_CIRCLE	单击⊙图标按钮，启动"圆"命令
指定圆的圆心或 [三点(3P)/两点(2P)/切点、切点、半径(T)]: **3P**↵	选择"三点"画圆选项
指定圆上的第一个点: **_int** 于	利用"交点"捕捉模式捕捉点 A
指定圆上的第二个点: **_int** 于	利用"交点"捕捉模式捕捉点 B
指定圆上的第三个点: **_int** 于	利用"交点"捕捉模式捕捉点 C
命令：↵	按 Enter 键，再次启动"圆"命令
指定圆的圆心或 [三点(3P)/两点(2P)/切点、切点、半径(T)]: **_cen** 于	利用"圆心"捕捉模式捕捉点 O
指定圆的半径或 [直径(D)] <32.6536>:**_mid** 于	利用"中点"捕捉模式捕捉直线 DC 或直线 AB 的中点

2.3.5 指定两个相切对象和半径画圆

已知圆和两个对象相切以及圆的半径值，可以绘制圆。

操作步骤如下：

第 1 步，调用"圆"命令。

第 2 步，命令提示为"指定圆的圆心或 [三点(3P)/两点(2P)/切点、切点、半径(T)]:"时，输入 T，按 Enter 键。

第 3 步，命令提示为"指定对象与圆的第一个切点:"时，拾取直线、圆或圆弧。

第 4 步，命令提示为"指定对象与圆的第二个切点:"时，拾取直线、圆或圆弧。

第 5 步，命令提示为"指定圆的半径:"时，输入半径值，按 Enter 键。

—————— AutoCAD 2019 中文版机械设计标准实例教程

【例2-12】 绘制如图2-26所示的半径为30的公切圆。

图2-26 与两个对象相切的圆

操作如下：

命令：_CIRCLE	单击⊙图标按钮，启动"圆"命令
指定圆的圆心或 [三点(3P)/两点(2P)/切点、切点、半径(T)]：T↙	选择"切点、切点、半径"选项
指定对象与圆的第一个切点：	选择直线AB
指定对象与圆的第二个切点：	选择直线AC
指定圆的半径 <29.8340>：30↙	输入半径30

注意：

（1）如果与两个圆相切，输入的半径值必须大于或等于这两个圆的圆心距离的一半。

（2）与圆相切的对象可以是直线、圆和圆弧等。

2.3.6 指定3个相切对象画圆

在已知圆和3个对象相切的条件下绘制圆实际上是三点画圆的一种特殊形式，可以利用相切捕捉功能，指定3个相切对象捕捉3个切点来绘制圆。

操作步骤如下：

第1步，执行"绘图"|"圆"|"相切、相切、相切"命令或单击 [相切、相切、相切(A)] 图标按钮，命令行出现提示"指定圆的圆心或 [三点(3P)/两点(2P)/切点、切点、半径(T)]：_3p"。

第2步，命令提示为"指定圆上的第一个点：_tan 到"时，拾取直线、圆或圆弧。

第3步，命令提示为"指定圆上的第二个点：_tan 到"时，拾取直线、圆或圆弧。

第4步，命令提示为"指定圆上的第三个点：_tan 到"时，拾取直线、圆或圆弧。

【例2-13】 绘制如图2-27所示的三角形的内切圆。

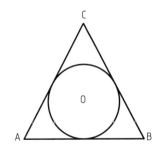

图2-27 三角形的外接圆和内切圆

操作如下：

命令：_CIRCLE 指定圆的圆心或 [三点(3P)/两点(2P)/切点、切点、半径(T)]：_3P	单击 相切、相切、相切(A) 图标按钮
指定圆上的第一个点：_tan 到	选择直线 AB
指定圆上的第二个点：_tan 到	选择直线 AC
指定圆上的第三个点：_tan 到	选择直线 BC

2.4　矩形的绘制

利用矩形命令可以绘制不同形式的矩形。

调用命令的方式如下：

- 功能区：单击"默认"选项卡"绘图"面板中的▢图标按钮。
- 菜单：执行"绘图"|"矩形"命令。
- 图标：单击"绘图"工具栏中的▢图标按钮。
- 键盘命令：RECTANG、RECTANGLE 或 REC。

2.4.1　指定两点画矩形

通过指定矩形的两个对角点可以绘制矩形。

操作步骤如下：

第 1 步，调用"矩形"命令。

第 2 步，命令提示为"指定第一个角点或 [倒角(C)/标高(E)/圆角(F)/厚度(T)/宽度(W)]："时，直接用定点方式指定矩形的第一个角点。

第 3 步，命令提示为"指定另一个角点或 [面积(A)/尺寸(D)/旋转(R)]："时，用定点方式指定矩形的另一个角点。

【例 2-14】　绘制如图 2-28 所示的普通矩形。

图 2-28　普通矩形

操作如下：

命令：_RECTANG	单击▢图标按钮，启动"矩形"命令
指定第一个角点或 [倒角(C)/标高(E)/圆角(F)/厚度(T)/宽度(W)]：	移动光标，在合适位置拾取一点，作为矩形的一个角点
指定另一个角点或 [面积(A)/尺寸(D)/旋转(R)]：D↵	选择"尺寸"选项（方法 1）

指定矩形的长度 <10.0000>：**80**↵	输入矩形的长度 80
指定矩形的宽度 <10.0000>：**50**↵	输入矩形的宽度 50
指定另一个角点或 [面积(A)/尺寸(D)/旋转(R)]：	移动光标至右上方，拾取一点，指定矩形另一个角点的位置
命令：↵	按 Enter 键，再次启动"矩形"命令
RECTANG 指定第一个角点或 [倒角(C)/标高(E)/圆角(F)/厚度(T)/宽度(W)]：	移动光标，在合适位置拾取一点，作为矩形的一个角点
指定另一个角点或[面积(A)/尺寸(D)/旋转(R)]：**@80,50**↵	输入另一个角点相对第一个角点的相对直角坐标（方法 2）

2.4.2 绘制带圆角的矩形

绘制带圆角的矩形的操作步骤如下：

第 1 步，调用"矩形"命令。

第 2 步，命令提示为"指定第一个角点或[倒角(C)/标高(E)/圆角(F)/厚度(T)/宽度(W)]："时，输入 F，按 Enter 键。

第 3 步，命令提示为"指定矩形的圆角半径："时，输入矩形的圆角半径值，按 Enter 键。

第 4 步和第 5 步，同 2.4.1 节第 2 步和第 3 步。

【例 2-15】 绘制如图 2-29 所示的带圆角的矩形。

图 2-29 带圆角的矩形

操作如下：

命令：_RECTANG	单击 图标按钮，启动"矩形"命令
指定第一个角点或 [倒角(C)/标高(E)/圆角(F)/厚度(T)/宽度(W)]：**F**↵	选择"圆角"选项
指定矩形的圆角半径 <0.0000>：**10**↵	输入圆角半径 10
指定第一个角点或 [倒角(C)/标高(E)/圆角(F)/厚度(T)/宽度(W)]：	移动光标，在合适位置拾取一点，作为矩形的一个角点
指定另一个角点或 [面积(A)/尺寸(D)/旋转(R)]：**@80,50**↵	输入另一个角点相对第一个角点的相对直角坐标

2.4.3 绘制带倒角的矩形

绘制带倒角的矩形的操作步骤如下：

第 1 步，调用"矩形"命令。

第 2 步，命令提示为"指定第一个角点或 [倒角(C)/标高(E)/圆角(F)/厚度(T)/宽度(W)]:"时，输入 C，按 Enter 键。

第 3 步，命令提示为"指定矩形的第一个倒角距离:"时，输入矩形的第一个倒角距离值，按 Enter 键。

第 4 步，命令提示为"指定矩形的第二个倒角距离:"时，输入矩形的第二个倒角距离值，按 Enter 键。

第 5 步和第 6 步，同 2.4.1 节第 2 步和第 3 步。

【例 2-16】 绘制如图 2-30 所示的带倒角的矩形。

图 2-30 带倒角的矩形

操作如下：

命令：_RECTANG	单击 图标按钮，启动"矩形"命令
指定第一个角点或 [倒角(C)/标高(E)/圆角(F)/厚度(T)/宽度(W)]: C↵	选择"倒角"选项
指定矩形的第一个倒角距离 <0.0000>: 10↵	输入矩形的第一个倒角距离 10
指定矩形的第二个倒角距离 <10.0000>: ↵	按 Enter 键，确认矩形第二个倒角距离也为 10
指定第一个角点或 [倒角(C)/标高(E)/圆角(F)/厚度(T)/宽度(W)]:	移动光标，在合适位置拾取一点，作为矩形的一个角点
指定另一个角点或 [面积(A)/尺寸(D)/旋转(R)]: @80,50↵	输入另一个角点相对于第一个角点的相对直角坐标

2.4.4 指定面积绘制矩形

已知矩形面积，可以绘制矩形。

操作步骤如下：

第 1 步，调用"矩形"命令。

第 2 步，命令提示为"指定第一个角点或 [倒角(C)/标高(E)/圆角(F)/厚度(T)/宽度(W)]:"时，直接用定点方式指定矩形的第一个角点。

第 3 步，命令提示为"指定另一个角点或 [面积(A)/尺寸(D)/旋转(R)]:"时，输入 A，按 Enter 键。

第 4 步，命令提示为"输入以当前单位计算的矩形面积:"时，输入矩形面积值，按 Enter 键。

第 5 步，命令提示为"计算矩形标注时依据 [长度(L)/宽度(W)]:"时，输入 L 或 W，按 Enter 键。

第 6 步，如果第 5 步输入 L，则命令提示为"输入矩形长度:"时，输入矩形长度数值，按 Enter 键；如果第 5 步输入 W，则命令提示为"输入矩形宽度:"，输入矩形宽度数值，按 Enter 键。

【例 2-17】 指定面积为 4000，绘制矩形。

操作如下：

命令：_RECTANG	单击□图标按钮，启动"矩形"命令
指定第一个角点或 [倒角(C)/标高(E)/圆角(F)/厚度(T)/宽度(W)]:	移动光标，在合适位置拾取一点，作为矩形的一个角点
指定另一个角点或 [面积(A)/尺寸(D)/旋转(R)]: **A↵**	选择"面积"选项
输入以当前单位计算的矩形面积 <4000.0000>: **4000↵**	输入矩形的面积 4000
计算矩形标注时依据 [长度(L)/宽度(W)] <长度>: **L↵**	选择"长度"选项
输入矩形长度 <80.0000>: **80↵**	输入矩形的长度 80

2.5 偏移复制对象

利用"偏移"命令可以将一个图形对象在其一侧进行等距复制。

调用命令的方式如下：

- 功能区：单击"默认"选项卡"修改"面板中的⊏图标按钮。
- 菜单：执行"修改"|"偏移"命令。
- 图标：单击"修改"工具栏中的⊏图标按钮。
- 键盘命令：OFFSET 或 O。

2.5.1 指定距离偏移复制对象

已知偏移的距离可以偏移复制对象。

操作步骤如下：

第 1 步，调用"偏移"命令。

第 2 步，命令提示为"指定偏移距离或 [通过(T)/删除(E)/图层(L)] <通过>:"时，输入偏移的距离，按 Enter 键。

注意：选择"图层(L)"选项可以实现将偏移复制对象创建在当前层或源对象层[①]。

第 3 步，命令提示为"选择要偏移的对象，或 [退出(E)/放弃(U)] <退出>:"时，单击拾取要偏移的图形对象。

第 4 步，命令提示为"指定要偏移的那一侧上的点，或 [退出(E)/多个(M)/放弃(U)] <退出>:"时，单击拾取一点以确定偏移图形对象的位置。

第 5 步，命令提示为"选择要偏移的对象，或 [退出(E)/放弃(U)] <退出>."时，可以

---

① 参见第 3 章。

再选择要偏移的对象，或按 Enter 键结束偏移命令。

【例 2-18】 指定距离偏移对象，如图 2-31 所示。

操作如下：

命令：_OFFSET	单击图标按钮，启动"偏移"命令
当前设置：删除源=否　图层=源　OFFSETGAPTYPE=0	系统提示
指定偏移距离或 [通过(T)/删除(E)/图层(L)] <通过>：10↵	输入偏移距离 10
选择要偏移的对象，或 [退出(E)/放弃(U)] <退出>：	选择直线（圆、圆弧）
指定要偏移的那一侧上的点，或 [退出(E)/多个(M)/放弃(U)] <退出>：	在该直线上方（圆或圆弧外侧）外侧单击
选择要偏移的对象，或 [退出(E)/放弃(U)] <退出>：	再次选择该直线（圆、圆弧）
指定要偏移的那一侧上的点，或 [退出(E)/多个(M)/放弃(U)] <退出>：	在该直线下方（圆或圆弧内侧）内侧单击
选择要偏移的对象，或 [退出(E)/放弃(U)] <退出>：↵	按 Enter 键，结束"偏移"命令

（a）偏移复制直线　　　　（b）偏移复制圆　　　　（c）偏移复制圆弧

图 2-31　指定距离偏移复制对象

2.5.2　指定通过点偏移复制对象

指定复制后的对象通过的点可以偏移复制对象。

操作步骤如下：

第 1 步，调用"偏移"命令。

第 2 步，命令提示为"指定偏移距离或 [通过(T)/删除(E)/图层(L)]"时，输入 T，按 Enter 键。

第 3 步，命令提示为"选择要偏移的对象，或 [退出(E)/放弃(U)] <退出>:"时，单击拾取要偏移的图形对象。

第 4 步，命令提示为"指定通过点或 [退出(E)/多个(M)/放弃(U)] <退出>:"时，指定复制后的对象通过的点。

第 5 步，命令提示为"选择要偏移的对象，或 [退出(E)/放弃(U)] <退出>:"时，可以再选择要偏移的对象进行下一次复制，或按 Enter 键结束"偏移"命令。

【例 2-19】 将如图 2-32(a) 所示的直线偏移复制，完成后的图形如图 2-32(b) 所示。

操作如下：

命令: _OFFSET	单击 ⊂ 图标按钮,启动"偏移"命令
当前设置: 删除源=否 图层=源 OFFSETGAPTYPE=0	系统提示
指定偏移距离或 [通过(T)/删除(E)/图层(L)] <通过>: **T.↵**	选择"通过"选项
选择要偏移的对象, 或 [退出(E)/放弃(U)] <退出>:	拾取直线 A
指定通过点或 [退出(E)/多个(M)/放弃(U)] <退出>: _cen 于	利用"圆心"捕捉模式捕捉圆心 O
选择要偏移的对象, 或 [退出(E)/放弃(U)] <退出>: ↵	按 Enter 键,结束"偏移"命令

A ——————————   A ——————————

(a) 偏移复制前的直线   (b) 偏移复制后的直线

图 2-32　用不同的方法偏移复制

【例 2-20】　将如图 2-29 所示的矩形以偏移距离为 10 进行重复偏移复制,完成图形如图 2-33 所示。

图 2-33　偏移复制矩形

操作如下:

命令: _OFFSET	单击 ⊂ 图标按钮,启动"偏移"命令
当前设置: 删除源=否 图层=源 OFFSETGAPTYPE=0	系统提示
指定偏移距离或 [通过(T)/删除(E)/图层(L)] <通过>: **10.↵**	输入偏移距离 10
选择要偏移的对象, 或 [退出(E)/放弃(U)] <退出>:	拾取图 2-29 所示的带圆角的矩形
指定要偏移的那一侧上的点, 或 [退出(E)/多个(M)/放弃(U)] <退出>: **M.↵**	选择"多个"选项,作多次偏移复制
指定要偏移的那一侧上的点, 或 [退出(E)/放弃(U)] <下一个对象>:	在带圆角的矩形的内侧单击
指定要偏移的那一侧上的点, 或 [退出(E)/放弃(U)] <下一个对象>:	在带圆角的矩形的外侧单击
指定要偏移的那一侧上的点, 或 [退出(E)/放弃(U)] <下一个对象>: ↵	按 Enter 键,结束偏移位置的指定
选择要偏移的对象, 或 [退出(E)/放弃(U)] <退出>: ↵	按 Enter 键,结束"偏移"命令

注意：

（1）偏移命令一次只能偏移复制一个对象。多段线①作为一个对象可以整体偏移复制。图 2-33 所示的矩形是多段线。

（2）如果多段线中的圆弧无法偏移，系统将忽略该圆弧，例如图 2-33 所示的最内侧的矩形。

2.6 修 剪 对 象

利用"修剪"命令，按其他对象定义的剪切边作为边界来删除指定对象的一部分。

调用命令的方式如下：

- 功能区：单击"默认"选项卡"修改"面板中的 ✂ 图标按钮。
- 菜单：执行"修改"|"修剪"命令。
- 图标：单击"修改"工具栏中的 ✂ 图标按钮。
- 键盘命令：TRIM 或 TR。

执行修剪命令有 3 种模式。

2.6.1 普通模式修剪对象

以普通模式修剪对象时，必须首先选择剪切边界，然后再选择被修剪的对象，且两者必须相交。

操作步骤如下：

第 1 步，调用"修剪"命令。

第 2 步，命令提示为"选择对象或<全部选择>:"时，依次单击拾取作为剪切边界的对象。

第 3 步，命令提示为"选择对象:"时，按 Enter 键，结束剪切边界对象的选择。

第 4 步，命令提示为"选择要修剪的对象，或按住 Shift 键选择要延伸的对象，或[栏选(F)/窗交(C)/投影(P)/边(E)/删除(R)/放弃(U)]:"时，依次单击拾取被修剪的对象。

第 5 步，命令提示为"选择要修剪的对象，或按住 Shift 键选择要延伸的对象，或[栏选(F)/窗交(C)/投影(P)/边(E)/删除(R)/放弃(U)]:"时，按 Enter 键，结束"修剪"命令。

注意：

（1）可以输入 F 或 C 选择栏选或窗交的方式选择对象②。

（2）如果按住 Shift 键选择要修剪的对象，则将该对象延伸到剪切边界（等价于执行 EXTEND 命令）。

【例 2-21】 对如图 2-34(a) 所示的圆 O3 进行修剪，完成后的图形如图 2-34(b) 所示。

操作如下：

命令：_ TRIM	单击 ✂ 图标按钮，启动"修剪"命令
当前设置：投影=UCS，边=无	

---

① 参见第 8 章。

② 参见第 4 章。

选择剪切边...	系统提示
选择对象或 <全部选择>: 找到 1 个	选择圆 O1
选择对象: 找到 1 个, 总计 2 个	选择圆 O2
选择对象: ↵	按 Enter 键, 结束对象选择
选择要修剪的对象, 或按住 Shift 键选择要延伸的对象, 或 [栏选(F)/窗交(C)/投影(P)/边(E)/删除(R)/放弃(U)]:	在点 A 处单击
选择要修剪的对象, 或按住 Shift 键选择要延伸的对象, 或 [栏选(F)/窗交(C)/投影(P)/边(E)/删除(R)/放弃(U)]: ↵	按 Enter 键, 结束被修剪对象的选择, 并结束 "修剪" 命令

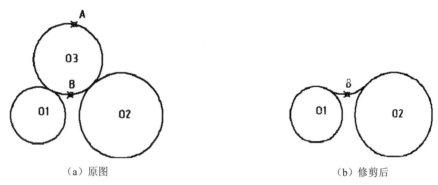

（a）原图　　　　　　　　　　　　　（b）修剪后

图 2-34　以普通模式修剪对象

2.6.2　延伸模式修剪对象

如果剪切边界与被修剪的对象不相交, 则可以采用延伸模式来修剪对象。可以将对象修剪到隐含交点。

操作步骤如下:

第 1 步～第 3 步, 同 2.6.1 节的第 1 步～第 3 步。

第 4 步, 命令提示为 "选择要修剪的对象, 或按住 Shift 键选择要延伸的对象, 或[栏选(F)/窗交(C)/投影(P)/边(E)/删除(R)/放弃(U)]:" 时, 输入 E, 按 Enter 键。

第 5 步, 命令提示为 "输入隐含边延伸模式 [延伸(E)/不延伸(N)]:" 时, 输入 E, 按 Enter 键。

第 6 步和第 7 步, 同 2.6.1 节的普通模式修剪对象的第 4 步和第 5 步。

【例2-22】 用延伸模式对如图 2-35(a) 所示的图形进行修剪, 完成后的图形如图 2-35(b) 所示。

（a）原图　　　　　　　　　　　　　（b）修剪后

图 2-35　以延伸模式修剪对象

操作如下：

命令：_TRIM	单击✂图标按钮，启动"修剪"命令
当前设置：投影=UCS，边=无 选择剪切边…	系统提示
选择对象或 <全部选择>：找到 1 个	选择水平直线
选择对象：↵	按 Enter 键，结束对象选择
选择要修剪的对象，或按住 Shift 键选择要延伸的对象，或 [栏选(F)/窗交(C)/投影(P)/边(E)/删除(R)/放弃(U)]：E↵	选择"边"选项
输入隐含边延伸模式 [延伸(E)/不延伸(N)] <不延伸>：E↵	选择"延伸"选项
选择要修剪的对象，或按住 Shift 键选择要延伸的对象，或 [栏选(F)/窗交(C)/投影(P)/边(E)/删除(R)/放弃(U)]：	在点 A 处单击
选择要修剪的对象，或按住 Shift 键选择要延伸的对象，或 [栏选(F)/窗交(C)/投影(P)/边(E)/删除(R)/放弃(U)]：	在点 B 处单击
选择要修剪的对象，或按住 Shift 键选择要延伸的对象，或 [栏选(F)/窗交(C)/投影(P)/边(E)/删除(R)/放弃(U)]：↵	按 Enter 键，结束被修剪对象的选择， 并结束"修剪"命令

2.6.3 互剪模式修剪对象

剪切边同时又作为被修剪对象，两者可以相互剪切，称为互剪。

操作步骤如下：

第 1 步，调用"修剪"命令。

第 2 步，命令提示为"选择对象或<全部选择>:"时，拾取全部对象或直接按 Enter 键。

第 3 步和第 4 步，同 2.6.1 节的普通模式修剪对象的第 4 步和第 5 步。

【例 2-23】 用互剪模式对如图 2-36(a) 所示的"井"字图形进行修剪，完成后的图形如图 2-36(b)所示。

（a）原图　　　　　　　（b）修剪后

图 2-36 以互剪模式修剪对象

操作如下：

命令：_TRIM	单击✂图标按钮，启动"修剪"命令
当前设置：投影=UCS，边=无 选择剪切边…	系统提示
选择对象或 <全部选择>：	按 Enter 键，选择所有对象
选择要修剪的对象，或按住 Shift 键选择要延伸的对象， 或[栏选(F)/窗交(C)/投影(P)/边(E)/删除(R)/放弃(U)]：	依次在点 A、点 D、点 B 和点 C 处单击， 或选择"栏选"选项，也可以选择"窗交" 选项，选择要修剪掉的部分

选择要修剪的对象, 或按住 Shift 键选择要延伸的对象, 或[栏选(F)/窗交(C)/投影(P)/边(E)/删除(R)/放弃(U)]: ↵	按 Enter 键, 结束被修剪对象的选择, 并结束 "修剪" 命令

2.7 上机操作实验指导二: 垫圈的绘制

本节介绍如图 2-37 所示的垫圈的绘制方法和步骤, 主要涉及的命令包括本章介绍的 "圆" 命令、"偏移" 命令和 "修剪" 命令。

图 2-37 垫圈

操作步骤如下:

第 1 步, 绘图环境设置。单击快速访问工具栏中的图标按钮, 弹出 "选择样板" 对话框, 选择 acadiso.dwt 样板文件, 单击 "打开" 按钮。

第 2 步, 绘制中心线。

(1) 利用 "直线" 命令绘制水平中心线和垂直中心线, 如图 2-38(a)所示。

(2) 利用 "偏移" 命令偏移复制垂直中心线, 如图 2-38(b)所示。

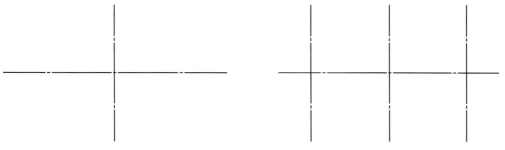

(a) 绘制水平中心线和垂直中心线　　　　　　　(b) 偏移复制垂直中心线

图 2-38 绘制中心线

操作如下:

命令: _OFFSET	单击图标按钮, 启动 "偏移" 命令
当前设置: 删除源=否 图层=源 OFFSETGAPTYPE=0	系统提示

指定偏移距离或 [通过(T)/删除(E)/图层(L)] <通过>: **100.**↵	输入偏移距离 100
选择要偏移的对象, 或 [退出(E)/放弃(U)] <退出>:	单击选取如图 2-38(a)所示的垂直中心线
指定要偏移的那一侧上的点, 或 [退出(E)/多个(M)/放弃(U)] <退出>: **M.**↵	选择"多个"选项, 作多次偏移复制
指定要偏移的那一侧上的点, 或 [退出(E)/放弃(U)] <下一个对象>:	在垂直中心线左侧单击
指定要偏移的那一侧上的点, 或 [退出(E)/放弃(U)] <下一个对象>:	在垂直中心线右侧单击
指定要偏移的那一侧上的点, 或 [退出(E)/放弃(U)] <下一个对象>: **E.**↵	选择"退出"选项, 结束"偏移"命令

注意: 在绘制中心线前, 应首先设置线型为点画线的层, 并将该层设置为当前层[①]。在这里对这一步暂不作要求。

第 3 步, 绘制 6 个圆。利用"交点"捕捉模式捕捉水平中心线和垂直中心线的交点, 分别绘制$\phi 100$ 和$\phi 150$ 的圆各一个, $\phi 30$ 和$\phi 60$ 的圆各两个, 如图 2-39 所示, 操作过程略。

第 4 步, 绘制 4 条公切线, 如图 2-40 所示。利用"切点"捕捉模式绘制 4 条公切线, 操作过程略, 可参见例 2-3。

图 2-39　绘制 6 个圆

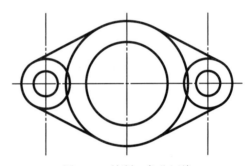

图 2-40　绘制 4 条公切线

第 5 步, 修剪多余图线, 如图 2-41 所示。

（a）修剪$\phi 60$ 的圆

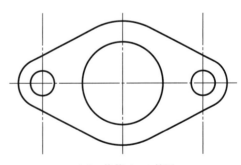

（b）修剪$\phi 150$ 的圆

图 2-41　修剪多余图线

操作如下:

---

① 参见第 3 章。

命令：_ TRIM	单击 ✂ 图标按钮，启动"修剪"命令
当前设置：投影=UCS，边=无 选择剪切边…	系统提示
选择对象或 <全部选择>： ……	依次选择 4 条公切线
选择对象：↵	按 Enter 键，结束对象选择
选择要修剪的对象，或按住 Shift 键选择要延伸的对象，或 [栏选(F)/窗交(C)/投影(P)/边(E)/删除(R)/放弃(U)]： ……	依次在点 A、点 D、点 B 和点 C 处单击
选择要修剪的对象，或按住 Shift 键选择要延伸的对象，或 [栏选(F)/窗交(C)/投影(P)/边(E)/删除(R)/放弃(U)]：↵	按 Enter 键，结束被修剪对象的选择， 并结束"修剪"命令

第 6 步，保存图形文件。单击"快速访问"工具栏中的 💾 图标按钮，弹出"图形另存为"对话框。在"保存于"下拉列表框中选择文件保存的路径，输入文件名为"垫圈.dwg"，单击"保存"按钮。

2.8　上机操作常见问题解答

1. 在例 2-21 中修剪圆 O3 时，采用同样的操作步骤，为何有时会出现如图 2-42 所示的结果？

在修剪命令中选择被修剪的对象时，系统以剪切边为边界，将被剪切对象上位于拾取点一侧的部分剪切掉。出现如图 2-42 所示的结果是因为单击了 B 点。

2. 在例 2-3 中绘制公切线时，采用同样的操作步骤，为何有时会出现如图 2-43 所示的结果？

系统确定的切点是最靠近捕捉点的那个切点。捕捉切点时的位置不同，就会绘制出 4 条不同的公切线。

图 2-42　修剪圆　　　　　　　　　　图 2-43　绘制公切线

2.9　操作经验和技巧

1. 如何绘制已知长度和倾角且与圆相切的切线？

用"切点"捕捉模式在圆上拾取点作为指定直线的第一点，输入@ $L<\theta$ 指定直线的第二点（L 为线长，θ 为线的倾角），如图 2-44 所示。

2. 在绘制圆输入半径时，如何通过指定一个点确定半径？

调用"圆"命令，当命令行提示指定圆的半径时，可以指定一点，系统以圆心到该点的距离为半径值。例如，图 2-45 中的两个大圆都可以通过捕捉小圆和中心线的交点来确定半径。

图 2-44　绘制已知长度和倾角的切线

图 2-45　通过指定点确定半径

2.10　上　机　题

绘制如图 2-46～图 2-49 所示的平面图形。

图 2-46　平面图形 1

图 2-47　平面图形 2

图 2-48　平面图形 3

图 2-49　平面图形 4

AutoCAD 2019 中文版机械设计标准实例教程

第 3 章 绘图环境设置

在 AutoCAD 系统中，绘图环境影响图形文件的规范性、图形的准确性与绘图的效率。

利用 AutoCAD 提供的图层工具可以对不同类型的图形对象进行分组，并用不同的特性加以识别，从而对各个对象进行有效组织和管理，使各种图形信息更为清晰、有序。利用图层组织图形对象，不仅有利于图形的显示、编辑和输出，还提高了整个图形的可读性。

另外，绘图时灵活使用系统提供的捕捉、栅格、正交、极轴追踪、对象捕捉及自动追踪等工具辅助定点，可以有效提高绘图的速度和精确性，满足工程制图的要求。

本章介绍的内容和新命令如下：

（1）LAYER（图层）命令。

（2）图层工具。

（3）SNAP（捕捉）命令。

（4）GRID（栅格）命令。

（5）ORTHO（正交）命令。

（6）LIMITS（设置图形界限）命令。

（7）自动追踪功能。

3.1 图层的应用

在机械图样中，不同的图形对象常用粗实线、细实线、细虚线和细点画线等不同的线型加以区分，此外，还有尺寸标注与技术要求等注释对象。AutoCAD 系统将颜色、线型、线宽作为对象的基本特性，可用图层来管理这些特性。每一个图层相当于一张没有厚度的透明纸，且具有一种颜色、线型和线宽，在不同的纸上绘制不同特性的对象，这些透明纸重叠后便构成一个完整的图形。

3.1.1 图层的操作

图层的操作包括创建新图层、重命名或删除选定的图层、设置或更改选定图层的特性和状态等，用户可以使用"图层特性管理器"选项板进行上述操作。

调用命令的方式如下：

- 功能区：单击"默认"选项卡"图层"面板中的⛏图标按钮。
- 菜单：执行"格式"|"图层"命令或"工具"|"选项板"|"图层"命令。
- 图标：单击"图层"工具栏中的⛏图标按钮。
- 键盘命令：LAYER 或 LA。

执行该命令后，将弹出如图 3-1 所示的"图层特性管理器"选项板，系统默认的图层 0 被选中。

图 3-1   "图层特性管理器"选项板

注意:在打开"图层特性管理器"选项板时,仍然可以执行其他命令,且在切换图形文件后,"图层特性管理器"选项板将更新显示当前图形文件中图层的设置及其特性[①]。AutoCAD 2009 以前版本中的"图层特性管理器"选项板可用 CLASSICLAYER 命令打开。

1.创建新图层

系统默认创建的图层名称为 0。用户可以根据需要创建多个图层。

操作步骤如下:

第 1 步,调用"图层"命令。

第 2 步,在如图 3-1 所示的"图层特性管理器"选项板中,单击 (新建图层)按钮,在图层列表中显示名称为"图层 1"的新图层,且该图层处于被选中状态,如图 3-2 所示。

图 3-2   创建新图层

第 3 步,在新图层的"名称"文本框中输入图层的名称,为新图层重命名。

第 4 步,设置图层的特性和状态。

第 5 步,进行其他设置,或继续创建其他图层,如图 3-3 所示。

第 6 步,单击左上角的关闭按钮,保存设置并关闭选项板。

---

① 此为 AutoCAD 2009 新增的功能。

操作及选项说明如下：

（1）用户可以先创建多个新图层，然后再分别设置各个图层的特性。对图层进行重命名后，紧接着按"，"键（英文输入法状态下），或再次按 Enter 键，可以接着再创建另一个新图层。

图 3-3　创建的多个图层

（2）新图层默认的名称为"图层 *n*"，*n* 为依图层创建顺序递增的整数。用户可以直接重命名新图层，也可以以后再对其重命名。

（3）选择某一图层，在图层名称上单击，或按 F2 键，或在图层列表中右击，在弹出的快捷菜单中选择"重命名图层"命令，均可重命名图层。

图层名最多可以由 255 个字符组成，可包括字母、数字、汉字和一些专用字符，如美元符号（$）、下画线（_）和连字符（-）等。一般情况下，图层可由机械制图国家标准规定的线型名称、对象类型或行业标准规定的格式命名。

注意：

（1）新图层的特性将继承当前图层列表中被选定的某一图层的特性。

（2）图层列表中显示的图层由所选过滤器条件控制，该图层列表显示了当前图形中满足所选过滤器条件的所有图层的特性和状态。

2．设置图层特性

图层的特性包括颜色、线型、线宽等。AutoCAD 系统提供了丰富的颜色、线型和线宽。用户可以在"图层特性管理器"选项板中为选定的图层设置上述特性。

1）设置图层颜色

每一个图层具有一种颜色，系统默认的颜色为白色。将各图层设置为不同的颜色，不仅可以区分不同类型的对象，还可以在设置打印样式时通过颜色控制对象的输出形式。

操作步骤如下：

第 1 步，单击某一图层"颜色"列中的色块图标或颜色名，打开如图 3-4 所示的"选择颜色"对话框。

第 2 步，在"索引颜色"选项卡的调色板中选择一种颜色。

第 3 步，单击"确定"按钮，保存颜色设置，返回"图层特性管理器"选项板。

图 3-4 "选择颜色"对话框

2）设置图层线型

每一个图层具有一种线型，系统默认的线型为 Continuous（连续线）。为不同的图层指定相应的线型，便于绘制图形中不同线型的图线。

操作步骤如下：

第 1 步，单击某一图层"线型"列中的线型名，打开如图 3-5 所示的"选择线型"对话框。默认情况下，"已加载的线型"列表中只显示一种线型，即 Continuous。

图 3-5 "选择线型"对话框

第 2 步，单击"加载"按钮，打开如图 3-6 所示的"加载或重载线型"对话框。

第 3 步，在"可用线型"列表中选择 acadiso.lin 线型文件中定义的线型。或单击"文件"按钮，打开"选择线型文件"对话框，选择用户自定义线型文件后，在"可用线型"列表中选择自定义的线型。

第 4 步，单击"确定"按钮，返回"选择线型"对话框，加载的线型显示在"已加载的线型"列表中。

图 3-6 "加载或重载线型"对话框

第 5 步，选择所需的线型。

第 6 步，单击"确定"按钮，保存线型设置，返回"图层特性管理器"选项板。

注意：用户在"加载或重载线型"对话框的"可用线型"列表中，在选择线型的同时按下 Shift 键或 Ctrl 键可以选择多种线型。

3）设置图层的线宽

操作步骤如下：

第 1 步，单击某一图层"线宽"列中的线宽图标或线宽名，打开如图 3-7 所示的"线宽"对话框。

图 3-7 "线宽"对话框

第 2 步，选择需要的线宽。

第 3 步，单击"确定"按钮，保存线宽设置，返回"图层特性管理器"选项板。

注意：

（1）只有在状态行上的 图标按钮被打开后（蓝显），线型宽度才能显示。

（2）在 ▤ 图标按钮上右击，在弹出的快捷菜单中选择"线宽设置"命令，打开如图 3-8 所示的"线宽设置"对话框。在"调整显示比例"选项组中，可以拖动滑块改变线宽的显示比例，从而改变图线的粗细。

图 3-8 "线宽设置"对话框

（3）▤ 图标按钮默认设置为在状态行中不显示。可以单击状态行右侧的 ▤（自定义）图标按钮，在弹出的菜单中选择"线宽"命令，如图 3-9 所示，使其显示于状态行中。

4）设置图层的透明度①

操作步骤如下：

第 1 步，单击某一图层"透明度"列中的透明度值，打开如图 3-10 所示的"图层透明度"对话框。

图 3-9 状态行自定义菜单

图 3-10 "图层透明度"对话框

第 2 步，在"透明度值"文本框中输入透明度值（0~90），或从下拉列表框中选择透明度值。

第 3 步，单击"确定"按钮，保存透明度设置，返回"图层特性管理器"选项板。

注意：状态行上的 ▤（显示/隐藏透明度）图标按钮默认为不显示，在如图 3-9 所示的状态行自定义菜单中选择"透明度"命令，将其显示于状态行。通过单击显示/隐藏透明度图标按钮，可以打开与关闭"透明度"显示，该图标按钮蓝显为打开透明度，对象的透明度才能显示。透明度值越大，对象越透明，如图 3-11 所示。

---

① 这是 AutoCAD 2011 新增的功能。

（a）透明度为0

（b）透明度为30

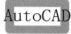
（c）透明度为60

图3-11　图层透明度控制对象的透明度

3. 设置当前层

AutoCAD 把当前作图所使用的图层称为当前层。一个图形文件的图层数量不受限制，但当前层只有一个，用户只能在当前层上绘制图形对象。

操作步骤如下：

第1步，在"图层特性管理器"选项板中，选定要置为当前层的图层，使其亮显。

第2步，单击 📄（置为当前）按钮，在选定图层的名称前出现 ✔ 标记，如图3-3所示，并在"当前图层"栏内显示，如"当前图层：粗实线"。

注意：在某一图层的名称上双击，或在某一图层上右击，在弹出的快捷菜单中选择"置为当前"命令，均可将该图层设置为当前层。

4. 删除图层

操作步骤如下：

第1步，在"图层特性管理器"选项板中，选定要删除的某一图层，使其亮显。

第2步，单击 📄（删除图层）按钮，或按 Delete 键。

注意：系统默认创建的0层、Defpoints层、当前图层、包含对象的图层以及依赖外部参照的图层均不能删除。

【例3-1】　创建3个图层。其中，"粗实线"层的颜色默认为白色，线宽为0.5mm；"细点画线"层的颜色为红色，线型为CENTER，线宽为0.2mm；"细虚线"层的颜色为黄色，线型为HIDDEN，线宽为0.2mm。将"粗实线"层设置为当前层。

操作如下：

命令：_LAYER	单击 📄 图标按钮，打开"图层特性管理器"选项板
连续3次单击"新建图层"按钮 📄	创建3个新图层，图层名分别为"图层1""图层2""图层3"
直接在"图层3"的"名称"文本框内输入"粗实线"	将新图层3更名为"粗实线"，如图3-12所示
单击"图层1"，再次单击"图层1"，在其"名称"文本框内输入"细点画线"	将新图层1更名为"细点画线"
单击"图层2"，再次单击"图层2"，在其"名称"文本框内输入"细虚线"	将新图层2更名为"细虚线"
单击"粗实线"层"线宽"列的线宽图标	打开"线宽"对话框，如图3-7所示
在"线宽"列表中选择0.5mm，单击"确定"按钮	设置"粗实线"层的线宽为0.5mm
单击"细点画线"层"颜色"列的色块图标	打开"选择颜色"对话框，如图3-4所示
在标准颜色区中单击红色色块，"颜色"文本框中随即显示"红色"，单击"确定"按钮	设置"细点画线"层的颜色为红色
单击"细点画线"层"线型"列的线型名称	打开"选择线型"对话框，如图3-5所示
单击"加载"按钮	打开"加载或重载线型"对话框，如图3-6所示
在"可用线型"列表中选择CENTER，按住Ctrl键	加载新线型CENTER和HIDDEN，并返回"选

选择 HIDDEN，单击"确定"按钮	择线型"对话框，如图 3-13 所示
在"已加载的线型"列表中，选择线型 CENTER，单击"确定"按钮	设置"细点画线"层的线型为 CENTER，并返回"图层特性管理器"选项板
单击"细点画线"层"线宽"列的线宽图标	打开"线宽"对话框，如图 3-7 所示
在"线宽"列表中选择 0.2mm，单击"确定"按钮	设置"细点画线"层的线宽为 0.2mm
单击"细虚线"层"颜色"列的色块图标	打开"选择颜色"对话框，如图 3-4 所示
在标准颜色区中单击黄色色块，"颜色"文本框中随即显示"黄色"，单击"确定"按钮	设置"细虚线"层的颜色为黄色
单击"细虚线"层"线型"列的线型名称	打开"选择线型"对话框，如图 3-5 所示
在"已加载的线型"列表中，选择线型 HIDDEN，单击"确定"按钮	设置"细虚线"层的线型为 HIDDEN，并返回"图层特性管理器"选项板
单击"细虚线"层"线宽"列的线宽图标	打开"线宽"对话框，如图 3-7 所示
在"线宽"列表中选择 0.2mm，单击"确定"按钮	设置"细虚线"层的线宽为 0.2mm
单击"粗实线"层，使其亮显，单击 [置为当前] 按钮，使"粗实线"层的名称前出现 ✔ 标记	将"粗实线"层设置为当前层，如图 3-14 所示
单击左上角的关闭按钮	保存图层设置，退出"图层特性管理器"选项板

图 3-12　命名新图层

图 3-13　显示加载的线型

5. 设置图层的状态

如图 3-14 所示，每个图层的状态包括以下 4 项：

（1）图层的开与关。图层默认设置为打开状态。打开的图层上的图形对象是可见的；关闭的图层上的图形对象不能被显示、编辑或打印输出，但关闭的图层上的对象可以参与重生成，在关闭的图层上仍然可以绘制新的对象。

图 3-14　完成的图层设置

（2）图层的冻结与解冻。图层默认设置为解冻状态。为加快图形重生成的速度，可以将那些与编辑无关的图层冻结。冻结的图层是不可见的，且不参与系统运算和重生成。当前层不能被冻结。

注意： 仍然可以使用对象捕捉功能捕捉到锁定图层对象上的特征点。

（3）图层的锁定与解锁。图层默认设置为解锁状态。为防止某图形对象被误修改，可将该对象所在的图层锁定。锁定的图层是可见的，且可以绘制新的对象，但不能编辑对象。

（4）图层的可打印与不可打印。图层默认设置为可打印状态。打印设置只对打开和解冻的可见图层有效，当前图形中已被关闭或冻结的图层，即使设置为可打印，该图层的对象也不能打印出来。

AutoCAD 的图层状态用相应的图标表示。表 3-1 列出了各个图标所代表的图层状态。

表 3-1　图层状态的图标形式及其含义

状态列表	图标形式	表示的图层状态	状态列表	图标形式	表示的图层状态
开/关	黄灯泡 💡	打开	锁定/解锁	关闭的小锁 🔒	锁定
	蓝灯泡 💡	关闭		打开的小锁 🔓	解锁
冻结/解冻	雪花 ❄	冻结	可打印/不可打印	打印机 🖨	可打印
	太阳 ☀	解冻		打印机 🖨	不可打印

用户可以在"图层特性管理器"选项板中单击某一图层某一状态列中的图标，改变所选图层相应的状态。

注意：

（1）在关闭当前图层时，系统弹出"图层 - 关闭当前图层"对话框，提示"当前图层将被关闭"等信息，如图 3-15 所示，用户可以选择是否关闭当前图层。一般不关闭当前图层。

（2）在当前图层上单击太阳图标，系统弹出"图层 - 无法冻结"消息框，如图 3-16 所示，提示"无法冻结此图层"等信息。冻结的图层也不能设置为当前图层，系统弹出"图

层 - 无法置为当前"消息框，提示用户。

图 3-15　关闭当前图层的提示与选择

图 3-16　冻结当前图层的提示

3.1.2　图层控制与对象特性

"图层"面板的顶部提供了"图层"下拉列表，如图 3-17 所示。"特性"面板提供了"对象特性"下拉列表，如图 3-18 所示。利用这两个下拉列表可以方便、快捷地设置图层的状态和对象特性。

图 3-17　"图层"下拉列表

图 3-18　"特性"面板

1.设置图层状态和颜色

当前图层栏显示了当前图层的状态及颜色特性。在当前图层栏内单击，打开"图层"下拉列表，即可显示当前图形文件中满足所选过滤器条件的所有图层及其状态。若用户未选择任何对象，则可以进行如下操作：

（1）在"图层"下拉列表中单击某一图层的状态图标按钮，设置图层状态。

（2）在"图层"下拉列表中单击某一图层的名称，将该图层设置为当前图层。

（3）在"图层"下拉列表中单击某一图层的颜色色块图标，打开如图 3-4 所示的"选择颜色"对话框，选择图层颜色。

2.更改图形对象所在的图层

利用"图层"下拉列表，用户可以更改某一图形对象所在的图层。

操作步骤如下：

第 1 步，选择某一图形对象。

第 2 步，在当前图层栏内单击，打开"图层"下拉列表。

第 3 步，在某一图层名称上单击。

第 4 步，按 Esc 键。

———————— AutoCAD 2019 中文版机械设计标准实例教程

注意：状态行上的 （快捷特性）图标按钮默认为不显示，单击状态行右侧的 ≡ 图标按钮，在弹出的菜单中选择"快捷特性"命令，将其显示于状态行。当该图标按钮打开（即蓝显）时，选择某一图形对象后，会弹出快捷特性面板，如图 3-19 所示，可以更改所选对象的图层及有关特性①。

图 3-19　快捷特性面板

3. 更改对象特性

利用如图 3-18 所示的"特性"面板，可以为选定的图形对象更改颜色、线型、线宽、透明度等特性。

操作步骤如下：

第 1 步，选择某一图形对象。

第 2 步，在"特性"面板中单击颜色、线型、线宽、透明度下拉列表框，打开相应的特性下拉列表。

第 3 步，在所需的颜色、线型、线宽、透明度选项上单击。

第 4 步，按 Esc 键。

注意：

（1）对象特性的设置和更改并不影响图层的有关特性，要修改图层特性，必须在"图层特性管理器"中操作。建议将对象特性设置为 bylayer，即使用对象所在图层的特性。

（2）拖动"透明度"栏内滑块或在"透明度"文本框中输入 0~90 的值，可以更改透明度值。也可以在对象"特性"选项板"常规"列表中的"透明度"栏内修改透明度值。

（3）若不选择任何对象，利用"特性"面板进行的特性设置即为当前设置，将应用于新创建的对象。

3.2　作图状态的设置

利用 AutoCAD 提供的捕捉、栅格、正交等辅助工具控制作图状态，可以确保图形的精确定位。

3.2.1　捕捉

捕捉点是屏幕上不可见的网点，用以控制光标移动的最小步距。在绘图或编辑图形的过程中进行定点时，如果打开捕捉功能，光标便不能连续移动，而只能在捕捉点之间跳动，并吸附在捕捉点上，这样可以保证使用光标或箭头键精确定点。利用"草图设置"对话框

---

① 参见 4.6 节。

的"捕捉和栅格"选项卡，可以设置捕捉模式和参数，如图 3-20 所示。

图 3-20 "草图设置"对话框的"捕捉和栅格"选项卡

调用命令的方式如下：
- 菜单：执行"工具"|"绘图设置"命令。
- 键盘命令：DSETTINGS 或 DS。
- 状态行：在状态行上的 ⠿ （捕捉模式）或 ⊞ （显示图形栅格）图标按钮上右击，
  在弹出的快捷菜单中选择"捕捉设置"或"网格设置"命令。

操作步骤如下：

第 1 步，调用"绘图设置"命令，打开"草图设置"对话框的"捕捉和栅格"选项卡，如图 3-20 所示。

第 2 步，在"捕捉 X 轴间距"文本框中输入水平方向的捕捉间距。

第 3 步，在"捕捉 Y 轴间距"文本框中输入垂直方向的捕捉间距。

第 4 步，在"捕捉类型"选项组中，选择捕捉类型。

第 5 步，进行其他设置。最后单击"确定"按钮，完成设置。

注意：两个方向的捕捉间距值必须是正实数。

操作及选项说明如下。

（1）当选中"X 轴间距和 Y 轴间距相等"复选框时，只要改变任一方向的捕捉（或栅格）间距后，按 Enter 键，或单击"确定"按钮，则关闭"草图设置"对话框，且系统保证 X 和 Y 两个方向的捕捉（或栅格）间距相等，并且将最后输入的 X 或 Y 捕捉（或栅格）间距数值作为最终的间距。

（2）在"栅格捕捉"类型中，"矩形捕捉"模式为标准矩形模式，即捕捉方向与当前用户坐标系的 X、Y 方向平行，为默认的选项，用于画一般的平面图形；"等轴测捕捉"模式是沿着等轴测方向捕捉，用于画等轴测图。PolarSnap 类型为极轴捕捉，用于设置沿极轴追

—————— AutoCAD 2019 中文版机械设计标准实例教程

踪①方向的捕捉间距，并沿极轴方向捕捉。

在状态行上右击 ⦂⦂⦂ 图标按钮，或单击 ⦂⦂⦂ 图标按钮右侧的 ▾，在弹出的快捷菜单中可以选择"极轴捕捉"或"栅格捕捉"，如图 3-21 所示。

图 3-21　捕捉模式快捷菜单

在绘图过程中，捕捉功能可以随时打开或关闭，常用的方法有以下几种：

（1）在"草图设置"对话框的"捕捉和栅格"选项卡中，选择或不选择"启用捕捉"复选框。

（2）单击状态行上的 ⦂⦂⦂ 图标按钮。

（3）按 F9 键。

（4）单击状态行上的 ⟋（等轴测草图）图标按钮，打开或关闭等轴测捕捉模式，可以绘制等轴测图。

注意：

（1）⦂⦂⦂ 图标按钮灰显表示捕捉模式关闭，蓝显表示捕捉模式打开。

（2）使用系统变量 SNAPMODE，可打开或关闭捕捉模式。

（3）编辑图形选择对象时捕捉模式不起作用。

3.2.2　栅格

栅格是线或点的矩阵，相当于坐标纸上的方格，栅格并不是图形的一部分，只作为视觉参考，不会打印出来。打开栅格显示时，屏幕上将显示栅格线②或点，如图 3-22 所示，

（a）线矩阵样式

（b）点矩阵样式

图 3-22　栅格显示样式

---

① 参见 3.4.1 节。

② 这是 AutoCAD 2011 新增的功能。

可以直观显示对象之间的距离,以便于用户定位对象。"栅格"模式和参数在"草图设置"对话框中"捕捉和栅格"选项卡的栅格选项组内进行设置。

操作步骤如下:

第1步,调用"绘图设置"命令,打开"草图设置"对话框的"捕捉和栅格"选项卡。

第2步,在"栅格 X 轴间距"文本框中输入水平方向的栅格间距。

第3步,在"栅格 Y 轴间距"文本框中输入垂直方向的栅格间距。

第4步,在"栅格行为"选项组内,根据需要选择或不选择"自适应栅格"和"显示超出界限的栅格"复选框。

第5步,进行其他设置。最后单击"确定"按钮,完成设置。

注意: 为便于作图,一般情况下,将栅格间距设成捕捉间距的整数倍。如果栅格间距设置为 0,则栅格采用相应方向的捕捉间距值。

操作及选项说明如下:

(1)在系统默认设置下,选中"启用栅格"复选框,即显示栅格。

(2)在"栅格样式"选项组的"在以下位置显示点栅格"下可以为"二维模型空间""块编辑器""图纸/布局"设置栅格样式为点矩阵样式,也可以利用系统变量 GRIDSTYLE 进行设置。

(3)系统默认选中"自适应栅格"复选框,打开自适应栅格显示功能。系统根据图形显示的缩小,自动调整栅格密度来显示栅格,此时栅格间距不再是设置的栅格间距值。如果不选中"自适应栅格"复选框,则图形缩小到一定比例时,系统将不显示栅格点,并提示"栅格太密,无法显示"。还可以用系统变量 GRIDDISPLAY 对这一功能加以控制。

(4)系统默认选中"显示超出界限的栅格"复选框,栅格显示范围可以超出图形界限范围。否则,栅格显示范围即为图形界限范围。图形界限范围由 LIMITS 命令指定[①]。栅格显示范围还可以用系统变量 GRIDDISPLAY 加以控制。

在绘图过程中,可以随时打开或关闭栅格显示,常用的方法有以下 3 种:

(1)在"草图设置"对话框的"捕捉和栅格"选项卡中,选择或不选择"启用栅格"复选框。

(2)单击状态行上的 ▦ 图标按钮。

(3)按 F7 键。

注意:

(1)可以预先设置捕捉和栅格间距,也可以在绘图过程中随时打开或关闭"草图设置"对话框,修改捕捉和栅格间距。

(2)▦ 图标按钮灰显时表示栅格显示关闭;蓝显时表示栅格显示打开。

(3)可以使用系统变量 GRIDMODE 打开或关闭栅格模式。

(4)可以执行键盘命令 SNAP 和 GRID,分别设置捕捉和栅格模式,打开或关闭捕捉功能和栅格显示。

---

① 参见 3.3 节。

3.2.3　正交

当打开正交模式后，系统将控制光标在与当前坐标系的 X、Y 坐标轴平行的方向上移动，这样可以方便地在 X 或 Y 方向上绘制和编辑图形。利用"正交"命令可以打开或关闭正交模式。

注意：当捕捉类型为"等轴测捕捉"类型时，正交功能打开后，光标将沿等轴测方向移动。

调用命令的方式如下：

键盘命令：ORTHO 或 OR。

操作步骤如下：

第 1 步，调用"正交"命令。

第 2 步，命令提示为"输入模式 [开(ON)/关(OFF)] <关>"：时，输入 ON/OFF。

"正交"命令为透明命令，在绘图过程中可以随时打开或关闭"正交"模式，其方法还有以下两种：

（1）单击状态行上的 ⌐ （正交模式）图标按钮。

（2）按 F8 键。

注意：

（1）正交模式只作用于用鼠标等定点设备绘制和编辑图形，而利用键盘输入点坐标绘制和编辑图形时，不受正交模式影响。

（2）如果需要临时打开或关闭正交模式，可在操作时按住 Shift 键，此操作只适用于光标定点，不能输入定点的距离值。

【例 3-2】　使用捕捉、栅格和正交功能，绘制如图 3-23 所示的粗实线图形。

图 3-23　例 3-2 要绘制的图形

注意：为保证操作方便，通常可预先打开栅格显示，而捕捉和正交模式可根据需要随时打开或关闭。如果用光标定点绘制斜线，应关闭正交模式。

操作步骤如下：

第 1 步，绘图环境设置。

在状态行上的 ⊞ 图标按钮上右击，在弹出的快捷菜单中选择"网格设置"命令，打开如图 3-20 所示的"草图设置"对话框的"捕捉和栅格"选项卡，选中"启用捕捉""启用栅格"复选框，设置捕捉间距和栅格间距，确认选择了"矩形捕捉"样式，单击"确定"

按钮，回到绘图窗口。

第 2 步，绘制图形。

操作如下：

命令：_LINE	单击 ✐ 图标按钮，启动"直线"命令
指定第一个点：	利用栅格捕捉，拾取某一栅格点，确定点 A，如图 3-24（a）所示
指定下一点或[放弃(U)]：	将光标向下移动两个栅格点，单击，确定点 B，如图 3-24（a）所示
指定下一点或[放弃(U)]：**36**↵	向右移动光标，输入 36，按 Enter 键，确定点 C
指定下一点或[闭合(C)/放弃(U)]：<正交 开>	单击状态行上的 ⊾ 按钮，打开正交模式，将光标向上移动 3 个捕捉点，单击，确定点 D，如图 3-24（b）所示
指定下一点或[闭合(C)/放弃(U)]：<正交 关>	关闭正交模式，将光标向上移动 3 个捕捉点，向左移动光标至如图 3-24（c）所示的捕捉点，单击，确定点 E
指定下一点或[闭合(C)/放弃(U)]：	将光标向左移动两个栅格点，单击，确定点 F
指定下一点或[闭合(C)/放弃(U)]：	移动光标至 A 点，单击
指定下一点或[闭合(C)/放弃(U)]：	按 Enter 键，结束"直线"命令
命令：_CIRCLE	单击 ⊕ 图标按钮，启动"圆"命令
指定圆的圆心或 [三点(3P)/两点(2P)/切点、切点、半径(T)]：	移动光标至捕捉点 O，单击，如图 3-24（d）所示，确定 ϕ10 的圆的圆心
指定圆的半径或 [直径(D)]：	将光标移动一个捕捉点，单击，绘制 ϕ10 的圆

（a）绘制直线 AB

（b）绘制直线 CD

（c）绘制直线 DE

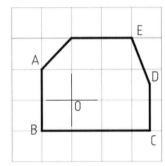

（d）确定圆心 O 点

图 3-24 使用捕捉、栅格、正交功能绘图操作

注意： 本章各例的绘图精度设置为：长度小数精度为 0.000，角度精度为 0。

3.3 图形界限的设置

绘制图形前，一般需要根据图纸幅面设置图形界限，控制绘图的范围。图形界限相当于图纸的大小，通过图形界限检查的开/关可以防止/允许图形超出图形界限。

调用命令的方式如下：

- 菜单：执行"格式"|"图形界限"命令。
- 键盘命令：LIMITS 或 LIM。

执行"图形界限"命令后，可以设置图形界限的范围，也可设置是否打开图形界限检查。

操作步骤如下：

第 1 步，调用"图形界限"命令。

第 2 步，命令提示为"指定左下角点或[开（ON）/关（OFF）] <0.000，0.000>："时，输入矩形图形界限左下角点的坐标，或直接按 Enter 键，默认左下角点的坐标为（0，0）。

第 3 步，命令提示为"指定右上角点 <420.000，297.000>："时，输入矩形图形界限右上角点的坐标。

注意：

（1）在上述第 2 步的命令提示下，输入 ON 或 OFF，按 Enter 键，可以打开或关闭图形界限检查。打开图形界限检查时，则无法输入图形界限以外的点，系统在命令行提示"** 超出图形界限"。

（2）图形界限默认为 A3 图纸的大小，一般根据机械制图国家标准关于图幅尺寸的规定设置。

（3）设置好图形界限后，一般要执行全部缩放命令，显示图形界限[①]。

3.4 自动追踪功能

系统提供了极轴追踪和对象捕捉追踪两种自动追踪功能，可以相对于已有图形上的点，沿预先指定的追踪方向精确定点。自动追踪功能是精确绘图有效的辅助工具。

3.4.1 极轴追踪

利用极轴追踪功能可以相对于前一点，沿指定角度的追踪方向获得所需的点。

1. 设置极轴追踪方向

使用极轴追踪功能前，应预先设置极轴追踪方向。可以在如图 3-25 所示的"草图设置"对话框的"极轴追踪"选项卡中，通过设置极轴角的增量角和极轴角测量方式来确定。

---

① 参见 4.1.1 节。

图 3-25　设置极轴追踪方向

操作步骤如下：

第 1 步，调用"绘图设置"命令，打开"草图设置"对话框。

第 2 步，打开"极轴追踪"选项卡。

第 3 步，在"极轴角设置"选项组的"增量角"下拉列表框中输入极轴角增量，或选择系统预设的某一极轴角增量。

第 4 步，按需要设置附加极轴角。单击"附加角"文本框右侧的"新建"按钮，然后在文本框中输入需要的极轴角值。

第 5 步，在"极轴角测量"选项组内选择"绝对"或"相对上一段"单选按钮，确定极轴追踪增量是相对于当前用户坐标系 X 方向的绝对极轴还是相对于前一个创建的线段的相对极轴。

第 6 步，进行其他设置。最后单击"确定"按钮，完成设置。

注意：

（1）系统最多可以添加 10 个附加极轴角，对于不需要的附加极轴角，可以在选中后单击"删除"按钮将其删除。仅当选中"附加角"复选框时，设置的附加极轴角才可用。

（2）在状态行上右击 ⊙（极轴追踪）图标按钮，从弹出的快捷菜单中可以选择系统预设的极轴角增量，如图 3-26 所示。

在绘图过程中，可以随时打开或关闭极轴追踪功能，其方法有以下 4 种：

（1）在"草图设置"对话框的"极轴追踪"选项卡中，选

图 3-26　极轴追踪快捷菜单

　AutoCAD 2019 中文版机械设计标准实例教程

择或不选择"启用极轴追踪"复选框。

（2）单击状态行上的 ⟳ 图标按钮。

（3）按 F10 键。

（4）在状态行上右击 ⟳ 图标按钮，或单击 ⟳ 图标按钮右侧的 ▼，在弹出的快捷菜单中选择某一角增量。

注意：极轴追踪与正交不能同时打开，打开其中一个功能，系统会自动关闭另一个功能。

2. 使用极轴追踪功能定点

在绘制或编辑图形时，当系统要求输入点时，打开极轴追踪功能，移动光标至追踪方向附近，则在极轴角方向上出现一条带有标记符号×的追踪辅助虚线，并提示追踪方向以及标记点×与前一点的距离。用户可以直接拾取标记点或输入距离值进行定点，如图 3-27（a）所示。

操作及选项说明如下：

（1）使用极轴追踪时，配合使用自动对象捕捉功能的交点模式，可以捕捉到极轴追踪方向上与其他对象的交点，如图 3-27（b）所示。

（2）若在"草图设置"对话框的"捕捉和栅格"选项卡中选择捕捉类型为 PolarSnap，并在"极轴距离"文本框中输入捕捉间距值。打开捕捉模式，即可得到极轴方向上的捕捉点，如图 3-27（c）所示。

（a）沿极轴追踪方向定点　　　　（b）捕捉极轴方向与对象的交点　　　　（c）极轴捕捉定点

图 3-27　利用极轴追踪功能定点

注意：使用极轴追踪时，系统将沿极轴角和附加角及其整数倍角度方向进行追踪。

【例 3-3】 利用极轴追踪功能绘制如图 3-28 所示的图形。

操作步骤如下：

第 1 步，绘图环境设置。

（1）调用"绘图设置"命令，在"草图设置"对话框的"对象捕捉"选项卡中选择对象捕捉模式为"端点"。在"极轴追踪"选项卡的"增量角"下拉列表框中选择 30，确定极轴追踪方向，如图 3-29（a）所示。在"捕捉和栅格"

图 3-28　利用极轴追踪功能绘图

选项卡中选择捕捉类型为 PolarSnap，并在"极轴距离"文本框中输入极轴捕捉间距为 5，如图 3-30（b）所示，单击"确定"按钮，回到绘图窗口。

（2）启用极轴追踪和对象捕捉功能。

第 2 步，利用极轴追踪功能绘图。

（a）设置极轴的增量角

（b）设置极轴捕捉类型及捕捉间距

图 3-29 "草图设置"对话框中的设置

操作如下：

命令：_LINE	单击 ✏ 图标按钮，启动"直线"命令
指定第一个点：	用光标拾取点 A
指定下一点或[放弃(U)]：22↵	向下移动光标，显示 270° 追踪辅助线，输入 22，按 Enter 键，确定点 B，如图 3-30（a）所示
指定下一点或[放弃(U)]：<捕捉开>	按 F9 键，打开捕捉模式，向右水平移动光标，显示 0° 追踪辅助线以及如图 3-30（b）所示的工具栏提示，单击，确定点 C

指定下一点或[闭合(C)/放弃(U)]:	向上移动光标，显示 90° 追踪辅助线，输入 12，按 Enter 键，确定点 D
指定下一点或[闭合(C)/放弃(U)]:	移动光标，显示 150° 追踪辅助线以及如图 3-30（c）所示的工具栏提示，单击，确定点 E
指定下一点或[闭合(C)/放弃(U)]:	捕捉端点 A
指定下一点或[闭合(C)/放弃(U)]: ↵	按 Enter 键，结束"直线"命令

（a）极轴追踪确定点 B　　　　（b）极轴追踪确定点 C　　　　（c）极轴追踪确定点 E

图 3-30　利用极轴追踪功能定点操作

3.4.2　对象捕捉追踪

利用对象捕捉追踪功能可以相对于对象捕捉点沿指定的追踪方向获得所需的点。

1. 设置对象捕捉追踪方向

使用对象捕捉追踪功能前，应预先设置对象捕捉追踪方向，同样在"草图设置"对话框的"极轴追踪"选项卡中进行设置。

操作步骤如下：

第 1 步，调用"绘图设置"命令。

第 2 步，打开"极轴追踪"选项卡。

第 3 步，选择"仅正交追踪"或"用所有极轴角设置追踪"单选按钮，以确定启用对象捕捉追踪时是沿 X 和 Y 方向进行追踪还是沿任何极轴追踪方向进行追踪。

第 4 步，单击"确定"按钮，完成设置。

2. 使用对象捕捉追踪定点

使用对象捕捉追踪定点时必须同时启用对象捕捉和对象捕捉追踪功能。启用对象捕捉追踪功能的方法有以下 3 种：

（1）在"草图设置"对话框的"对象捕捉"选项卡中，选中"启用对象捕捉追踪"复选框。

（2）单击状态行上的 ∠（对象捕捉追踪）图标按钮。

（3）按 F11 键。

当需要定点时，移动光标至所需的对象捕捉点上，停留片刻，系统出现捕捉标记，如图 3-31（a）所示，并提示对象捕捉模式，在捕捉点上将出现+标记，表示已捕捉到追踪点。再次移动光标时随即显示一条追踪辅助虚线，并提示标记点×与追踪点之间的距离和极轴角度，用户可以直接拾取或输入某一数值定点，如图 3-31（b）所示。

操作及选项说明如下：

（1）可以由两个对象捕捉点追踪，得到两个追踪方向的交点，即标记点×，如图 3-31（c）所示。

注意：默认设置下，对象捕捉追踪设置为"仅正交追踪"，只有当选择"用所有极轴角设置追踪"时，如图 3-31（c）所示的 60°追踪方向才可显示。

（2）当需要取消正在执行的某一对象捕捉追踪时，只需移动光标至对象捕捉点上即可。

（a）确定对象捕捉点　　　　（b）沿追踪方向定点　　　　（c）由两个对象捕捉点追踪定点

图 3-31　利用对象捕捉追踪功能定点

【例 3-4】　　如图 3-32 所示，利用对象捕捉追踪和极轴追踪功能绘制 $\phi 7$ 的圆和圆的中心线。

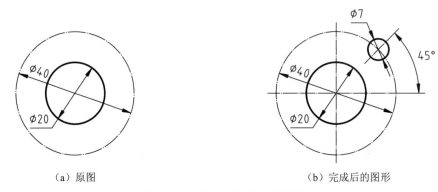

（a）原图　　　　　　　　　　　　　（b）完成后的图形

图 3-32　利用对象追踪功能绘图

操作步骤如下：

第 1 步，绘图环境设置。

（1）利用"绘图设置"命令，设置自动对象捕捉模式为"圆心""象限点"；在"草图设置"对话框的"极轴追踪"选项卡中设置"增量角"为 15°，设置对象捕捉追踪方向为"用所有极轴角设置追踪"。

（2）启用极轴追踪、对象捕捉和对象捕捉追踪功能。

第 2 步，利用对象捕捉追踪和极轴追踪功能绘制 $\phi 7$ 圆及其中心线。

操作如下：

命令：_CIRCLE	单击 ⊙ 图标按钮，启动"圆"命令
指定圆的圆心或 [三点(3P)/两点(2P)/切点、切点、半径(T)]：	移动光标至 $\phi 20$ 的圆的圆心附近，出现圆心标记及提示后，移动光标，显示 45° 追踪辅助线，至出现与 $\phi 40$ 的细点画线圆的交点，单击，如图 3-33（a）所示，确定 $\phi 7$ 的圆的圆心
指定圆的半径或 [直径(D)]：**3.5.┘**	指定圆的半径为 3.5，按 Enter 键，绘制 $\phi 7$ 的圆
命令：_LINE	单击 ✏ 图标按钮，启动"直线"命令

指定第一点: **6.**↵	移动光标至 φ7 的圆的圆心,出现圆心标记及提示后,移动光标,显示 45° 追踪辅助线,如图 3-33(b)所示,输入 6,按 Enter 键,确定 45° 中心线起点
指定下一点或[放弃(U)]: **12.**↵	移动光标,出现 225° 追踪辅助线,输入 12,按 Enter 键,确定 45° 中心线端点①
指定下一点或[放弃(U)]: ↵	按 Enter 键,结束"圆"命令

第 3 步,利用对象捕捉追踪和极轴追踪功能绘制 φ40 圆的中心线。

移动光标至 φ40 圆的左象限点,出现象限点标记及提示后,向左移动光标,显示 180° 追踪辅助线,如图 3-33(c)所示,输入 3,按 Enter 键,确定水平中心线的起点。向右移动光标,显示 0° 追踪辅助线,输入 46,按 Enter 键,确定水平中心线的端点。

用同样方法绘制垂直中心线,将所有中心线所在图层名称改为"细点画线"。

（a）确定小圆的圆心 　　　（b）确定 45° 中心线起点 　　　（c）确定水平中心线起点

图 3-33　利用对象捕捉追踪功能定点操作

3.4.3　参考点捕捉追踪

利用"临时追踪点"和"捕捉自"两种对象捕捉模式自动追踪定点的方法称为参考点捕捉追踪。即先根据已知点捕捉到一个（或一个以上）参考追踪点,再追踪到需要的点。其特点是:不需要绘制已知点与参考点之间的连线,且可以不经过烦琐的计算,即可直接按给出的尺寸绘图,使作图方便、快捷。

【例 3-5】　设置绘图环境,利用参考点捕捉追踪方式,按如图 3-34 所示的尺寸绘制表面粗糙度符号。

注意:根据机械制图国家标准有关规定,表面粗糙度符号的大小与其评定参数的高度有关,图 3-34 所示的图形为采用 7 号字时表面粗糙度符号的大小。该符号已知两点之间的垂直距离及两点连线与当前坐标系 X 方向的夹角,利用"极轴追踪"功能和"临时追踪点"对象捕捉模式实现参考点捕捉追踪,绘制图形。

图 3-34　表面粗糙度符号

操作步骤如下:

---

① 在 AutoCAD 2019 中,将终点称为端点。

第 1 步，绘图环境设置。

（1）利用"绘图设置"命令，在"草图设置"对话框中的"极轴追踪"选项卡中设置自动追踪方向，如图 3-35 所示。

图 3-35　在"草图设置"对话框中设置自动追踪方向

（2）启用极轴追踪、对象捕捉和对象捕捉追踪功能，打开对象捕捉工具栏。

第 2 步，利用参考点捕捉追踪方式绘图。

操作如下：

命令：_LINE	单击 ╱ 图标按钮，启动"直线"命令
指定第一点：	用光标拾取点 A，如图 3-36（a）所示
指定下一点或[放弃(U)]：_tt 指定临时对象追踪点：10↵	单击对象捕捉工具栏上的 ⚬ （临时追踪点）图标按钮，向下移动光标，显示垂直追踪辅助线及相应的提示，如图 3-36（a）所示，输入 10，按 Enter 键，确定临时追踪点（+ 标记处即参考点）
指定下一点或[放弃(U)]：	向右移动光标（使 + 标记显示），显示水平和 300° 追踪辅助线及相应的提示时如图 3-36（b）所示，单击，确定点 B
指定下一点或[放弃(U)]：_tt 指定临时对象追踪点：21↵	单击对象捕捉工具栏上的 ⚬ 图标按钮，向上移动光标，显示垂直追踪辅助线，输入 21，按 Enter 键，确定临时追踪点
指定下一点或[放弃(U)]：	向右移动光标（使+ 标记显示），显示水平和 60° 追踪辅助线及相应的提示时如图 3-36（c）所示，单击，确定点 C
指定下一点或[闭合(C)/放弃(U)]：↵	按 Enter 键，结束"直线"命令

AutoCAD 2019 中文版机械设计标准实例教程

（a）确定点 B 的临时追踪点　　　　（b）确定点 B　　　　（c）确定点 C

图 3-36　利用自动追踪功能定点操作

【例 3-6】　利用自动追踪功能，在如图 3-37（a）所示的图形的基础上完成如图 3-37（b）所示的图形。

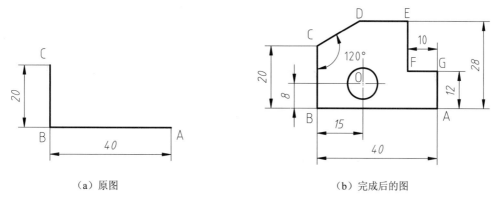

（a）原图　　　　　　　　　　　　（b）完成后的图

图 3-37　利用自动追踪功能绘图

操作步骤如下：

第 1 步，绘图环境设置。

（1）启用捕捉、极轴追踪、对象捕捉和对象捕捉追踪功能。

（2）调用"绘图设置"命令，在"草图设置"对话框中的"极轴追踪"选项卡中设置自动追踪方向，如图 3-35 所示。单击"确定"按钮，回到绘图窗口。

第 2 步，利用自动追踪功能绘图。

操作如下：

命令：_LINE	单击 ✏ 图标按钮，启动"直线"命令
指定第一点：	捕捉端点 C
指定下一点或[放弃(U)]：__tt 指定临时对象追踪点：28↵	单击对象捕捉工具栏上的 ⌁（临时追踪点）图标按钮，向下移动光标至点 A，出现端点标记及提示后，向上移动光标，显示 90° 追踪辅助线，如图 3-38（a）所示，输入 28，按 Enter 键，确定参考追踪点
指定下一点或[放弃(U)]：	向左移动光标（使 + 标记显示），显示 30° 和 180° 追踪辅助线及相应的提示，如图 3-38（b）所示，单击，确定点 D
指定下一点或[放弃(U)]：_from 基点：<偏移>：@-10,28↵	单击对象捕捉工具栏上的 ⌁（捕捉自）图标按钮，捕捉端点 A，输入点 E 与点 A 的相对坐标，按 Enter 键，确定点 E

指定下一点或[闭合(C)/放弃(U)]: **16↵**	向下移动光标,显示 270° 追踪辅助线,输入 16,按 Enter 键,确定点 F
指定下一点或[闭合(C)/放弃(U)]:	移动光标至点 A,出现端点标记及提示,向上移动光标,显示如图 3-38(c)所示的提示,单击,确定点 G
指定下一点或[闭合(C)/放弃(U)]:	捕捉端点 A
指定下一点或[闭合(C)/放弃(U)]: ↵	按 Enter 键,结束"直线"命令
命令: **_CIRCLE**	单击 ⊙ 图标按钮,启动"圆"命令
指定圆的圆心或 [三点(3P)/两点(2P)/切点、切点、半径(T)]: _from 基点: <偏移>: **@15,8↵**	单击对象捕捉工具栏上的 🖾 图标按钮,捕捉点 B,输入圆心 O 与点 B 的相对坐标,按 Enter 键,确定圆心 O
指定圆的半径或 [直径(D)]: **5↵**	指定圆的半径为 5,按 Enter 键,绘制 $\phi5$ 圆,如图 3-38(d)所示

图 3-38 利用自动追踪功能定点操作

第 3 步,利用自动追踪功能绘制 $\phi5$ 的圆的中心线,操作过程略。

注意: 使用参考点捕捉追踪定点时,如果连续使用"临时追踪点"和"捕捉自"对象捕捉模式,可以得到多个参考追踪点。

3.4.4 自动追踪设置

使用自动追踪功能定点时,出现的捕捉标记、工具提示框以及追踪辅助虚线给用户提供了直观、清晰的操作信息。自动追踪的有关设置在如图 3-39 所示的"选项"对话框的"绘图"选项卡中操作。打开"选项"对话框的方法有以下 4 种:

(1)执行"工具"|"绘图设置"菜单命令,在"草图设置"对话框中,单击"选项"按钮。

(2)执行"工具"|"选项"菜单命令,打开"选项"对话框。

(3)在没有执行任何命令且未选择任何对象时在绘图区域内右击,或者在命令窗口中右击，在弹出的快捷菜单中选择"选项"命令。

图 3-39　在"选项"对话框的"绘图"选项卡中设置自动追踪

（4）单击左上角的 A 图标按钮，在弹出的菜单中选择"选项"命令。

"绘图"选项卡中的"AutoTrack 设置"选项组提供了 3 个复选框，对其作用说明如下：

（1）"显示极轴追踪矢量"复选框用于设置是否显示追踪矢量辅助虚线，该项默认为选中。

（2）"显示全屏追踪矢量"复选框用于设置是否用无限长辅助虚线显示追踪矢量，该项默认为选中。

（3）"显示自动追踪工具提示"复选框用于设置是否显示自动追踪工具及正交工具提示框，该项默认为选中。

一般情况下，无须更改上述默认设置，以方便操作。

另外，"设计工具提示设置"按钮用于设置工具提示框的颜色、大小和透明度。

3.5　功能键一览表

AutoCAD 系统对标准键盘上的 F1～F12 键赋予了特定的功能，称为功能键，用以控制作图状态的开关，并且有的功能还定义了相应的组合键，以使用户方便、快捷地操作。表 3-2 列出了各功能键及其作用。

表 3-2　功能键及其作用

功 能 键	组 合 键	作　　用
F1		打开帮助窗口
F2		系统文本窗口的切换
F3	Ctrl+F	控制自动对象捕捉功能的开关
F4	Ctrl+T	控制数字化仪模式的开关
F5	Ctrl+E	等轴测平面的切换
F6	Ctrl+D	控制动态 UCS 功能的开关
F7	Ctrl+G	控制栅格的开关
F8	Ctrl+L	控制正交模式的开关
F9	Ctrl+B	控制捕捉模式的开关
F10	Ctrl+U	控制极轴追踪功能的开关
F11		控制对象捕捉追踪功能的开关
F12		控制动态输入功能的开关

3.6　上机操作实验指导三：平面图形的绘制

本节介绍如图 3-40 所示的平面图形的绘制方法和步骤，主要涉及的命令包括第 2 章介绍的"圆"命令、"直线"命令、"修剪"命令以及本章介绍的"图层"命令、"图形界限"命令和自动追踪功能等。

图 3-40　绘制平面图形

操作步骤如下：

第 1 步，设置绘图环境。

（1）单击 图标按钮，启动"新建"命令，在弹出的"选择样板"对话框中，选择 acadiso.dwt 公制样板文件，单击"打开"按钮。

（2）单击"图层"面板上的 图标按钮，启动"图层"命令，打开"图层特性管理器"选项板。按例 3-1 方法创建"粗实线""细点画线""细虚线"3 个图层，将"粗实线"层设置为当前层，如图 3-14 所示。

（3）在状态行的 （对象捕捉）图标按钮上右击，在弹出的快捷菜单中选择"对象捕捉设置"命令，打开"草图设置"对话框的"对象捕捉"选项卡，选择以下 5 种对象捕捉模式：端点、中点、圆心、象限点和交点。

（4）在"草图设置"对话框的"极轴追踪"选项卡中设置极轴角的增量角为15°，设置对象捕捉追踪方向为"用所有极轴角设置追踪"，如图3-35所示。

（5）观察状态行上的图标按钮，如需要，单击 ▢、◿、∠ 图标按钮，启用对象捕捉、极轴追踪、对象捕捉追踪功能，并打开 ☰（显示线宽）图标按钮。

（6）设置图形界限。

操作如下：

命令：_LIMITS	执行"格式"|"图形界限"菜单命令
重新设置模型空间界限：	系统提示
指定左下角点或[开（ON）/关（OFF）]<0.000，0.000>：↵	指定原点为界限左下角点
指定右上角点<420.000，297.000>：**210,297**↵	指定界限的右上角点坐标为（210，297）

（7）执行ZOOM（图形缩放）命令的All选项，显示图形界限。

第2步，在合适的位置绘制ϕ28的圆，并捕捉其圆心绘制ϕ40和ϕ70的圆，如图3-41（a）所示。

第3步，绘制4条水平轮廓线。

（1）利用参考点捕捉追踪功能绘制轮廓线，如图3-41所示。

操作如下：

命令：_LINE	单击 ◿ 图标按钮，启动"直线"命令
指定第一点：_tt 指定临时对象追踪点：**15**↵	单击对象捕捉工具栏上的 ⬚ 图标按钮，移动鼠标至ϕ40的圆的圆心，出现圆心标记及提示后，向上移动光标，显示90°追踪辅助线及相应的提示，如图3-41（a）所示，输入15，按Enter键，确定临时追踪点（+标记处即参考点）
指定第一点：	向左移动光标（使+标记显示），显示水平追踪辅助线及其与ϕ70的圆的交点，如图3-41（b）所示，单击，确定左上侧水平线的起点
指定下一点或[放弃(U)]：	向右移动光标，显示水平追踪辅助线及其与ϕ40的圆的交点，单击，绘制左上侧水平线，如图3-41（c）所示
指定下一点或[放弃(U)]：	按Enter键，结束"直线"命令

（2）利用上述方法绘制其余3条水平轮廓线，如图3-41（d）所示。

（a）确定临时追踪点

（b）确定水平线的起点

图3-41 绘制俯视图同心圆及水平轮廓线

（c）确定水平线的端点

（d）完成后的 4 条水平轮廓线

图 3-41   （续）

第 4 步，利用"修剪"命令，以 4 条水平线为边界，修剪 $\phi 70$ 的圆的多余圆弧，如图 3-42（a）所示，操作过程略。

第 5 步，绘制左侧 U 形槽。

（1）利用对象捕捉追踪功能绘制左侧半径为 4 的圆。

操作如下：

命令：_CIRCLE	单击 ⊙ 图标按钮，启动"圆"命令
指定圆的圆心或 [三点(3P)/两点(2P)/切点、切点、半径(T)]：30↵	利用对象捕捉追踪功能，捕捉 $\phi 40$ 的圆的圆心，向左追踪，如图 3-42（a）所示，输入 30，按 Enter 键，得到左侧圆的圆心
指定圆的半径或 [直径(D)]：4↵	指定圆的半径为 4，绘制 $\phi 8$ 的圆

（2）利用"对象捕捉"与"极轴追踪"功能，捕捉 $\phi 8$ 的圆的上端象限点，移动光标，显示水平追踪辅助线及其与 $\phi 70$ 的圆的交点，单击，绘制上侧水平切线。绘制 $\phi 8$ 圆的下侧水平切线，如图 3-42（b）所示。

（3）利用"修剪"命令，以上下两条水平切线为边界，修剪 $\phi 70$ 和 $\phi 8$ 的圆的多余圆弧，如图 3-42（c）所示，操作过程略。

（a）确定左侧半径为 4 的圆的圆心

（b）绘制半径为 4 的圆的水平切线

（c）完成左侧 U 形槽

（d）完成右侧 U 形槽

图 3-42   绘制两侧 U 形槽

——————— AutoCAD 2019 中文版机械设计标准实例教程

第 6 步，绘制右侧 U 形槽。

用第 5 步的方法绘制右侧 U 形槽，或利用镜像复制、修剪命令完成绘制，如图 3-42（d）所示。

第 7 步，绘制下侧虚线。

（1）利用自动追踪功能分别绘制两条垂直虚线，操作过程略。

（2）选择刚绘制的两条直线，在"图层"面板的图层控制栏内单击，在图层控制下拉列表框中选择"细虚线"图层，如图 3-43 所示，将直线所在图层由"粗实线"图层改为"细虚线"图层。

图 3-43　将直线所在图层改为"细虚线"图层

第 8 步，绘制中心线。

（1）利用对象捕捉追踪功能绘制垂直中心线。

操作如下：

命令：_LINE	单击 ✎ 图标按钮，启动"直线"命令
指定第一点：4↵	移动光标，捕捉 φ40 的圆的上象限点，出现标记和提示后，向上移动光标，如图 3-44（a）所示，输入 4，按 Enter 键，确定中心线起点
指定下一点或[放弃(U)]：48↵	向下移动光标，出现垂直追踪辅助线，输入 48，按 Enter 键，确定中心线端点
指定下一点或[放弃(U)]：↵	按 Enter 键，结束"直线"命令

（a）确定垂直中心线起点

（b）确定水平中心线起点

图 3-44　绘制中心线

（2）捕捉左侧 U 形槽半径为 4 的小圆弧中点，水平向左追踪 12，如图 3-44（b）所示，得到水平中心线起点；再向右水平追踪 75，得到水平中心线端点。绘制水平中心线。

（3）利用对象捕捉追踪功能绘制两侧半径为 4 的小圆弧的垂直中心线。

（4）选择刚绘制的 4 条直线，在图层工具栏的图层控制下拉列表框中选择"细点画线"图层，将直线所在图层由"粗实线"图层改为"细点画线"图层。

第 9 步，保存图形，操作过程略。

3.7　上机操作常见问题解答

1. 在当前图层上绘制图形时，如何设置对象的基本特性？

对象的基本特性可以通过图层指定给对象，也可以直接指定给对象。如果将各对象特性的值设为 ByLayer（随层），如图 3-18 所示，则对象的基本特性与其所在图层的相应特性相同。如果将对象特性设置为某一特定值，则该值将会替代对象所在图层中设置的值。例

图 3-45　设置对象基本特性为指定值

如，"粗实线"图层设置为白色、连续线（Continuous）、0.5 mm 线宽，而用户在"特性"面板中预先设置了如图 3-45 所示的特性，则新创建的对象特性为"特性"面板中设置的指定值，即红色、HIDDEN 线型、0.2mm 线宽。对象特性一般设为"随层"，这样便于利用图层管理对象。

2. 在绘制和编辑图形时，绘图区中的光标不见了，如何解决这一问题？

用户在绘制和编辑图形时，打开了捕捉模式，同时又由于执行了"图形缩放"命令，使得图形放大，显示范围变小，这样捕捉点间距（即光标移动的步距）超过了图形显示区范围，光标在捕捉点之间跳动，在显示区中就不可见了。此时可以关闭捕捉模式，光标便可以连续移动。还可以执行"图形缩放"命令，将图形缩小，使显示范围变大，就可以显示光标了。

3. 在编辑图形时，有时对象无法被选中，如何解决这一问题？

当对象所在的图层被锁定后，该图层上的对象不能被编辑，当然也就无法被选择了。只要将对象所在的图层解锁，就可以编辑选择对象了。

4. 利用自动追踪功能绘图时，如何保证得到与追踪点的距离为键盘输入值的点？

用户在绘制和编辑图形时，沿某一追踪方向输入距离后，却得不到所需的点，这是由于响应坐标数据输入的优先方式由"选项"对话框的"用户系统配置"选项卡中的"坐标数据输入的优先级"选项组控制。如果选择"执行对象捕捉"单选按钮，如图 3-46 所示，

图 3-46　在"选项"对话框中设置坐标数据输入的优先级

AutoCAD 2019 中文版机械设计标准实例教程

则表示任何时候均以对象捕捉替代坐标输入。当沿某一追踪方向输入距离时，系统将会捕捉该方向距离坐标输入点最近的自动对象捕捉点。如图 3-47 所示，当由捕捉点 C 向上追踪，输入 15，要确定点 B 时，得到的却是点 A。系统默认的选项是"除脚本外的键盘输入"，表示任何时候均优先执行坐标输入。一般情况下，用户不要轻易更改此选项。

（a）确定点 B

（b）优先执行对象捕捉的结果

图 3-47　确定直线段 BD 的端点 B

3.8　操作经验和技巧

1. 如何使用 Shift 键临时打开/关闭正交功能？

在绘制和编辑图形时，可根据需要随时打开和关闭正交功能。如果使用 Shift 键，可以临时切换该功能。当正交功能关闭时，按下 Shift 键，会临时打开正交功能；而放开 Shift 键，则恢复关闭状态。反之，当正交功能打开时，按下 Shift 键，会临时关闭正交功能；而放开 Shift 键，则恢复打开状态。

2. 在利用自动捕捉功能定点时，如何使用 Tab 键选择捕捉点？

在 AutoCAD 系统中绘图时，自动捕捉功能是一种重要的定点方式。用户如果设置了多个自动捕捉模式，且某个局部的图形较为复杂，在光标附近有多个特殊点可以捕捉，则多种捕捉模式会发生干涉。此时应观察捕捉到的点是否为需要的点。如果不是，可以不断地按 Tab 键，系统将会依次出现所有可能的捕捉点，且捕捉点所在对象的线段变为虚线，一旦确认，单击即可。

3.9　上　机　题

绘制如图 3-48 所示的 3 个平面图形。

（a）平面图形 1

图 3-48　绘制 3 个平面图形

（b）平面图形2

（c）平面图形3

图3-48 （续）

第 4 章　绘图辅助工具

在 AutoCAD 中一般都以 1：1 的比例绘图，这样绘图时不需要进行任何换算，图形能反映真实大小。最后，根据图纸和图形大小的比例关系按 1：n 或 n：1 出图。但是，计算机屏幕的大小是一定的，计算机在屏幕上显示图形，相当于透过屏幕这个"窗口"观察图形。有时需要放大图形，观察局部细节；有时又需要缩小图形，增大查看图形的范围。所以，在绘图时对图形的显示缩放操作非常频繁。

另外，在"编辑"命令中，还需要经常选择被编辑的对象。在 AutoCAD 中，选择对象的方法也有很多种。对于初学者来说，熟练掌握"缩放"命令和选择对象的方法、技巧是 AutoCAD 绘图的重要基础之一。

本章涉及的主要内容和新命令如下：

（1）ZOOM（缩放）命令。

（2）REGEN（重生）成命令。

（3）选择对象的方法。

（4）PROPERTIES（特性）命令。

（5）快捷特性。

（6）MATCHPROP（特性匹配）命令。

（7）EXPLODE（分解）命令。

4.1　显　示　控　制

利用"缩放"命令可以控制图形的显示。

调用命令的方式如下：

- 功能区：单击"视图"选项卡"导航"面板中的 ❖ 下拉式图标按钮。

注意：如果没有"导航"面板，可在空白处右击，从弹出的快捷菜单中选择"显示面板"|"导航"命令。

- 菜单：执行"视图"|"缩放"命令。

- 图标：单击缩放工具栏中的 [⌗⌗⌗⌗⌗|⌗⌗|⌗⌗] 图标按钮和标准工具栏中的 [⌗⌗⌗] 图标按钮。

- 键盘命令：ZOOM 或 Z。

注意：也可以单击功能区"视图"选项卡"视口工具"面板中的 [导航栏] 图标按钮，则在绘图区右侧会显示导航栏，在该导航栏中也包含"缩放"命令。

4.1.1　全部缩放

在当前视口中可以使用"全部缩放"命令对全部图形进行缩放。

操作步骤如下：

第1步，调用"缩放"命令。

第2步，命令提示为"指定窗口的角点，输入比例因子（nX 或 nXP），或者[全部（A）/中心（C）/动态（D）/范围（E）/上一个（P）/比例（S）/窗口（W）/对象（O）]<实时>:"时，输入 A，按 Enter 键。也可以直接单击 图标按钮。

注意：选择全部缩放时，在视口中所看到的图形范围是由 LIMITS 命令设定的图形界限和图形所占实际范围两者中较大的一个。

【**例 4-1**】　利用"缩放"命令，对如图 4-1 所示的螺母三视图进行全部缩放操作。

操作如下：

命令：'_ZOOM	单击 图标按钮，启动"全部缩放"命令
指定窗口的角点，输入比例因子 (nX 或 nXP)，或者[全部(A)/中心(C)/动态(D)/范围(E)/上一个(P)/比例(S)/窗口(W) /对象(O)] <实时>: _All	选择"全部"选项，显示的图形如图 4-2 所示

图 4-1　螺母三视图

图 4-2　全部缩放后的螺母三视图

———————————— AutoCAD 2019 中文版机械设计标准实例教程

4.1.2 范围缩放

要将所绘图形在当前视口中尽可能大地显示，可以使用"范围缩放"命令。

操作步骤如下：

第1步，调用"缩放"命令。

第2步，命令提示为"指定窗口的角点，输入比例因子（nX 或 nXP），或者[全部（A）/中心（C）/动态（D）/范围（E）/上一个（P）/比例（S）/窗口（W）/对象（O）] <实时>:"时，输入 E，按 Enter 键。也可以直接单击 图标按钮。

【例4-2】 利用"缩放"命令，对如图 4-1 所示的螺母三视图进行范围缩放操作。

操作如下：

命令：'_ZOOM	单击 图标按钮，启动"范围缩放"命令
指定窗口的角点，输入比例因子 (nX 或 nXP)，或者[全部(A)/中心(C)/动态(D)/范围(E)/上一个(P)/比例(S)/窗口(W)/对象(O)] <实时>: _E	选择"范围"选项，显示的图形如图 4-3 所示

图 4-3　范围缩放后的螺母三视图

4.1.3 对象缩放

要将图形缩放到选定对象的范围时，可以使用"对象缩放"命令。

操作步骤如下：

第1步，调用"缩放"命令。

第2步，命令提示为"指定窗口的角点，输入比例因子（nX 或 nXP），或者[全部（A）/中心（C）/动态（D）/范围（E）/上一个（P）/比例（S）/窗口（W）/对象（O）] <实时>:"时，输入 O，按 Enter 键。也可以直接单击 图标按钮。

【例4-3】 利用"缩放"命令，选择如图 4-1 所示的螺母俯视图中的正六边形进行对象缩放操作。

操作如下：

命令: '_ZOOM	单击 ![icon]图标按钮，启动"对象缩放"命令
指定窗口的角点，输入比例因子 (nX 或 nXP)，或者[全部(A)/中心(C)/动态(D)/范围(E)/上一个(P)/比例(S)/窗口(W) /对象(O)] <实时>: _O	选择"对象"选项
选择对象: 找到 1 个	选择正六边形，显示的图形如图 4-4 所示

图 4-4　对象缩放后的螺母俯视图

4.1.4　窗口缩放

定义两个对角点，以此确定窗口的边界，把窗口内的图形放大到整个视口范围，可以使用"窗口缩放"命令。

操作步骤如下：

第 1 步，调用"缩放"命令。

第 2 步，命令提示为"指定窗口的角点，输入比例因子（nX 或 nXP），或者[全部（A）/中心（C）/动态（D）/范围（E）/上一个（P）/比例（S）/窗口（W）/对象（O）] <实时>:"时，输入 W，按 Enter 键。也可以直接单击 ![icon]图标按钮。

第 3 步，命令提示为"指定第一个角点:"时，拾取左下角点。

第 4 步，命令提示为"指定对角点:"时，拾取右上角点。

【例 4-4】　利用"缩放"命令，对如图 4-1 所示的螺母俯视图进行窗口缩放操作。

操作如下：

命令: '_ZOOM	单击 ![icon]图标按钮，启动"窗口缩放"命令
指定窗口的角点，输入比例因子 (nX 或 nXP)，或者[全部(A)/中心(C)/动态(D)/范围(E)/上一个(P)/比例(S)/窗口(W) /对象(O)] <实时>: _W	选择"窗口"选项
指定第一个角点:	拾取俯视图左下角一点
指定对角点:	拾取俯视图右上角一点，显示的图形如图 4-5 所示

AutoCAD 2019 中文版机械设计标准实例教程

图 4-5　窗口缩放后的螺母俯视图

4.1.5　比例缩放

以当前视口中心作为中心点，根据输入的比例大小显示图形时，可以使用"比例缩放"命令。

操作步骤如下：

第 1 步，调用"缩放"命令。

第 2 步，命令提示为"指定窗口的角点，输入比例因子（nX 或 nXP），或者[全部（A）/中心（C）/动态（D）/范围（E）/上一个（P）/比例（S）/窗口（W）/对象（O）]<实时>："时，输入 S，按 Enter 键。也可以直接单击 图标按钮。

第 3 步，命令提示为"输入比例因子 (nX 或 nXP)："时，输入 n、nX 或 nXP，其中 n 为数值。

【例 4-5】　利用"缩放"命令，对如图 4-1 所示的螺母三视图进行比例缩放操作。

操作如下：

命令: '_ZOOM	单击 图标按钮，启动"比例缩放"命令
指定窗口的角点，输入比例因子 (nX 或 nXP)，或者[全部(A)/中心(C)/动态(D)/范围(E)/上一个(P)/比例(S)/窗口(W)/对象(O)] <实时>: _S	选择"比例"选项
输入比例因子 (nX 或 nXP): **0.5X**↵	输入比例因子 0.5X，显示的图形如图 4-6 所示

注意：

（1）执行比例缩放操作时，如果直接输入数值，表示相对于图形的实际大小缩放，称为绝对缩放；如果在输入的数值后加上 X，表示相对于当前视口中所显示的图形大小缩放，称为相对缩放；如果数值后加 XP，表示当前视口中显示的图形在图纸空间的缩放比例。

（2）单击 图标按钮，即比例缩放中的比例为 2X；单击 图标按钮，即比例缩放中的比例为 0.5X。

图 4-6　比例缩放后的螺母三视图

4.1.6　实时缩放

交互缩放当前图形窗口时可以使用"实时缩放"命令。

操作步骤如下：

第 1 步，调用"缩放"命令。

第 2 步，命令提示为"指定窗口的角点，输入比例因子（nX 或 nXP），或者[全部（A）/中心（C）/动态（D）/范围（E）/上一个（P）/比例（S）/窗口（W）/对象（O）]<实时>："时，按 Enter 键。也可以直接单击标准工具栏上的 ±ₒ 图标按钮。

第 3 步，命令提示为"按 Esc 或 Enter 键退出，或单击右键显示快捷菜单。"时，进入实时缩放状态，光标呈放大镜形状（🔍）。按住鼠标左键向上拖动放大图形，显示带+的放大镜形状（🔍⁺）；按住鼠标左键向下拖动缩小图形，显示带－的放大镜形状（🔍-）。

注意：

（1）使用"缩放"命令时的放大和缩小只是改变视图在屏幕上的显示比例，而图形的真实大小并没有发生变化。

（2）单击 🔍 图标按钮，可以恢复当前视口内上一次显示的图形，最多可以恢复 10 个视图。

（3）滚动鼠标左右键中间的滚轮可以实现实时缩放。滚轮向前滚动，放大图形显示；滚轮向后滚动，则缩小图形显示。

4.2　实　时　平　移

利用"实时平移"命令可以在窗口中移动图形，而不改变图形的显示大小。

调用命令的方式如下：

- 功能区：单击"视图"选项卡"导航"面板中的 ✋ 图标按钮。
- 菜单：执行"视图"|"平移"|"实时"命令。
- 图标：单击标准工具栏中的 ✋ 图标按钮。

──────── AutoCAD 2019 中文版机械设计标准实例教程

- 键盘命令：PAN 或 P。

操作步骤如下：

第 1 步，调用"实时平移"命令。

第 2 步，命令提示为"按 Esc 或 Enter 键退出，或单击右键显示快捷菜单。"时，光标呈小手形状（🖑），按住鼠标左键并拖动，使图形平移。此操作类似于在绘图桌上移动图纸。

注意：

（1）"实时缩放"和"实时平移"两个命令经常结合起来使用，观察图形非常方便。

（2）按住鼠标左右键中间的滚轮并拖动鼠标可以实现实时平移。

4.3 选 择 对 象

在编辑图形时，需要选择被编辑的对象。命令提示为"选择对象："时，光标变成正方形拾取框。AutoCAD 提供了多种选择对象的方法，用户可以在不同的场合灵活使用这些方法。

4.3.1 点选方式

只要直接移动拾取框至被选对象上并单击，即可逐个拾取所需的对象，而被选择的对象将亮显，按 Enter 键则结束对象选择。点选方式是系统默认的选择对象的方法。

4.3.2 窗口方式

窗口方式是指通过指定两个角点确定一个矩形窗口，完全包含在窗口内的所有对象被选中，与窗口相交的对象不在选中之列。

操作步骤如下：

第 1 步，命令提示为"选择对象："时，输入 W，按 Enter 键。

第 2 步，命令提示为"指定第一个角点："时，单击拾取一点。

第 3 步，命令提示为"指定对角点："时，单击拾取对角点。

第 4 步，命令提示为"选择对象："时，按 Enter 键。

【例 4-6】 用窗口方式选择对象，如图 4-7 所示。

图 4-7 用窗口方式选择对象

操作如下：

选择对象：**W**↵	选择窗口方式
指定第一个角点：	拾取点 A
指定对角点：	拾取点 B
找到 8 个	系统提示
选择对象：↵	按 Enter 键，结束对象选择

4.3.3 窗交方式

窗交方式类似于窗口方式，不同之处是，在窗交方式下，与窗口相交的对象和窗口内的所有对象都在选中之列。

操作步骤如下：

第 1 步，命令提示为"选择对象："时，输入 C，按 Enter 键。

第 2 步～第 4 步，同 4.3.2 节第 2 步～第 4 步。

注意：在默认情况下，命令提示为"选择对象："时，不需要输入选项关键字母。可以直接单击拾取两个角点。如果从左向右构成窗口，则等同于窗口方式；如果从右向左构成窗口，则等同于窗交方式。

【例 4-7】 用窗交方式选择对象，如图 4-8 所示。

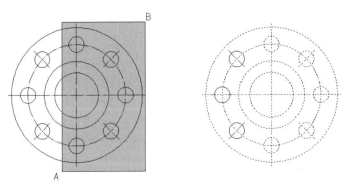

图 4-8　用窗交方式选择对象

操作如下：

选择对象：**C**↵	选择窗交方式
指定第一个角点：	拾取点 A
指定对角点：	拾取点 B
找到 13 个	系统提示
选择对象：↵	按 Enter 键，结束对象选择

4.3.4 栏选方式

通过绘制一条开放的、穿过被选对象的多段线（该多段线可以自交）组成的"栅栏"来选择对象，凡是与该多段线相交的对象均被选中。

　　　　　　　　　　　　　　　　　AutoCAD 2019 中文版机械设计标准实例教程

操作步骤如下：

第 1 步，命令提示为"选择对象："时，输入 F，按 Enter 键。

第 2 步，命令提示为"指定第一个栏选点或拾取/拖动光标："时，单击拾取第一点。

第 3 步，命令提示为"指定下一个栏选点或 [放弃(U)]："时，单击拾取第二点。

……（根据提示可以拾取多个点，直至回车。）

第 *n* 步，命令提示为"选择对象："时，按 Enter 键。

【例 4-8】　用栏选方式选择对象，如图 4-9 所示。

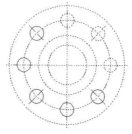

图 4-9　用栏选方式选择对象

操作如下：

选择对象：**F**↵	选择栏选方式
指定第一个栏选点或拾取/拖动光标：	单击，指定第一个栏选点
指定下一个栏选点或 [放弃(U)]:	单击，指定第二个栏选点
……	……
指定下一个栏选点或 [放弃(U)]: ↵	按 Enter 键，结束栏选方式
找到 *n* 个	系统提示
选择对象：↵	结束对象选择

4.3.5　全部方式

要将图形中除冻结、锁定的图层中的对象以外的所有对象选中时，可以使用全部方式选择对象。当命令提示为"选择对象："时，输入 ALL，按 Enter 键。

4.3.6　上一个方式

要将图形窗口内可见的元素中最后一个创建的对象选中，可以使用上一个方式选择对象。当命令提示为"选择对象："时，输入 L，按 Enter 键。

注意：在选择对象时，如果多选了对象，此时并不需要取消命令，只需在"选择对象"的提示后输入 R，按 Enter 键，再一一选择那些多选的对象即可。

4.3.7　选择类似对象方式[①]

利用选择类似对象方式可以根据选定的对象选择与之类似的对象。

可以通过以下操作启用选择类似对象方式：

- 键盘命令：SELECTSIMILAR。
- 快捷菜单：选择对象，在绘图区中右击，在弹出的快捷菜单中选择"选择类似对象"命令。

操作步骤如下：

第1步，调用"选择类似对象"命令。

第2步，命令提示为"选择对象或 [设置(SE)]:"时，选择对象，按 Enter 键。这里如果选择 SE 选项，将弹出如图 4-10 所示的"选择类似设置"对话框，在该对话框中可以设置选择类似对象时依据的特性，即类似依据。

图 4-10 "选择类似设置"对话框

第3步，命令提示为"选择对象或 [设置(SE)]:"时，按 Enter 键。

4.4 重生成图形

利用"重生成"命令可以刷新当前视口中的整个图形。

调用命令的方式如下：

- 菜单：执行"视图"|"重生成"命令。
- 键盘命令：REGEN 或 RE。

执行该命令后，系统重新计算当前视口中所有图形对象的屏幕坐标。

4.5 对象特性编辑

利用"特性"命令可以打开如图 4-11 所示的对象特性选项板，在该选项板中查看和修改被选中对象的特性。

调用命令的方式如下：

- 功能区：单击"视图"选项卡"选项板"面板中的 图标按钮。
- 菜单：执行"修改"|"特性"命令或"工具"|"选项板"|"特性"命令。
- 图标：单击标准工具栏中的 图标按钮。

图 4-11　对象特性选项板

- 键盘命令：PROPERTIES、PROPS、PR、DDMODIFY 或 DDCHPROP。

操作步骤如下：

第 1 步，调用"特性"命令，显示对象特性选项板。

第 2 步，在绘图窗口单击，选择要查看和修改的对象。

第 3 步，在对象特性选项板中，可以修改对象的颜色、图层、线型、线型比例、线宽、透明度、厚度等常规特性，以及长度、坐标、角度、直径、半径、面积和周长等几何特性。

第 4 步，单击对象特性选项板的关闭按钮。

第 5 步，按 Esc 键。

注意：

（1）如果选择了多个对象，对象特性选项板显示选择集中所有对象的公共特性。如果未选择对象，对象特性选项板将只显示当前图层和布局等基本特性。

（2）在 AutoCAD 中双击大多数的图形对象，都将自动打开对象特性选项板。

（3）对于文字、多行文字、标注、剖面线、公差、多重引线、引线、图块、属性等常用于注释图形的对象，可以利用对象特性选项板更改注释性特性[①]。

【例 4-9】　利用"特性"命令修改如图 4-12 所示的圆的直径。

操作如下：

命令：_PROPERTIES	单击 图标按钮，启动"特性"命令
选中 ϕ 70 的圆	选择要修改的对象
在"几何图形"选项组的"直径"文本框中将 70 改为 60	修改直径
单击关闭按钮	关闭对象特性选项板
按 Esc 键	取消夹点

---

① 这是 AutoCAD 2008 新增的功能。

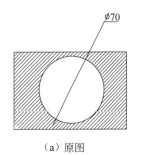

（a）原图　　　　　　　　　（b）修改后

图 4-12　"特性"命令应用

4.6　快 捷 特 性①

在快捷特性选项板中可以显示和编辑每种对象类型的常用特性，如图 4-13 所示。快捷特性的有关设置可以在"草图设置"对话框中的"快捷特性"选项卡中完成，如图 4-14 所示。

图 4-13　快捷特性选项板　　　　图 4-14　"草图设置"对话框中的"快捷特性"选项卡

调用命令的方式如下：

● 菜单：执行"工具"|"绘图设置"命令。

● 键盘命令：DSETTINGS、DS、DDRMODES 或 SE。

● 状态行：在状态行上的 9 个图标按钮中的任一个上右击，在弹出的快捷菜单中选择相关的选项，打开"草图设置"对话框，再选择"快捷特性"选项卡。

操作及选项说明如下：

（1）在"选项板显示"选项组中可以设置对哪些对象显示快捷特性。

① 选择"针对所有对象"单选按钮，可以将快捷特性选项板设置为对选择的任何对象

---

① 这是 AutoCAD 2009 新增的功能。

都显示。

② 选择"仅针对具有指定特性的对象"单选按钮，可以将快捷特性选项板设置为仅对已在自定义用户界面（CUI）编辑器中指定为显示特性的对象显示。

（2）在"选项板位置"选项组中可以设置快捷特性选项板的显示位置。

① 选择"由光标位置决定"单选按钮，快捷特性选项板将显示在相对于光标的位置。

② 选择"固定"单选按钮，快捷特性选项板将显示在固定位置，但可以通过拖动选项板将其放在新位置。

（3）在"选项板行为"选项组中可以设置快捷特性选项板仅显示指定数量的特性。当光标经过时，该选项板展开。

4.7 特 性 匹 配

利用"特性匹配"命令可以将源对象指定的特性复制给其他的对象。

调用命令的方式如下：

- 功能区：单击"默认"选项卡"特性"面板中的 图标按钮。
- 菜单：执行"修改"|"特性匹配"命令。
- 图标：单击标准工具栏中的 图标按钮。
- 键盘命令：MATCHPROP、MA 或 PAINTER。

操作步骤如下：

第 1 步，调用"特性匹配"命令。

第 2 步，命令提示为"选择源对象："时，选择要复制其特性的对象。

第 3 步，命令提示为"选择目标对象或 [设置(S)]:"时，光标呈刷子状（ ），选择一个或多个要复制源对象指定特性的对象。这里如果输入 S，按 Enter 键，将弹出如图 4-15 所示的"特性设置"对话框，在该对话框中可以设置要复制的特性类型。

图 4-15 "特性设置"对话框

第 4 步，命令提示为"选择目标对象或 [设置(S)]："时，按 Enter 键。

【例 4-10】 利用"特性匹配"命令，将如图 4-16（a）所示的矩形的粗实线特性复制给虚线圆。复制结果如图 4-16（b）所示。

（a）原图　　　　　　　　　　（b）将矩形的粗实线特性复制给虚线圆

图 4-16 "特性匹配"命令应用

操作如下：

命令：'_MATCHPROP	单击 ▣ 图标按钮，启动"特性匹配"命令
选择源对象：	选择矩形
当前活动设置： 颜色 图层 线型 线型比例 线宽 透明度 厚度 打印样式 标注 文字 图案填充 多段线 视口 表格材质 阴影显示 多重引线	系统提示
选择目标对象或 [设置(S)]:	选择虚线圆
选择目标对象或 [设置(S)]: ↵	按 Enter 键，结束"特性匹配"命令

4.8 分 解 对 象

利用"分解"命令可以将组合对象（如多段线、尺寸、填充图案及块）分解为组合前的单个元素。

调用命令的方式如下：

- 功能区：单击"默认"选项卡"修改"面板中的 ▤ 图标按钮。
- 菜单：执行"修改"|"分解"命令。
- 图标：单击修改工具栏中的 ▤ 图标按钮。
- 键盘命令：EXPLODE 或 X。

操作步骤如下：

第 1 步，调用"分解"命令。

第 2 步，命令提示为"选择对象："时，用合适的选择对象的方式选择要分解的对象。

第 3 步，命令提示为"选择对象："时，按 Enter 键。

【例 4-11】 用"分解"命令分解如图 4-17（a）所示的正五边形。分解结果如图 4-17（b）所示。

操作如下：

命令：_EXPLODE	单击 ▤ 图标按钮，启动"分解"命令
选择对象：找到 1 个	选取正五边形
选择对象：↵	按 Enter 键，结束对象选择

（a）分解前的一个对象

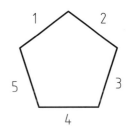
（b）分解后的 5 个对象

图 4-17　分解正五边形

4.9　上机操作实验指导四：螺钉的绘制

本节介绍如图 4-18 所示的螺钉的绘制方法和步骤。主要涉及的命令包括前几章介绍的"圆"命令、"矩形"命令、"修剪"命令、"偏移"命令和本章介绍的"缩放"命令、"分解"命令、"特性匹配"命令。

图 4-18　螺钉

操作步骤如下：

第 1 步，设置绘图环境，操作过程略。

第 2 步，绘制螺钉头矩形（尺寸为 15×6）并分解。

操作如下：

命令：_EXPLODE	单击 图标按钮，启动"分解"命令
选择对象：找到 1 个	选取矩形
选择对象：↵	按 Enter 键，结束对象选择

第 3 步，绘制中心线，如图 4-19 所示。

图 4-19　绘制中心线

（1）绘制主视图中心线。

操作如下：

命令：_LINE	单击 ⟋ 图标按钮，启动"直线"命令
指定第一个点：_from 基点：_mid 于	单击 ⬚ 图标按钮 利用中点捕捉功能捕捉点 A
<偏移>：@-3,0↵	输入相对于点 A 的相对直角坐标
指定下一点或 [放弃(U)]：@42,0↵	输入中心线另一端点的相对直角坐标
指定下一点或 [放弃(U)]：↵	按 Enter 键，结束"直线"命令

（2）绘制左视图中心线。

为了保证主视图和左视图平齐，可以利用对象捕捉追踪功能绘制左视图中圆的水平中心线，操作过程略。

第 4 步，绘制螺钉头槽。

因为螺钉头槽尺寸较小，所以必须调用"缩放"命令，采用窗口缩放方式把窗口内的图形放大到整个视口范围。

（1）按尺寸利用"偏移"命令偏移复制两条水平线和一条垂直线，如图 4-20 所示，操作过程略。

（2）利用"修剪"命令修剪直线，完成后的图形如图 4-21 所示，操作过程略。

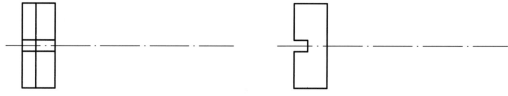

图 4-20 偏移复制直线　　　　　　　　　图 4-21 修剪直线

第 5 步，绘制螺钉的螺杆部分。

（1）按尺寸利用"偏移"命令偏移直线，如图 4-22 所示，其中螺纹的小径为大径的 0.85 倍，操作过程略。

（2）利用"特性匹配"命令将粗实线特性复制给偏移复制生成的直线，如图 4-23 所示。

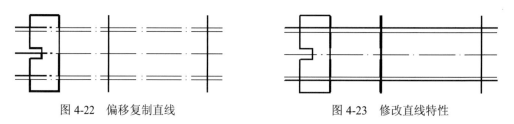

图 4-22 偏移复制直线　　　　　　　　　图 4-23 修改直线特性

操作如下：

命令：'_MATCHPROP	单击 ▦ 图标按钮，启动"特性匹配"命令
选择源对象：	选择任一粗实线

当前活动设置： 颜色 图层 线型 线型比例 线宽 透明度 厚度 打印样式 标注 文字 图案填充 多段线 视口 表格材质 阴影显示 多重引线	系统提示
选择目标对象或 [设置(S)]:	选择偏移复制生成的直线
选择目标对象或 [设置(S)]: ↵	按 Enter 键，结束"特性匹配"命令

（3）将螺纹小径线改为细实线层，操作过程略。

（4）利用"修剪"命令修剪直线，操作过程略。

第 6 步，绘制左视图。

（1）绘制 $\phi 15$ 的圆，操作过程略。

（2）用极轴追踪和对象捕捉功能绘制如图 4-24 所示的 45°直线，操作过程略。

（3）按尺寸利用"偏移"命令偏移复制直线，如图 4-25 所示，操作过程略。

（4）利用"缩放"命令指定两个角点进行窗口缩放操作，如图 4-26 所示，操作过程略。

（5）利用"修剪"命令修剪多余的直线，操作过程略。

（6）利用"删除"命令删除多余的直线，操作过程略。

图 4-24　绘制 45°直线　　　　图 4-25　偏移复制直线　　　　图 4-26　窗口缩放

第 7 步，保存图形，操作过程略。

4.10　上机操作常见问题解答

1．如何显示屏幕窗口外的图形？

绘制的图形如果显示在屏幕窗口外，用户就观察不到。这时，可以单击 图标按钮，采用全部缩放方式，在当前视口中显示全部图形。也可以单击 图标按钮，利用"实时平移"命令将图形平移到窗口内。

2．选择对象时，为何有时只能一次选中一个对象？

执行"工具"|"选项"菜单命令，弹出"选项"对话框，选择"选择集"选项卡，查看"选择集模式"选项组中的"用 Shift 键添加到选择集"复选框是否被选中，如图 4-27 所示。系统默认不选中该项；如果选中该项，则一次只能选中一个对象，必须同时按住 Shift 键才能选择多个对象。

3．选择对象时，在屏幕上拾取两点，为何有时不能构成一个矩形窗口？

在如图 4-27 所示的对话框中，选择"选择集"选项卡，查看"选择集模式"选项组中的"隐含选择窗口中的对象"复选框是否被选中。系统默认选中该项，则可以在屏幕上拾取两点构成一个矩形窗口。

图 4-27   "选项"对话框"选择集"选项卡

4.11   操作经验和技巧

1. 利用"缩放"命令放大圆后,圆变得不圆,如何解决这一问题?

由于在 AutoCAD 中圆是用正多边形矢量图代替的,所以,相对于屏幕来说尺寸较小的圆,其正多边形的边数较少,放大后就不圆了。这时只要执行"重生成"命令,则系统即按当前视口对图形重新计算,圆就变得光滑了,如图 4-28 所示。

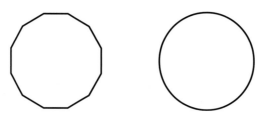

图 4-28   圆在重生成前后对比

2. 如何利用相同的边界一次修剪多条图线?

利用"修剪"命令选择两个小圆为边界,在命令提示"选择要修剪的对象……"时,输入 F,按 Enter 键,即选择栏选方式,绘制一条开放的、穿过被选对象的多段线,如图 4-29(a)所示,按 Enter 键,则多条多余的线条被修剪掉,完成图形如图 4-29(b) 所示。

（a）以栏选方式绘制的多段线   （b）完成后的图形

图 4-29　一次修剪多条图线

4.12　上　机　题

1．用近似比例画法绘制螺栓，如图 4-30 所示。其中螺栓左视图的正六边形可以参考例 3-5 中的方法绘制或使用第 5 章介绍的"正多边形"命令绘制。

图 4-30　螺栓

2．绘制如图 4-31 和图 4-32 所示的平面图形。

图 4-31　平面图形 1　　　　　　　　　　　　图 4-32　平面图形 2

绘图提示：如图 4-29 所示的螺栓头的绘制方法和步骤如下：

（1）利用"圆"命令绘制圆心在轴线上、半径为 1.5d 的圆，如图 4-33（a）所示。

（2）利用"直线"命令绘制一条直线，如图 4-33（b）所示。

（3）利用"圆"命令选择 3P 选项绘制一个小圆，其中两点为端点，一点为切点，如图 4-33（c）所示。

（4）利用"修剪"命令修剪多余图线。

（a）绘制圆 　　　　　　　　　（b）绘制直线 　　　　　　　　　（c）绘制小圆

图 4-33　螺栓头的绘制

第 5 章　简单平面图形绘制

在机械图样中，经常需要绘制一些复杂的图形。利用 AutoCAD 绘制这些图形时，首先，必须熟练掌握有关的绘图和编辑命令；其次，还应分析图形，设计合理的绘图步骤；最后，多积累一些经验和技巧，对提高绘图的效率也是十分必要的。

本章介绍的内容和新命令如下：

（1）DONUT（圆环）命令。

（2）POLYGON（多边形）命令。

（3）ELLIPSE（椭圆）命令。

（4）ARRAY（阵列）命令。

（5）EXTEND（延伸）命令。

（6）BREAK（打断与打断于点）命令。

（7）SCALE（比例缩放）命令。

5.1　圆环的绘制

利用"圆环"命令，可以通过指定圆环内圈和外圈直径，绘制填充或不填充的圆环或实心圆。

调用命令的方式如下：

- 功能区：单击"默认"选项卡"绘图"面板中的⊚图标按钮。
- 菜单：执行"绘图"|"圆环"命令。
- 键盘命令：DONUT 或 DO。

操作步骤如下：

第 1 步，调用"圆环"命令。

第 2 步，命令提示为"指定圆环的内径："时，输入圆环内圈直径的数值，按 Enter 键。

第 3 步，命令提示为"指定圆环的外径："时，输入圆环外圈直径的数值，按 Enter 键。

第 4 步，命令提示为"指定圆环的中心点或 <退出[①]>："时，利用合适的定点方式指定圆环的中心点。

第 5 步，命令提示再次为"指定圆环的中心点或 <退出>："时，可以指定不同的中心点。"圆环"命令一次可绘制多个相同的圆环。也可以按 Enter 键结束"圆环"命令。

注意：

（1）圆环是否填充，可用 FILL 命令或系统变量 FILLMODE 加以控制。当值为 1 时，圆环被填充，如图 5-1 所示；当值为 0 时，圆环不被填充，如图 5-2 所示。

（2）如果指定的内径为 0，则绘制实心圆，如图 5-1(b)和图 5-2(b)所示。

---

① 这是 AutoCAD 2008 新增的功能。

（a）内外径不等　　　（b）内径为 0　　　（c）内外径相等　　　（a）内外径不等　　　（b）内径为 0

图 5-1　填充的圆环　　　　　　　　　　　　　　图 5-2　不填充的圆环

（3）如果输入的外径值小于内径值，系统会自动将内外径值互换。

（4）圆环的内外径可以相等，此时的圆环如同圆，如图 5-1(c)所示，但实际上它是零宽度的多段线，这是因为圆环是由两个等宽度的半圆弧多段线构成的。

5.2　正多边形的绘制

利用"多边形"命令可以绘制边数最少为 3、最多为 1024 的正多边形。

调用命令的方式如下：

- 功能区：单击"默认"选项卡"绘图"面板中的 图标按钮。
- 菜单：执行"绘图"|"多边形"命令。
- 图标：单击绘图工具栏中的 图标按钮。
- 键盘命令：POLYGON 或 POL。

5.2.1　内接于圆方式

以内接于圆方式绘制正多边形，就是已知正多边形的边数及其外接圆的圆心和半径，绘制正多边形。

操作步骤如下：

第 1 步，调用"多边形"命令。

第 2 步，命令提示为"输入侧面数："时，输入正多边形的边数，按 Enter 键。

第 3 步，命令提示为"指定正多边形的中心点或 [边(E)]："时，利用合适的定点方式指定正多边形的中心点。

第 4 步，命令提示为"输入选项 [内接于圆(I)/外切于圆(C)]："时，输入 I，按 Enter 键。

第 5 步，命令提示为"指定圆的半径："时，输入外接圆的半径值，按 Enter 键。

【例 5-1】　以内接于圆方式绘制正六边形，如图 5-3(a)所示。

操作如下：

命令：_POLYGON	单击 图标按钮，启动"多边形"命令
输入侧面数 <4>：**6**↵	输入正六边形的边数 6
指定正多边形的中心点或 [边(E)]：	拾取点 A
输入选项 [内接于圆(I)/外切于圆(C)] <I>：**I**↵	选择"内接于圆"选项
指定圆的半径：**60**↵	指定正六边形外接圆半径为 60

—————————————— AutoCAD 2019 中文版机械设计标准实例教程

（a）内接于圆方式	（b）外切于圆方式	（c）边长方式

图 5-3　用 3 种不同方式绘制的正六边形

5.2.2　外切于圆方式

以外切于圆方式绘制正多边形，就是已知正多边形的边数及其内切圆的圆心和半径，绘制正多边形。

操作步骤如下：

第 1 步～第 3 步，同 5.2.1 节第 1 步～第 3 步。

第 4 步，命令提示为"输入选项 [内接于圆(I)/外切于圆(C)]:"时，输入 C，按 Enter 键。

第 5 步，命令提示为"指定圆的半径:"时，输入内切圆的半径值，按 Enter 键。

【例 5-2】　以外切于圆方式绘制正六边形，如图 5-3(b)所示。

操作如下：

命令：**_POLYGON**	单击 ⬡ 图标按钮，启动"多边形"命令
输入侧面数 <4>：**6⏎**	输入正六边形的边数 6
指定正多边形的中心点或 [边(E)]：	拾取点 A
输入选项 [内接于圆(I)/外切于圆(C)] <I>：**C⏎**	选择"外切于圆"选项
指定圆的半径：**60⏎**	指定正六边形内切圆半径为 60

5.2.3　边长方式

以边长方式绘制正多边形，就是指定正多边形一条边的两个端点，然后按逆时针方向绘制其余的边。

操作步骤如下：

第 1 步和第 2 步，同 5.2.1 节第 1 步和第 2 步。

第 3 步，命令提示为"指定正多边形的中心点或 [边(E)]:"时，输入 E，按 Enter 键。

第 4 步，命令提示为"指定边的第一个端点:"时，利用合适的定点方式指定正多边形任一条边的一个端点。

第 5 步，命令提示为"指定边的第二个端点:"时，利用合适的定点方式指定正多边形同一条边的另一个端点。

【例 5-3】 以边长方式绘制正六边形，如图 5-3(c)所示。

操作如下：

命令：_POLYGON	单击 图标按钮，启动"多边形"命令
输入侧面数 <4>：**6.↵**	输入正六边形的边数 6
指定正多边形的中心点或 [边(E)]：**E.↵**	选择"边"选项
指定边的第一个端点：	指定边长的一个端点 A
指定边的第二个端点：**@60<15.↵**	指定边长的另一个端点 B

注意：

（1）边 AB 的长度决定了正多边形的边长，点 A 和点 B 的相对方向决定了正多边形的放置角度。系统按从 A 到 B 的顺序以逆时针方向生成正多边形。

（2）调用"多边形"命令生成的是多段线构成的作为一个整体的正多边形，可以用"分解"命令将其分解成独立的线段，参见例 4-11。

5.3　椭圆和椭圆弧的绘制

利用"椭圆"命令可以绘制椭圆和椭圆弧。

调用命令的方式如下：

- 功能区：单击"默认"选项卡"绘图"面板中的 图标按钮。
- 菜单：执行"绘图"|"椭圆"命令。
- 图标：单击绘图工具栏中的 图标按钮。
- 键盘命令：ELLIPSE 或 EL。

5.3.1　指定两端点和半轴长绘制椭圆

已知椭圆一个轴的两个端点和另一个轴的半轴长，可以绘制椭圆。

操作步骤如下：

第 1 步，调用"椭圆"命令。

第 2 步，命令提示为"指定椭圆的轴端点或 [圆弧(A)/中心点(C)]："时，用合适的定点方式指定椭圆一个轴的一个端点。

第 3 步，命令提示为"指定轴的另一个端点："时，用合适的定点方式指定椭圆同一个轴的另一个端点。

第 4 步，命令提示为"指定另一条半轴长度或 [旋转(R)]："时，输入椭圆另一个轴的半轴长度。

【例 5-4】 指定两端点和半轴长绘制椭圆，如图 5-4(a)所示。

操作如下：

命令：_ELLIPSE	单击 图标按钮，启动"椭圆"命令
指定椭圆的轴端点或 [圆弧(A)/中心点(C)]：	拾取一点，指定椭圆一个轴的一个端点 A

指定轴的另一个端点：**@120<30**↵	输入椭圆同一个轴的另一个端点 B 的相对极坐标
指定另一条半轴长度或 [旋转(R)]：**40**↵	输入椭圆另一个轴的半轴长度 40

（a）指定两端点和半轴长　　　（b）指定中心点、端点和半轴长　　　（c）指定两端点和旋转角度

图 5-4　用 3 种不同的方式绘制椭圆

5.3.2　指定中心点、端点和半轴长绘制椭圆

已知椭圆的中心点、一个轴的端点和另一个轴的半轴长，可以绘制椭圆。

操作步骤如下：

第 1 步，调用"椭圆"命令。

第 2 步，命令提示为"指定椭圆的轴端点或 [圆弧(A)/中心点(C)]："时，输入 C，按 Enter 键。

第 3 步，命令提示为"指定椭圆的中心点："时，用合适的定点方式指定椭圆的中心点。

第 4 步，命令提示为"指定轴的端点："时，用合适的定点方式指定椭圆一个轴的端点。

第 5 步，命令提示为"指定另一条半轴长度或 [旋转(R)]："时，输入椭圆另一个轴的半轴长度。

注意：在"草图与注释"工作空间指定中心点、端点和半轴长绘制椭圆时可以直接单击 ⬭ 图标按钮。

【例 5-5】　指定中心点、端点和半轴长绘制椭圆，如图 5-4(b)所示。

操作如下：

命令：**_ELLIPSE**	单击 ⬭ 图标按钮，启动"椭圆"命令
指定椭圆的轴端点或 [圆弧(A)/中心点(C)]：**C**↵	选择"中心点"选项
指定椭圆的中心点：	拾取一点，指定椭圆的中心点
指定轴的端点：**@60,0**↵	输入椭圆一个轴的一个端点 A 的相对直角坐标
指定另一条半轴长度或 [旋转(R)]：**40**↵	输入椭圆另一个轴的半轴长度 40

5.3.3　指定两端点和旋转角度绘制椭圆

已知椭圆一个轴的两个端点和旋转角度，可以绘制椭圆。

操作步骤如下：

第 1 步～第 3 步，同 5.3.1 节第 1 步～第 3 步。

第 4 步，命令提示为"指定另一条半轴长度或 [旋转(R)]："时，输入 R，按 Enter 键。

第 5 步，命令提示为"指定绕长轴旋转的角度："时，输入绕长轴旋转的角度值。

【例 5-6】 指定两端点和旋转角度绘制椭圆，如图 5-4(c)所示。

操作如下：

命令：_ELLIPSE	单击 ◔ 图标按钮，启动"椭圆"命令
指定椭圆的轴端点或 [圆弧(A)/中心点(C)]：	拾取一点，指定椭圆一个轴的一个端点 A
指定轴的另一个端点：**@120,0**↵	输入椭圆同一个轴的另一个端点 B 的相对直角坐标
指定另一条半轴长度或 [旋转(R)]：**R**↵	选择"旋转"选项
指定绕长轴旋转的角度：**45**↵	输入绕长轴旋转的角度值 45°

注意：

（1）本方式通过绕轴旋转创建椭圆，旋转角度为 0°～89.4°。

（2）椭圆类型由变量 PELLIPSE 控制。如果为 0，创建真正符合数学定义的椭圆；如果为 1，创建由多段线近似表示的椭圆。

5.3.4　绘制椭圆弧

绘制椭圆弧时，可以直接单击 ◔ 图标按钮或调用"椭圆"命令。

操作步骤如下：

第 1 步，调用"椭圆"命令。

第 2 步，命令提示为"指定椭圆的轴端点或 [圆弧(A)/中心点(C)]："时，输入 A，按 Enter 键。

第 3 步和第 4 步，同绘制椭圆的第 3 步和第 4 步。

第 5 步，命令提示为"指定起点角度或 [参数(P)]："时，指定椭圆弧起始角度。

第 6 步，命令提示为"指定端点角度或 [参数(P)/夹角(I)]："时，指定椭圆弧终止角度。

注意：椭圆的第一个端点定义了基准点，即如图 5-5 所示的点 A，椭圆弧的角度从该点按逆时针方向计算。

【例 5-7】 绘制如图 5-5 所示的椭圆弧。

图 5-5　椭圆弧的绘制

操作如下：

命令：_ELLIPSE 　指定椭圆的轴端点或 [圆弧(A)/中心点(C)]：**_A**	单击 ◔ 图标按钮，启动"椭圆弧"命令
指定椭圆弧的轴端点或 [中心点(C)]：	拾取一点，指定椭圆一个轴的一个端点 A
指定轴的另一个端点：**@-120,0**↵	输入椭圆同一个轴的另一个端点的相对直角坐标
指定另一条半轴长度或 [旋转(R)]：**40**↵	输入椭圆另一个轴的半轴长度 40
指定起点角度或 [参数(P)]：**-120**↵	输入起始角度值-120°
指定端点角度或 [参数(P)/夹角(I)]：**150**↵	输入终止角度值 150°

5.4 阵 列 对 象

利用"阵列"命令可以通过矩形阵列、环形阵列和路径阵列 3 种方式来复制指定的对象。

5.4.1 矩形阵列对象

矩形阵列即由选定对象按指定的行数、行间距、列数和列间距多重复制形成的阵列。
调用命令的方式如下：

- 功能区：单击"默认"选项卡"修改"面板中的 ⊞图标按钮。
- 菜单：执行"修改" | "阵列" | "矩形阵列"命令。
- 图标：单击修改工具栏中的 ⊞图标按钮。
- 键盘命令：ARRAYRECT 或 AR。

操作步骤如下：

第 1 步，调用"矩形阵列"命令。

第 2 步，命令提示为"选择对象："时，用合适的选择对象的方法选择要以矩形阵列方式复制的对象，在图 5-6 中是圆和中心线，然后按 Enter 键。

第 3 步，命令提示为"选择对象："时，按 Enter 键，结束对象选择。

第 4 步，命令提示为"选择夹点以编辑阵列或 [关联(AS)/基点(B)/计数(COU)/间距(S)/列数(COL)/行数(R)/层数(L)/退出(X)] <退出>："时，输入 COU，按 Enter 键。

第 5 步，命令提示为"输入列数数或 [表达式(E)] <4>："时，输入列数 2。

第 6 步，命令提示为"输入行数数或 [表达式(E)] <3>："时，输入行数 2。

第 7 步，命令提示为"选择夹点以编辑阵列或 [关联(AS)/基点(B)/计数(COU)/间距(S)/列数(COL)/行数(R)/层数(L)/退出(X)] <退出>："时，输入 S，按 Enter 键。

第 8 步，命令提示为"指定列之间的距离或 [单位单元(U)] <6.2>："时，输入列间距 60。

第 9 步，命令提示为"指定行之间的距离 <6.2>："时，输入行间距 40。

第 10 步，命令提示为"选择夹点以编辑阵列或 [关联(AS)/基点(B)/计数(COU)/间距(S)/列数(COL)/行数(R)/层数(L)/退出(X)] <退出>："时，按 Enter 键，结束"矩形阵列"命令。完成后的效果如图 5-7 所示。

图 5-6　矩形阵列前

图 5-7　矩形阵列后

注意：在 AutoCAD 2019 中，也可以直接在"阵列创建"上下文选项板中输入相应的数值，如图 5-8 所示。

图 5-8　"阵列创建"上下文选项板

操作及选项说明如下：

（1）关联(AS)：指定阵列中的对象是关联的还是独立的。

（2）层数(L)：指定三维阵列的层数和层间距。

（3）"列"面板。"列数"：阵列的列数；"介于"：列间距；"总计"：第一列到最后一列之间的总距离。

（4）"行"面板。"行数"：阵列的行数；"介于"：行间距；"总计"：第一行到最后一行之间的总距离。

（5）"层级"面板。"级别"：层级数；"介于"：层级间距；"总计"：第一个层级到最后一个层级之间的总距离。

注意：如果行、列偏移值为正数，则阵列复制的对象向上、向右排列，如果行、列偏移值为负数，则阵列复制的对象向下、向左排列。

5.4.2　环形阵列对象

环形阵列即绕中心点复制选定对象形成的阵列。

调用命令的方式如下。

● 功能区：单击"默认"选项卡"修改"面板中的 ⊹ 图标按钮。

● 菜单：执行"修改"|"阵列"|"环形阵列"命令。

● 图标：单击修改工具栏中的 ⊹ 图标按钮。

● 键盘命令：ARRAYPOLAR 或 AR。

操作步骤如下：

第 1 步，调用"环形阵列"命令。

第 2 步，命令提示为"选择对象："时，用合适的选择对象的方法选择要以环形阵列方式复制的对象，在图 5-9 中是圆和中心线，然后按 Enter 键。

第 3 步，命令提示为"选择对象："时，按 Enter 键，结束对象选择。

第 4 步，命令提示为"指定阵列的中心点或 [基点(B)/旋转轴(A)]："时，利用对象捕捉功能捕捉大圆的圆心。

第 5 步，命令提示为"选择夹点以编辑阵列或 [关联(AS)/基点(B)/项目(I)/项目间角度(A)/填充角度(F)/行(ROW)/层(L)/旋转项目(ROT)/退出(X)] <退出>："时，输入 I，按 Enter 键。

第 6 步，命令提示为"输入阵列中的项目数或 [表达式(E)] <6>："时，输入阵列个数 8（包括源对象）。

第 7 步，命令提示为"选择夹点以编辑阵列或 [关联(AS)/基点(B)/项目(I)/项目间角度

　　　　　　　　AutoCAD 2019 中文版机械设计标准实例教程

(A)/填充角度(F)/行(ROW)/层(L)/旋转项目(ROT)/退出(X)] <退出>: "时，输入 F，按 Enter 键。

第 8 步，命令提示为"指定填充角度(+=逆时针、−=顺时针)或 [表达式(EX)] <360>: "时，按 Enter 键，确认默认填充角度 360°。

第 9 步，命令提示为"选择夹点以编辑阵列或 [关联(AS)/基点(B)/项目(I)/项目间角度(A)/填充角度(F)/行(ROW)/层(L)/旋转项目(ROT)/退出(X)] <退出>: "时，按 Enter 键，结束"环形阵列"命令。完成后的效果如图 5-10 所示。

 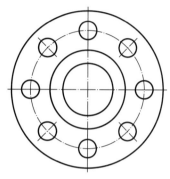

图 5-9　环形阵列前　　　　　　　　　　图 5-10　环形阵列后

注意: 在 AutoCAD 2019 中，也可以直接在"阵列创建"上下文选项板中输入相应的数值，如图 5-11 所示。

类型	项目			行 ▾			层级			特性				关闭	触摸
极轴	项目数:	8		行数:	1		级别:	1							
	介于:	45		介于:	2.5150		介于:	1.0000		关联	基点	旋转项目	方向	关闭阵列	选择模式
	填充:	360		总计:	2.5150		总计:	1.0000							

图 5-11　"阵列创建"上下文选项板

操作及选项说明如下:

（1）关联（AS）: 指定阵列中的对象是关联的还是独立的。

（2）旋转项目（ROT）: 指定复制时是否旋转项目。图 5-12（a）为阵列时复制的对象绕中心点旋转，图 5-12（b）为阵列时不旋转。

 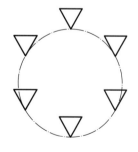

（a）阵列时旋转　　　　　　　　　　（b）阵列时不旋转

图 5-12　复制时是否旋转的比较

（3）项目间角度（A）：指定项目之间的角度。

（4）"项目"面板。"项目数"：项目的个数；"介于"：项目间的角度；"填充"：阵列中的第一项和最后一项之间的角度。

（5）"行"面板。"行数"：阵列的行数；"介于"：行间距；"总计"：第一行到最后一行之间的总距离。

（6）"层级"面板。"级别"：层级数；"介于"：层级间距；"总计"：第一个层级到最后一个层级之间的总距离。

注意：角度值为正，则按逆时针方向环形阵列；角度值为负，则按顺时针方向环形阵列。

5.4.3 路径阵列对象[①]

路径阵列即沿指定的路径复制选定对象形成的阵列。

调用命令的方式如下：

- 功能区：单击"默认"选项卡"修改"面板中的 图标按钮。
- 菜单：执行"修改"|"阵列"|"路径阵列"命令。
- 图标：单击修改工具栏中的 图标按钮。
- 键盘命令：ARRAYPATH 或 AR。

操作步骤如下：

第1步，调用"路径阵列"命令。

第2步，命令提示为"选择对象："时，用合适的选择对象的方法选择要以路径阵列方式复制的对象，在图 5-13 中是圆，然后按 Enter 键。

第3步，命令提示为"选择对象："时，按 Enter 键，结束对象选择。

第4步，命令提示为"选择路径曲线："时，选择曲线。

第5步，命令提示为"选择夹点以编辑阵列或 [关联(AS)/方法(M)/基点(B)/切向(T)/项目(I)/行(R)/层(L)/对齐项目(A)/Z 方向(Z)/退出(X)] <退出>："时，输入 M，按 Enter 键。

第6步，命令提示为"输入路径方法 [定数等分(D)/定距等分(M)] <定距等分>："时，输入 D，按 Enter 键。

第7步，命令提示为"选择夹点以编辑阵列或 [关联(AS)/方法(M)/基点(B)/切向(T)/项目(I)/行(R)/层(L)/对齐项目(A)/Z 方向(Z)/退出(X)] <退出>："时，输入 I，按 Enter 键。

第8步，命令提示为"输入沿路径的项目数或 [表达式(E)] <7>："时，输入项目数 6。

第9步，命令提示为"选择夹点以编辑阵列或 [关联(AS)/方法(M)/基点(B)/切向(T)/项目(I)/行(R)/层(L)/对齐项目(A)/Z 方向(Z)/退出(X)] <退出>："时，按 Enter 键，结束"路径阵列"命令。完成后的效果如图 5-14 所示。

图 5-13　路径阵列前

图 5-14　路径阵列后

---

① 这是 AutoCAD 2012 新增的功能。

注意：在 AutoCAD 2019 中，也可以直接在"阵列创建"上下文选项板中输入相应数值。如图 5-15 所示。

图 5-15 "阵列创建"上下文选项板

操作及选项说明如下：

（1）定距等分(M)：指定沿路径的项目之间的距离，沿路径复制选定对象。

（2）层(L)：指定三维阵列的层数和层间距。

（3）"项目"面板。"项目数"：项目的个数，允许用路径曲线的长度和项目间距自动计算项目数；"介于"：项目间距；"总计"：阵列中第一项和最后一项之间的距离（即路径曲线的长度）。

（4）"行"面板。"行数"：阵列的行数；"介于"：行间距；"总计"：第一行到最后一行之间的总距离。

（5）"层级"面板。"级别"：层级数；"介于"：层级间距；"总计"：第一个层级到最后一个层级之间的总距离。

注意：路径可以是直线、多段线、三维多段线、样条曲线、螺旋、圆弧、圆或椭圆。

5.5 延 伸 对 象

利用"延伸"命令可以将指定的对象延伸到选定的边界。

调用命令的方式如下：

- 功能区：单击"默认"选项卡"修改"面板中的 ⇥ 图标按钮。
- 菜单：执行"修改"|"延伸"命令。
- 图标：单击修改工具栏中的 ⇥ 图标按钮。
- 键盘命令：EXTEND 或 EX。

5.5.1 普通模式延伸对象

当边界与被延伸对象相交时，可以采用普通模式延伸对象。

操作步骤如下：

第 1 步，调用"延伸"命令。

第 2 步，命令提示为"选择对象或 <全部选择>："时，依次单击拾取作为延伸边界的对象（或直接按 Enter 键，选择全部对象）。当结束延伸边界对象的选择时，按 Enter 键。

第 3 步，命令提示为"选择要延伸的对象，或按住 Shift 键选择要修剪的对象，或[栏选(F)/窗交(C)/投影(P)/边(E)/放弃(U)]："时，单击拾取要延伸的对象。

注意：选择对象时，如果按住 Shift 键，则执行"修剪"命令[①]。

---

① 参见第 2 章。

第 4 步，命令提示为"选择要延伸的对象，或按住 Shift 键选择要修剪的对象，或[栏选(F)/窗交(C)/投影(P)/边(E)/放弃(U)]:"时，按 Enter 键，结束"延伸"命令。

【例 5-8】 以普通方式延伸直线，如图 5-16 所示。

（a）原图　　　　　　　　（b）延伸后

图 5-16　普通模式延伸对象

操作如下：

命令：_EXTEND	单击 ⇥ 图标按钮，启动"延伸"命令
当前设置：投影=UCS，边=无 选择边界的边...	系统提示
选择对象或 <全部选择>：	选择圆弧
找到 1 个	系统提示
选择对象：↵	按 Enter 键，结束延伸边界对象选择
选择要延伸的对象，或按住 Shift 键选择要修剪的对象，或[栏选(F)/窗交(C)/投影(P)/边(E)/放弃(U)]：	选择水平直线
选择要延伸的对象，或按住 Shift 键选择要修剪的对象，或[栏选(F)/窗交(C)/投影(P)/边(E)/放弃(U)]：↵	按 Enter 键，结束被延伸对象的选择

5.5.2　延伸模式延伸对象

如果边界与被延伸对象不相交，可以采用延伸模式延伸对象。

操作步骤如下：

第 1 步和第 2 步，同 5.5.1 节第 1 步和第 2 步。

第 3 步，命令提示为"选择要延伸的对象，或按住 Shift 键选择要修剪的对象，或[栏选(F)/窗交(C)/投影(P)/边(E)/放弃(U)]:"时，输入 E，按 Enter 键。

第 4 步，命令提示为"输入隐含边延伸模式 [延伸(E)/不延伸(N)] <不延伸>:"时，输入 E，按 Enter 键。

第 5 步和第 6 步，同 5.5.1 节第 3 步和第 4 步。

【例 5-9】 以延伸模式延伸直线，如图 5-17 所示。

（a）原图　　　　　　　　（b）延伸后

图 5-17　延伸模式延伸对象

操作如下：

命令：_EXTEND	单击 ↗ 图标按钮，启动"延伸"命令
当前设置：投影=UCS，边=无 选择边界的边...	系统提示
选择对象或 <全部选择>：	选择圆弧
找到 1 个	系统提示
选择对象：↵	按 Enter 键，结束延伸边界对象选择
选择要延伸的对象，或按住 Shift 键选择要修剪的对象，或 [栏选(F)/窗交(C)/投影(P)/边(E)/放弃(U)]：E↵	选择"边"选项
输入隐含边延伸模式 [延伸(E)/不延伸(N)] <不延伸>：E↵	选择"延伸"选项
选择要延伸的对象，或按住 Shift 键选择要修剪的对象，或 [栏选(F)/窗交(C)/投影(P)/边(E)/放弃(U)]：	选择水平直线
选择要延伸的对象，或按住 Shift 键选择要修剪的对象，或 [栏选(F)/窗交(C)/投影(P)/边(E)/放弃(U)]：↵	按 Enter 键，结束被延伸对象的选择

5.6　打　断　对　象

利用"打断"命令可以在两点之间或一点处打断选定对象。

调用命令的方式如下：

- 功能区：单击"默认"选项卡"修改"面板中的 凸 图标按钮。
- 菜单：执行"修改"|"打断"命令。
- 图标：单击修改工具栏中的 凸 图标按钮。
- 键盘命令：BREAK 或 BR。

5.6.1　选择打断对象指定第二个打断点

以选择对象时的选择点作为第一个打断点，再指定第二个打断点打断对象。

操作步骤如下：

第 1 步，调用"打断"命令。

第 2 步，命令提示为"选择对象："时，选择要打断的对象。

第 3 步，命令提示为"指定第二个打断点或 [第一点(F)]："时，指定第二个打断点。

注意：第二个打断点可以在对象上指定，也可以在对象外指定。还可以输入@，此时在选择对象时的选择点处将对象一分为二。

【例 5-10】　用"打断"命令打断如图 5-18 (a)所示的中心线，打断后的效果如图 5-18(b)所示。

操作如下：

命令：_BREAK	单击 凸 图标按钮，启动"打断"命令
选择对象：	在点 A 拾取中心线
指定第二个打断点或[第一点(F)]：	在点 B 单击

（a）原图   （b）打断后

图 5-18　打断中心线

5.6.2　选择打断对象指定两个打断点

选择对象后，重新指定第一个打断点和第二个打断点打断对象。

操作步骤如下：

第 1 步和第 2 步，同 5.6.1 节第 1 步和第 2 步。

第 3 步，命令提示为"指定第二个打断点或 [第一点(F)]："时，输入 F，按 Enter 键。

第 4 步，命令提示为"指定第一个打断点："时，指定第一个打断点。

第 5 步，命令提示为"指定第二个打断点："时，指定第二个打断点。

注意：如果在指定第一个打断点后，指定第二个打断点时输入@，则相当于打断对象于点操作。

【**例 5-11**】　用"打断"命令打断如图 5-19 (a)所示的内螺纹细实线。

（a）原图   （b）打断后

图 5-19　打断内螺纹细实线

操作如下：

命令：_BREAK	单击□图标按钮，启动"打断"命令
选择对象：	选择细实线圆
指定第二个打断点或[第一点(F)]：**F↵**	选择"第一点"选项
指定第一个打断点：	利用交点对象捕捉功能捕捉交点 A
指定第二个打断点：	利用交点对象捕捉功能捕捉交点 B

5.6.3　打断对象于点

执行打断对象于点操作时，可以直接单击功能区"默认"选项卡"修改"面板中的□图标按钮。

操作步骤如下：

第 1 步，调用"打断"命令。

第 2 步，命令提示为"选择对象："时，选择要打断的对象。

第 3 步和第 4 步，同 5.6.2 节第 3 步和第 4 步。

第 5 步，命令提示为"指定第二个打断点："时，输入 @。

注意：该命令不能用于圆，系统将提示"圆弧不能是 360 度"。

5.7　比例缩放对象

利用"缩放"命令可以将指定的对象以指定的基点为中心按指定的比例放大或缩小。调用命令的方式如下。

- 功能区：单击"默认"选项卡"修改"面板中的 ▢ 图标按钮。
- 菜单：执行"修改" | "缩放"命令。
- 图标：单击修改工具栏中的 ▢ 图标按钮。
- 键盘命令：SCALE 或 SC。

5.7.1　指定比例因子缩放对象

可以直接输入比例因子缩放对象。

操作步骤如下：

第 1 步，调用"缩放"命令。

第 2 步，命令提示为"选择对象："时，用合适的选择对象的方法选择要缩放的对象。

第 3 步，命令提示为"指定基点："时，用定点方式拾取一点作为基点。

第 4 步，命令提示为"指定比例因子或 [复制(C)/参照(R)]："时，输入缩放比例的数值。

【例 5-12】　指定比例因子缩放矩形，如图 5-20 所示。

（a）原图

（b）缩放后

图 5-20　缩放矩形

操作如下：

命令：_SCALE	单击 ▢ 图标按钮，启动"缩放"命令
选择对象：找到 1 个	选择矩形
选择对象：↵	按 Enter 键，结束对象选择
指定基点：	利用对象捕捉功能捕捉交点 A
指定比例因子或 [复制(C)/参照(R)] <1.0000>：**2**↵	输入比例因子 2

注意：输入比例因子时也可以直接输入一个算式，例如 73/20。

5.7.2 指定参照方式缩放对象

指定参照方式缩放对象是以系统自动计算出的参照长度与新长度的比值确定比例因子来缩放对象。

操作步骤如下：

第1步~第3步，同5.7.1节第1步~第3步。

第4步，命令提示为"指定比例因子或 [复制(C)/参照(R)]:"时，输入R，按Enter键。

第5步，命令提示为"指定参照长度:"时，可以直接输入参照长度值，或者指定两点确定参照长度。

第6步，命令提示为"指定新的长度或 [点(P)]"时，输入新长度值。

【例5-13】　以参照方式缩放矩形，如图5-20所示。

操作如下：

命令：_ SCALE	单击图标按钮，启动"缩放"命令
选择对象：找到1个	选择矩形
选择对象：↵	按Enter键，结束对象选择
指定基点：	利用对象捕捉功能捕捉交点A
指定比例因子或 [复制（C）/参照(R)]: **R.**↵	选择"参照"选项
指定参照长度<1.0000>：	利用对象捕捉功能捕捉交点A
指定第二点：	利用对象捕捉功能捕捉交点B
指定新的长度或[点(P)] <1.0000>： **40**↵	输入新长度40

5.8　上机操作实验指导五：垫片的绘制

本节介绍如图5-21所示垫片的绘制方法和步骤。主要涉及的命令包括前几章介绍的"圆"命令、"直线"命令和本章介绍的"阵列"命令、"打断"命令。

图5-21　垫片

操作步骤如下:

第1步, 设置绘图环境, 操作过程略。

第2步, 绘制对称中心线, 如图5-22所示, 操作过程略。

第3步, 绘制圆, 如图5-23所示, 操作过程略。

图 5-22 绘制中心线

图 5-23 绘制圆

第4步, 去除多余的轮廓线。

(1) 利用"打断"命令去除 ϕ128 的圆多余的轮廓线。

操作如下:

命令:_**BREAK**	单击⌴图标按钮, 启动"打断"命令
选择对象:	用点选方式选择 ϕ128 的圆
指定第二个打断点 或 [第一点(F)]: **F↵**	选择"第一点"选项
指定第一个打断点:	利用对象捕捉功能捕捉交点 B
指定第二个打断点:	利用对象捕捉功能捕捉交点 A

(2) 利用"打断"命令去除半径为15的圆多余的轮廓线, 方法同上, 操作过程略。

第5步, 整理中心线, 如图5-24所示。

操作如下:

命令:_**BREAK**	单击⌴图标按钮, 启动"打断"命令
选择对象:	移动光标在中心线圆上方超出圆轮廓线约3~4处(点C处)单击
指定第二个打断点或 [第一点(F)]:	移动光标在中心线圆下方超出圆轮廓线约3~4处(点D处)单击

第6步, 以环形阵列方式复制对象, 如图5-25所示。

图 5-24 打断中心线圆

图 5-25 环形阵列均布对象

操作如下：

命令：_ARRAYPOLAR	单击修改工具栏中的 图标按钮，启动"环形阵列"命令
选择对象：	选择阵列对象
找到 1 个	系统提示
……	……
选择对象：↵	按 Enter 键，结束对象选择
类型 = 极轴 关联 = 是	系统提示
指定阵列的中心点或 [基点(B)/旋转轴(A)]：	利用对象捕捉功能捕捉 ϕ128 的圆的圆心
选择夹点以编辑阵列或 [关联(AS)/基点(B)/项目(I)/项目间角度(A)/填充角度(F)/行(ROW)/层(L)/旋转项目(ROT)/退出(X)]<退出>：I↵	选择"项目"选项
输入阵列中的项目数或 [表达式(E)]<6>：4↵	输入阵列个数 4
选择夹点以编辑阵列或 [关联(AS)/基点(B)/项目(I)/项目间角度(A)/填充角度(F)/行(ROW)/层(L)/旋转项目(ROT)/退出(X)]<退出>：↵	按 Enter 键，结束"环形阵列"命令

第 7 步，去除 ϕ128 的圆多余的轮廓线。

第 8 步，保存图形，操作过程略。

5.9 上机操作常见问题解答

1. 如何控制正六边形的放置角度？

调用"多边形"命令绘制正六边形，有时生成的正六边形的放置角度不合要求。在绘制正六边形时，如果在命令行直接输入圆的半径值，则默认绘制的正六边形上下边为水平。如果改用输入点方式（常用相对坐标），则系统根据中心点和输入点之间的距离来确定圆半径值，同时根据这两点连线的方向确定正六边形的放置角度。

2. 在环形阵列中，如何设置参照点？

使用"环形阵列"命令，有时会出现意想不到的结果，如图 5-26 所示，这是因为在进行环形阵列操作时，这些选定对象的基点将与阵列圆心保持不变的距离。但不同的对象有不同的基点。系统默认的基点为：圆弧、圆、椭圆的圆心，多边形、矩形的第一个角点，圆环、直线、多段线、三维多段线、射线、样条曲线的起点，块、文本的插入点。可以选择"基点"选项，捕捉点 B 作为基点，结果如图 5-27 所示。

图 5-26 以点 A 为参考点

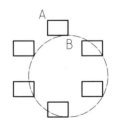

图 5-27 以点 B 为参考点

3．在打断圆时，如何控制去除和保留的部分？

在 5.8 节的第 4 步中调用"打断"命令删除多余轮廓线时，当拾取两个打断点后，发现想保留的一段劣弧（即圆心角小于 180°的弧）没有了，留下的反而是不想保留的一段优弧（即圆心角大于 180°的弧）。这是因为打断命令是按逆时针方向打断该圆的，所以与选择两个打断点的先后次序有关，删除 φ128 的圆多余的轮廓线时，应先选择点 B，后选择点 A。而删除 R15 的圆多余的轮廓线时，应先选择点 A，后选择点 B。

5.10　操作经验和技巧

1．在 AutoCAD 中如何绘制星形？

在 AutoCAD 中一直没有绘制星形的命令。可以先用"多边形"命令绘制一个正五边形，然后将对角线连起来，再作修剪，如图 5-28 所示。

图 5-28　绘制星形

2．如何用"阵列"命令快捷地处理一些规则排列的文字和图形？

如图 5-29 和图 5-30 所示，可以先用"阵列"命令将图形和文字一起阵列复制，然后再用 DDEDIT（编辑文字）命令分别修改。

图 5-29　矩形阵列文字

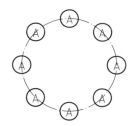

图 5-30　环形阵列文字

3. 利用"打断"命令打断对象时，指定的第二个打断点可以选在对象外吗？

如图 5-31 (a)所示，当指定的第二个打断点在对象的一个端点之外时，该端点将作为被打断对象的第二个打断点，如图 5-31 (b)所示。

（a）打断前　　　　　　　　　　（b）打断后

图 5-31　指定的第二个打断点在对象的一个端点之外

如图 5-32 (a)所示，当指定的第二个打断点在对象端点之内，而不在对象上时，系统自动过该点向对象作垂线，垂足作为被打断对象的第二个打断点，如图 5-32 (b)所示。

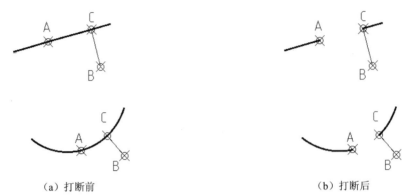

（a）打断前　　　　　　　　　　　　　　　　（b）打断后

图 5-32　指定的第二个打断点在对象的端点之内而不在对象上

5.11　上　机　题

1. 绘制如图 5-33 所示的止转螺母。

图 5-33　止转螺母

2. 绘制如图 5-34 所示的 LOGO 和如图 5-35 所示的卡圈。

图 5-34　LOGO

图 5-35　卡圈

3. 绘制如图 5-36 所示的人行道面砖图案。

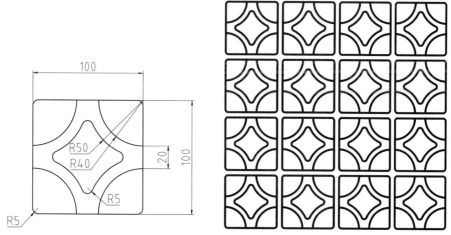

图 5-36 人行道面砖图案

4. 绘制如图 5-37 所示的煤气灶示意图。

图 5-37 煤气灶示意图

绘图提示：

（1）利用"矩形"命令绘制 800×450 的圆角矩形，设置圆角半径为 20。

（2）利用"偏移"命令偏移复制圆角矩形，偏移距离为 10。

（3）绘制矩形的中心线，利用"偏移"命令复制垂直中心线，偏移距离为 230。

（4）利用"圆"命令分别绘制 R24、R40、R80、R96 的 4 个同心圆，如图 5-38 所示。

图 5-38 绘制同心圆

（5）利用"直线"命令绘制过圆心且与水平方向成 45°夹角的直线，如图 5-39 所示。

（6）利用"打断"命令编辑直线，并利用"环形阵列"命令对直线进行阵列复制，如图 5-40 所示。

图 5-39　绘制 45°直线　　　　　　　　　图 5-40　阵列直线

（7）利用"镜像"命令对绘制好的同心圆和直线进行镜像复制，如图 5-41 所示。

（8）利用"圆"命令在距离底边 48 处绘制 R20 的圆，再利用"直线"命令绘制垂直方向的直径，完成中间旋钮的绘制，如图 5-42 所示。

图 5-41　镜像复制　　　　　　　　　　图 5-42　绘制旋钮

（9）利用"复制"命令，复制另外两个旋钮，间距为 80。至此，完成煤气灶示意图的绘制。

第6章　复杂平面图形绘制

在绘制机械图样时，经常需要用到圆弧连接，即以已知半径的圆弧将圆、圆弧和直线中的两个对象光滑连接起来。在 AutoCAD 中，可以灵活地利用"圆角"命令完成绝大多数情况下的圆弧连接。而对于一些比较复杂的平面几何图形，必须首先进行尺寸分析和线段性质分析。在此基础上，先画出可以直接作出的已知线段，再依次画出缺一个定位尺寸的中间线段，最后再画出连接线段。

本章介绍的内容和新命令如下：

（1）ARC（圆弧）命令。

（2）FILLET（圆角）命令。

（3）CHAMFER（倒角）命令。

（4）COPY（复制）命令。

（5）MOVE（移动）命令。

（6）MIRROR（镜像）命令。

（7）STRETCH 拉伸命令。

（8）LENGTHEN（拉长）命令。

6.1　圆弧的绘制

利用"圆弧"命令，只要已知 3 个参数，就可以绘制圆弧。

调用命令的方式如下：

- 功能区：单击"默认"选项卡"绘图"面板中的 图标按钮。
- 菜单：执行"绘图"｜"圆弧"命令。
- 图标：单击绘图工具栏中的 图标按钮。
- 键盘命令：ARC 或 A。

可以通过选择不同选项组合成 11 种不同的方式。可以直接在菜单中选择绘制圆弧的命令，如图 6-1（a）所示；也可以在"草图与注释"工作空间单击功能区面板中的 下拉式图标按钮，从中选择相应的选项，如图 6-1（b）所示。

6.1.1　指定三点画圆弧

已知圆弧的起点、端点和圆弧上的任一点，可以绘制圆弧。

操作步骤如下：

第 1 步，调用"圆弧"命令。

第 2 步，命令提示为"指定圆弧的起点或 [圆心(C)]:"时，用定点方式指定一点作为圆弧的起点。

（a）圆弧菜单

（b）圆弧下拉式图标按钮

图 6-1　直接选择不同的选项画圆弧

第 3 步，命令提示为"指定圆弧的第二个点或 [圆心(C)/端点(E)]："时，用定点方式指定一点作为圆弧上的第二个点。

第 4 步，命令提示为"指定圆弧的端点："时，用定点方式指定一点作为圆弧的端点，如图 6-2 所示。

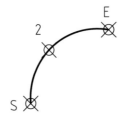

图 6-2　指定三点画圆弧

6.1.2　指定起点、圆心和端点画圆弧

已知圆弧的起点、圆心和端点，可以绘制圆弧。

操作步骤如下：

第 1 步和第 2 步，同 6.1.1 节第 1 步和第 2 步。

第 3 步，命令提示为"指定圆弧的第二个点或 [圆心(C)/端点(E)]："时，输入 C，按 Enter 键。

第 4 步，命令提示为"指定圆弧的圆心："时，用定点方式指定一点作为圆心。

第 5 步，命令提示为"指定圆弧的端点（按住 Ctrl 键以切换方向）或 [角度(A)/弦长(L)]："时，用定点方式指定一点作为圆弧的端点，如图 6-3 所示。

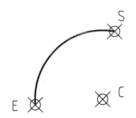

图 6-3　指定起点、圆心和端点画圆弧

注意：AutoCAD 总是从起点开始，到端点为止，沿逆时针方向绘制圆弧。

6.1.3　指定起点、圆心和角度画圆弧

已知圆弧的起点、圆心和圆弧的圆心角，可以绘制圆弧。

操作步骤如下：

第 1 步～第 4 步，同 6.1.2 节第 1 步～第 4 步。

第 5 步，命令提示为"指定圆弧的端点（按住 Ctrl 键以切换方向）或 [角度(A)/弦长(L)]："时，输入 A，按 Enter 键。

第 6 步，命令提示为"指定夹角（按住 Ctrl 键以切换方向）："时，输入圆弧的圆心角值，按 Enter 键，如图 6-4 所示。

图 6-4　指定起点、圆心和角度画圆弧

注意：如果角度为正，逆时针绘制圆弧；如果角度为负，顺时针绘制圆弧。

6.1.4　指定起点、圆心和长度画圆弧

已知圆弧的起点、圆心和圆弧的弦长，可以绘制圆弧。

操作步骤如下：

第 1 步～第 4 步，同 6.1.2 节第 1 步～第 4 步。

第 5 步，命令提示为"指定圆弧的端点（按住 Ctrl 键以切换方向）或 [角度(A)/弦长(L)]："时，输入 L，按 Enter 键。

第 6 步，命令提示为"指定弦长（按住 Ctrl 键以切换方向）："时，输入圆弧的弦长值，按 Enter 键，如图 6-5 所示。

注意：如果弦长为正，绘制一条劣弧；如果弦长为负，绘制一条优弧。

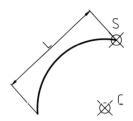

图 6-5　指定起点、圆心和弦长画圆弧

6.1.5　指定起点、端点和半径画圆弧

已知圆弧的起点、端点和半径，可以绘制圆弧。

操作步骤如下：

第 1 步，调用"圆弧"命令。

第 2 步，命令提示为"指定圆弧的起点或 [圆心(C)]："时，用定点方式指定一点作为圆弧的起点。

第 3 步，命令提示为"指定圆弧的第二个点或 [圆心(C)/端点(E)]："时，输入 E，按 Enter 键。

第 4 步，命令提示为"指定圆弧的端点："时，用定点方式指定一点作为圆弧的端点。

第 5 步，命令提示为"指定圆弧的中心点（按住 Ctrl 键以切换方向）或 [角度(A)/方向(D)/半径(R)]："时，输入 R，按 Enter 键。

第 6 步，命令提示为"指定圆弧的半径（按住 Ctrl 键以切换方向）："时，输入圆弧的半径值，按 Enter 键，如图 6-6 所示。

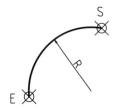

图 6-6　指定起点、端点和半径画圆弧

6.1.6　指定起点、端点和方向画圆弧

已知圆弧的起点、端点和圆弧的起点切线方向，可以绘制圆弧。

操作步骤如下：

第 1 步～第 4 步，同 6.1.5 节第 1 步～第 4 步。

第 5 步，命令提示为"指定圆弧的圆心（按住 Ctrl 键以切换方向）或 [角度(A)/方向(D)/半径(R)]："时，输入 D，按 Enter 键。

第 6 步，命令提示为"指定圆弧起点的相切方向（按住 Ctrl 键以切换方向）："时，通过单击拾取点或输入角度值指定圆弧起点切线方向，如图 6-7 所示。

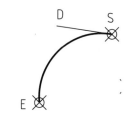

图 6-7　指定起点、端点和方向画圆弧

6.1.7　以连续方式画圆弧

利用"圆弧"命令还可以绘制以刚画完的圆弧或直线的端点为起点且与该圆弧或直线相切的圆弧。

操作步骤如下：

第 1 步，命令提示为"指定圆弧的起点或 [圆心(C)]："时，按 Enter 键。

第 2 步，命令提示为"指定圆弧的端点（按住 Ctrl 键以切换方向）："时，用定点方式指定一点作为圆弧的端点。

这种绘制圆弧的方式实际上相当于 6.1.6 节所述的方式，如图 6-8 所示。

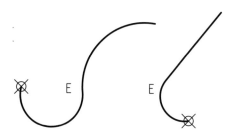

图 6-8　连续方式画圆弧

另外，还可以用以下 4 种方式绘制圆弧：

- 指定起点、端点和角度画圆弧。
- 指定圆心、起点和端点画圆弧。
- 指定圆心、起点和角度画圆弧。
- 指定圆心、起点和长度画圆弧。

操作步骤可以参考前面介绍的 7 种方式，在此不再赘述。

【例 6-1】　用简化画法绘制如图 6-9 所示的两正交圆柱的相贯线。

提示：根据机械制图国家标准规定，当正交的两个圆柱直径相差较大时，其相贯线在与两圆柱轴线所确定的平面平行的投影面上的投影可以用圆弧近似代替，该圆弧以大圆柱半径为半径，圆心在小圆柱轴线上，圆弧由小圆柱向大圆柱面弯曲。

操作如下：

命令：_ARC	单击 图标按钮，启动"圆弧"命令
指定圆弧的起点或 [圆心(C)]：	利用对象捕捉功能捕捉点 S
指定圆弧的第二个点或 [圆心(C)/端点(E)]：E↵	选择"端点"选项
指定圆弧的端点：	利用对象捕捉功能捕捉点 E

指定圆弧的中心点（按住 Ctrl 键以切换方向）或 [角度(A)/方向(D)/半径(R)]：**R↵**	选择"半径"选项
指定圆弧的半径：**100↵**	输入圆弧半径 100（两相交圆柱中较大的圆柱半径）

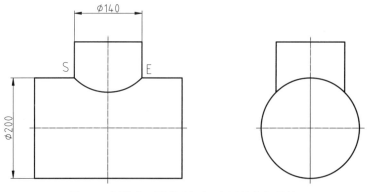

图 6-9　用简化画法绘制两正交圆柱的相贯线

6.2　倒　圆　角

利用"圆角"命令可以用指定半径的圆弧为两个对象添加圆角。这种绘图操作在机械制图中称为倒圆角。

调用命令的方式如下：

- 功能区：单击"默认"选项卡"修改"面板中的　图标按钮。
- 菜单：执行"修改"|"圆角"命令。
- 图标：单击修改工具栏中的　图标按钮。
- 键盘命令：FILLET 或 F。

6.2.1　以修剪方式倒圆角

以修剪方式倒圆角时，除了增加一个圆角圆弧外，原对象将被自动修剪或延伸，而拾取的部分将保留。

操作步骤如下：

第 1 步，调用"圆角"命令。

第 2 步，命令提示为"当前设置：模式 = 修剪，半径 = 0.0000""选择第一个对象或 [放弃(U)/多段线(P)/半径(R)/修剪(T)/多个(M)]："时，输入 R，按 Enter 键。

第 3 步，命令提示为"指定圆角半径<0.0000>："时，输入半径值，按 Enter 键。

第 4 步，命令提示为"选择第一个对象或 [放弃(U)/多段线(P)/半径(R)/修剪(T)/多个(M)]："时，选择圆角操作的第一个对象。

第 5 步，命令提示为"选择第二个对象，或按住 Shift 键选择对象以应用角点或 [半径(R)]："时，选择圆角操作的第二个对象。

注意：如果在选择直线时按下 Shift 键，则以 0 值代替当前圆角半径。所谓圆角半径为 0，即在修剪模式下，对两条不平行直线倒圆角将自动延伸或修剪，使它们相交，如图 6-10 所示。

（a）原图

（b）圆角半径为 0

图 6-10　创建半径为 0 的倒圆角

【例 6-2】　以修剪方式对如图 6-11（a）所示的正五边形倒圆角，最终效果如图 6-11（b）所示。

（a）原图

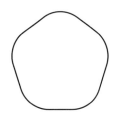
（b）以修剪方式倒圆角

图 6-11　对正五边形倒圆角

操作如下：

命令：_FILLET	单击 图标按钮，启动"圆角"命令
当前设置：模式 = 修剪，半径 = 0.0000	系统提示
选择第一个对象或 [放弃(U)/多段线(P)/半径(R)/修剪(T)/多个(M)]：**R↵**	选择"半径"选项
指定圆角半径<0.0000>：**40↵**	输入圆角半径 40
选择第一个对象或 [放弃(U)/多段线(P)/半径(R)/修剪(T)/多个(M)]：**P↵**	选择"多段线"选项
选择二维多段线或 [半径(R)]：	点选正五边形
5 条直线已被圆角	系统提示

6.2.2　以不修剪方式倒圆角

以不修剪方式倒圆角时，原对象保持不变，仅增加一个圆角圆弧。

操作步骤如下：

第 1 步～第 3 步，同 6.2.1 节第 1 步～第 3 步。

第 4 步，命令提示为"选择第一个对象或 [放弃(U)/多段线(P)/半径(R)/修剪(T)/多个(M)]："时，输入 T，按 Enter 键。

第 5 步，命令提示为"输入修剪模式选项 [修剪(T)/不修剪(N)] <修剪>："时，输入 N，按 Enter 键。

第 6 步和第 7 步，同 6.2.1 节第 4 步和第 5 步。

【例 6-3】　以不修剪方式对如图 6-11（a）所示的正五边形倒圆角，最终效果如图 6-12 所示。

图 6-12 以不修剪方式倒圆角

操作如下：

命令：_FILLET	单击[图标]图标按钮，启动"圆角"命令
当前设置：模式 = 修剪，半径 = 40.0000	系统提示
选择第一个对象或 [放弃(U)/多段线(P)/半径(R)/修剪(T)/多个(M)]：**T**↵	选择"修剪"选项
输入修剪模式选项 [修剪(T)/不修剪(N)] <修剪>：**N**↵	选择"不修剪"选项
选择第一个对象或 [放弃(U)/多段线(P)/半径(R)/修剪(T)/多个(M)]：**P**↵	选择"多段线"选项
选择二维多段线或 [半径(R)]：	点选正五边形
5 条直线已被圆角	系统提示

注意：

（1）在例 6-2 中，因为正五边形是多段线，所以可以选择多段线(P)对整个正五边形倒圆角。

（2）除了对直线和多段线倒圆角外，还可以对圆弧、圆、椭圆弧、射线、样条曲线或构造线倒圆角。如图 6-13 所示的对两个圆倒圆角和如图 6-14 所示的对直线和圆倒圆角在绘制机械图样时会经常接触到，即所谓的圆弧连接。

（a）原图 　　　　　　　　　　　　　（b）完成倒圆角

图 6-13 对两个圆倒圆角

（a）原图 　　　　　　　　　　　　　（b）完成倒圆角

图 6-14 对直线和圆倒圆角

（3）对两条平行直线倒圆角，圆角半径由系统自动计算，取平行直线距离的一半，如

图 6-15 所示。

（a）原图 （b）完成倒圆角

图 6-15 对两条平行直线倒圆角

6.3 倒 角

利用"倒角"命令可以连接两条不平行的直线。

调用命令的方式如下：

- 功能区：单击"默认"选项卡"修改"面板中的 图标按钮。
- 菜单：执行"修改"|"倒角"命令。
- 图标：单击修改工具栏中的 图标按钮。
- 键盘命令：CHAMFER 或 CHA。

6.3.1 指定两边距离倒角

可以分别设置两条直线的倒角距离，进行倒角处理。

操作步骤如下：

第 1 步，调用"倒角"命令。

第 2 步，命令提示为"（'修剪'模式）当前倒角距离 1 = 0.0000，距离 2 = 0.0000""选择第一条直线或 [放弃(U)/多段线(P)/距离(D)/角度(A)/修剪(T)/方式(E)/多个(M)]："时，输入 D，按 Enter 键。

第 3 步，命令提示为"指定第一个倒角距离<0.0000>："时，输入第一条直线上倒角的距离值，按 Enter 键。

第 4 步，命令提示为"指定第二个倒角距离<80.0000>："时，输入第二条直线上倒角的距离值，按 Enter 键。

第 5 步，命令提示为"选择第一条直线或 [放弃(U)/多段线(P)/距离(D)/角度(A)/修剪(T)/方式(E)/多个(M)]："时，拾取倒角操作的第一条直线。

第 6 步，命令提示为"选择第二条直线，或按住 Shift 键选择直线以应用角点或 [距离(D)/角度(A)/方法(M)]："时，拾取倒角操作的第二条直线。

倒角结果如图 6-16 所示。

（a）原图 （b）倒角结果

图 6-16 指定两边距离倒角

6.3.2 指定距离和角度倒角

可以分别设置第一条直线的倒角距离和倒角角度，进行倒角处理。

操作步骤如下：

第 1 步，调用"倒角"命令。

第 2 步，命令提示为"('修剪'模式) 当前倒角距离 1 = 0.0000，距离 2 = 0.0000""选择第一条直线或 [放弃(U)/多段线(P)/距离(D)/角度(A)/修剪(T)/方式(E)/多个(M)]："时，输入 A，按 Enter 键。

第 3 步，命令提示为"指定第一条直线的倒角长度<0.0000>："时，输入第一条直线上倒角的距离值，按 Enter 键。

第 4 步，命令提示为"指定第一条直线的倒角角度<0>："时，输入第一条直线上倒角的角度值，按 Enter 键。

第 5 步和第 6 步，同 6.3.1 节第 5 步和第 6 步。

对如图 6-16（a）所示的两条直线指定距离和角度倒角的结果如图 6-17 所示。

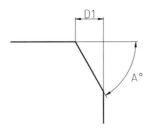

图 6-17   指定距离和角度倒角

【例 6-4】   绘制如图 6-18（a）所示的轴的倒角。结果如图 6-18（b）所示。

（a）原图

（b）倒角完成后

图 6-18   对轴倒角

操作如下：

命令：_CHAMFER	单击 图标按钮，启动"倒角"命令
("修剪"模式) 当前倒角距离 1 = 0.0000，距离 2 = 0.0000	系统提示
选择第一条直线或 [放弃(U)/多段线(P)/距离(D)/角度(A)/修剪(T)/方式(E)/多个(M)]：**D**↵	选择"距离"选项，设置倒角距离
指定第一个倒角距离<0.0000>：**10**↵	设置第一条直线上倒角的距离为 10
指定第二个倒角距离<10.0000>：↵	按 Enter 键，确认第二条直线上倒角的距离也为 10

选择第一条直线或 [放弃(U)/多段线(P)/距离(D)/角度(A)/修剪(T)/方式(E)/多个(M)]: **M** ↵	选择"多个"选项，对多个对象倒角
选择第一条直线或 [放弃(U)/多段线(P)/距离(D)/角度(A)/修剪(T)/方式(E)/多个(M)]:	点选上方水平线
选择第二条直线，或按住 Shift 键选择直线以应用角点或 [距离(D)/角度(A)/方法(M)]:	点选垂直线
选择第一条直线或 [放弃(U)/多段线(P)/距离(D)/角度(A)/修剪(T)/方式(E)/多个(M)]:	点选下方水平线
选择第二条直线，或按住 Shift 键选择直线以应用角点或 [距离(D)/角度(A)/方法(M)]:	点选垂直线
选择第一条直线或 [放弃(U)/多段线(P)/距离(D)/角度(A)/修剪(T)/方式(E)/多个(M)]: ↵	按 Enter 键，结束"倒角"命令

注意：类似"圆角"命令，"倒角"命令也有修剪和不修剪两种方式，还可以对多段线倒角。如果将两个倒角距离设为 0 (或者按住 Shift 键选择直线)，在修剪方式下，对两条不平行直线倒角将自动延伸或修剪，使它们相交。

6.4 复 制 对 象

利用"复制"命令可以将选择的对象根据指定的位置复制一个或多个副本。

调用命令的方式如下：

- 功能区：单击"默认"选项卡"修改"面板中的 图标按钮。
- 菜单：执行"修改"|"复制"命令。
- 图标：单击修改工具栏中的 图标按钮。
- 键盘命令：COPY、CP 或 CO。

6.4.1 指定基点和第二点复制对象

采用指定基点和第二点复制对象方式时，先指定基点，随后指定第二点，系统将按两点确定的位移矢量复制对象。该位移矢量决定了副本相对于源对象的方向和距离。

操作步骤如下：

第 1 步，调用"复制"命令。

第 2 步，命令提示为"选择对象："时，用合适的选择对象的方法选择要复制的对象。

第 3 步，命令提示为"指定基点或 [位移(D)/模式(O)] <位移>："时，用定点方式拾取一点作为基点。

注意：如果输入 O 后按 Enter 键 (即选择"模式"选项)，系统提示"输入复制模式选项 [单个(S)/多个(M)] <多个>："，可以选择单个复制还是多个复制[①]。

第 4 步，命令提示为"指定第二个点或 [阵列(A)] <使用第一个点作为位移>："时，用定点方式拾取点（或者输入相对于基点的相对坐标）。如果选择系统默认的多个复制模式，该提示会反复出现，则系统相对于同一个基点可以复制多个副本。

---

① 此为 AutoCAD 2008 新增的功能。

第 5 步，命令提示为"指定第二个点或 [阵列(A)/退出(E)/放弃(U)] <退出>："时，按 Enter 键，结束"复制"命令。

【例 6-5】 利用"复制"命令可以指定基点和第二点复制对象的方式复制 3 个内螺纹孔，如图 6-19 所示。

（a）原图 　　　　　　　　　　　　　　　（b）复制后

图 6-19　复制内螺纹孔

操作如下：

命令：_COPY	单击图标按钮，启动"复制"命令
选择对象：找到 1 个	选择粗实线圆
选择对象：找到 1 个，总计 2 个	选择细实线四分之三圆
选择对象：↵	按 Enter 键，结束对象选择
当前设置：复制模式 = 多个	系统提示
指定基点或 [位移(D)/模式(O)] <位移>：	利用对象捕捉功能捕捉圆心点 A
指定第二个点或 [阵列(A)] <使用第一个点作为位移>：	利用对象捕捉功能捕捉圆心点 B
指定第二个点或 [阵列(A)/退出(E)/放弃(U)] <退出>：	利用对象捕捉功能捕捉圆心点 C
指定第二个点或 [阵列(A)/退出(E)/放弃(U)] <退出>：	利用对象捕捉功能捕捉圆心点 D
指定第二个点或 [阵列(A)/退出(E)/放弃(U)] <退出>：↵	按 Enter 键，结束"复制"命令

注意：在本例中，指定基点时也可以任意拾取一点，命令提示为"指定位移的第 n 点："（n 为二、三、四）时，分别输入"@60,0""@60,60"及"@0,60"。

6.4.2　指定位移复制对象

采用指定位移复制对象方式时，要输入被复制对象的位移。

操作步骤如下：

第 1 步和第 2 步，同 6.4.1 节第 1 步和第 2 步。

第 3 步，命令提示为"指定基点或 [位移(D)/模式(O)] <位移>："时，输入 D，按 Enter 键。

注意：也可以输入一个坐标值，系统将把该坐标值作为复制对象所需的位移量。当随后出现"指定第二个点或 [阵列(A)] <使用第一个点作为位移>："的命令提示时，直接按

AutoCAD 2019 中文版机械设计标准实例教程

Enter 键即可。

第 4 步,命令提示为"指定位移<0.0000, 0.0000, 0.0000>:"时,输入一个坐标值,系统把该坐标值作为复制对象所需的位移量。

注意:这里应输入绝对直角坐标或绝对极坐标,不应该含有@符号。

【例 6-6】 利用"复制"命令以指定位移复制对象方式复制 3 个内螺纹孔,如图 6-19 所示。

操作如下:

命令:_COPY	单击 图标按钮,启动"复制"命令
选择对象:找到 1 个	选择粗实线圆
选择对象:找到 1 个,总计 2 个	选择细实线四分之三圆
选择对象:↵	按 Enter 键,结束对象选择
当前设置:复制模式 = 多个	系统提示
指定基点或 [位移(D)/模式(O)] <位移>:60,0↵	输入坐标
指定第二个点或 [阵列 (A)] <使用第一个点作为位移>:	按 Enter 键,使用第一个点作为位移
……	……

6.5 移 动 对 象

利用"移动"命令可以将选中的对象移到指定的位置。

调用命令的方式如下:

- 功能区:单击"默认"选项卡"修改"面板中的 图标按钮。
- 菜单:执行"修改"|"移动"命令。
- 图标:单击修改工具栏中的 图标按钮。
- 键盘命令:MOVE 或 M。

"移动"命令和"复制"命令的操作非常类似,区别只是在原位置是否还保留源对象,"移动"命令在原位置不保留源对象。

操作步骤如下:

第 1 步,调用"移动"命令。

第 2 步,命令提示为"选择对象:"时,用合适的选择对象的方法选择要移动的对象。

第 3 步,命令提示为"指定基点或 [位移(D)] <位移>:"时,用定点方式拾取一点作为基点,或直接输入一个坐标值作为移动对象的位移。

第 4 步,命令提示为"指定第二个点或 <使用第一个点作为位移>:"时,用定点方式拾取点(或者输入相对于基点的相对坐标),系统根据这两个点定义一个位移矢量。如果直接按 Enter 键,第一点的坐标值将被认为是移动所需的位移量。

【例 6-7】 利用"移动"命令将内螺纹孔从点 A 移动到点 B,如图 6-20 所示。

操作如下:

命令:_MOVE	单击 图标按钮,启动"移动"命令
选择对象:找到 1 个	选择粗实线圆

选择对象：找到 1 个，总计 2 个	选择细实线四分之三圆
选择对象：↵	按 Enter 键，结束对象选择
指定基点或 [位移(D)] <位移>：	利用对象捕捉功能捕捉交点 A
指定第二个点或<使用第一个点作为位移>：	利用对象捕捉功能捕捉交点 B

（a）原图　　　　　　　　　　　　　　　　　　（b）移动后

图 6-20　移动内螺纹孔

6.6　镜像复制对象

利用"镜像"命令可以将选中的对象按指定的镜像轴进行镜像复制，以创建轴对称图形。

调用命令的方式如下：

- 功能区：单击"默认"选项卡"修改"面板中的 ⚊ 图标按钮。
- 菜单：执行"修改"|"镜像"命令。
- 图标：单击修改工具栏中的 ⚊ 图标按钮。
- 键盘命令：MIRROR 或 MI。

操作步骤如下：

第 1 步，调用"镜像"命令。

第 2 步，命令提示为"选择对象："时，用合适的选择对象的方法选择要镜像的对象。

第 3 步，命令提示为"指定镜像线的第一点："时，用定点方式指定镜像轴上的第一个端点。

第 4 步，命令提示为"指定镜像线的第二点："时，用定点方式指定镜像轴上的第二个端点。

第 5 步，命令提示为"要删除源对象吗？[是(Y)/否(N)] <否>："时，若输入 N，按 Enter 键，则保留源对象；若输入 Y，按 Enter 键，则删除源对象。

【例 6-8】　利用"镜像"命令镜像复制出螺母的右半边图形，如图 6-21 所示。

（a）原图　　　　　　　　　　　　　　　　　　（b）镜像后

图 6-21　镜像复制出螺母的右半边图形

　———————　AutoCAD 2019 中文版机械设计标准实例教程

操作如下：

命令：_MIRROR	单击 ▲ 图标按钮，启动"镜像"命令
选择对象：指定对角点：找到 6 个	用窗口方式选择螺母的左半图形
选择对象：↵	按 Enter 键，结束对象选择
指定镜像线的第一点：	利用对象捕捉功能捕捉端点 A
指定镜像线的第二点：	利用对象捕捉功能捕捉端点 B
要删除源对象吗？[是(Y)/否(N)] <否>：↵	选择"否"选项，保留源对象

6.7 拉 伸 对 象

利用"拉伸"命令可以以交叉窗口或交叉多边形选择要拉伸（或压缩）的对象。

调用命令的方式如下：

- 功能区：单击"默认"选项卡"修改"面板中的 ↳ 图标按钮。
- 菜单：执行"修改"|"拉伸"命令。
- 图标：单击修改工具栏中的 ↳ 图标按钮。
- 键盘命令：STRETCH 或 S。

操作步骤如下：

第 1 步，调用"拉伸"命令。

第 2 步，命令提示为"以交叉窗口或交叉多边形选择要拉伸的对象..." "选择对象："时，用交叉窗口方式或交叉多边形方式选择对象。

注意：如果选择的图形对象完全在窗口内，则图形对象形状不变，只作移动（相当于"移动"命令的操作），与窗口相交的图形对象将被拉伸（或压缩）。

第 3 步和第 4 步，同"移动"和"复制"命令的第 3 步和第 4 步。

【例 6-9】 利用"拉伸"命令拉伸如图 6-22（a）所示的螺栓。结果如图 6-22（b）所示。

（a）原图

（b）拉伸后

图 6-22 拉伸螺栓

操作如下：

命令：_STRETCH	单击 ↳ 图标按钮，启动"拉伸"命令
以交叉窗口或交叉多边形选择要拉伸的对象...	系统提示

选择对象：	用交叉窗口选择拉伸对象，如图6-22（a）所示，拾取右下角点
指定对角点：	拾取左上角点
找到 12 个	系统提示
选择对象：↵	结束对象选择
指定基点或[位移(D)] <位移>：**20,0**↵	输入坐标
指定第二个点或<使用第一个点作为位移>：↵	按 Enter 键，使用第一个点的坐标值作为位移量

6.8 拉 长 对 象

利用"拉长"命令可以拉长或缩短直线、圆弧的长度。

调用命令的方式如下：

- 功能区：单击"默认"选项卡"修改"面板中的 图标按钮。
- 菜单：执行"修改"|"拉长"命令。
- 键盘命令：LENGTHEN 或 LEN。

6.8.1 指定增量拉长或缩短对象

采用指定增量拉长或缩短对象方式，可以通过输入长度增量，按增量拉长或缩短对象。输入正值为拉长，输入负值则为缩短。

操作步骤如下：

第1步，调用"拉长"命令。

第2步，命令提示为"选择要测量的对象或 [增量(DE)/百分数(P)/总计(T)/动态(DY)]<总计(T)>："时，输入 DE，按 Enter 键。

第3步，命令提示为"输入长度增量或 [角度(A)] <0.0000>："时，输入长度的增量值，按 Enter 键。

第4步，命令提示为"选择要修改的对象或 [放弃(U)]："时，拾取要拉长或缩短的对象。

第5步，命令提示为"选择要修改的对象或 [放弃(U)]："时，按 Enter 键，结束"拉长"命令。

注意：拉长（或缩短）直线或圆弧时，拾取点的一侧即为改变长度的一侧。

【**例6-10**】 利用"拉长"命令以指定增量方式拉长如图6-23（a）所示的圆的中心线。结果如图6-23（b）所示。

（a）原图

（b）拉长后

图 6-23 拉长圆的中心线

操作如下：

命令：_LENGTHEN	单击 ⁄ 图标按钮，启动"拉长"命令
选择要测量的对象或 [增量(DE)/百分数(P)/总计(T)/动态(DY)] <总计(T))>：**DE**↵	选择"增量"选项
输入长度增量或 [角度(A)] <0.0000>：**5**↵	输入长度增量 5
选择要修改的对象或 [放弃(U)]：	拾取中心线
……	拾取其他 3 条中心线
选择要修改的对象或 [放弃(U)]： ↵	按 Enter 键，结束"拉长"命令

6.8.2　动态拉长或缩短对象

采用动态拉长或缩短对象方式，可以动态拉长或缩短对象。

操作步骤如下：

第 1 步，调用"拉长"命令。

第 2 步，命令提示为"选择要测量的对象或 [增量(DE)/百分数(P)/总计(T)/动态(DY)] <总计(T)>："时，输入 DY，按 Enter 键。

第 3 步，命令提示为"选择要修改的对象或 [放弃(U)]："时，拾取要拉长或缩短的对象，通过鼠标拖动的方法动态确定对象的新端点位置。

第 4 步，命令提示为"指定新端点："时，在确定位置后，单击。

【例 6-11】　利用"拉长"命令以动态方式拉长如图 6-23（a）所示的圆的中心线。结果如图 6-23（b）所示。

操作如下：

命令：_LENGTHEN	单击 ⁄ 图标按钮，启动"拉长"命令
选择要测量的对象或 [增量(DE)/百分数(P)/总计(T)/动态(DY)] <总计(T)>：**DY**↵	选择"动态"选项
选择要修改的对象或 [放弃(U)]：	在中心线的一端单击
指定新端点：	拖动鼠标，在合适的位置单击
选择要修改的对象或 [放弃(U)]：	在中心线的另一端单击
……	……

6.8.3　指定百分数拉长或缩短对象

采用指定百分数拉长或缩短对象方式，通过指定对象总长度的百分数设置对象长度。

操作步骤如下：

第 1 步，调用"拉长"命令。

第 2 步，命令提示为"选择要测量的对象或 [增量(DE)/百分数(P)/总计(T)/动态(DY)] <总计(T)>："时，输入 P，按 Enter 键。

第 3 步，命令提示为"输入长度百分数 <100.0000>："时，输入非零正值，按 Enter 键。

第 4 步，命令提示为"选择要修改的对象或 [放弃(U)]："时，拾取要拉长或缩短的对象。

第 5 步，命令提示为"选择要修改的对象或 [放弃(U)]:"时，按 Enter 键，结束"拉长"命令。

注意：如果输入的值大于 100，则所选择的对象在拾取点一侧变长；如果输入的值小于 100，则所选择的对象在拾取点一侧变短。

6.8.4 全部拉长或缩短对象

采用全部拉长或缩短对象方式，可以通过指定对象的新长度或新圆心角度来拉长或缩短对象。

操作步骤如下：

第 1 步，调用"拉长"命令。

第 2 步，命令提示为"选择要测量的对象或 [增量(DE)/百分数(P)/总计(T)/动态(DY)] <总计(T)>:"时，输入 T，按 Enter 键。

第 3 步，命令提示为"指定总长度或 [角度(A)] <1.0000>:"时，输入直线的新长度或圆弧的新圆心角。

第 4 步，命令提示为"选择要修改的对象或 [放弃(U)]:时，拾取要拉长或缩短的对象。

第 5 步，命令提示为"选择要修改的对象或 [放弃(U)]:"时，按 Enter 键，结束"拉长"命令。

【例 6-12】 利用"拉长"命令拉长如图 6-24（a）所示的圆弧，使其圆心角为 75°，如图 6-24（b）所示。

（a）原图

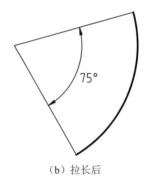
（b）拉长后

图 6-24 拉长圆弧使其圆心角为 75°

操作如下：

命令：_LENGTHEN	单击 图标按钮，启动"拉长"命令
选择要测量的对象或 [增量(DE)/百分数(P)/总计(T)/动态(DY)] <总计(T)>：**T**↵	选择"总计"选项
指定总长度或 [角度(A)] <1.0000>：**A**↵	选择"角度"选项
指定总角度<57>：**75**↵	输入圆弧的总圆心角度 75
选择要修改的对象或 [放弃(U)]：	拾取圆弧
选择要修改的对象或 [放弃(U)]： ↵	按 Enter 键，结束"拉长"命令

6.9　上机操作实验指导六：手柄的绘制

本节介绍如图 6-25 所示的手柄的绘制方法和步骤，将涉及本章介绍的"圆角"命令、"倒角"命令、"移动"命令、"镜像"复制命令和"拉长"命令。

图 6-25　手柄

操作步骤如下：

第 1 步，设置绘图环境，操作过程略。

第 2 步，用"矩形"命令绘制 40×30 的矩形，并用"分解"命令分解该矩形。

第 3 步，用"直线"命令绘制水平中心线，并用"偏移"命令偏移复制该中心线，偏移距离为 20，如图 6-26 所示。

图 6-26　绘制水平中心线并偏移复制该线

第 4 步，用"圆"命令以 A 为圆心绘制 R18 和 R8 的同心圆，如图 6-27 所示。

图 6-27　绘制 R18 和 R8 的同心圆

第 5 步，用"移动"命令平移 R8 的圆。

操作如下：

命令：_MOVE	单击 ✥ 图标按钮，启动"移动"命令
选择对象：找到 1 个	选择 R8 的圆
选择对象：↵	按 Enter 键，结束对象选择
指定基点或 [位移(D)] <位移>：	任意拾取一点
指定第二个点或 <使用第一个点作为位移>：@120,0↵	输入第二点相对于基点的相对直角坐标

第 6 步，用"圆"命令中的"切点、切点、半径(T)"方式绘制 R100 的圆，如图 6-28 所示。

图 6-28　绘制 R100 的圆

第 7 步，用"圆角"命令绘制 R30 的连接圆弧，如图 6-29 所示。

图 6-29　绘制 R30 的连接圆弧

操作如下：

命令：_FILLET	单击 图标按钮，启动"圆角"命令
当前设置：模式 = 修剪，半径 = 0.0000	系统提示
选择第一个对象或 [放弃(U)/多段线(P)/半径(R)/修剪(T)/多个(M)]：**R.↵**	选择"半径"选项
指定圆角半径<0.0000>：**30.↵**	输入圆角半径 30
选择第一个对象或 [放弃(U)/多段线(P)/半径(R)/修剪(T)/多个(M)]：	拾取 R100 的圆
选择第二个对象，或按住 Shift 键选择对象以应用角点或 [半径(R)]：	拾取 R18 的圆

第 8 步，用"延伸"命令以 R18 的圆为边界延伸矩形的垂直线。

第 9 步，用"修剪"命令修剪多余的图线，如图 6-30 所示。

图 6-30　修剪多余的图线

第 10 步，用"镜像"命令镜像复制另一半图形，如图 6-31 所示。

操作如下：

命令：_MIRROR	单击 图标按钮，启动"镜像"命令
选择对象：指定对角点：找到 3 个	用窗口方式选择手柄的上半部分图形

选择对象：↵	按 Enter 键，结束对象选择
指定镜像线的第一点：	利用对象捕捉功能捕捉水平中心线左端点
指定镜像线的第二点：	利用对象捕捉功能捕捉水平中心线右端点
要删除源对象吗？[是(Y)/否(N)] <否>：↵	选择"否"选项，保留源对象

图 6-31　镜像复制另一半图形

第 11 步，用"修剪"命令修剪多余的图线。

第 12 步，用"圆"命令绘制 R5 的圆，并用"直线"命令绘制中心线。

第 13 步，用"倒角"命令倒角，并绘制垂直线，如图 6-32 所示。

图 6-32　绘制倒角

操作如下：

命令：_CHAMFER	单击 图标按钮，启动"倒角"命令
("修剪"模式) 当前倒角距离 1 = 0.0000，距离 2 = 0.0000	系统提示
选择第一条直线或 [放弃(U)/多段线(P)/距离(D)/角度(A)/修剪(T)/方式(E)/多个(M)]：**D**↵	选择"距离"选项，设置倒角距离
指定第一个倒角距离<0.0000>：**2**↵	设置第一条直线上倒角的距离为 2
指定第二个倒角距离<2.0000>：↵	按 Enter 键，确认第二条直线上倒角的距离也为 2
选择第一条直线或 [放弃(U)/多段线(P)/距离(D)/角度(A)/修剪(T)/方式(E)/多个(M)]：**M**↵	选择"多个"选项，对多个对象倒角
选择第一条直线或 [放弃(U)/多段线(P)/距离(D)/角度(A)/修剪(T)/方式(E)/多个(M)]：	点选上方水平线
选择第二条直线，或按住 Shift 键选择直线以应用角点或 [距离(D)/角度(A)/方法(M)]：	点选垂直线
选择第一条直线或 [放弃(U)/多段线(P)/距离(D)/角度(A)/修剪(T)/方式(E)/多个(M)]：	点选下方水平线
选择第二条直线，或按住 Shift 键选择直线以应用角点或 [距离(D)/角度(A)/方法(M)]：	点选垂直线
选择第一条直线或 [放弃(U)/多段线(P)/距离(D)/角度(A)/修剪(T)/方式(E)/多个(M)]：↵	按 Enter 键，结束倒角命令

第 14 步，用"删除"命令删除多余直线。

第 15 步，用"拉长"命令动态调整中心线的长度。

操作如下：

命令：_LENGTHEN	单击 ✏ 图标按钮，启动"拉长"命令
选择要测量的对象或 [增量(DE)/百分数(P)/总计(T)/动态(DY)] <总计(T)>：**DY**↵	选择"增量"选项
选择要修改的对象或 [放弃(U)]： 指定新端点：	拾取要拉长或缩短的对象，拖动鼠标动态确定对象的新端点位置。 在合适的位置单击
……	拾取其他中心线
选择要修改的对象或 [放弃(U)]：↵	按 Enter 键，结束"拉长"命令

第 16 步，保存图形文件，操作过程略。

6.10 上机操作常见问题解答

1．在对两个对象进行圆角操作后，有时会发现没有生成圆角，为什么？

这种情况可能是圆角半径设置得太大，无法对所选对象进行圆角操作。系统会提示"半径太大，无效"；也可能是因为圆角半径设置得太小，虽然已经完成了圆角操作，但必须放大才能观察到。

2．用"圆弧"命令绘制的相贯线有时不符合要求，为什么？

用指定起点、端点和半径的方式绘制圆弧时，根据选择的起点和端点逆时针绘制圆弧。如图 6-33 所示的圆弧是由于选择了起点为点 E，端点为点 S。

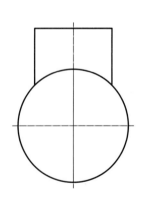

图 6-33 绘制相贯线

6.11 操作经验和技巧

1．如何快速绘制两个圆的内公切圆弧和外公切圆弧？

绘制两个圆的外公切圆弧最快速方法是用"圆角"命令设置半径后分别选择两个圆[①]。

---

① 参见 6.2 节。

　　　　　　　　　　　　　　AutoCAD 2019 中文版机械设计标准实例教程

但绘制两圆的内公切圆弧在 AutoCAD 中不能用"圆角"命令来实现,只能用"圆"命令中的 T 选项,分别选择两个相切圆后再输入半径,然后再用"修剪"命令修剪[①]。完成后的图形如图 6-34 所示。

图 6-34　绘制两个圆的相切圆弧

2. 在使用镜像命令时,如何控制文字的显示?

文字的镜像由系统变量 MIRRTEXT 控制,其值为 0 时保持文字方向,为 1 时镜像显示文字,如图 6-35 所示。要注意的是系统变量必须在调用命令前设置。

（a）MIRRTEXT=1　　　　　　　　　　　（b）MIRRTEXT=0

图 6-35　镜像文字

3. 在 AutoCAD 中如何用"圆弧"命令快捷地绘制相贯线?

单击 起点, 端点, 半径 图标按钮,不用输入任何选项,直接利用对象捕捉功能指定圆弧起点 A 和端点 B,再利用极轴追踪和对象捕捉功能,响应"指定圆弧的半径"命令提示,如图 6-36 所示。

（a）确定起点　　　　　　　　（b）确定端点　　　　　　　（c）确定半径

图 6-36　绘制相贯线的快捷方法

6.12　上　机　题

1. 绘制如图 6-37 所示的挂轮架。

绘图提示:

（1）利用"直线"命令绘制中心线,如图 6-38 所示。

（2）利用"圆"命令绘制有关的圆,如图 6-39 所示。

---

① 参见第 2 章。

图 6-37　挂轮架

图 6-38　绘制中心线　　　　　　　　　图 6-39　绘制圆

（3）利用"偏移"命令复制中心线并利用"特性匹配"命令将粗实线特性复制给它们，如图 6-40 所示。

（4）利用"修剪"命令删除多余直线，参考第 2 章的操作经验和技巧 2 绘制圆，如图 6-41 所示。

（5）利用"修剪"命令修剪圆，如图 6-42 所示。

（6）利用"圆角"命令倒圆角，如图 6-43 所示。

图 6-40　偏移直线

图 6-41　修剪直线并绘制圆

图 6-42　修剪圆

图 6-43　倒圆角

（7）利用"修剪"命令修剪圆，利用"打断"命令打断 R85 中心线圆，完成图形的绘制。

2. 绘制如图 6-44 所示的禁烟标志。

图 6-44　禁烟标志

绘图提示：

（1）利用"矩形"命令绘制 120×150 的圆角矩形，圆角半径为 10。

（2）利用"偏移"命令偏移复制圆角矩形，偏移距离为 4。

（3）利用"圆"命令绘制 R40 和 R30 同心圆，圆心在矩形 1/3 处，如图 6-45 所示。

（4）利用"直线"命令绘制过圆心与水平方向成 45° 角的直线。并利用"偏移"命令偏移复制距离为 4 的两条直线，如图 6-46 所示。

图 6-45　绘制同心圆　　　　　　　　　　　图 6-46　绘制直线

（5）利用"修剪"命令修剪多余的图线，如图 6-47 所示。

（6）利用"矩形"命令绘制 50×8 的矩形，并利用"分解"命令将其分解。选中左边的直线，偏移复制 4 条直线，偏移距离为 2。然后利用"修剪"命令修剪多余的图线，完成香烟的绘制，如图 6-48 所示。

图 6-47　修剪直线　　　　　　　　　　　图 6-48　绘制香烟

　　　　　　　　AutoCAD 2019 中文版机械设计标准实例教程

（7）利用"样条曲线"命令绘制曲线，并用"修剪"命令修剪多余的图线。

（8）利用"文字"命令输入文字"禁止吸烟"和"NO SMOKING"，如图 6-49 所示。

图 6-49　输入文字

（9）利用"图案填充"命令对绘制的禁烟标志进行填充，完成后的图形如图 6-44 所示。

第 7 章　三视图的绘制与参数化绘图

机械图样是用一组视图以及适当的表达方法表示机件的内外结构形状。三视图是机械图样中最基本的图形，是将物体放在三投影面体系中，分别向 3 个投影面投射所得到的图形，即主视图、俯视图、左视图。三视图之间的关系必须满足投影特性，即"主俯视图长对正，主左视图高平齐，俯左视图宽相等"，三视图的"三等"关系是绘图和读图的依据。在 AutoCAD 中绘制三视图，用户可以应用系统提供的一些命令绘制辅助线，或使用一些辅助工具保证三视图之间的"三等"关系。

参数化绘图[①]通过对二维几何图形添加约束，使设计符合特定的要求。

本章介绍的内容和新命令如下：

（1）XLINE（构造线）命令。

（2）ROTATE（旋转）命令。

（3）ALIGN（对齐）命令。

（4）夹点编辑功能。

（5）几何约束和标注约束。

（6）绘制三视图的方法。

7.1　构造线的绘制

利用"构造线"命令可以绘制通过指定点的双向无限长直线。执行一次该命令可以绘制多条构造线。该命令通常用于绘制作图辅助线。

调用命令的方式如下：

- 功能区：单击"默认"选项卡"绘图"面板中的 图标按钮。
- 菜单：执行"绘图"|"构造线"命令。
- 图标：单击"绘图"工具栏中的 图标按钮。
- 键盘命令：XLINE 或 XL。

绘制构造线有 5 种方式，如图 7-1 所示。其中 O 点为根点，即概念上的构造线中点。默认为两点方式，依次指定第一点（根点）和若干个通过点，即可绘制通过根点的直线族，

（a）两点法　　　（b）水平/垂直　　　（c）指定角度　　　（d）二等分角　　　（e）偏移复制

图 7-1　绘制构造线的方式

---

① 这是 AutoCAD 2010 新增的功能。

如图 7-1（a）所示。以下介绍常用的另外 3 种方式。

7.1.1　绘制水平或垂直构造线

水平或垂直构造线通过根点并与当前坐标系的 X 或 Y 轴平行，如图 7-1（b）所示。

操作步骤如下：

第 1 步，调用"构造线"命令。

第 2 步，命令提示为"指定点或 [水平（H）/垂直（V）/角度（A）/二等分（B）/偏移（O）]:"时，输入 H 或 V，按 Enter 键，选择"水平"或"垂直"选项绘制构造线。

第 3 步，命令提示为"指定通过点:"时，用合适的定点方式指定构造线的根点。

第 4 步，命令再次提示为"指定通过点:"时，用合适的定点方式指定另一条构造线的根点，或按 Enter 键结束"构造线"命令。

注意：命令提示"指定通过点:"多次出现，用户可以指定多个根点，直至按 Enter 键结束"构造线"命令，绘制出通过各根点的一系列水平或垂直构造线。

7.1.2　绘制二等分角的构造线

二等分角的构造线通过指定角的顶点（根点）并且平分两条线之间的夹角。

操作步骤如下：

第 1 步，调用"构造线"命令。

第 2 步，命令提示为"指定点或[水平（H）/垂直（V）/角度（A）/二等分（B）/偏移（O）]:"时，输入 B，按 Enter 键。

第 3 步，命令提示为"指定角的顶点:"时，用合适的定点方式指定需要平分的角的顶点（根点）。

第 4 步，命令提示为"指定角的起点:"时，用合适的定点方式指定角的第一条边上的一点。

第 5 步，命令提示为"指定角的端点:"时，用合适定点的方式指定角的第二条边上的一点。

第 6 步，命令再次提示为"指定角的端点:"时，继续指定角的端点，或按 Enter 键结束"构造线"命令。

注意：命令提示"指定角的端点:"多次出现，用户可指定多个端点，直至按 Enter 键结束"构造线"命令，绘制出一系列平分各指定角（起点与顶点连线以及端点与顶点连线之间的夹角）的构造线。

【例 7-1】　利用如图 7-2（a）所示的图形的外形轮廓绘制图 7-2（b）中的对称中心线 AB。

提示：对称中心线 AB 在两条外形轮廓直线夹角的平分线上。绘制二等分角构造线后，进行适当的编辑即可。

操作步骤如下：

第 1 步，利用"构造线"命令确定对称中心线 AB 位置。

操作如下：

（a）原图

（b）平面图形

图 7-2　利用构造线命令绘制对称中心线

命令：**_XLINE**	单击 ✎ 图标按钮，启动"构造线"命令
指定点或 [水平（H）/垂直（V）/角度（A）/二等分（B）/偏移（O）]：**B↵**	选择"二等分"选项，绘制两条外形轮廓直线夹角的平分线
指定角的顶点：**int** 于 和	利用对象捕捉功能 ✖，移动鼠标至水平边 CD，出现如图 7-3（a）所示的标记及提示，单击；再移动鼠标至斜边 EF，出现如图 7-3（b）所示的标记及提示，单击，捕捉两边的延伸交点
指定角的起点：	利用对象捕捉功能捕捉端点 D
指定角的端点：	利用对象捕捉功能捕捉端点 F，绘制构造线，如图 7-3（c）所示
指定角的端点：**↵**	按 Enter 键，结束"构造线"命令

第 2 步，利用"打断于点"命令将构造线打断成 3 段。

第 3 步，删除两端的线段，留下 AB 段，并将其所在的图层改为"细点画线"图层。

（a）选择边 CD

（b）选择边 EF

（c）指定二等分角的端点

图 7-3　绘制二等分角构造线

7.1.3　指定角度和通过点绘制构造线

指定角度和通过点，可以绘制构造线。

操作步骤如下：

第 1 步，调用"构造线"命令。

第 2 步，命令提示为"指定点或 [水平（H）/垂直（V）/角度（A）/二等分（B）/偏移（O）]："时，输入 A，按 Enter 键。

第 3 步，命令提示为"输入构造线的角度（0）或 [参照（R）]："时，直接输入构造线与 X 轴正方向所成的角度。也可以输入 R，按 Enter 键，采用参照方式指定与选定的参

AutoCAD 2019 中文版机械设计标准实例教程

照线之间的夹角。

第4步，命令提示为"指定通过点："时，用合适的定点方式指定构造线的根点。

第5步，命令再次提示为"指定通过点："时，用合适的定点方式指定另一条构造线的根点，或按 Enter 键结束"构造线"命令。

注意： 角度为正值，则从 X 轴正方向或参照线开始按逆时针方向确定构造线的方向。

【例7-2】 在例 7-1 的基础上完成如图 7-2（b）所示的图形。

注意： 图 7-2（b）中的 U 形槽的两条侧边可以用偏移构造线确定位置，$\phi9$ 圆中心线利用指定角度和通过点绘制与对称中心线 AB 垂直的构造线。

操作步骤如下：

第1步，利用"构造线"命令偏移复制线 AB，确定 U 形槽两条侧边的位置，如图 7-4（a）所示。

  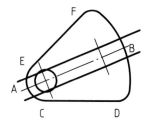

（a）偏移复制线 AB　　　　　　（b）确定 $\phi9$ 圆另一中心线　　　　　　（c）绘制 U 形槽另一中心线

图 7-4　确定 U 形槽侧边及中心线

操作如下：

命令：**_XLINE**	单击 图标按钮，启动"构造线"命令
指定点或 [水平（H）/垂直（V）/角度（A）/二等分（B）/偏移（O）]：**O.**↵	选择"偏移"选项，绘制与对称中心线 AB 平行的构造线
指定偏移距离或 [通过(T)] <通过>：**4.**↵	输入偏移距离 4
选择直线对象：	选择线 AB
指定向哪侧偏移：	在 AB 一侧单击
选择直线对象：↵	再次选择线 AB
指定向哪侧偏移：	在 AB 另一侧单击
选择直线对象：↵	按 Enter 键，结束"构造线"命令

注意： 选择"偏移"选项时，偏移复制的直线对象可以是一般直线、多段线、构造线、射线等直线对象。当选择的是多段线时，则仅偏移复制被选中的那一段。

第2步，利用"构造线"命令绘制 $\phi9$ 圆另一中心线，如图 7-4（b）所示。

操作如下：

命令：**_XLINE**	单击 图标按钮，启动"构造线"命令
指定点或 [水平（H）/垂直（V）/角度（A）/二等分（B）/偏移（O）]：**A.**↵	选择"角度"选项，绘制与对称中心线 AB 垂直的构造线
输入构造线的角度 (0) 或 [参照(R)]：**R.**↵	选择"参照"选项
选择直线对象：	选择参照线，如对称中心线 AB

输入构造线的角度<0>：**90.**↵	输入构造线与参照线 AB 的夹角 90°
指定通过点：	捕捉φ9 圆的圆心，确定构造线通过的点，如图 7-4（b）所示，绘制与对称中心线 AB 垂直的构造线 L
指定通过点：↵	按 Enter 键，结束"构造线"命令

第 3 步，利用"打断于点"命令将构造线 L 打断成 3 段。操作过程略。

第 4 步，删除两端多余线段，并将其所在图层改为"细点画线"图层，如图 7-4（c）所示。操作过程略。

第 5 步，利用"偏移"命令，指定偏移复制距离为 25，偏移复制中心线 L，得到 U 形槽另一中心线，如图 7-4（c）所示。操作过程略。

第 6 步，利用"圆弧"命令绘制 R4 圆弧。操作过程略。

第 7 步，利用"修剪"命令修剪多余线段，完成图形。操作过程略。

7.2 旋 转 对 象

利用"旋转"命令可以将选定的对象绕指定的基点旋转。

调用命令的方式如下：

- 功能区：单击"默认"选项卡"修改"面板中的⟲图标按钮。
- 菜单：执行"修改"|"旋转"命令。
- 图标：单击修改工具栏中的⟲图标按钮。
- 键盘命令：ROTATE 或 RO。

执行旋转命令后，可以按以下 3 种方式旋转对象。

7.2.1 指定角度旋转对象

按指定角度旋转对象，就是将选定的对象绕指定的基点并按给定的绝对角度值旋转。

操作步骤如下：

第 1 步，调用"旋转"命令。

第 2 步，命令提示为"选择对象："时，选择需要旋转的对象。

第 3 步，命令提示为"指定基点："时，指定旋转基点，即图 7-5（a）中的中心点 O。

第 4 步，命令提示为"指定旋转角度，或[复制(C)/参照(R)]<0>："时，输入旋转的绝对角度值 45°，结果如图 7-5（b）所示。

（a）旋转前

（b）旋转后

图 7-5 指定角度旋转对象

注意：角度为正值时逆时针旋转对象，角度为负值时顺时针旋转对象。

【例7-3】 将图7-6（a）所示的表面粗糙度代号旋转到图7-6（b）所示的方向。

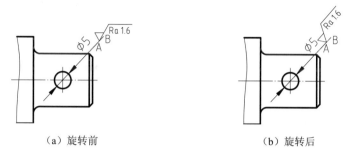

（a）旋转前　　　　　　　　　　　　　（b）旋转后

图7-6　旋转表面粗糙度代号

提示：表面粗糙度代号的标注应符合机械制图国家标准的有关规定，图7-6（a）所示的表面粗糙度代号的旋转角度是 $\phi 5$ 圆的直径尺寸线与水平线的夹角，该角度可以通过捕捉B点确定，则B点与基点连线与 X 轴正方向的夹角即为旋转角度。

操作如下：

命令：_ROTATE	单击 ⟳ 图标按钮，启动"旋转"命令
UCS 当前的正角方向：ANGDIR=逆时针 ANGBASE =0	系统提示当前用户坐标系的角度测量方向和测量基点
选择对象：找到 1 个	选择表面粗糙度代号（图块）
选择对象：↵	按 Enter 键，结束对象选择
指定基点：	捕捉表面粗糙度代号图块插入点 A
指定旋转角度，或 [复制（C）/参照（R）]<0>：	捕捉尺寸线的端点 B，结束"旋转"命令

7.2.2　以参照方式旋转对象

以参照方式旋转对象时，旋转角度由指定的参照角度和新角度确定。

操作步骤如下：

第1步～第3步，同7.2.1节的第1步～第3步。

第4步，命令提示为"指定旋转角度，或[复制(C)/参照(R)]<0>："时，输入 R，按 Enter 键。

第5步，命令提示为"指定参照角<0>："时，输入参照角度值，或指定两点。

第6步，命令提示为"指定新角度或[点(P)]："时，直接输入新角度，或指定一点（该点与基点连线与 X 轴正方向的夹角为新角度），或使用"点"选项指定两点。

注意：

（1）指定的参照角度和新角度都是相对于 X 轴正方向的绝对角度，实际旋转角度即为新角度减去参照角度，多用于旋转角度未知的情况。

（2）如果参照角度或新角度均未知，则可以通过指定两点来确定，系统将以这两点的连线与 X 轴正方向的夹角作为参照角度或新角度。一般使用自动捕捉追踪功能指定点。

【例7-4】 将图7-7（a）所示的图形旋转到图7-7（b）所示的位置。

（a）旋转前　　　　　　　　　　　（b）旋转后

图 7-7　以参照方式旋转图形

提示：如图 7-7（a）所示，将中心线 A 旋转至垂直方向即可。由于旋转角度未知，故利用参照方式旋转。

操作如下：

命令：_ **ROTATE**	单击 ⟳ 图标按钮，启动"旋转"命令
UCS 当前的正角方向：ANGDIR=逆时针 ANGBASE=0	系统提示当前用户坐标系的角度测量方向和测量基点
选择对象：指定对角点：找到 9 个	选择整个图形
选择对象：↵	按 Enter 键，结束对象选择
指定基点：	捕捉右上侧圆的圆心
指定旋转角度或 [复制（C）/参照（R）]：**R**↵	选择参照方式
指定参照角<0>：	捕捉右上侧圆的圆心，如图 7-8（a）所示
指定第二点：	捕捉中心线 A 的端点，参照角度为圆心和该点的连线与 X 轴正方向的夹角，如图 7-8（b）所示
指定新角度或[点(P)]：	利用极轴追踪功能垂直向上追踪，如图 7-8（c）所示，单击，确定新角度为 90°，即拾取点和基点连线的角度

（a）指定参照角的第一点　　　　（b）指定参照角的第二点　　　　（c）指定新角度

图 7-8　以参照方式旋转对象时指定旋转角度

7.2.3　旋转并复制对象

使用"复制"选项，可以将选定的对象旋转指定角度，同时保留原对象。

操作步骤如下：

第 1 步～第 3 步，同 7.2.1 节的第 1 步～第 3 步。

第 4 步，命令提示为"指定旋转角度，或[复制(C)/参照(R)]<0>："时，输入 C，按 Enter 键。

──────── AutoCAD 2019 中文版机械设计标准实例教程

第5步，命令提示为"指定旋转角度，或[复制(C)/参照(R)]<0>："时，用适当方法指定对象旋转的角度。

【例 7-5】 将图 7-9（a）所示的原图旋转并复制，最后编辑完成图 7-9（c）所示的图形。

（a）原图　　　　　　　（b）旋转并复制后　　　　　　（c）完成的图形

图 7-9　旋转并复制对象以及编辑图形

操作步骤如下：

第1步，利用"旋转"命令旋转并复制图形，如图 7-9（b）所示。

操作如下：

命令：_ **ROTATE**	单击 ⟳ 图标按钮，启动"旋转"命令
UCS 当前的正角方向：ANGDIR=逆时针 ANGBASE=0	系统提示当前用户坐标系的角度测量方向和测量基点
选择对象：指定对角点：找到 8 个	选择图 7-9（a）所示的需要旋转的图形
选择对象：↵	按 Enter 键，结束对象选择
指定基点：	捕捉圆心 O，确定旋转中心
指定旋转角度或 [复制（C）/参照（R）]<0>：**C**↵	选择"复制"选项
旋转一组选定对象。	系统提示
指定旋转角度或 [复制（C）/参照（R）]<0>：**60**↵	指定旋转角度为 60°，按 Enter 键结束"旋转"命令

第2步，利用"圆角"命令倒圆角，半径为3，操作过程略。完成的图形如图 7-9（c）所示。

7.3　对　齐　对　象

利用"对齐"命令可以移动或旋转选定的对象，使其与另一个对象对齐。

调用命令的方式如下：

- 功能区：单击"默认"选项卡"修改"面板中的 🔲 图标按钮。
- 菜单：执行"修改"|"三维操作"|"对齐"命令。
- 键盘命令：ALIGN 或 AL。

执行"对齐"命令后，可以用一对点或两对点在二维空间对齐对象。三对点方式用于在三维空间对齐对象。

7.3.1 用一对点对齐对象

用一对点对齐对象时，可以将选定对象从源点（基点）移动到目标点。

操作步骤如下：

第 1 步，调用"对齐"命令。

第 2 步，命令提示为"选择对象："时，选择要对齐的对象。

第 3 步，命令提示为"指定第一个源点："时，用合适的定点方式指定第一个源点。

第 4 步，命令提示为"指定第一个目标点："时；指定第一个目标点。

第 5 步，命令提示为"指定第二个源点："时，按 Enter 键。

【例 7-6】 使用"对齐"命令，将图 7-10（a）中的左侧图形对齐至右侧图形指定位置，结果如图 7-10（b）所示。

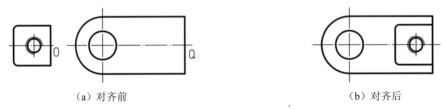

（a）对齐前　　　　　　　　　　　　　　　　（b）对齐后

图 7-10　用一对点对齐对象

操作如下：

命令：_ALIGN	单击 ⊟ 图标按钮，启动"对齐"命令
选择对象：指定对角点：找到 10 个	选择图 7-10（a）中的左侧图形对象
选择对象：↵	按 Enter 键，结束对象选择
指定第一个源点：	捕捉左侧图形右侧边中点 O
指定第一个目标点：	捕捉右侧图形右侧边中点 Q
指定第二个源点：↵	按 Enter 键，结束"对齐"命令

7.3.2 用两对点对齐对象

用两对点对齐对象时，可以将选定对象从源点移动到目标点，并旋转对象与指定边对齐，必要时可以缩放选定对象，如图 7-11 所示。

（a）对齐前　　　　　　　（b）对齐时不缩放对象　　　　　　　（c）对齐时缩放对象

图 7-11　用两对点对齐对象

操作步骤如下：

　　　　　　　　　　　　　AutoCAD 2019 中文版机械设计标准实例教程

第 1 步~第 4 步，同 7.3.1 节的第 1 步~第 4 步。

第 5 步，命令提示为"指定第二个源点："时，在选定的对象上指定第二个源点。

第 6 步，命令提示为"指定第二个目标点："时，指定第二个目标点。

第 7 步，命令提示为"指定第三个源点或<继续>："时，按 Enter 键。

第 8 步，命令提示为"是否基于对齐点缩放对象？[是(Y)/否(N)]<否>："时，若直接按 Enter 键，则不缩放对齐对象，如图 7-11（b）所示；若输入 Y，按 Enter 键，则缩放对齐对象，如图 7-11（c）所示。

注意： 如图 7-11（c）所示，系统以第一源点 1 和第二源点 2 之间的距离为参照长度，以第一目标点 1'和第二目标点 2'之间的距离为新长度，使选定的半圆缩放。

【例 7-7】 使用"对齐"命令的两对点对齐方式，将图 7-12（a）中的左侧图形对齐到右侧图形的指定位置，结果如图 7-12（b）所示。

（a）对齐前　　　　　　　　　　　　　　（b）对齐后

图 7-12　用两对点对齐对象示例

操作如下：

命令：_ALIGN	单击 图标按钮，启动"对齐"命令
选择对象：找到 7 个	选择图 7-12（a）中的左侧图形对象
选择对象：↵	按 Enter 键，结束对象选择
指定第一个源点：	捕捉图 7-12（a）中的左侧图形的左侧圆心 1
指定第一个目标点：	捕捉图 7-12（a）中的右侧图形的交点 1'
指定第二个源点：	捕捉图 7-12（a）中的左侧图形的右侧圆心 2
指定第二个目标点：	捕捉图 7-12（a）中的右侧图形中心线的端点 2'
指定第 3 个源点或<继续>：↵	按 Enter 键，结束定点操作
是否基于对齐点缩放对象？[是(Y)/否(N)]<否>：↵	按 Enter 键，选择"否"选项，结束"对齐"命令

7.4　夹点编辑功能

夹点是实心的彩色小方框。在命令执行前，使用定点设备选择对象后，则对象蓝显，且在其特征点上会出现若干个夹点。利用夹点编辑功能，可以使用定点设备快捷地编辑图形，如快速拉伸、移动、复制、旋转、缩放以及镜像对象等。

在"选项"对话框的"选择集"选项卡中，系统默认的设置是"显示夹点"，用户可以使用夹点编辑功能，必要时还可以设置夹点样式，如图 7-13 所示。如果选择的对象是多段线，则可以进行多功能夹点编辑[①]。

注意：

（1）系统变量 GRIPS 控制夹点在选定对象上的显示。GRIPS 默认为 2，既可显示一般对象的夹点，又可显示多段线等的中点夹点；GRIPS 为 1 时，仅显示一般夹点；而 GRIPS 为 0 时则隐藏夹点，无法进行夹点编辑。

（2）如图 7-13 所示，"在块中显示夹点"复选框默认为不选中，选择图块时，只显示基点处的夹点，其示例如图 7-14（a）所示。如果选中"在块中显示夹点"复选框，则显示块参照中各对象的夹点，其示例如图 7-14（b）所示。

图 7-13　在"选项"对话框的"选择集"选项卡

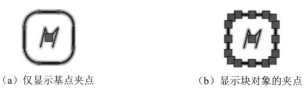

（a）仅显示基点夹点　　　　　　　（b）显示块对象的夹点

图 7-14　图块中的夹点

7.4.1　使用夹点拉伸对象

夹点默认显示为蓝色。要使用夹点编辑对象，需要在其中的一个选定的夹点上单击，这个选定的夹点被激活，称为基准夹点，默认显示为 12 号色（绛红）。然后系统自动进入

---

① 参见 8.2.2 节。

──────── AutoCAD 2019 中文版机械设计标准实例教程

默认的"拉伸"编辑模式。

操作步骤如下：

第1步，用合适的方法选择对象，出现蓝色夹点，如图7-15（a）所示。

第2步，选择基准夹点，即如图7-15（b）所示的上端点。

第3步，命令提示为"指定拉伸点或 [基点（B）/复制（C）/放弃（U）/退出（X）]："时，移动鼠标，则选定对象随着基准夹点的移动被拉伸，当基准夹点移至合适位置时单击，如图7-15（c）所示。用户还可以输入新点的坐标以确定拉伸位置。

（a）选择对象　　　　　（b）激活圆弧端点　　　　　（c）移动鼠标拉伸圆弧

图7-15　使用夹点拉伸对象

第4步，按Ecs键（或空格键、Enter键），取消夹点。

注意：

（1）当锁定了图层上的对象时，将不显示夹点。

（2）如果选择的基准夹点是直线中点、圆心以及文字、块参照、点对象上的夹点，则移动这些夹点，相应的对象将被移动，而不能被拉伸。

（3）选择对象后，当光标悬停在圆弧和直线的端点夹点上时，则显示多功能夹点菜单，如图7-16（a）所示。如果选择"拉伸"命令，则基准夹点被拉伸至光标位置，此时直线的方向和长度或圆弧的端点位置及半径均会发生变化；如果选择"拉长"命令，则只改变直线的长度，而直线的方向或圆弧的半径不会改变，如图7-16（b）所示。当选择某一选项后，可以按Ctrl键在这两个选项中循环切换。

（a）光标悬停在圆弧和直线端点　　　　　　　　（b）移动鼠标拉长圆弧和直线

图7-16　使用夹点拉伸对象

7.4.2　使用夹点功能进行其他编辑

使用夹点编辑功能还可以对选定的对象进行移动、旋转、比例缩放以及镜像操作。编辑模式的切换采用如下方法：

（1）按Enter键或空格键响应7.4.1节介绍的操作步骤中第3步的提示，系统将在编辑模式中依次循环切换。

（2）选择基准夹点后右击，在弹出的快捷菜单中选择相应的编辑选项，如图7-17

所示。

（3）在命令行输入相应的编辑模式名：移动为 MO，旋转为 RO，比例缩放为 SC，镜像为 MI，拉伸为 ST。

【例 7-8】 将如图 7-18（a）所示的图形使用夹点编辑功能旋转复制，并编辑成如图 7-18（b）所示的图形。

图 7-17　夹点编辑快捷菜单

（a）原图　　　　　　　（b）旋转复制后

图 7-18　使用夹点编辑功能旋转复制对象

操作步骤如下：

第 1 步，使用夹点编辑功能旋转复制图形。

操作如下：

命令：	选择上端圆弧、小圆及其中心线，出现夹点，选择任意一个夹点作为基准夹点，即图 7-19(a) 中的圆弧右侧端点
** 拉伸 **	系统提示默认的编辑模式为"拉伸"
指定拉伸点或 [基点(B)/复制(C)/放弃(U)/退出(X)]：↵	按 Enter 键，切换夹点编辑模式
** 移动 **	系统提示编辑模式为"移动"
指定移动点或 [基点(B)/复制(C)/放弃(U)/退出(X)]：↵	按 Enter 键，切换夹点编辑模式
** 旋转 **	系统提示编辑模式为"旋转"
指定旋转角度或 [基点(B)/复制(C)/放弃(U) /参照(R)/退出(X)]：**C**↵	选择"复制"选项
** 旋转(多重)　**	系统提示"旋转(多重)"编辑模式
指定旋转角度或 [基点(B)/复制(C)/放弃(U) /参照(R)/退出(X)]：**B**↵	选择"基点"选项
指定基点：	捕捉大圆的圆心，如图 7-19（b）所示
** 旋转(多重)　**	系统提示"旋转(多重)"编辑模式
指定旋转角度或 [基点(B)/复制(C)/放弃(U) /参照(R)/退出(X)]：**75**↵	输入旋转角度75°，得到左上角图形，如图 7-19(c) 所示
** 旋转 (多重)　**	系统提示"旋转(多重)"编辑模式

　　　　AutoCAD 2019 中文版机械设计标准实例教程

指定旋转角度或 [基点(B)/复制(C)/放弃(U)/参照(R)/退出(X)]:	按住 Ctrl 键，并移动鼠标，单击，得到左下角图形，如图 7-19（c）所示
指定旋转角度或 [基点(B)/复制(C)/放弃(U)/参照(R)/退出(X)]: **-90.↵**	输入旋转角度-90，得到右侧图形，如图 7-19（d）所示
指定旋转角度或 [基点(B)/复制(C)/放弃(U)/参照(R)/退出(X)]: ↵	按 Enter 键，结束编辑
按 Esc 键	取消夹点，结束编辑

（a）选择对象并激活夹点　　（b）重新指定基准点　　（c）旋转复制　　（d）旋转复制后

图 7-19　使用夹点多重旋转复制对象

注意：

（1）在任何一种编辑模式下，系统都将所选的基准夹点默认为基点。可以利用"基点"选项重新指定基点。

（2）在任何一种编辑模式下，选择"复制"选项，系统都将按指定的编辑模式多重复制对象，直至按 Enter 键结束，被选定的对象仍然保留。

（3）在夹点多重复制模式下，复制后续副本时，如果在光标定点的同时按下 Ctrl 键，则可以实现旋转捕捉或偏移捕捉，旋转捕捉角度或偏移捕捉间距、方向由前一个副本的复制角度或间距、方向确定，可以按角度或间距的整数倍复制，从而得到规则排列的对象。如果复制后续副本时不按下 Ctrl 键，则可以重新定义旋转角度或偏移距离。

（4）"参照"选项的意义与"旋转"命令中的"参照"选项相同。

第 2 步，利用"修剪"命令修剪多余圆弧，完成图形编辑。操作过程略。

7.5　绘制三视图的方法

三视图的线型和投影规律都必须符合机械制图国家标准的有关规定。根据三视图的投影规律，绘制三视图常用的方法有辅助线法和对象捕捉追踪法。

在实际绘图中，用户可以灵活运用这两种方法，保证视图之间满足投影关系。同时还要根据物体的结构特点，对视图中的对称图形、重复要素等灵活运用镜像、复制、阵列等编辑命令，提高绘图的效率。

7.5.1　辅助线法

利用构造线作为作图辅助线，确保视图之间的"三等"关系，并结合图形进行必要的编辑，完成图形的绘制。

【例 7-9】 如图 7-20 所示，利用辅助线法，由主视图绘制俯视图。

操作步骤如下：

第 1 步，设置绘图环境，操作过程略。

第 2 步，绘制俯视图垂直轮廓线及中心线的辅助线，如图 7-21 所示。

图 7-20 利用辅助线法绘制俯视图

图 7-21 绘制辅助线

操作如下：

命令：_XLINE	单击 📐 图标按钮，启动"构造线"命令
指定点或 [水平（H）/垂直（V）/角度（A）/二等分（B）/偏移（O）]：V↵	选择"垂直"选项
指定通过点：	捕捉主视图顶点 A，绘制辅助线 1
指定通过点：	捕捉主视图中心线与轮廓线的交点 B，绘制辅助线 2
指定通过点：	捕捉主视图顶点 C，绘制辅助线 3
指定通过点：	捕捉主视图 φ6 圆的垂直中心线端点 E，绘制辅助线 4
指定通过点：	捕捉主视图顶点 D，绘制辅助线 5
指定通过点：↵	按 Enter 键，结束"构造线"命令

第 3 步，绘制俯视图水平轮廓线及中心线的辅助线，如图 7-21 所示。

操作如下：

命令：_XLINE	单击 📐 图标按钮，启动"构造线"命令
指定点或 [水平（H）/垂直（V）/角度（A）/二等分（B）/偏移（O）]：H↵	选择"水平"选项
指定通过点：	在合适的位置单击拾取点，绘制辅助线 6
指定通过点：15↵	捕捉辅助线 6 的中点，垂直向下追踪，输入板的厚度 15，绘制辅助线 7
指定通过点：7.5↵	捕捉辅助线 6 的中点，垂直向下追踪，输入板的厚度 7.5，绘制辅助线 8
指定通过点：↵	按 Enter 键，结束"构造线"命令

第 4 步，将辅助线 2、4 和 8 设置为"细点画线"图层，将其余各辅助线设置为"粗实线"图层，操作过程略。

第 5 步，修剪多余辅助线，如图 7-22（a）所示，操作过程略。

第 6 步，绘制俯视图中的 $\phi 8$ 圆，如图 7-22（b）所示，操作过程略。

第 7 步，利用夹点拉伸功能调整细点画线长度，如图 7-22（b）所示，操作过程略。

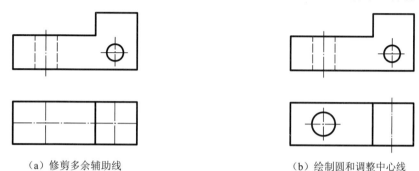

（a）修剪多余辅助线   （b）绘制圆和调整中心线

图 7-22   编辑辅助线并绘制俯视图中的圆

第 8 步，利用"构造线"命令绘制俯视图中 $\phi 6$ 圆柱孔的两条轮廓线，并设置为"细虚线"图层，最后修剪多余虚线，完成图形绘制，操作过程略。

7.5.2   对象捕捉追踪法

采用对象捕捉追踪法时，利用对象捕捉追踪功能并结合极轴、正交等辅助工具，保证视图之间的"三等"关系，再进行必要的编辑，完成图形绘制。此方法与辅助线法相比，图面简洁，操作方便、快捷。对象捕捉追踪法的操作方法和技巧将在 7.7 节结合上机操作实验作详细介绍。

7.6   参数化绘图

参数化绘图在 CAD 技术中得到了广泛应用。参数化绘图就是在二维草图的基础上，首先使用几何约束条件确定满足设计要求的图形几何形状，然后应用标注约束修改几何图形的尺寸数值，确定对象的大小，从而得到精确的设计图形。常用的约束类型有以下两种：

（1）几何约束。控制对象之间的几何关系。

（2）标注约束。控制几何对象之间的距离、长度、角度、半径等。

7.6.1   创建几何约束

几何约束用以确定二维几何对象之间或对象上的点之间的关系，将几何对象关联起来，并可指定固定的位置或角度。用户可以为绘制好的草图手动添加几何约束，或让系统自动创建几何约束，也可以在绘制草图时使用推断约束[①]功能使系统自动判断并添加几何约束。指定几何约束条件后，受约束的几何图形在编辑时将保持几何约束关系。

[①]   这是 AutoCAD 2011 新增的功能。

默认情况下，创建几何约束后系统将显示几何约束栏，显示一个或多个与图形对象关联的几何约束图标。当鼠标悬停在某个对象上时，可以亮显与该对象关联的所有几何约束图标。例如，在图 7-23（a）中，与直线 AB 关联的约束为两个相切约束与一个平行约束。当鼠标悬停在几何约束图标上时，可以亮显与该几何约束关联的所有对象。例如，在图 7-23（b）中，与对称点约束关联的对象为左右两段圆弧和垂直中心线，表示这两个圆弧的圆心关于垂直中心线对称。

注意：重合约束显示为蓝色小方块，其他约束显示为灰色图标。

 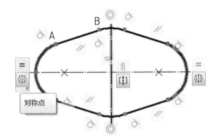

（a）与直线 AB 关联的几何约束　　　　　　　（b）与几何约束图标关联的对象

图 7-23　几何约束栏

用户可以在如图 7-24 所示的"约束设置"对话框的"几何"选项卡中设置约束栏上显示的约束类型。打开"约束设置"对话框的方法如下：

（1）单击"参数化"选项卡"几何"面板中的 按钮。

（2）执行"参数"|"约束设置"命令。

（3）单击参数化工具栏中的 图标按钮。

图 7-24　"约束设置"对话框

AutoCAD 2019 中文版机械设计标准实例教程

1．手工添加几何约束

一般情况下，绘制二维草图时无须拘泥于几何对象之间的关系，可以根据几何形状粗略地绘图，然后手工添加几何约束，保证几何对象之间的几何关系。

调用命令的方式如下：

- 功能区：单击"参数化"选项卡"几何"面板中的图标按钮，如图 7-25 所示。
- 菜单：执行"参数"|"几何约束"命令，如图 7-26 所示。

图 7-25 "几何"面板

图 7-26 "几何约束"菜单

- 图标：单击几何约束工具栏中的图标按钮。
- 键盘命令：GEOMCONSTRAINT。

操作步骤如下：

第 1 步，调用"几何约束"命令。

第 2 步，命令提示为"输入约束类型[水平(H)/竖直(V)/垂直(P)/平行(PA)/相切(T)/平滑(SM)/重合(C)/同心(CON)/共线(COL)/对称(S)/相等(E)/固定(F)]<重合>："时，选择约束类型选项，按 Enter 键。

第 3 步，根据命令提示，选择需要约束的对象或对象上的点。

系统提供的几何约束类型有 12 种，如表 7-1 所示。

表 7-1 几何约束类型

名称	图标	选项	功　　能
重合	⌐	C	使两个点重合，或者使一个点位于直线、曲线或其延长线上
垂直	✕	P	使两条直线或多段线互相垂直
平行	∥	PA	使两条直线或多段线互相平行
相切	⌀	T	使直线与曲线或两曲线相切，或者其延长线彼此相切
水平	三	H	使一条直线或一对点与当前用户坐标系的 X 轴平行
竖直	‖	V	使一条直线或一对点与当前用户坐标系的 Y 轴平行
共线	✓	COL	使两条直线处于同一无限长直线上
同心	◎	CON	使选定的圆、圆弧或椭圆具有相同的中心点

名称	图标	选项	功　　能
平滑	✎	SM	使选定的一条样条曲线与其他样条曲线、直线、圆弧或多段线彼此相连，并保持 G2 连续性
对称	▯	S	使两条直线或两个点以选定的直线为对称轴彼此对称
相等	=	E	使两条直线或多段线具有相同长度，或使两个圆或圆弧具有相同半径
固定	🔒	FIX	使一个点或样条曲线相对于世界坐标系具有特定的位置和方向

如果指定了约束点，当光标移动到对象上时，将在对象上显示约束点图标和约束符号，移动鼠标可以改变约束点的位置。如图 7-27 所示，执行重合约束时，当光标移动至线段附近不同位置时，重合约束将分别应用到线段的左端点、中点、右端点。

图 7-27　指定对象上的约束点

约束点应是对象的有效约束点，如表 7-2 所示。

表 7-2　对象的有效约束点

对　　象	有　效　约　束　点
直线	端点、中点
圆弧	圆心、端点、中点
样条曲线	端点
圆	圆心
椭圆	圆心、长轴和短轴
多段线	直线的端点、中点，圆弧子对象，圆弧子对象的圆心
块、外部参照、属性、表格	插入点
文字、多行文字	插入点、对齐点

注意：选择对象、约束点的顺序会影响对象的放置方式。第一个选择的对象或约束点保持位置不变。

操作及选项说明如下：

（1）重合约束。

选择"重合"选项后，命令提示为"选择第一个点或 [对象(O)/自动约束(A)] <对象>："，用户可以实现如下重合约束。

① 依次选择需要约束的点。例如，依次选择图 7-28（a）中的点 A、点 C，结果点 C 与点 A 重合，如图 7-28（b）所示。

② 先选择一个点，例如图 7-28（a）中的点 A，再使用"对象"选项选择一个对象，例如图 7-28 中的直线 CD，则所选直线平移，使其延长线与点 A 重合（但并不显示延长线），如图 7-28（c）所示。

③ 先选择对象，例如图 7-28 中的直线 AB，再选择需要与该对象重合的一个点或多个

点，例如图 7-28 中的点 C、点 E，则选择的点将位于前面选择的对象上，如图 7-28（d）所示。

（a）约束前   （b）两点重合   （c）对象与一个点重合   （d）对象与多个点重合

图 7-28　重合约束

④ 使用"自动约束"，可以选择多个未受约束、具有重合点的对象，在所选对象的重合点处创建重合约束，并提示"已应用 n 个重合约束"，如图 7-29 所示。

（a）约束前   （b）自动约束后

图 7-29　重合约束的自动约束

（2）垂直、平行、相切、同心约束。

选择"垂直""平行""相切""同心"选项后，依次选择需要约束的两个对象。例如，对于如图 7-30（a）所示的直线 AB 和直线 12，图 7-30（b）、（c）为直线 12 与首先选择的直线 AB 垂直与平行；对于如图 7-31（a）所示的直线和圆，图 7-31（b）为直线与首先选择的圆相切；对于如图 7-32（a）所示的两个圆，图 7-32（b）为小圆与首先选择的大圆同心。

（a）约束前   （b）垂直约束   （c）平行约束

图 7-30　垂直约束与平行约束

（a）约束前   （b）约束后   （a）约束前   （b）约束后

图 7-31　相切约束   图 7-32　同心约束

注意：选择的第一个对象的位置不变，选择的第二个对象的位置将改变。对于倾斜线，选择对象的位置靠近哪一点，则该点位置不变。例如，在图 7-30 中，如果靠近点 1 选择直线 12，执行约束后，点 1 的位置不变。

（3）水平和竖直约束。

选择"水平""竖直"选项后，可以选择需要约束的直线，或使用"两点"选项依次选择同一对象或不同对象上两个需要约束的点，如图7-33所示。

（a）直线水平约束　　　（b）直线竖直约束　　　（c）两点水平约束　　　（d）两点竖直约束

图7-33　水平约束与竖直约束

（4）共线约束。

选择"共线"选项后，依次选择两条直线，例如图7-34（a）所示的L_0、L_1，则直线L_1与L_0共线，如图7-34（b）所示；也可以使用"多个"选项，选择多个直线与第一条直线共线，如图7-34（c）所示。

（a）约束前　　　　　　（b）两条直线共线　　　　　（c）多条直线共线

图7-34　共线约束

（5）对称约束。

选择对称选项后，可以依次选择两个对象和对称直线，例如在图7-35（a）中，依次选择两个圆，使其相对于中心线对称，如图7-35（b）所示；也可以使用"两点"选项，依次选择两个点，例如依次选择图7-35（a）中水平线的两个端点，使其相对于中心线对称，如图7-35（c）所示。

（a）约束前　　　　　　（b）两个圆对称　　　　（c）水平线的两个端点对称

图7-35　对称约束

（6）相等约束。

选择"相等"选项后，可以依次选择两个同类型的对象，例如图7-36（a）中的A、B两个圆，使两个圆直径相等，如图7-36（b）所示；也可以使用"多个"选项，选择多个同

————— AutoCAD 2019中文版机械设计标准实例教程

类型的对象，例如图 7-36（a）中的 A、B、C 3 个圆，使 3 个圆直径相等，如图 7-36（c）所示。

（a）约束前　　　　　　　　（b）两个圆直径相等　　　　　　　（c）3 个圆直径相等

图 7-36　相等约束

（7）固定约束。

选择固定选项后，可以选择对象上的某个点或某个对象，则所选的点或对象的位置将被固定。

注意：如果固定对象上的某个点，当移动对象时，该点位置固定不变。例如，在图 7-37 中，固定了下面直线的端点 A 和上面直线的中点 B。如果固定某个对象，则该对象不可移动。

（a）固定点 A　　　　　　　　（b）固定点 B　　　　　　　　　（c）移动直线

图 7-37　固定约束

2. 自动创建几何约束

使用"自动约束"命令，系统可以根据用户绘制的二维草图自动在用户所选的对象选择集中创建多个几何约束。

调用命令的方式如下：

- 功能区：单击"参数化"选项卡"几何"面板中的 图标按钮，如图 7-25 所示。
- 菜单：执行"参数"|"自动约束"命令，如图 7-26 所示。
- 图标：单击参数化工具栏中的 图标按钮。
- 键盘命令：AUTOCONSTRAIN。

操作步骤如下：

第 1 步，调用"自动约束"命令。

第 2 步，命令提示为"选择对象或 [设置(S)]："时，选择需要自动约束的对象，最后按 Enter 键结束命令。

选择"设置"选项时，系统将弹出如图 7-38 所示的"约束设置"对话框，并显示"自动约束"选项卡，用户可在此进行自动约束的相关设置。

该选项卡的操作及选项说明如下：

（1）在某个约束类型的"应用"栏内单击，可以选择应用自动约束的约束类型。"应

图 7-38 "约束设置"对话框的"自动约束"选项卡

用"栏内选中标记亮显的为选中的约束类型。

（2）"优先级"用于控制约束类型的应用顺序。选中某个约束类型，单击"上移""下移"按钮可以改变该约束类型的优先级。

（3）在"公差"选项组的"距离"文本框内输入 0～1 的值，在"角度"文本框内输入 0～5 的值，这两个值分别称为距离公差和角度公差。应用重合、同心、相切、共线约束时，可以存在距离偏差，距离偏差值必须小于或等于距离公差；应用水平、竖直、平行、垂直、相切、共线约束时，可以存在角度偏差，角度偏差值必须小于或等于角度公差。

（4）选中"相切对象必须共用同一交点"复选框，在应用相切约束时，两个对象必须相交，或者两个对象的最短距离必须小于或等于距离公差。如果不选中该复选框，两个对象也必须满足角度公差条件才能应用相切约束。

（5）选中"垂直对象必须共用同一交点"复选框，在应用垂直约束时，两个对象必须相交，或者一个对象的端点与另一个对象或其端点的最短距离必须小于或等于距离公差。

【例 7-10】 创建如图 7-39 所示的二维草图，并添加几何约束。

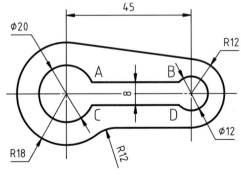

图 7-39 二维草图

操作步骤如下:

第 1 步, 绘制如图 7-40 (a) 所示的平面草图, 操作过程略。

(a) 绘制草图

(b) 自动创建所有几何对象的几何约束

(c) 分别创建左右两对圆弧的同心约束

(d) 创建左右两对圆弧圆心的水平约束

(e) 自动创建圆弧与中心线的几何约束

(f) 创建两条水平线的对称约束

图 7-40 创建几何约束的过程

第 2 步, 使用 "自动约束" 命令, 选择所有几何对象, 创建几何约束, 如图 7-40 (b) 所示。

第 3 步, 分别创建左右两对圆弧的同心约束, 如图 7-40 (c) 所示。

创建左侧一对圆弧的同心约束的操作如下:

命令: _GCCONCENTRIC	单击 ◎ 图标按钮, 启动几何约束的 "同心" 命令
选择第一个对象:	选择左侧小圆弧
选择第二个对象:	选择左侧大圆弧

右侧一对圆弧的同心约束参照上面的操作来创建。

第 4 步, 创建左右两对圆弧圆心的水平约束, 如图 7-40 (d) 所示。

操作如下:

命令: _GCHORIZONTAL	单击 ╤ 图标按钮, 启动几何约束的 "水平" 命令
选择对象或 [两点(2P)]<两点>: ↵	按 Enter 键, 选择 "两点" 选项
选择第一个点:	移动光标至左内侧小圆弧, 出现圆弧的圆心标记, 单击, 选择左侧小圆弧圆心
选择第二个点:	移动光标至右内侧小圆弧, 出现圆弧的圆心标记, 单击, 选择右侧小圆弧圆心

第 5 步，绘制水平和垂直中心线，并使用"自动约束"命令，选择左右两对圆弧以及各中心线，创建几何约束。如图 7-40（e）所示，系统自动创建两条垂直中心线的平行约束以及各中心线与圆弧圆心的重合约束。

第 6 步，创建内部两条水平线的对称约束，如图 7-40（f）所示。

操作如下：

命令：_GCSYMMETRIC	单击 ⌷ 图标按钮，启动几何约束"对称"命令
选择第一个对象或 [两点(2P)] <两点>：	选择第一条直线
选择第二个对象：	选择第二条直线
选择对称直线：	选择水平中心线

注意：

（1）可以使用夹点和编辑命令编辑受约束的几何对象。

（2）在几何约束栏的某个约束图标上右击，在弹出的快捷菜单中选择"删除"命令，即可删除该几何约束。

3. 推断几何约束

在绘制或编辑草图时，使用推断约束功能，系统将根据图形的形状分析设计者的意图，如果对象符合某个约束条件，系统会自动推断其约束类型，为其添加约束。推断约束常与对象捕捉和极轴追踪配合使用。

在绘图过程中，推断约束功能可以随时打开或关闭，其方法有以下两种：

（1）单击状态行上的 ⌷ （推断约束）图标按钮。

（2）在如图 7-24 所示的"约束设置"对话框的"几何"选项卡中，选中/不选中"推断几何约束"复选框。

在状态行上右击 ⌷ 图标按钮，在弹出的快捷菜单中选择"推断约束设置"命令，也可打开"约束设置"对话框。

7.6.2 创建标注约束

标注约束可以用指定值来控制二维几何对象或对象上的点之间的距离、角度以及圆和圆弧的大小等，也可以通过变量和方程式约束几何图形，以确定二维图形的大小和比例。在图形的设计阶段，利用标注约束可以实现图形的参数化设计。

系统提供的标注约束类型有 6 种，如表 7-3 所示。

表 7-3 标注约束类型

名称	图标	选项	功　　能
对齐	🔓	A	控制对象上两个点或不同对象上两个点之间的距离
水平	🔓	H	控制对象上两个点或不同对象上两个点之间的 X 方向的距离
竖直	🔓	V	控制对象上两个点或不同对象上两个点之间的 Y 方向的距离
角度	🔓	AN	控制直线段或多段线之间的角度、圆弧或多段线圆弧的中心角、对象上 3 个点之间的角度
半径	🔓	R	控制圆或圆弧的半径
直径	🔓	D	控制圆或圆弧的直径

调用命令的方式如下：
- 功能区：单击"参数化"选项卡"标注"面板中的图标按钮，如图 7-41 所示。
- 菜单：执行"参数"|"标注约束"命令，如图 7-42 所示。

图 7-41 "标注"面板

图 7-42 "标注约束"菜单

- 图标：单击标注约束工具栏中的图标按钮。
- 键盘命令：DIMCONSTRAINT。

操作步骤如下：

第 1 步，调用"标注约束"命令。

第 2 步，命令提示为"输入标注约束选项 [线性(L)/水平(H)/竖直(V)/对齐(A)/角度(AN)/半径(R)/直径(D)/形式(F)/转换(C)] <对齐>："时，输入标注约束类型选项，按 Enter 键。

第 3 步，根据命令提示，选择需要约束的对象或对象上的有效约束点。

第 4 步，命令提示为"指定尺寸线位置："时，在适当位置单击。

第 5 步，系统显示约束变量以及约束值，并亮显。单击接受默认值，也可以输入新值并按 Enter 键。

【例 7-11】 在例 7-10 的基础上，创建如图 7-40（f）所示的二维草图的标注约束，如图 7-43（a）所示，并更改标注约束值，更新图形，如图 7-43（b）所示，完成参数化图形的绘制。

（a）创建标注约束

图 7-43 创建标注约束并更改约束值

（b）更改标注约束值并更新图形

图 7-43 （续）

注意： 本例已将几何约束隐藏[①]。

操作步骤如下：

第 1 步，创建水平标注约束 d1 和竖直标注约束 d2。

创建水平标注约束 d1 的操作如下：

命令：_DCLINEAR	单击 🔒 图标按钮，启动标注约束的"水平"命令
指定第一个约束点或 [对象(O)] <对象>：	选择左侧垂直中线上端点
指定第二个约束点：	选择右侧垂直中线上端点
指定尺寸线位置：	在适当位置单击，确定尺寸线位置
标注文字 = 36.412	系统提示并亮显标注文字，单击结束命令

参照以上操作，用"竖直"命令创建竖直标注约束 d2。

第 2 步，创建直径标注约束"直径 1"和"直径 2"。

创建左侧小圆弧标注约束"直径 1"的操作如下：

命令：_DCDIAMETER	单击 🔘 图标按钮，启动标注约束的"直径"命令
选择圆弧或圆：	选择左边内侧圆弧
标注文字 =14.399	系统提示
指定尺寸线位置：	在适当位置单击，确定尺寸线位置，系统亮显标注文字，单击结束命令，标注"直径 1"

用同样方法创建右侧小圆弧标注约束"直径 2"。

第 3 步，创建半径标注约束"半径 1""半径 2""半径 3"，操作过程略，方法同第 2 步。

第 4 步，分别双击各标注约束，修改约束值，利用夹点拉伸功能拉长中心线，结果如图 7-43（b）所示。

操作及选项说明如下：

（1）当更改了标注约束值后，系统将计算对象上的所有约束，并自动更新受约束的对象。

（2）创建标注约束时，系统会自动生成一个表达式，其名称和约束值显示在文本框

---

① 参见 7.6.3 节。

中，用户可以编辑该表达式的名称和约束值。

（3）选择某一标注约束，打开标注约束"特性"选项板，如图7-44所示，更改"表达式"文本框中的值，可以修改约束值。

注意：默认情况下，标注约束为动态约束。标注约束并不是对象，只是以一种标注样式显示，在缩放操作过程中保持大小不变，且不能打印。

7.6.3 约束的显示

"几何"面板与"标注"面板的右侧提供了控制约束显示的按钮，如表7-4所示。

图 7-44 标注约束"特性"选项板

表7-4 "几何"面板与"标注"面板上约束显示图标及其功能

名 称 及 图 标		功　能
几何约束	显示/隐藏	显示或隐藏选定对象上的几何约束
	全部显示	显示图形中所有的几何约束
	全部隐藏	隐藏图形中所有的几何约束
标注约束	显示/隐藏	显示或隐藏选定对象上的标注约束
	全部显示	显示图形中所有的标注约束
	全部隐藏	隐藏图形中所有的标注约束

7.6.4 删除约束

利用"删除约束"命令可以删除指定的约束。

调用命令的方式如下：

- 功能区：单击"参数化"选项卡"管理"面板中的图标按钮。
- 菜单：执行"参数"|"删除约束"命令。
- 图标：单击参数化工具栏中的图标按钮。
- 键盘命令：DELCONSTRAINT。

操作步骤如下：

第1步，调用"删除约束"命令。

第2步，命令提示为"选择对象："时，选择需要删除约束的对象。

第3步，命令提示为"选择对象："时，继续选择其他对象，或按 Enter 键结束命令。

注意：将光标移至某一约束图标上，使其亮显，右击，在弹出的快捷菜单中选择"删除"命令，可以将选定的约束删除。

7.7　上机操作实验指导七：组合体三视图的绘制

绘制组合体三视图时，一般先根据"主俯视图长对正"的投影特性绘制与编辑主视图、俯视图，然后将俯视图复制到合适的位置，并逆时针旋转90°，再根据"主左视图高平齐"

和"俯左视图宽相等"的投影特性绘制左视图。本节介绍如图 7-45 所示的组合体三视图的绘制方法和步骤，主要涉及图层的操作、自动追踪、"圆弧"命令、"修剪"命令、"打断"命令、"复制"命令、"镜像复制"命令以及本章介绍的"旋转"命令和夹点编辑功能等。

图 7-45　组合体三视图

操作步骤如下：

第 1 步，设置绘图环境。

（1）执行"文件"|"新建"菜单命令，在弹出的"选择样板"对话框中，选择公制样板文件 acadiso.dwt，单击"打开"按钮。

（2）利用"图层"命令，创建以下 4 个图层："粗实线"图层，设置颜色为白色，线型为 Continuous，线宽为 0.3mm；"细点画线"图层，设置颜色为红色，线型为 CENTER；"细虚线"图层，设置颜色为黄色，线型为 HIDDEN；"尺寸"图层，设置颜色为黄色，线型为 Continuous。将"粗实线"图层设置为当前图层。

（3）利用"草图设置"命令，设置对象捕捉模式为端点、中点、圆心、象限点、交点，并设置极轴角增量为 15°，确定追踪方向。

（4）在状态行上依次单击 ▢、◔、◿ 和 ☰ 图标按钮，启用对象捕捉、极轴追踪、对象捕捉追踪和显示线宽功能。

（5）用"图形界限"命令设置图形界限，左下角为(0,0)，右上角为(210,297)。

（6）执行 ZOOM（图形缩放）命令的 All 选项，显示图形界限。

第 2 步，形体分析。将组合体分解成底板、铅垂圆柱和右侧 U 形板，并在铅垂圆柱内部挖孔及切槽，注意分析各部分相对位置。

第 3 步，绘制铅垂圆柱及其孔的三视图。

（1）绘制铅垂圆柱及其孔的俯视图，即 $\phi 40$、$\phi 28$、$\phi 16$ 同心圆，操作过程略。

（2）利用自动追踪功能绘制 $\phi 40$ 圆柱主视图。

操作如下：

命令：_LINE	单击 图标按钮，启动"直线"命令
指定第一点：	移动光标至φ40 圆的左象限点，出现象限点标记及提示，向上移动光标至合适位置，单击，如图7-46（a）所示
指定下一点或[放弃(U)]：	向右移动光标，水平追踪，并移动鼠标至俯视图上φ40 圆的右象限点，出现象限点标记及提示，向上移动光标，至如图7-46（b）所示位置，单击
指定下一点或[放弃(U)]：**35.↵**	向上移动鼠标，垂直追踪，输入35，按Enter键
指定下一点或[放弃(U)]：	向左移动鼠标，水平追踪，并移动鼠标至主视图φ40 圆柱底面左端点，出现端点标记及提示，向上移动光标，至如图7-46（c）所示位置，单击
指定下一点或[放弃(U)]：**C.↵**	封闭图形

（a）对象捕捉追踪定点　　　　（b）确定φ40 圆柱底面右端点　　　　（c）确定φ40 圆柱顶面左端点

图 7-46　绘制圆柱主视图

（3）利用自动追踪功能绘制φ28 铅垂圆柱孔主视图上的轮廓线。捕捉俯视图上φ28 圆的左象限点，垂直向上追踪，如图7-47（a）所示，单击，确定左侧转向线起点位置。再利用极轴功能垂直向下追踪20，绘制φ28 圆左侧转向线。然后，水平向右追踪并捕捉俯视图上φ28 圆的右象限点，垂直向上追踪，如图 7-47（b）所示，单击。再垂直向上追踪，如图 7-47（c）所示，单击。

（a）对象捕捉追踪定点　　　　（b）极轴追踪与对象捕捉定点　　　　（c）极轴追踪定点

图 7-47　绘制φ28 铅垂圆柱孔主视图

（4）利用自动追踪功能绘制 $\phi 16$ 铅垂圆柱孔主视图上的转向轮廓线，操作过程略。

（5）将孔的轮廓线所在的图层改为"细虚线"图层。

（6）将主视图水平向右复制至适当位置，得到铅垂圆柱及其孔左视图，操作过程略。

第 4 步，绘制底板俯视图。

（1）执行"圆"命令，捕捉 $\phi 40$ 圆的圆心，水平向左追踪 35，确定圆心，绘制 $\phi 13$ 圆。再捕捉 $\phi 13$ 圆的圆心，绘制 R12 同心圆。

（2）绘制 $\phi 40$ 圆和 R12 圆的公切线，操作过程略。

（3）以公切线为边界，修剪 R12 圆的右侧圆弧。

第 5 步，绘制底板主视图。

（1）选择 $\phi 40$ 圆柱主视图的底边，激活左端点，利用自动捕捉追踪功能，水平向左拉伸，如图 7-48（a）所示，单击，保证"主俯视图长对正"。

（2）绘制底板其余轮廓线。捕捉底边左端点，利用极轴追踪功能垂直向上追踪 10，绘制左侧垂直边，再水平向右追踪，且捕捉俯视图上公切线右端点，垂直向上追踪，如图 7-48（b）所示，单击，绘制底板上边。

（a）使用夹点拉伸和自动捕捉追踪功能定点

（b）确定底板上表面右端点

图 7-48　绘制底板主视图

（3）绘制 $\phi 13$ 圆孔的转向轮廓线，并将其改到"细虚线"图层上，操作过程略。

第 6 步，绘制右上侧 U 形板俯视图。

（1）捕捉 $\phi 40$ 圆的圆心，水平向右追踪 26，确定圆心，绘制 $\phi 7$ 圆。

（2）利用"临时追踪点"捕捉模式自动追踪功能，捕捉右侧 $\phi 7$ 圆的圆心，垂直向上追踪，输入 8，按 Enter 键，再向左水平追踪，如图 7-49（a）所示，单击，确定第一点，然后利用对象捕捉追踪功能确定第二点，如图 7-49（b）所示，绘制 U 形板上水平边。用同样方法或用"镜像复制"命令得到 U 形板下水平边。

（3）用"圆弧"命令的"圆心、起点、端点"选项绘制 R8 圆弧，如图 7-49（c）所示。

（4）用"修剪"命令，在俯视图上将 $\phi 40$ 圆在 U 形板内的圆弧修剪掉；再用"圆弧"命令的"起点、端点、半径"选项绘制 $\phi 40$ 圆柱的不可见圆弧，并将其改到"细虚线"图层上，如图 7-49（d）所示。

第 7 步，绘制右上侧 U 形板主视图。

（1）选择 $\phi 40$ 圆柱主视图的顶边，激活右端点，利用极轴追踪和对象捕捉追踪功能，将其水平向右拉伸至与俯视图上 R8 圆弧最右点长对正。

（a）确定第一点   （b）确定第二点

（c）绘制 U 形板圆弧   （d）完成的 U 形板俯视图

图 7-49　绘制右上侧 U 形板俯视图

（2）绘制 U 形板其余外形轮廓线，操作过程略。

（3）绘制 U 形板内 $\phi 7$ 的转向轮廓线，并将其改到"细虚线"图层上，如图 7-50（a）所示，操作过程略。

（4）利用夹点拉伸功能，分别将主视图上 $\phi 40$ 圆柱的左右两条转向线垂直向上、向下拉伸至底板顶边、U 形板底边交点处，如图 7-50（b）所示。

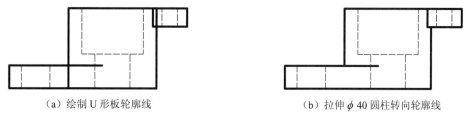

（a）绘制 U 形板轮廓线   （b）拉伸 $\phi 40$ 圆柱转向轮廓线

图 7-50　绘制右上侧 U 形板主视图

第 8 步，利用自动追踪功能绘制主俯视图中心线，并将其改到"细点画线"图层上，操作过程略。

第 9 步，绘制 $\phi 40$ 圆柱前侧 U 形槽及后侧圆孔的主俯视图。

（1）捕捉主视图顶边与垂直中心线的交点，垂直向下追踪 10，得到圆心，如图 7-51（a）所示，绘制 $\phi 10$ 的圆。

（2）绘制 $\phi 10$ 圆的两条垂直切线。

（3）绘制 $\phi 10$ 圆的水平中心线，并将其改到"点画线"图层上，如图 7-51（b）所示，完成 U 形槽主视图。

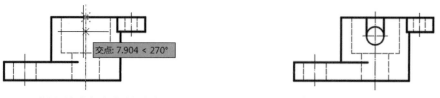

（a）使用对象捕捉追踪功能定点   （b）完成的 U 形槽及后侧圆孔主视图

图 7-51　绘制 U 形槽及后侧圆孔主视图

（4）利用对象捕捉追踪功能绘制 U 形槽及孔的俯视图，并将后侧 $\phi 10$ 孔的转向线改到"细虚线"图层上，操作过程略。

第 10 步，绘制左视图。

（1）复制和旋转俯视图图形至合适的位置，然后移动至 $\phi 40$ 圆柱左视图正下方，作为辅助图形，如图 7-52（a）所示。

（2）利用极轴追踪和对象捕捉追踪功能确定底板上表面左视图起点位置，如图 7-52（b）所示，绘制底板上表面左视图。

（a）复制和旋转俯视图 　　　　　　（b）确定底板上表面起点位置

图 7-52　确定底板左视图位置

（3）将主视图上底板 $\phi 13$ 圆柱孔轴线及转向线复制到左视图上，并使用夹点拉伸功能将轴线垂直向上拉伸至合适位置，如图 7-53（a）所示。

（4）利用自动追踪功能绘制 U 形板左视图，并将轮廓线改到"细虚线"图层上，如图 7-53（b）所示，操作过程略。

（5）利用对象捕捉追踪功能，绘制 $\phi 40$ 圆柱前侧 U 形槽及后侧圆孔的轴线、孔的转向线，并修剪多余图线，如图 7-53（c）所示，操作过程略。

（6）用"圆弧"命令的"起点、端点、半径"选项绘制相贯线 12 及其内孔相贯线 34，并将相贯线 34 改到"细虚线"图层上，以轴线为镜像线，镜像复制相贯线 12、34，如图 7-53（d）所示。

（7）以 U 形槽水平轴线为边界，将镜像复制得到的相贯线上半部分修剪掉，再使用极轴追踪功能绘制截交线 56、78，如图 7-53（e）所示。

（a）底板 　　　　（b）右侧 U 形板 　　　　（c）孔及槽 　　　　（d）相贯线 　　　　（e）截交线

图 7-53　完成左视图

（8）将左视图顶边右端点拉伸至点 6，完成左视图。

注意：用弧线代替相贯线时，圆弧的半径为相交两圆柱中大圆柱的半径，如弧线 12 的半径为外圆柱 $\phi 40$ 的半径，弧线 34 的半径为铅垂孔 $\phi 28$ 的半径。画圆弧时，系统从起点到端点沿逆时针方向画弧线，如弧线 12 的起点为 1，端点为 2。半径用极轴追踪功能由点 2 水平向右追踪，显示水平追踪辅助线与 $\phi 40$ 圆柱的垂直中心轴线交点时单击。

第 11 步，删除复制旋转后的辅助图形，完成三视图绘制。

第 12 步，保存图形，命名为"组合体三视图"，操作过程略。

7.8 上机操作常见问题解答

1. 使用夹点拉伸或移动对象时，如何选择基准夹点？

对于不同的对象，特征点的数量和位置各不相同。表 7-5 列出了常见对象的特征点，即默认设置下选择对象时出现的夹点。

表 7-5 常见对象的特征点

对　　象	特　征　点
直线段	直线段的两端点、中点
圆（椭圆）	圆（椭圆）的象限点、圆心
圆（椭圆）弧	圆（椭圆）弧两端点、圆心
多边形	多边形的各顶点
多段线	多段线各线段的端点、中点
填充图案	填充图案区域内的插入点
文本	文本的插入点、对齐点
属性、图块	属性、图块各插入点
尺寸	尺寸线原点、尺寸线端点、尺寸数字的中心点

使用夹点拉伸对象时，基准夹点应选择在线段的端点、圆（椭圆）的象限点和多边形的顶点上，这样可以通过将选定的基准夹点移动到新位置实现拉伸对象操作。基准夹点如果选在直线、文字的中点、圆的圆心和点对象上，系统将执行的是移动对象操作而不是拉伸对象操作，这是移动对象、调整尺寸标注位置的快捷方法。

2. 如何控制点画线和虚线的显示？

在 AutoCAD 中，对象的线型由线型文件定义，其中简单线型（如点画线、虚线）都是由线段、点、空白组成的重复序列，且线型定义中确定了线段、空白的相对长度。如果一条线过短，且不能容纳一个点画线或虚线序列时，就不能显示完整的线型，而只在两端点之间显示连续线。此时，用户可以通过设置线型比例来控制线段和空白的大小。

系统用 LTSCALE 系统变量设置全局比例因子，控制现有和新建的所有对象的线型比例；用 CELTSCALE 系统变量设置当前对象缩放比例，控制新建对象的线型比例。系统将这两个变量的值的乘积作为新对象的线型比例，调整 CELTSCALE 变量的值可以使一个图形中的同一个线型以不同的比例显示。上述系统变量的默认值均为 1，线型比例越小，固定长度的线中生成的线段、点和空白组成的重复序列就越多，所以，对于过短的线，可以使用较小的线型比例，以显示线型。

用户可以在命令行直接输入上述系统变量名修改线型比例，也可以执行"格式"|"线型"菜单命令，或选择"特性"面板中"线型"下拉列表中的"其他"选项，打开"线型管理器"对话框，如图7-54（a）所示，单击"显示细节"按钮，在"详细信息"选项组内，输入全局比例因子或当前对象缩放比例的新值。

如果需要改变某个对象的线型比例，可以选定该对象，打开"特性"选项板，输入线型比例的新值，如图7-54（b）所示。

（a）"线型管理器"对话框　　　　　　　　　（b）对象的"特性"选项板

图 7-54　修改线型比例

3. 使用夹点拉伸功能拉伸对象时，如何保证基准夹点随鼠标移动到指定位置？

在使用夹点拉伸功能拉伸对象时，有时，在激活端点后，移动鼠标并单击，基准夹点还在原位置，并没有移到光标位置。这是因为在操作时打开了自动捕捉功能，如果鼠标在对象附近移动，系统将捕捉到对象上离光标中心最近的特征点，即只能将基准夹点拉伸到对象的特征点上。如果鼠标移动距离小，则系统仍捕捉到原端点，对象就不能被拉伸了。此时，可以关闭自动捕捉功能，以保证正常进行拉伸操作。此外，在绘制和编辑图形时，由于打开自动捕捉模式，也可能出现意想不到的结果，所以用户应灵活应用自动捕捉功能，注意状态行上"对象捕捉"按钮的切换。

4. 使用夹点拉伸功能拉伸圆弧时，如何保证圆弧的半径不变？

使用夹点拉伸功能拉伸圆弧时，激活需改变位置的端点后，按下 Ctrl 键后放开，再移动鼠标，将所选夹点移至新位置，即可保证圆弧的半径不变。

AutoCAD 2019 中文版机械设计标准实例教程

7.9 操作经验和技巧

1. 如何使图形中的构造线不打印出来？

构造线作为作图辅助线一般不需要打印出来，如果用户需要保留构造线，可以在图形文件中创建"构造线"图层，将构造线绘制在该图层上。打印图形前，应将"构造线"图层关闭或冻结。

2. 如何使用 Shift 键实现多个夹点拉伸？

在选择要编辑的对象后，可以在按下 Shift 键的同时用鼠标依次单击要拉伸的多个夹点，同时激活多个夹点，再用鼠标单击其中一个基准夹点，移动鼠标至合适位置单击。图 7-55 给出了用这种方法将矩形拉伸成四边形的示例。

（a）将矩形拉伸成平行四边形　　　　　　（b）将矩形拉伸成一般四边形

图 7-55　使用多个夹点拉伸矩形

3. 已知主俯视图，如何利用 45° 辅助线绘制左视图？

利用 45° 辅助线可以方便快捷地绘制左视图，由主俯视图确定左视图位置。

首先用极轴追踪功能绘制一条 45° 辅助线，然后用参考点捕捉追踪方式（临时追踪点和对象捕捉追踪）由 A 点追踪，确定参考点，如图 7-56（a）所示，单击，再移动鼠标，利用对象捕捉追踪由 B 点追踪，得到底板的端点，如图 7-56（b）所示，确定左视图的位置。用上述方法确定底板底面另一端点位置，再利用对象捕捉追踪和极轴追踪功能完成底板的矩形。最后将主视图中的铅垂圆柱及孔的图形复制到左视图中正确的位置。

（a）指定临时追踪点　　　　　　　　（b）利用对象捕捉追踪确定底板端点

图 7-56　确定左视图位置

4. Ctrl 键在夹点编辑功能中有什么作用？

利用夹点编辑功能编辑对象时，若未使用"复制"选项，而是在确定基准夹点后，在使用鼠标定点的同时按下 Ctrl 键，也可以复制对象，随后命令行便出现形式为"** 编辑名(多重) **"的提示，表示系统自动处于多重复制的编辑模式。此后在进行多重复制时，可以按下 Ctrl 键进行等间距复制，也可以放开 Ctrl 键，输入复制距离或角度。其复制结果如例 7-8 所示。

7.10 上 机 题

1. 绘制如图 7-57 所示的组合体三视图。

（a）组合体 1

图 7-57   组合体三视图

AutoCAD 2019 中文版机械设计标准实例教程

（b）组合体 2

图 7-57　（续）

2. 绘制如图 7-58 所示的烟灰缸视图。

图 7-58　烟灰缸视图

3. 绘制如图 7-59（a）所示的平面图形，并创建几何约束和标注约束，得到参数化图形，然后更改标注约束值，更新图形，得到如图 7-59（b）所示的平面图形。

（a）原图　　　　　　　　　　　　　（b）更新后的图形

图 7-59　平面图形

绘图提示：

（1）创建几何约束，如图 7-60（a）所示。

（2）单击 图标按钮，隐藏所有几何约束。创建标注约束，如图 7-60（b）所示。

（3）更改标注约束值，更新图形。

（4）单击 图标按钮，隐藏所有标注约束。

（a）创建几何约束　　　　　　　　　（b）创建标注约束

图 7-60　参数化绘图

第8章 剖视图的绘制

当机件的内部结构较为复杂时，一般需要用剖视图进行表达，使用第 7 章介绍的方法绘制好剖视图后，利用 AutoCAD 提供的一些命令可以方便地绘制剖面线和波浪线并为剖视图添加标注。

本章介绍的内容和新命令如下：

（1）PLINE（多段线绘制）命令。

（2）PEDIT（多段线编辑）命令。

（3）SPLINE（样条曲线绘制）命令。

（4）REVCLOUD（修订云线）命令。

（5）BHATCH（图案填充）命令。

（6）GRADIENT（渐变色填充）命令。

（7）图案填充的编辑。

（8）剖视图绘制的方法及一般步骤。

8.1 多段线的绘制

多段线（polyline）是由直线段、弧线段或两者组合而成的相互连接的序列线段，如图 8-1 所示，系统将多段线作为单一的对象处理。多段线的线宽和圆弧段的曲率均可以改变，可以是闭合的或打开的。使用多段线绘制特殊图形十分方便。

(a) 箭头   (b) 键   (c) 图案

图 8-1　用"多段线"命令绘制的图形

调用命令的方式如下：

- 功能区：单击"默认"选项卡"绘图"面板中的 图标按钮。
- 菜单：执行"绘图"|"多段线"命令。
- 图标：单击绘图工具栏中的 图标按钮。
- 键盘命令：PLINE 或 PL。

操作步骤如下：

第 1 步，调用"多段线"命令。

第 2 步，命令提示为"指定起点："时，用定点方式确定多段线的起点。

第 3 步，命令提示为"指定下一个点或 [圆弧(A)/半宽(H)/长度(L)/放弃(U)/宽度(W)]："

时，用定点方式指定多段线下一点，绘制第一条直线段。

第 4 步，命令提示为"指定下一点或[圆弧(A)/闭合(C)/半宽(H)/长度(L)/放弃(U)/宽度(W)]:"时，指定多段线的下一点，绘制下一条直线段；或按 Enter 键，结束命令，绘制开口的多段线；或输入 C，绘制闭合的多段线，并结束命令。

注意：上述操作使用的是默认选项，可以绘制多段转折的直线段，且使用当前线宽，即上一条多段线的线宽。

操作及选项说明如下：

（1）圆弧：进入绘制圆弧线段模式，系统出现命令行提示："指定圆弧的端点或[角度(A)/圆心(CE)/闭合(CL)/方向(D)/半宽(H)/直线(L)/半径(R)/第二个点(S)/放弃(U)/宽度(W)):"。下面对"角度""圆心""闭合""方向""直线""半径"和"第二个点"7 个选项进行说明。

① 角度：指定圆弧的包角。包角为正，则逆时针画圆弧，反之顺时针画圆弧。接着指定圆弧的端点、圆心和半径三者之一。

② 圆心：指定圆弧的圆心。接着指定圆弧的端点、包角和弦长三者之一。

③ 闭合：绘制一条从当前位置到起点的圆弧，将多段线闭合，并结束命令。

④ 方向：指定圆弧在起始点的切线方向，接着指定圆弧的端点。

⑤ 直线：退出绘制圆弧线段模式，并返回至绘制直线段模式。

⑥ 半径：指定圆弧的半径，接着指定圆弧的端点或包角。

⑦ 第二个点：用三点绘制圆弧。指定圆弧的第二点，接着指定圆弧的端点。

（2）闭合：从当前位置到多段线的起点，绘制一条直线段将多段线闭合。

（3）半宽：为下一条直线段指定一半的宽度，接着分别设置下一线段的始点与末点的半宽。

（4）长度：沿着与上一直线段相同的方向或上一段圆弧线段的切线方向绘制指定长度的直线段。

（5）放弃：取消前一次绘制的线段。用户可以连续选择该选项，直至回到适当的点上，重新绘制。

（6）宽度：为下一条直线段指定宽度，接着分别设置下一线段的始点与末点的宽度。

注意：

（1）要创建宽度大于 0 的闭合的多段线，必须选择"闭合"选项。否则，虽然图形封闭，但仍属于打开的多段线，在起点与终点的重合处将产生缺口，如图 8-2 所示。

（2）FILL 命令用于控制宽度大于 0 的多段线是否被填充。填充模式默认打开，宽线内被填充；若关闭填充模式，则宽线仅显示轮廓。也可用系统变量 FILLMODE 控制填充模式的开关。

【例 8-1】 用"多段线"命令绘制如图 8-3 所示的二极管图形。

（a）闭合的多段线

（b）打开的多段线

图 8-2 闭合与打开的多段线比较 　　　　　图 8-3 二极管

操作如下:

命令: _PLINE	单击 图标按钮，启动"多段线"命令
指定起点:	在合适的位置单击，拾取起点
当前线宽为 0.000	系统提示当前线宽为 0
指定下一点或 [圆弧(A)/闭合(C)/半宽(H)/长度(L)/放弃(U)/宽度(W)]: **20**↵	启用极轴追踪功能，水平向右追踪，输入 20，按 Enter 键
指定下一点或 [圆弧(A)/闭合(C)/半宽(H)/长度(L)/放弃(U)/宽度(W)]: **W**↵	选择"宽度"选项，指定直线段的宽度
指定起点宽度<0.000>: **12**↵	设置三角形线段起点宽度为 12
指定端点宽度<12.000>: **0**↵	设置三角形线段端点宽度为 0
指定下一点或[圆弧(A)/闭合(C)/半宽(H)/长度(L)/放弃(U)/宽度(W)]: <极轴开>**13**↵	水平向右追踪，输入 13，得到三角形线段端点
指定下一点或[圆弧(A)/闭合(C)/半宽(H)/长度(L)/放弃(U)/宽度(W)]: **H**↵	选择"半宽"选项，重新指定直线段的宽度
指定起点半宽<0.000>: **6**↵	设置粗直线段起点半宽为 6
指定端点半宽<6.000>: ↵	按 Enter 键，默认粗直线段右端点半宽为 6
指定下一点或[圆弧(A)/闭合(C)/半宽(H)/长度(L)/放弃(U)/宽度(W)]: **1**↵	水平向右追踪，输入 1，按 Enter 键
指定下一点或[圆弧(A)/闭合(C)/半宽(H)/长度(L)/放弃(U)/宽度(W)]: **W**↵	选择"宽度"选项，重新指定直线段的宽度
指定起点宽度<12.000>: **0**↵	设置直线段起点宽度为 0
指定端点宽度<0.000>: ↵	默认直线段端点宽度为 0
指定下一点或[圆弧(A)/闭合(C)/半宽(H)/长度(L)/放弃(U)/宽度(W)]: **20**↵	水平向右追踪，输入 20，按 Enter 键
指定下一点或[圆弧(A)/闭合(C)/半宽(H)/长度(L)/放弃(U)/宽度(W)]: ↵	按 Enter 键，结束"多段线"命令

【例 8-2】 用"多段线"命令绘制如图 8-4 所示的闭合的多段线，变宽线段的线宽由 0 变为 0.5。

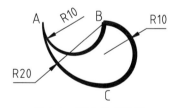

图 8-4 闭合的多段线

操作如下:

命令: _PLINE	单击 图标按钮，启动"多段线"命令
指定起点:	在适当位置拾取起点 A
当前线宽为 0.000	系统提示当前线宽为 0
指定下一点或 [圆弧(A)/闭合(C)/半宽(H)/长度(L)/放弃(U)/宽度(W)]: **W**↵	选择"宽度"选项，指定线段的宽度

指定起点宽度<0.000>：↵	默认线段起点宽度为 0
指定端点宽度<0.000>：**0.5**↵	设置线段端点宽度为 0.5
指定下一点或[圆弧(A)/闭合(C)/半宽(H)/长度(L)/放弃(U)/宽度(W)]：**A**↵	选择"圆弧"选项，进入绘制圆弧线段模式
指定圆弧的端点(按住 Ctrl 键以切换方向)或[角度(A)/圆心(CE)/方向(D)/半宽(H)/直线(L)/半径(R)/第二个点(S)/放弃(U)/宽度(W)]：**A**↵	选择"角度"选项，指定圆弧的包角
指定夹角：**180**↵	输入 180，按 Enter 键，指定半圆弧角度180°
指定圆弧的端点(按住 Ctrl 键以切换方向)或 [圆心(CE)/半径(R)]：**20**↵	利用"极轴追踪"功能，沿 0° 方向追踪，如图 8-5（a）所示，输入 20，按 Enter 键，确定 B 点
指定圆弧的端点(按住 Ctrl 键以切换方向)或[角度(A)/圆心(CE)/闭合(CL)/方向(D)/半宽(H)/直线(L)/半径(R)/第二个点(S)/放弃(U)/宽度(W)]：**D**↵	选择"方向"选项，指定圆弧起点的切线方向
指定圆弧的起点切向：	利用"极轴追踪"功能，沿 0° 方向追踪，如图 8-5（b）所示，单击
指定圆弧的端点(按住 Ctrl 键以切换方向)：**20**↵	利用"极轴追踪"功能，沿 270° 方向追踪，如图 8-5（c）所示，输入 20，按 Enter 键，确定 C 点
指定圆弧的端点(按住 Ctrl 键以切换方向)或[角度(A)/圆心(CE)/闭合(CL)/方向(D)/半宽(H)/直线(L)/半径(R)/第二个点(S)/放弃(U)/宽度(W)]：**W**↵	选择"宽度"选项，指定线段的宽度
指定起点宽度<0.500>：↵	默认线段起点宽度为 0.5
指定端点宽度<0.500>：**0**↵	设置线段端点宽度为 0
指定圆弧的端点(按住 Ctrl 键以切换方向)或[角度(A)/圆心(CE)/闭合(CL)/方向(D)/半宽(H)/直线(L)/半径(R)/第二个点(S)/放弃(U)/宽度(W)]：**CL**↵	选择"闭合"选项，从 C 点到起点 A 用圆弧闭合

（a）确定 R10 水平圆弧端点 B　　（b）确定右侧 R10 圆弧起点切线方向　　（c）确定右侧 R10 圆弧端点 C

图 8-5　绘制多段线圆弧线段

8.2　多段线的编辑

8.2.1　使用"编辑多段线"命令编辑多段线

利用"编辑多段线"命令可以对多段线进行编辑，改变其宽度，将其打开或闭合，增减或移动顶点，将其样条化或直线化等。

调用命令的方式如下：

- 功能区：单击"默认"选项卡"修改"面板中的 图标按钮。
- 菜单：执行"修改"|"对象"|"多段线"命令。

────── AutoCAD 2019 中文版机械设计标准实例教程

- 图标：单击修改Ⅱ工具栏中的 图标按钮。
- 键盘命令：PEDIT 或 PE。

操作步骤如下：

第 1 步，调用"编辑多段线"命令。

第 2 步，命令提示为"选择多段线或[多条(M)]:"时，选择要编辑的对象。

第 3 步，命令提示为"输入选项[闭合(C)/合并(J)/宽度(W)/编辑顶点(E)/拟合(F)/样条曲线(S)/非曲线化(D)/线型生成(L)/反转(R)/放弃(U)]:"时，选择相应的选项，编辑多段线。

注意：若上述第 2 步选择的是直线、圆弧或样条曲线，系统会提示"选定的对象不是多段线，是否将其转换为多段线? <Y>"，按 Enter 键，将所选对象转换成可编辑的多段线。

操作及选项说明如下：

（1）闭合：所选的多段线是打开的，则出现该选项。利用它可生成一条多段线连接始末顶点，形成闭合多段线。

注意：若所选的多段线本身是用"闭合"选项得到的闭合多段线，如图 8-2（a）所示，则系统将用"打开(O)"选项替换"闭合（C）"选项，选择"打开"选项，可将闭合的多段线打开。

（2）合并：将直线、圆弧或多段线连接到已有的打开的多段线的端点，合并成一条多段线。对于合并到多段线的对象，一般情况下，连接端点必须精确重合。

（3）宽度：为整条多段线重新指定统一的宽度。

（4）编辑顶点：增加、删除、移动多段线的顶点以及改变某段线宽等。

（5）拟合：用圆弧拟合二维多段线，生成一条平滑曲线，如图 8-6（b）所示。

（6）样条曲线：生成近似样条曲线，如图 8-6（c）所示。

（a）原多段线　　　（b）用圆弧曲线拟合　　　（c）用样条曲线拟合

图 8-6　拟合与样条曲线

（7）非曲线化：取消利用"拟合"或"样条曲线"选项生成的曲线效果，恢复为直线状态。

注意：若对拟合曲线使用 BREAK、TRIM 等编辑命令进行了修改，则不能使用"非曲线化"选项恢复原来的直线。

【例 8-3】　　如图 8-7 所示，使用"编辑多段线"命令，将宽度为 0.5 的多段线 BD 与直线段 AB、CD 合并成一条多段线，并闭合成线宽为 1 的多段线。

（a）编辑前　　　　　　　　　　　　　（b）编辑后

图 8-7　编辑多段线

操作如下：

命令：_PEDIT	单击 图标按钮，启动"编辑多段线"命令
选择多段线或 [多条(M)]:	选择直线 AB
选定的对象不是多段线	系统提示选择的对象不是多段线
是否将其转换为多段线? <Y>↵	按 Enter 键，将直线 AB 转换成一条多段线
输入选项 [闭合(C)/合并(J)/宽度(W)/编辑顶点(E)/拟合(F)/样条曲线(S)/非曲线化(D)/线型生成(L)/放弃(U)]: **J**↵	选择"合并"选项，将多个对象合并成一条多段线
选择对象：指定对角点：找到 2 个	用窗交方式选择直线 CD 以及多段线 BD
选择对象：↵	按 Enter 键，结束对象选择
多段线已增加 6 条线段	系统提示有 6 条线段与直线 AB 合并
输入选项 [闭合(C)/合并(J)/宽度(W)/编辑顶点(E)/拟合(F)/样条曲线(S)/非曲线化(D)/线型生成(L)/放弃(U)]: **C**↵	选择"闭合"选项，生成连接始点 C 和端点 A 的一条多段线，将打开的多段线闭合
输入选项 [打开(O)/合并(J)/宽度(W)/编辑顶点(E)/拟合(F)/样条曲线(S)/非曲线化(D)/线型生成(L)/放弃(U)]: **W**↵	选择"宽度"选项，重新为多段线指定线宽
指定所有线段的新宽度：**1**↵	输入 1，指定所有线段宽度均为 1
输入选项 [闭合(C)/合并(J)/宽度(W)/编辑顶点(E)/拟合(F)/样条曲线(S)/非曲线化(D)/线型生成(L)/放弃(U)]: ↵	按 Enter 键，结束"编辑多段线"命令

注意：将轮廓线闭合成多段线后，可以利用"特性"选项板查询其面积及周长等信息。

8.2.2　使用多功能夹点编辑多段线[①]

多功能夹点为多段线编辑提供了更方便快捷的方法。默认设置下，可以有如下两种操作方法。

（1）选择多段线后，将显示编辑夹点，包括顶点夹点和边夹点（或直线段中点夹点）。当光标悬停在某个夹点时，将弹出动态菜单，显示该夹点的编辑选项，如图 8-8 所示。通过夹点编辑选项可以移动、添加、删除顶点，还可以将直线段转换为圆弧或将圆弧转换为直线段。

（a）顶点夹点编辑选项　　　（b）直线段中点夹点编辑选项　　　（c）圆弧边夹点编辑选项

图 8-8　多段线夹点编辑选项

注意：GRIPS 变量值为 0 时不显示夹点，为 1 时显示夹点，为 2 时在多段线上显示其他中间夹点。

（2）激活某一夹点后，按 Ctrl 键，在夹点编辑选项之间循环切换。图 8-9（a）～（c）为直线的边夹点的 3 个编辑选项，命令行依次显示"拉伸""添加顶点""转换为圆弧"。执

---

① 这是 AutoCAD 2011 新增的功能。

行某个选项时，移动鼠标至适当位置单击，结果如图 8-9（d）～（f）所示。

（a）拉伸	（b）添加顶点	（c）转换为圆弧
（d）拉伸移动边夹点	（e）在边夹点处添加顶点并拉伸	（f）直线段转换为圆弧

图 8-9　直线段边夹点的编辑选项及应用效果

【例 8-4】　使用多功能夹点编辑多段线，如图 8-10 所示。

（a）编辑前	（b）删除顶点	（c）直线段转换为圆弧	（d）添加圆弧顶点

图 8-10　使用多功能夹点编辑多段线

操作如下：

命令：	选择如图 8-10（a）所示的多段线，显示夹点
命令：	将光标悬停在 E 点，弹出顶点夹点编辑选项，如图 8-11（a）所示
	选择"删除顶点"选项，所选顶点 E 被删除
** 删除顶点 ** 拾取以删除顶点：	系统提示
命令：	将光标悬停在 F 点，在弹出的顶点夹点编辑选项中选择"删除顶点"选项，所选顶点 F 被删除
** 删除顶点 ** 拾取以删除顶点：	系统提示
命令：	将光标悬停在直线段 GH 的中点夹点上，弹出中点夹点编辑选项，如图 8-11（b）所示
	选择"转换为圆弧"选项
** 转换为圆弧 **	系统提示编辑模式为"转换为圆弧"
指定圆弧段中点：6↵	移动鼠标，显示 90°追踪线，如图 8-11（c）所示，输入 6，按 Enter 键
命令：	激活圆弧 GH 的中点
** 拉伸 **	系统提示编辑模式为"拉伸"
指定拉伸点：	按下 Ctrl 键，切换夹点编辑模式
** 添加顶点 **	系统提示编辑模式为"添加顶点"
指定新顶点：6↵	移动鼠标，显示 270°追踪线，如图 8-11（d）所示，输入 6，按 Enter 键
按 Esc 键	取消夹点，结束编辑，结果如图 8-10（d）所示。

（a）在直线段顶点夹点编辑选项中选择"删除顶点"　　　（b）在直线段中点夹点编辑选项中选择"转换为圆弧"

（c）在圆弧边夹点编辑选项中选择"转换为直线"　　　　　（d）添加新顶点

图 8-11　使用多功能夹点编辑多段线的操作

8.3　样条曲线的绘制

在 AutoCAD2019 中，可以用两种方法创建样条曲线①：使用拟合点或使用控制点，如图 8-12 所示。

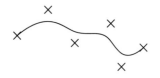

（a）使用拟合点　　　　　　　　　　　（b）使用控制点

图 8-12　创建样条曲线的两种方法

调用命令的方式如下：

- 功能区：单击"默认"选项卡"绘图"面板中的 ∿ 或 ∿ 图标按钮。
- 菜单：执行"绘图"｜"样条曲线"｜"拟合点"或"控制点"命令。
- 图标：单击"绘图"工具栏中的 ∿ 图标按钮。
- 键盘命令：SPLINE 或 SPL。

操作步骤如下：

第 1 步，调用"样条曲线"命令。

第 2 步，命令提示为"指定第一个点或 [方式(M)/节点(K)/对象(O)]:"时，输入 M，按 Enter 键。

第 3 步，命令提示为"输入样条曲线创建方式 [拟合(F)/控制点(CV)] <拟合>:"时，输入 F，按 Enter 键，选择"拟合"方式；或输入 CV，按 Enter 键，选择"控制点"方式。

然后根据选择的方式，按系统提示进行操作。

---

① 这是 AutoCAD 2011 新增的功能。

202 ————————————————— AutoCAD 2019 中文版机械设计标准实例教程

注意：

（1）系统使用系统变量 SPLMETHOD 控制样条曲线的绘制方法。当启动 AutoCAD 时，SPLMETHOD 默认为 0，即使用拟合点方式。更改方式后，SPLMETHOD 即存储最近使用的方式。

（2）启动"样条曲线"命令后，系统会提示当前方式。用户确认使用当前方式，则跳过第 2 步，直接指定拟合点或控制点。

8.3.1 使用拟合点方式绘制样条曲线

使用拟合点方式绘制的样条曲线是经过或者接近一系列拟合点的光滑曲线，样条曲线通过首末两个拟合点，其形状受拟合点控制，但并不一定通过中间拟合点，曲线与拟合点的拟合程度受拟合公差控制。样条曲线可以是打开的或闭合的。

操作步骤如下：

第 1 步，调用"样条曲线"|"拟合点"命令。

第 2 步，命令提示为"指定第一个点或 [方式（M）/节点（K）/对象（O）]："时，在适当位置指定样条曲线的起点。

第 3 步，命令提示为"输入下一个点或 [起点切向（T）/公差（L）]："时，使用"起点切向"选项指定起点切线方向，或使用"公差"选项设置拟合公差，或指定样条曲线的拟合点。

第 4 步，命令提示为"输入下一个点或 [端点相切（T）/公差（L）/放弃（U）]："时，继续指定样条曲线的中间点，或按 Enter 键结束命令，或使用"端点相切"选项指定端点切线方向后结束命令。

第 5 步，命令提示为"输入下一个点或 [端点相切（T）/公差（L）/放弃（U）/闭合（C）]："时，继续指定样条曲线的中间点，或选择其他选项进行操作。

操作及选项说明如下：

（1）按 U 键，可以删除前一个指定的点，取消前一段样条曲线。

（2）起点和端点切向影响样条曲线的形状，如图 8-13 所示。若在样条曲线的两端都指定切向，在当前光标与起点或端点之间出现一根拖曳线，拖动鼠标，切向发生变化。此时可以输入一点，也可以输入切向角度。

（a）起点切向 150°　　　（b）起点切向 105°，端点切向 330°　　　（c）端点切向 120°

图 8-13　起点、端点切向对样条曲线形状的影响

（3）默认的拟合公差为 0。拟合公差只影响当前样条曲线的形状，拟合公差值越小，曲线越接近拟合点。如图 8-14 所示，×标记的点为拟合点。

（4）若上述第 5 步选择"闭合"，则绘制闭合的样条曲线，即曲线的最后一点与第一点重合，并在连接处相切。

（a）拟合公差为 0　　　　　　（b）拟合公差为 5　　　　　　（c）拟合公差为 15

图 8-14　拟合公差对样条曲线形状的影响

（5）若上述第 2 步选择"对象"，则将所选择的样条拟合多段线转换为等价的样条曲线。

（6）若上述第 2 步选择"节点"，则可设置节点参数化，控制曲线在通过拟合点时的形状，如图 8-15 所示。

【例 8-5】　用"样条曲线"命令绘制如图 8-16 所示的局部视图中的波浪线 12。

图 8-15　样条曲线节点参数化

图 8-16　绘制波浪线

操作如下：

命令：_SPLINE	单击 ![icon] 图标按钮，启动"样条曲线"命令
当前设置：方式=拟合　节点=弦	系统提示当前方式为"拟合"，节点参数化为"弦"
指定第一个点或 [方式(M)/节点(K)/对象(O)]：	利用对象捕捉功能捕捉直线上的端点 1，确定第一点
输入下一个点或 [起点切向（T）/公差（L）]：	在合适位置指定第二点
输入下一个点或[端点相切（T）/公差（L）/放弃（U）]：	在合适位置指定第三点
输入下一个点或[端点相切（T）/公差（L）/放弃（U）/闭合（C）]：	利用对象捕捉功能捕捉直线上的端点 2，如图 8-16 所示
输入下一个点或[端点相切（T）/公差（L）/放弃（U）/闭合（C）]：↵	按 Enter 键，结束"样条曲线"命令

注意：可以利用"捕捉到最近点"捕捉模式得到上述端点 1 和端点 2。

8.3.2　使用控制点方式绘制样条曲线

使用控制点方式绘制的样条曲线是接近控制点的平滑曲线。

操作步骤如下：

第 1 步，调用"样条曲线"|"控制点"命令。

第 2 步，命令提示为"指定第一个点或 [方式（M）/阶数（D）/对象（O）]："时，在适当位置指定样条曲线的起点。

第 3 步，命令提示为"输入下一个点："时，指定样条曲线的控制点。

第 4 步，命令提示为"输入下一个点或 [闭合(C)/放弃(U)]："时，继续指定样条曲线的控制点，或按 Enter 键结束命令。

8.4　修订云线的绘制

修订云线是由连续圆弧组成的多段线，可以是打开的或闭合的。在检查或阅读图形时，可以使用修订云线绘制醒目的标记，以提高工作效率。

AutoCAD 2019 可以用 3 种方式创建修订云线对象：矩形修订云线、多边形修订云线和徒手画修订云线[①]，如图 8-17 所示。还可以将圆、椭圆、多段线、样条曲线等对象转换为修订云线。

（a）矩形修订云线

（b）多边形修订云线

（c）徒手画修订云线

图 8-17　创建修订云线的 3 种方式

调用命令的方式如下：

- 功能区：单击"默认"选项卡"绘图"面板中的 ▭、⬡、☁ 图标按钮。
- 菜单：执行"绘图"|"修订云线"命令。
- 图标：单击"绘图"工具栏中的 ☁ 图标按钮。
- 键盘命令：REVCLOUD。

8.4.1　创建矩形修订云线

操作步骤如下：

第 1 步，调用"修订云线"命令。

第 2 步，命令提示为"指定第一个点或 [弧长(A)/对象(O)/矩形(R)/多边形(P)/徒手画(F)/样式(S)/修改(M)] <对象>："时，输入 R，按 Enter 键。

第 3 步，命令提示为"指定第一个角点或 [弧长(A)/对象(O)/矩形(R)/多边形(P)/徒手画(F)/样式(S)/修改(M)] <对象>："时，在适当位置指定第一角点，例如图 8-17（a）中的点 1。

第 4 步，命令提示为"指定对角点："时，在另一适当位置指定另一个角点，例如图 8-17（a）中的点 2。

8.4.2　创建多边形修订云线

操作步骤如下：

---

① 矩形修订云线和多边形修订云线是 AutoCAD 2016 新增的功能。

第 1 步，调用"修订云线"命令。

第 2 步，命令提示为"指定第一个点或 [弧长(A)/对象(O)/矩形(R)/多边形(P)/徒手画(F)/样式(S)/修改(M)] <对象>:"时，输入 P，按 Enter 键。

第 3 步，命令提示为"指定起点或 [弧长(A)/对象(O)/矩形(R)/多边形(P)/徒手画(F)/样式(S)/修改(M)] <对象>:"时，在适当位置指定起始点，例如图 8-17（b）中的点 1。

第 4 步，命令提示为"指定下一点:"时，在适当位置指定的第二个顶点，例如图 8-17（b）中的点 2。

第 5 步，命令提示为"指定下一点或 [放弃(U)]:"时，在适当位置指定第三个顶点，例如图 8-17（b）中的点 3。此时也可以选择"放弃"选项，取消刚输入的点。

第 6 步，命令提示为"指定下一点或 [放弃(U)]:"时，依次在适当位置指定其他顶点，如图 8-17（b）所示的点 4、5、6，或按 Enter 键结束命令。

8.4.3　创建徒手画修订云线

操作步骤如下：

第 1 步，调用"修订云线"命令。

第 2 步，命令提示为"指定第一个点或 [弧长(A)/对象(O)/矩形(R)/多边形(P)/徒手画(F)/样式(S)/修改(M)] <对象>:"时，输入 F，按 Enter 键。

第 3 步，命令提示为"指定第一个点或 [弧长(A)/对象(O)/矩形(R)/多边形(P)/徒手画(F)/样式(S)/修改(M)] <对象>:"时，在适当位置上单击，确定修订云线的起点。

第 4 步，命令提示为"沿云线路径引导十字光标...:"时，沿云线路径移动鼠标引导十字光标至适当的点处，按 Enter 键。

第 5 步，命令提示为"反转方向 [是(Y)/否(N)] <否>:"时，按 Enter 键（即选择默认的"否"选项），或输入 Y，确定是否反转修订云线中弧线的方向，如图 8-18 所示。至此结束"修订云线"命令。

（a）弧线不反转方向　　　　　　　　　（b）弧线反转方向

图 8-18　修订云线的弧线方向

注意：在上述第 4 步，沿修订云线路径移动鼠标时，如果使开始线段与结束线段相接，则绘制闭合的修订云线，并直接结束命令。

8.4.4　其他选项说明

下面对"弧长""对象""样式"和"修改"选项进行说明。

1．"弧长"选项

"弧长"选项指定修订云线的最小与最大弧长。最大弧长不能大于最小弧长的 3 倍，默认的弧长为 0.5。

2. "对象"选项

"对象"选项将圆、椭圆、多段线、样条曲线等闭合的对象转换为修订云线，并可选择是否反转云线中弧线的方向。转换生成的修订云线位于当前图层。

3. "样式"选项

"样式"选项指定修订云线圆弧的样式。默认样式为"普通"，可以选择"手绘"样式，如图 8-19 所示。

（a）普通　　　　　　　　　　　（b）手绘

图 8-19　修订云线圆弧样式

【例 8-6】　绘制修订云线，其最小弧长和最大弧长分别为 2 和 4，并将图 8-20（a）所示的椭圆转换为修订云线，其圆弧样式为"手绘"，结果如图 8-20（b）所示。

（a）原图　　　　　　　　　　　（b）创建修订云线

图 8-20　创建修订云线标记

操作如下：

命令：_REVCLOUD	单击 图标按钮，启动"修订云线"命令
最小弧长：0.5　最大弧长：0.5　样式：普通 类型：徒手画	系统提示
指定第一个点或 [弧长(A)/对象(O)/矩形(R)/多边形(P)/徒手画(F)/样式(S)/修改(M)] <对象>：_F	系统自动选择"徒手画"选项
指定第一个点或 [弧长(A)/对象(O)/矩形(R)/多边形(P)/徒手画(F)/样式(S)/修改(M)] <对象>：A↵	选择"弧长"选项，改变修订云线的弧长
指定最小弧长<0.5>：2↵	将最小弧长设定为 2
指定最大弧长<0.5>：4↵	将最大弧长设定为 4
指定第一个点或 [弧长(A)/对象(O)/矩形(R)/多边形(P)/徒手画(F)/样式(S)/修改(M)] <对象>：	在适当位置单击，确定修订云线的起点
沿云线路径引导十字光标…	系统提示，沿修订云线路径移动鼠标至修订云线起点
修订云线完成。	系统提示，完成修订云线的绘制

命令：_REVCLOUD	单击 ☁ 图标按钮，启动"修订云线"命令
最小弧长：2　最大弧长：4　样式：普通　类型：徒手画	系统提示
指定第一个点或 [弧长(A)/对象(O)/矩形(R)/多边形(P)/徒手画(F)/样式(S)/修改(M)] <对象>：_F	系统自动选择"徒手画"选项
指定第一个点或 [弧长(A)/对象(O)/矩形(R)/多边形(P)/徒手画(F)/样式(S)/修改(M)] <对象>：**S**	选择"样式"选项
选择圆弧样式 [普通(N)/手绘(C)] <普通>：**C↵**	选择"手绘"圆弧样式
手绘	系统提示
指定第一个点或 [弧长(A)/对象(O)/矩形(R)/多边形(P)/徒手画(F)/样式(S)/修改(M)] <对象>：**O↵**	选择"对象"选项
选择对象：	选择图 8-20（a）中的椭圆
反转方向 [是(Y)/否(N)] <否>：↵	按 Enter 键，默认不反转方向
修订云线完成。	系统提示

4. "修改"选项

"修改"选项用于添加或删除修订云线的侧边。

【例 8-7】 修改如图 8-21（a）所示的修订云线，结果如图 8-21（b）所示。

（a）原图　　　　　　　　　　　（b）添加和删除侧边

图 8-21　修改修订云线

操作如下：

命令：_REVCLOUD	单击 ☁ 图标按钮，启动"修订云线"命令
最小弧长：2　最大弧长：4　样式：普通　类型：徒手画	系统提示
指定第一个点或 [弧长(A)/对象(O)/矩形(R)/多边形(P)/徒手画(F)/样式(S)/修改(M)] <对象>：_F	系统自动选择"徒手画"选项
指定第一个点或 [弧长(A)/对象(O)/矩形(R)/多边形(P)/徒手画(F)/样式(S)/修改(M)] <对象>：**M↵**	选择"修改"选项
选择要修改的多段线：	选择如图 8-21（a）所示的修订云线
指定下一个点或 [第一个点(F)]：**F↵**	选择"第一个点"选项，重新指定起点
指定起点：	光标靠近修订云线的适当位置单击，如图 8-22(a)所示，系统自动确定添加云线侧边的起点
指定下一个点或 [第一个点(F)]：	指定添加云线侧边的第 2 点
指定下一个点或 [放弃(U)]：	光标靠近修订云线另一适当位置单击，如图 8-22（b）所示，系统自动确定添加云线边的端点
拾取要删除的边：	在删除侧单击，如图 8-22（c）所示
反转方向 [是(Y)/否(N)] <否>：	按 Enter 键，默认不反转方向

—————— AutoCAD 2019 中文版机械设计标准实例教程

（a）指定起点　　　　　　　（b）指定端点　　　　　　　（c）指定删除侧

图 8-22　修改修订云线操作

注意：

（1）命令提示"指定下一个点或 [放弃(U)]："重复出现，直至光标靠近修订云线附近才结束该提示。

（2）当选择了多段线时，则为多段线添加修订云线侧边，如图 8-23 所示。

（3）选择对象后，系统自动将对象上靠近拾取框中心的点作为起点，如果该点可作为第一个点，则可以不用执行"第一个点"选项，直接指定下一个点。

（a）多段线　　　　　　　　　　　（b）添加修订云线侧边

图 8-23　为多段线添加修订云线侧边

8.5　创建图案填充

在机械图样中，剖视图或断面图都需要在剖切面或断面上绘制剖面线，用来表示剖切面或断面，并区分不同机件的材质。在其他设计图上也常需要在某个区域内绘制某种图案，这种操作在 AutoCAD 中称为图案填充。

利用"图案填充"命令，用户可以选择图案类型，设置图案特性，定义填充边界，并将图案填入指定的封闭区域内。

调用命令的方式如下：

- 功能区：单击"默认"选项卡"绘图"面板中的▨图标按钮。
- 菜单：执行"绘图"|"图案填充"命令。
- 图标：单击"绘图"工具栏中的▨图标按钮。
- 键盘命令：BHATCH、HATCH、BH 或 H。

执行该命令后，将弹出"图案填充创建"上下文选项卡，如图 8-24 所示。

图 8-24　"图案填充创建"上下文选项卡

注意：如果功能区关闭，将显示"图案填充和渐变色"对话框。

8.5.1 定义填充图案的外观

1．填充图案类型及图案

系统提供了"实体""渐变色""图案"和"用户定义"等类型的填充图案，可以从图 8-25 所示的"特性"面板的"图案填充类型"下拉列表框中选择。

图 8-25 "图案填充类型"下拉列表

（1）"实体"是使用预定义图案（SOLID）在某个区域内进行纯色填充。

（2）"渐变色"是在一种颜色的不同灰度之间或两种颜色之间平滑过渡，呈现光在对象上的反射效果。

（3）"图案"实际上包括"预定义"和"自定义"两种类型的填充图案。

① "预定义"是 AutoCAD 系统预先定义和命名的填充图案，包括 70 多种符合 ANSI、ISO（国际标准化组织）及其他行业标准的填充图案，这些图案在 acad.pat 和 acadiso.pat 文本文件中定义，并存放于系统的 support 文件夹中。

② "自定义"是用户根据需要自定义的填充图案，这些图案的定义保存在扩展名为 pat 的文本文件中，并存放于系统的 Support 文件夹或系统支持的文件搜索路径中。也可以直接在 acad.pat 和 acadiso.pat 文本文件中添加用户自行设计的填充图案的定义。

注意：自定义类型图案的创建与使用必须具备一定的知识、经验和耐心，不建议新用户进行此操作。

（4）"用户定义"是使用当前线型定义一组平行线或两组互相正交的平行线网格图案。机械图样中的剖面线常用这种类型，如图 8-26 所示。

（a）金属材料（通用）剖面线　　　　　（b）非金属材料剖面线

图 8-26 机械图样中常用的剖面线

"图案"面板显示了上述各种图案填充类型的预览图像。通过单击上下箭头按钮可依次浏览图案；也可以单击 ▾ 按钮，展开图案列表，通过拖动滚动条浏览图案。用户可在其中某个图案上单击，选择该图案。

2．填充图案特性[①]

在"特性"面板上设置图案特性，包括图案的填充颜色、背景颜色、透明度、角度、比例等，如图 8-27 所示。

操作及选项说明如下：

（1）在图案填充颜色下拉列表中设置填充图案颜色。

（2）在图案背景颜色下拉列表中设置图案填充对象的背景颜色。如果图案填充颜色选择实体填充，即选择 SOLID 图案，则图案背景颜色下拉列表不可用。

---

① AutoCAD 2011 新增了颜色、图层和透明度设置功能。

图 8-27 "特性"面板

（3）单击透明度下拉列表设置图案填充对象的透明度特性。拖动透明度栏内的滑块可更改透明度值，也可以在透明度文本框内输入透明度值。不同透明度的填充效果如图 8-28所示。

（a）透明度为 0　　　　　　　（b）透明度为 60

图 8-28　图案填充透明度设置

（4）拖动角度栏内的滑块可更改图案填充角度值，也可以在文本框中输入角度值（0°～359°）。

（5）在比例文本框内输入图案的缩放比例值。

（6）在默认设置下，填充图案位于当前图层。单击"特性"面板按钮，打开下滑面板，在"图案填充图层替代"下拉列表中重新指定填充图案对象所在的图层。

注意：如果填充图案的颜色、透明度以及所在图层设置为"使用当前项"，则采用"默认"选项卡的"特性"面板上设置的对象颜色、透明度以及当前图层。

3．填充图案原点

填充图案的对齐方式决定填充图案生成的起始位置，影响填充图案的外观，如图 8-29所示。在默认设置下，填充图案原点与当前用户坐标系的原点对齐。如果填充图案原点需要与填充边界上某点对齐，可单击"原点"面板按钮 原点 ▼ ，在下滑面板上选择某一对齐方式。如单击"设定原点"按钮，可直接在图形中指定与填充图案原点的对齐点。

（a）默认原点设置　　　　　　　（b）设置为边界内正中心

图 8-29　图案填充原点设置

8.5.2　指定填充方式

AutoCAD 把位于图案填充区域内的封闭区域、文字、属性或实体填充对象等内部边界作为孤岛。用户可以选择孤岛检测方式以确定在最外层填充边界内的填充方式。

"选项"下滑面板中的孤岛检测方式下拉列表框提供了 3 种孤岛检测方式，如图 8-30 所示。

（a）"选项"下滑面板

（b）孤岛检测方式下拉列表框

图 8-30 "选项"下滑面板及孤岛检测方式下拉列表框

（1）普通孤岛检测是从外部边界向内在交替的区域内填充图案。奇数层区域被填充，偶数层区域不填充，如图 8-31（a）所示。

（2）外部孤岛检测为默认的填充方式，只有最外层区域被填充，如图 8-30（b）所示。

（3）忽略孤岛检测是指忽略（即不检测）填充边界内部的所有对象（孤岛），最外层所围边界内部全部被填充，如图 8-30（c）所示。

注意：如果指定边界不存在内部封闭区域，使用普通孤岛检测和外部孤岛检测方式均可，且填充边界内的文字、属性等对象将不会被填充图案覆盖，以保证图形清晰易读。

（a）普通孤岛检测

（b）外部孤岛检测

（c）忽略孤岛检测

图 8-31 孤岛检测样式

8.5.3 指定填充边界

图案填充的边界一般是直线、圆、圆弧和多段线等任意对象构成的封闭区域。指定填充边界后，系统会自动检测边界内的孤岛，并按设置的填充方式填充图案。"边界"面板上提供了两种指定填充边界的方法："拾取点"和"选择"如图 8-32（a）所示。

（1）"拾取点"为默认方法，在图案填充区域内拾取任一点，系统会自动按指定的边界集（当前视口或现有集合）分析、搜索环绕指定点的最近的对象作为边界，并分析内部孤岛。确定的填充边界对象亮显。

（2）"选择"方法用于直接选择组成填充边界的对象。

注意：用"选择"方法指定填充边界时，填充边界对象必须首尾相接，且系统不会自动检测选定边界内的孤岛，用户必须自行选择选定边界内的对象，以确保正确的填充。

—————————— AutoCAD 2019 中文版机械设计标准实例教程

8.5.4 创建图案填充边界

创建图案填充时，可以设置是否同时创建新的、封闭的图案填充的边界。如图 8-32 所示，在"边界"下滑面板中，"保留边界对象"选项的默认设置为"不保留边界"，用户可以选择创建多段线或面域作为图案填充的边界。

（a）"边界"面板　　　　　　　　（b）填充边界设置选项

图 8-32　填充边界的设置

8.5.5 设置图案填充的关联性

图案填充的关联性是指填充图案是否随填充边界的变化而自动更新，如图 8-33 所示。默认设置下，"选项"面板中"关联"按钮蓝显，如图 8-30 所示。创建关联的填充图案，即图案关联边界，给图形编辑带来了极大的方便。单击"关联"按钮，使其显示为白色，则关闭关联边界。图案填充的关联性由系统变量 HPASSOC 控制，默认值为 1，设置为关联。

当创建图案填充时，若选择的是"不保留边界"，即不创建图案填充边界，则图案填充的关联性与原填充边界对象有关，图案的关联性如图 8-33（a）～（c）所示。

当创建填充图案时，在如图 8-32（b）所示的"保留边界对象"选项中，选择保留边界，即创建了图案填充边界，则图案填充的关联性与创建的图案填充边界有关，而与原边界对象无关。如图 8-33（d）所示，缩放细实线长腰形的图案填充边界，图案随之更新；如图 8-33（e）所示，缩放粗实线长腰形的图案原边界对象，图案不随边界变化。

（a）填充边界修改前　　　（b）修改关联的填充边界后　　　（c）修改不关联的填充边界后

（d）缩放图案填充边界　　　　　　　　（e）缩放原边界对象

图 8-33　图案填充的关联性

8.5.6 图案的特性匹配

选择特性匹配方式，使新创建的图案填充设定为所选图案填充对象的特性。"选项"面板提供了两种方式。如图 8-34 所示。

选择"使用当前原点"选项，创建的图案填充对象使用当前原点，而其他特性将继承选定的图案填充对象的特性。选择"用源图案填充原点"选项，创建的图案填充对象将继承选定图案填充对象的所有特性，包括图案填充原点。

图 8-34　图案特性匹配

8.5.7 机械图样中剖面线的绘制

利用"图案填充"命令可以方便、快捷地绘制机械图样中的剖面线。

操作步骤如下：

第 1 步，调用"图案填充"命令，弹出如图 8-24 所示的"图案填充创建"上下文选项卡。

第 2 步，在"特性"面板的"图案填充类型"下拉列表中选择"用户定义"类型。

第 3 步，在"特性"面板的"图案填充颜色"下拉列表中设置填充图案颜色。

第 4 步，在"特性"面板上的"图案填充图层替代"下拉列表中选择图层，如"剖面符号"图层。

第 5 步，在"特性"面板的"角度"和"间距"文本框中分别输入一组平行线的角度与间距。

注意：当选择"用户定义"类型时，"特性"面板的"填充图案比例"文本框将更换为"图案填充间距"文本框。

第 6 步，单击"边界"面板的"拾取点"按钮。

第 7 步，系统提示为"拾取内部点或 [选择对象(S)/放弃（U）/设置(T)]："时，依次在各填充区域内拾取任一点。

注意：可以在多个区域内拾取点，当光标移到闭合区域内时，即可预览图案填充[①]。

第 8 步，按 Enter 键，或单击"关闭"面板的"关闭图案填充创建"按钮，结束命令。

操作及选项说明如下：

（1）当选择"选择对象"选项时，系统提示"选择对象或 [拾取内部点（K）/放弃（U）/设置（T）]："，同时光标变成选择框，在此选择边界对象。

（2）当选择"放弃"选项时，可以放弃指定的边界。

注意：若连续选择"放弃"选项，可以依次放弃前面指定的边界。

（3）当选择"设置"选项时，将打开如图 8-35 所示的"图案填充和渐变色"对话框。

注意：单击"选项"面板上的 按钮，也可以打开"图案填充和渐变色"对话框。

---

① 这是 AutoCAD 2011 新增的功能。

AutoCAD 2019 中文版机械设计标准实例教程

图 8-35 "图案填充和渐变色"对话框

（4）在指定边界操作过程中，若在绘图区右击，将弹出如图 8-36 所示的快捷菜单。利用此快捷菜单可以放弃已指定的边界，也可以更改指定边界的方式，还可以选择"设置"命令，打开"图案填充和渐变色"对话框。

（a）采用"拾取点"方法时的快捷菜单　　　　（b）采用"选择"方法时的快捷菜单

图 8-36 "图案填充"命令的快捷菜单

（5）指定填充边界后，"边界"面板的删除边界按钮亮显。单击该按钮，可以依次选择边界内的孤岛或已经指定的边界对象，将其从边界选择集中删除。

（6）如果选择的边界不封闭，则系统会检测到无效的图案填充边界，并以红色圆标识有间隙的区域[1]，同时弹出"图案填充 - 边界定义错误"提示框，如图 8-37 所示。

（a）红色圆标识边界间隙

（b）"图案填充 - 边界定义错误"提示框

图 8-37　具有间隙的边界提示

注意：当退出"图案填充"命令后，红色圆仍处于显示状态，从而有助于用户查找和修复图案填充边界。当再次启动"图案填充"命令或者执行"重生成""重画"命令时，红色圆将消失。

（7）填充边界允许的最大间隙默认为 0，即不允许填充边界有间隙。如果在"选项"面板的"允许间隙"文本框中按图形单位输入一个值（0~5000），即填充边界可以忽略的最大间隙，系统将小于或等于此间隙的边界均作为封闭区域，且弹出如图 8-38 所示的"图案填充 - 开放边界警告"提示框，用户可以选择是否进行图案填充操作。

图 8-38　"图案填充 - 开放边界警告"提示框

（8）当选择"用户定义"类型时，"特性"面板中的交叉线按钮 ▦ 双 可用，单击该按钮，使其蓝显，则可创建非金属材料的剖面线，如图 8-26（b）所示。

【例 8-8】　对如图 8-39 所示的连接图，用"图案填充"命令分别绘制各零件的剖面线。

---

① 此为 AutoCAD 2010 新增的功能。

(a) 原图

(b) 填充剖面线后

图 8-39　绘制剖面线

操作如下：

命令：_HATCH	单击 ▨ 图标按钮，弹出"图案填充创建"上下文选项卡
图案填充类型：用户定义	选择"用户定义"类型图案，如图 8-40 所示
图案填充颜色：**ByLayer**	设置填充图案的颜色特性为 ByLayer
图案填充图层替代：**剖面符号**	将填充图案指定到"剖面符号"图层
图案填充角度：**45**	设置剖面线角度
图案填充间距：**3**	设置剖面线间距
拾取内部点或 [选择对象(S)/放弃（U）/设置(T)]:	在左侧填充区域 1 内指定一点
正在选择所有对象… 正在选择所有可见对象… 正在分析所选数据… 正在分析内部孤岛…	系统提示
拾取内部点或 [选择对象(S)/放弃（U）/设置(T)]: ……	依次在填充区域 2、3、4 内指定一点
正在分析内部孤岛…	系统提示
拾取内部点或 [选择对象(S)/放弃（U）/设置(T)]: ↵	按 Enter 键，结束"图案填充"命令
↵	按 Enter 键，再次执行"图案填充"命令
单击"选项"面板上的"特性匹配"按钮 ▨	使用选定填充图案对象的特性
拾取内部点或 [选择对象(S)/放弃（U）/设置(T)]: MA	
选择图案填充对象：	选择 2 号件左侧销孔局部剖视图中的剖面线
拾取内部点或 [选择对象(S)/放弃（U）/设置(T)]:	在俯视图填充区域 5 内指定一点
正在选择所有对象…	系统提示
拾取内部点或 [选择对象(S)/放弃（U）/设置(T)]: ↵	按 Enter 键，结束"图案填充"命令

图 8-40　定义剖面线

注意：当执行一次图案填充命令后，系统将记录上一次操作所作的填充图案的特性与选项设置，直至下一次命令执行中重新设置这些特性与选项为止。

8.6　图案填充的编辑

8.6.1　图案填充编辑器和"图案填充编辑"对话框编辑

利用图案填充编辑器或"图案填充编辑"对话框，可以修改所选图案填充对象的外观（类型、特性）以及边界对象等。

调用命令的方式如下：

- 功能区：单击"默认"选项卡"修改"面板中的 图标按钮。
- 菜单：执行"修改"|"对象"|"图案填充"命令。
- 图标：单击"修改Ⅱ"工具栏中的 图标按钮。
- 键盘命令：HATCHEDIT。

执行该命令后，选择图案填充对象，将弹出如图 8-41 所示的"图案填充编辑"对话框，该对话框与"图案填充和渐变色"对话框基本相同。如果直接单击填充图案对象，则弹出"图案填充编辑器"上下文选项卡，如图 8-42 所示。

图 8-41　"图案填充编辑"对话框

图 8-42　"图案填充编辑器"上下文选项卡

———————　AutoCAD 2019 中文版机械设计标准实例教程

修改填充图案外观的操作方法与"图案填充"命令的操作基本相同，不同的是"边界"与"选项"中有关定义填充边界的选项只在图案填充对象的编辑中才可用，如图 8-41～图 8-43 所示。

修改填充边界时，用户除了可以继续添加或删除填充边界对象外，还可以单击"重新创建边界"按钮，重新为填充图案创建填充边界。

（a）关联图案填充对象的"边界"面板　　　　（b）图案填充对象的"选项"下滑面板

图 8-43　图案填充编辑器的"边界"面板和"选项"下滑面板

如图 8-44（a）所示，如果选择的是关联的填充图案，"显示边界对象"选项亮显，如图 8-41 和图 8-43 所示。选择该选项，即可显示所选填充图案的所有边界对象，并且显示边界夹点，如图 8-44（b）所示。当需要选择复杂边界的所有对象时，可采用这种方便快捷的方法。

（a）选择关联图案　　　　　　　　（b）关联图案的所有边界

图 8-44　显示关联图案填充对象的边界

【例 8-9】　采用"普通孤岛检测"方式填充的剖面线如图 8-45（a）所示，现用"图案填充编辑"命令修改剖面线的填充边界，如图 8-45（b）所示。

（a）修改前　　　　　　　　　　　　（b）修改后

图 8-45　修改填充边界

操作如下：

命令：_HATCHEDIT	单击 图标按钮，启动"图案填充编辑"命令
选择图案填充对象：	选择如图 8-45（a）所示的剖面线，弹出"图案填充编辑"对话框

单击"删除边界"按钮	选择"删除边界"选项,回到绘图窗口,图案边界均蓝显
选择对象或 [添加边界(A)]:	选择左侧腰形边界
选择对象或 [添加边界(A)]:	选择右侧小圆
选择对象或 [添加边界(A)]: ↵	按 Enter 键,结束对象选择,回到"图案填充编辑"对话框
单击"确定"按钮	结束"图案填充编辑"命令

8.6.2 利用对象"特性"选项板编辑填充图案

利用对象"特性"选项板,可以显示选定填充图案的所有特性和内容,如图 8-47(a)所示。可以通过各选项列表编辑选定填充图案的外观和其他特性。

调用命令的方式如下:

- 功能区:单击"视图"选项卡"选项板"面板的 图标按钮。
- 菜单:执行"修改"|"特性"命令。
- 图标:单击"标准"工具栏中的 图标按钮。
- 键盘命令:PROPERTIES、DDMODIFY 或 PROPS。

注意:单击"默认"选项卡"特性"面板右下角的 ,也可以打开对象"特性"选项板。

【例 8-10】 利用对象"特性"选项板修改填充图案的类型,如图 8-46 所示。

(a)修改前 (b)修改后

图 8-46 利用对象"特性"选项板修改填充图案的类型

操作如下:

命令:_PROPERTIES	单击 图标按钮,启动"特性"命令,打开对象"特性"选项板
选择填充图案	选择如图 8-46(a)所示的剖面线,出现夹点,填充图案"特性"选项板如图 8-47(a)所示
在"图案"选项列表中单击"类型"或"用户定义",右侧出现按钮 ,并单击该按钮	打开"填充图案类型"对话框
从"图案类型"下拉列表中选择"预定义"	修改填充图案类型为"预定义",如图 8-47(b)所示
单击"确定"按钮	默认选择 SOLID 图案,如图 8-47(c)所示
单击"特性"选项板的×按钮	关闭"特性"选项板
按 Esc 键	取消夹点,完成编辑

注意:单击图 8-47(c)中的"图案"按钮,将打开如图 8-48 所示的"填充图案选项板"对话框,可以选择系统预先定义和命名的填充图案。

（a）填充图案"特性"选项板

（b）选择"预定义"图案类型

（c）选择预定义图案 SOLID

图 8-47　修改填充图案类型

图 8-48　"填充图案选项板"对话框

8.6.3　编辑图案填充范围

1．修改关联图案的填充边界更新图案填充范围

对于关联的图案填充对象，其填充范围与其边界有关。如同其他对象一样，图案填充的边界可以被移动、拉伸和修剪等，当拉伸、移动、旋转、缩放了关联的填充图案的边界且保持边界闭合时，填充图案会随其边界的变化而自动更新。图 8-49 为使用夹点拉伸功能修改关联的填充边界的结果。

（a）选择边界圆　　　　　　　　　（b）拉伸边界圆

图 8-49　拉伸边界后图案填充的变化

注意：

（1）如果由于编辑操作造成边界不封闭，系统将自动删除图案填充的关联性且不能再重建。用户只能重新创建图案填充，或创建新的边界，并将其与此图案填充关联。

（2）系统默认将一次操作的填充图案作为单一的图形对象，用户尽量不要将其分解，以免造成编辑上的麻烦。

2．利用多功能夹点修改非关联填充图案的范围[①]

非关联图案填充对象的范围与其边界对象无关，故"显示边界对象"选项不可用。选择非关联的填充图案后，将显示填充图案的多功能夹点。如图 8-50（b）所示，非关联图案填充对象的边界夹点有顶点夹点和边（中点）夹点。当光标悬停在某个夹点上时，工具提示将显示该夹点的编辑选项，如图 8-50（c）所示。系统根据图案填充边界的类型（多段线、圆、样条曲线或椭圆）显示不同的选项。操作方法与使用多功能夹点编辑多段线相同[②]。

如图 8-50 所示，利用非关联图案填充的边夹点编辑功能修改其填充范围。

（a）修改前　　　　　（b）选择非关联图案填充　　　　（c）图案边夹点选项

图 8-50　非关联图案填充范围的修改

---

① 这是 AutoCAD 2010 新增的功能。

② 参见 8.2.2 节。

（d）选择"转换为圆弧"选项并拉伸边夹点　　　（e）拉伸边夹点后　　　（f）修改结果

图 8-50　（续）

注意：非关联图案填充对象的边界夹点并非其边界对象的夹点，而是其本身的边界夹点。

8.6.4　利用图案填充对象的控制夹点编辑图案填充特性[①]

选择图案填充对象时，在图案填充范围的中心显示控制夹点（圆形夹点）。当光标悬停在控制夹点上时，即可显示快捷菜单，如图 8-51 所示，可以更改填充图案的位置、原点、角度、比例等特性。选择快捷菜单中的某一选项，将在命令行出现相应提示，根据提示进行操作。按 Ctrl 键，可以在各选项中切换，命令行中将显示相应选项提示。移动鼠标，可以动态显示图案的变化。

（a）关联的图案填充对象夹点及控制夹点选项　　　（b）非关联的图案填充对象夹点及控制夹点选项

图 8-51　图案填充对象夹点及控制夹点选项

8.6.5　利用"修剪"命令修剪填充图案

如同其他图形对象一样，图案填充对象也可以被修剪，如图 8-52 所示。

（a）修剪前　　　　　　　　（b）修剪后

图 8-52　修剪填充图案

8.7　剖视图绘制的方法及步骤

如果机件的内部结构比较复杂，视图上会出现较多虚线，这些虚线和其他图线重叠往往会影响图形的清晰，给读图以及尺寸标注带来不便。为了清晰地表达机件的内部结构，

---

① 这是 AutoCAD 2011 新增的功能。

常采用剖视图表达。

假想用剖切面剖开机件，移去观察者和剖切面之间的部分，将其余部分向投影面投射所得到的图形称为剖视图，如图 8-53 所示。

按剖切面剖开机件范围的不同，剖视图分为全剖视图、半剖视图和局部剖视图。按剖切平面的位置和数量的不同，剖切面可分为单一剖切面（投影面平行面、投影面垂直面）、几个平行剖切面、几个相交剖切面。

本节结合图 8-53，介绍绘制剖视图的方法及一般步骤。

（1）确定剖切面的位置。为了清晰表达机件的内部结构，避免剖切后产生不完整的结构要素，剖切面应尽量与机件的对称面重合或通过机件上孔、槽的轴线或对称中心线，并且使剖切平面平行或垂直于某一投影。图 8-53 所示的剖切面与机件的前后对称面重合。

（a）剖视图的形成　　　　　　　　　　　　（b）剖视图的画法

图 8-53　剖视图

（2）画出剖切后的投影。将剖切面与机件相接触的截断面（剖面区域）的轮廓以及剖切平面后机件的可见部分一并向投影面投射。

（3）画剖面符号。在剖面区域内画上剖面符号，机件的剖面符号应按国家标准 GB/T 4457.5—1984《机械制图 剖面符号》的规定使用，不同材料用不同的剖面符号表示。

（4）标注剖切符号和名称。在与剖视图相对应的视图上用粗短画标出剖切面的起讫和转折位置（粗短画尽可能不与图形轮廓线相交），用箭头表示投射方向，并用大写的拉丁字母注写剖视图的名称。关于标注的省略情况，请读者参阅有关标准。

利用 AutoCAD 绘制剖视图或断面图时，剖面线可利用"图案填充"命令绘制，箭头可用"多段线"命令绘制，名称可用文字注写的相关命令标注[①]。

8.8　上机操作实验指导八：剖视图的绘制

本节将详细介绍用 AutoCAD 绘制如图 8-54 所示的剖视图的方法和步骤，主要涉及的命令包括本章介绍的"样条曲线"命令、"多段线"命令、"图案填充"命令等。

---

① 参见第 9 章。

图 8-54　剖视图

第 1 步，绘图环境设置，操作过程略。

第 2 步，利用自动追踪功能以及绘图与编辑命令绘制主、俯视图，如图 8-55 所示。

（a）绘制底板、圆柱体及中心线　　　　　　（b）绘制圆柱凸台、肋板及挖切结构

图 8-55　绘制主、俯视图

第 3 步，将"波浪线"图层设置为当前图层，绘制波浪线。

（1）利用"缩放"命令，在屏幕上放大显示出俯视图上的凸台结构。

（2）利用"样条曲线"命令，绘制俯视图上的波浪线。

操作如下：

命令：_SPLINE	单击 图标按钮，启动"样条曲线"命令
当前设置：方式=拟合　节点=弦	系统提示当前方式为"拟合"，节点参数化为"弦"
指定第一个点或 [方式(M)/节点(K)/对象(O)]：_nea 到	用"最近点"捕捉模式，在俯视图ϕ32 大圆上确定第一点，如图 8-56（a）所示
输入下一个点或 [起点切向（T）/公差（L）]：	指定第二点
输入下一个点或 [端点相切(T)/公差(L)/放弃(U)]：	指定第三点
输入下一个点或 [端点相切（T）/公差（L）/放弃（U）/闭合（C）]：	利用极轴追踪功能，在俯视图的内孔小圆上指定端点，如图 8-56（b）所示
输入下一个点或 [端点相切（T）/公差（L）/放弃（U）/闭合（C）]：↵	按 Enter 键，结束"样条曲线"命令

（a）指定波浪线起点　　　　　（b）指定波浪线端点

图 8-56　绘制波浪线

重复上述步骤，绘制俯视图上另一条波浪线。

（3）平移视图，在屏幕上显示出主视图上底板的左侧孔。

（4）利用"样条曲线"命令，绘制主视图上的波浪线。

第 4 步，修剪俯视图中多余的图线，如图 8-57（a）所示。

第 5 步，绘制剖面线，如图 8-57（b）所示。

（a）绘制波浪线并修剪多余图线　　　　　（b）绘制剖面线

图 8-57　绘制剖视图

　　　　　AutoCAD 2019 中文版机械设计标准实例教程

（1）绘制主视图上剖面线。

操作如下：

命令：_HATCH	单击▦图标按钮，弹出"图案填充创建"上下文选项卡
图案填充类型：用户定义	在"特性"面板上选择"用户定义"类型图案
图案填充颜色：ByLayer	设置填充图案的颜色特性为 ByLayer
图案填充图层替代：剖面符号	将填充图案指定到"剖面符号"图层
图案填充角度：45	设置角度
图案填充间距：3	设置间距
拾取内部点或 [选择对象(S)/放弃（U）/设置(T)]：	在右侧半剖的填充区域内指定一点
正在选择所有对象… 正在选择所有可见对象… 正在分析所选数据… 正在分析内部孤岛…	系统提示
……	继续拾取其他填充区域
拾取内部点或 [选择对象(S)/放弃（U）/设置(T)]：↵	按 Enter 键，结束"图案填充"命令

（2）采用相同的剖面线角度和间距，绘制俯视图上的剖面线。

第 6 步，剖视图标注。

（1）利用"多段线"命令，绘制左侧剖切符号。

操作如下：

命令：_PLINE	单击↪图标按钮，启动"多段线"命令
指定起点：	捕捉俯视图水平中心线左端点，水平向左追踪，拾取起点
当前线宽为 0.000	系统提示当前线宽为 0
指定下一点或 [圆弧(A)/闭合(C)/半宽(H)/长度(L)/放弃(U)/宽度(W)]：W↵	选择"宽度"选项，指定直线段的宽度
指定起点宽度<0.000>：0.5↵	设置直线段起点宽度为 0.5
指定端点宽度<0.500>：↵	按 Enter 键，默认直线段端点宽度为 0.5
指定下一点或[圆弧(A)/闭合(C)/半宽(H)/长度(L)/放弃(U)/宽度(W)]：3↵	沿 180°方向输入 3，得到端点
指定下一点或[圆弧(A)/闭合(C)/半宽(H)/长度(L)/放弃(U)/宽度(W)]：W↵	选择"宽度"选项，重新指定直线段的宽度
指定起点宽度<0.500>：0↵	设置直线段起点宽度为 0
指定端点宽度<0.000>：↵	按 Enter 键，默认直线段端点宽度为 0
指定下一点或[圆弧(A)/闭合(C)/半宽(H)/长度(L)/放弃(U)/宽度(W)]：2↵	垂直向上追踪，输入 2
指定下一点或[圆弧(A)/闭合(C)/半宽(H)/长度(L)/放弃(U)/宽度(W)]：W↵	选择"宽度"选项，重新指定直线段的宽度
指定起点宽度<0.000>：1↵	设置直线段起点宽度为 1
指定端点宽度<0.500>：0↵	按 Enter 键，默认直线段端点宽度为 0
指定下一点或[圆弧(A)/闭合(C)/半宽(H)/长度(L)/放弃(U)/宽度(W)]：3↵	垂直向上追踪，输入 3
指定下一点或[圆弧(A)/闭合(C)/半宽(H)/长度(L)/放弃(U)/宽度(W)]：↵	按 Enter 键，结束"多段线"命令

（2）用"镜像"命令镜像复制左侧剖切符号，得到右侧剖切符号。

（3）注写剖视图名称。用大写拉丁字母表示，完成图形绘制。

第7步，保存图形，操作过程略。

8.9　上机操作常见问题解答

1. 在使用"选择对象"方式指定填充边界时，如何保证得到正确的图案填充？

当使用"选择对象"方式指定填充边界时，AutoCAD不会自动形成一个封闭边界，所选的边界对象必须是在各端点首尾相连，自行封闭；否则，由于边界对象有重叠或交叉，会出现错误填充。如图8-58（a）所示，选择直线AB、AD、DC、EF作为填充边界时，填充图案超出了预想的边界。可以在填充图案之前，先利用"打断于点"命令将超出边界的对象在交点处打断，即将图8-58中的直线AB、CD在点F、E处打断，使所选对象构成一个封闭区域，以便正确填充图案，如图8-58（b）所示。

（a）错误填充　　　　　　　　　（b）正确填充

图8-58　选择填充边界对象不同的填充结果

2. 当用夹点拉伸填充边界时，为什么关联的填充图案不会自动更新？

当用户将填充图案所在的图层冻结或锁定后，填充图案便失去了与其边界的关联性，因此，当使用夹点拉伸填充边界对象时，即使填充图案具有关联性，也不会随其边界自动更新。所以，在编辑填充边界时，务必检查填充图案所在图层的状态，确保图案的关联性。

3. 使用"图案填充编辑"对话框中的"删除边界"选项，为什么有些边界无法删除？

在例8-9中，图8-45（a）所示的腰形轮廓线如果是在填充剖面线之后绘制的，则用"图案填充编辑"对话框中的"删除边界"选项，在绘图窗口选择该轮廓线时，系统将在命令行提示"所选对象不是导出的孤岛"，说明腰形轮廓线并不是填充图案的边界，故无法作为边界删除。此时可以用对话框的"添加：拾取点"选项，在腰形轮廓线内拾取一点，得到如图8-45（b）所示的结果。也可以使用"修剪"命令，将腰形轮廓线作为填充图案的修剪边界，对填充图案进行修剪。

4. 某个区域内的图案填充为什么不显示？

在进行图案填充操作时，选择某个图案后，还应设置该图案合适的比例，以保证图案在边界区域内正常显示。如果图案比例相对于边界区域过大，图案就不能正常显示了。图8-59为不同比例图案的填充效果。

（a）比例为1　　　　　　　　（b）比例为2　　　　　　　　（c）比例为4

图8-59　不同比例图案的填充效果

8.10　操作经验和技巧

1. 如何恢复被误删除的填充边界？

在编辑图形时，如果由于误操作而删除了填充边界，如图 8-60（a）所示，可以单击"图案填充编辑"对话框的"重新创建边界"按钮，或单击图案填充编辑器的"边界"面板中的"重新创建"按钮，为填充图案重新创建填充边界，此处创建的边界可以是面域或多段线，并可以设置填充图案与新边界的关联性，如图 8-60（b）所示。

（a）无边界的填充图案　　　　　（b）重新创建填充边界

图 8-60　重新创建填充边界

2. 在一张图样中，如何在同一机件的不同剖视图上或不同机件内创建独立的填充图案对象？

AutoCAD 默认将一次操作的填充图案作为单一的图形对象，如果创建的是关联的填充图案，用 W 窗口方式选择需要移动的图形后，移动图形内的图案会随着边界位置的改变而更新位置。为方便图形的移动，在一张图样中，同一机件的不同剖视图上的剖面线一般应分别使用"图案填充"命令单独进行绘制，以保证其中一个剖视图移动后不会影响另一个剖视图中的剖面线位置。如果在"图案填充编辑"对话框中选中"创建独立的图案填充"复选框，就可以在一次"图案填充"命令执行中，在多个填充区域内创建各自独立的具有同一特性的填充图案，保证不同区域内剖面线的独立性，以便于视图的编辑。由于一次"图案填充"命令能在不同区域创建独立的剖面线对象，编辑其中一个区域内的填充图案，不会改变其他区域内的填充图案，如图 8-61 所示。将这一特点运用于装配图中，可以使不同机件剖面线的绘制与编辑非常方便。

（a）不同区域的同一个填充图案　　（b）不同区域的多个填充图案　　（c）修改一个区域的填充图案

图 8-61　创建独立的填充图案对象

8.11 上 机 题

1. 绘制如图 8-62 和图 8-63 所示的机件的剖视图。

图 8-62　底座

图 8-63　拨叉

2. 绘制如图 8-64 所示的杯子的剖视图。

（a）杯子 1

（b）杯子 2

图 8-64　杯子剖视图

AutoCAD 2019 中文版机械设计标准实例教程

第 9 章　工程文字的注写

一张完整的机械图样除了用图形完整、正确、清晰地表达物体的结构形状外，还必须用尺寸表示物体的大小，另外，还应有相应的文字信息，如注释说明、技术要求、标题栏和明细表等。AutoCAD 提供了强大的文字注写和文本编辑功能。

本章介绍的内容和新命令如下：

（1）STYLE（设置文字样式）命令。

（2）文字对齐方式。

（3）TEXT 或 DTEXT（注写单行文字）命令。

（4）MTEXT（注写多行文字）命令。

（5）特殊字符的输入。

（6）注释性文字。

（7）文字的编辑。

9.1　文字样式的设置

文字样式定义了文字的外观，是对文字特性的一种描述，包括字体、高度、宽度比例、倾斜角度以及排列方式等。默认的文字样式为 Standard，注写文字之前首先应根据需要设置不同的文字样式。

调用命令的方式如下：

- 功能区：单击"默认"选项卡"注释"面板中的 A 图标按钮，或"注释"选项卡|"文字"面板中的 ↘ 按钮。
- 菜单：执行"格式"|"文字样式"命令。
- 图标：单击"样式"工具栏中的 A 图标按钮。
- 键盘命令：STYLE 或 ST。

执行该命令后，将弹出如图 9-1 所示的"文字样式"对话框。"样式"列表中显示了当前图形文件中已创建的所有文字样式，并在相应栏内显示所选文字样式的有关设置、外观预览。用户可以新建并设置文字样式，还可以修改或删除已有的文字样式等。

操作步骤如下：

第 1 步，调用"文字样式"命令。

第 2 步，在"文字样式"对话框中，单击"新建"按钮，弹出如图 9-2 所示的"新建文字样式"对话框。

第 3 步，在"样式名"文本框中输入新样式名。

第 4 步，单击"确定"按钮，返回主对话框，新的样式名显示在"样式"列表中，且被选中。

第 5 步，在"字体名"下拉列表框中选择某一字体。

图 9-1 "文字样式"对话框

图 9-2 "新建文字样式"对话框

第 6 步，在"高度"文本框中设置文字的高度。

第 7 步，在"效果"选项组中设置文字的排列方式、宽度因子、倾斜角度等，确定文字的书写效果。

第 8 步，单击"应用"按钮，确认对文字样式的设置。

第 9 步，进行其他操作，或单击"关闭"按钮，关闭"文字样式"对话框。

操作及选项说明如下：

（1）"字体名"下拉列表中提供了两类字体，其中 TrueType 字体是由 Windows 系统提供的已注册的字体，SHX 字体为 AutoCAD 本身编译的存放在 AutoCAD Fonts 文件夹中的字体，这两种字体在字体名前用 和 前缀区别。

（2）当选择了 SHX 字体时，"使用大字体"复选框亮显，选中该复选框，然后在右侧的"大字体"下拉列表框[①]中为汉字等亚洲文字指定大字体文件，常用的大字体文件为gbcbig.shx。

（3）文字倾斜角度为相对于 Y 轴正方向的倾斜角度，其值的范围为±85°。文字各种书写效果如图 9-3 至图 9-5 所示。

注意：

① True Type 字体不能设置垂直效果。

---

① 当在"文字样式"对话框中选中"使用大字体"复选框后，右侧的"字体样式"下拉列表框变为"大字体"下拉列表框，可参见图 9-42。

方
向
效
果

当前向式   果效向式

(a) 颠倒   (b) 反向   (c) 垂直

图 9-3   文字方向效果

宽度因子   宽度因子   宽度因子

(a) 宽度因子为 1   (b) 宽度因子<1   (c) 宽度因子>1

图 9-4   文字宽度因子效果

倾斜角度   倾斜角度   倾斜角度

(a) 倾斜角度为 0   (b) 倾斜角度为正值   (c) 倾斜角度为负值

图 9-5   文字倾斜角度效果

② 设置颠倒、反向效果不影响多行文字，而宽度因子和倾斜角度可应用于新注写的文字和已注写的多行文字。

（4）新文字样式一旦创建，系统自动将其设置为当前文字样式。如需改变当前样式，可以在"样式"列表中选择某一文字样式，再单击"置为当前"按钮。

（5）在"样式"列表中选择某一文字样式，可以修改其设置，或单击"删除"按钮，将其删除。

注意：在"样式"列表中的某一文字样式名上右击，弹出快捷菜单，可以将所选文字样式置为当前、重命名以及删除。AutoCAD 默认的 Standard（标准样式）不允许重命名和删除，图形文件中已使用的文字样式不能被删除。

【例 9-1】   设置两种新文字样式："工程字"选用 gbeitc.shx 字体及 gbcbig.shx 大字体；"长仿宋字"选用"仿宋"字体，宽度因子为 0.7。然后将"工程字"设置为当前文字样式。

操作如下：

命令：_STYLE	单击 A 图标按钮，弹出"文字样式"对话框
单击"新建"按钮	弹出如图 9-2 所示的"新建文字样式"对话框
在"样式名"文本框中输入"工程字"	定义新文字样式名为"工程字"
单击"确定"按钮	返回"文字样式"对话框
在"字体名"下拉列表框中选择 gbeitc.shx 字体	设置"工程字"采用的字体文件为 gbeitc.shx
选中"使用大字体"复选框	使用大字体
选择"大字体"下拉列表框中的 gbcbig.shx 字体文件	设置"工程字"的大字体文件为 gbcbig.shx，完成"工程字"设置
单击"应用"按钮	确认"工程字"文字样式的设置，如图 9-6（a）所示
再次单击"新建"按钮	再次弹出"新建文件样式"对话框
在对话框的"样式名"文本框中输入"长仿宋"	定义新文字样式名为"长仿宋字"
单击"确定"按钮	返回"文字样式"对话框
不选中"使用大字体"复选框	不使用大字体
在"字体名"下拉列表框中选择"仿宋"	设置"长仿宋字"的字体文件为"仿宋"
在"宽度因子"文本框内输入宽度比例值 0.7	设置"长仿宋字"的宽度因子为 0.7，完成长仿宋字设置

单击"应用"按钮	确认"长仿宋字"文字样式的设置，如图 9-6（b）所示
在"样式"列表中选择"工程字"	选择"工程字"文字样式
单击"置为当前"按钮	将"工程字"文字样式设置为当前文字样式
单击"关闭"按钮	关闭对话框，结束"文字样式"命令

注意：

（1）当选中"使用大字体"复选框时，"字体名"下拉列表中只显示 SHX 字体。

（2）本例所设置的"工程字"采用了 gbeitc.shx 字体，用该样式注写的中文字为正体字，注写的英文或数字为斜体字，符合机械制图国家标准对字体的规定。

（a）设置"工程字"文字样式

（b）设置"长仿宋字"文字样式

图 9-6   设置文字样式

———— AutoCAD 2019 中文版机械设计标准实例教程

9.2　文字的注写

AutoCAD 提供了两种文字注写方式：单行文字和多行文字。

9.2.1　注写单行文字

利用"单行文字"命令，可以在图形中按指定文字样式、对齐方式和倾斜角度，以动态方式注写一行或多行文字，每行文字是一个独立的对象。

调用命令的方式如下：

- 功能区：单击"默认"选项卡"注释"面板中的 A 图标按钮。
- 菜单：执行"绘图"|"文字"|"单行文字"命令。
- 图标：单击"文字"工具栏中的 A 图标按钮。
- 键盘命令：DTEXT、TEXT 或 DT。

1. 创建单行文字

操作步骤如下：

第 1 步，调用"单行文字"命令。

第 2 步，命令提示为"指定文字的起点或 [对正(J)/样式(S)]："时，在合适位置指定注写单行文字的起点。

第 3 步，命令提示为"指定高度 <2.500>："时，输入文字的高度值，按 Enter 键。

第 4 步，命令提示为"指定文字的旋转角度 <0>："时，输入文字行绕对齐点旋转的角度值，按 Enter 键。也可以利用极轴追踪确定文字行的旋转角度。

第 5 步，在屏幕上的"在位文字编辑器"中输入文字，按 Enter 键。

第 6 步，继续输入第二行文字，或按 Enter 键结束命令。

操作及选项说明如下：

（1）上述第 3 步如果用光标在图中拾取一点，则该点与起点的距离即为文字高度。

（2）指定文字的旋转角度后，屏幕上在指定的文字对齐点处出现单行文字的"在位文字编辑器"，该编辑器是一个带有光标的矩形框，输入每一个文字时都会在光标处即时显示出来（动态注写），且编辑器边框随着文字的输入而展开。输入一行文字后，按 Enter 键，光标自动下移一行，则新一行文字的对齐方式和文字属性不变。如果新一行文字的位置有变化，可在不退出命令的状态下，移动光标到新的位置上拾取，"在位文字编辑器"就出现在新位置，可以继续输入文字。

（3）创建的文字使用系统提示的当前文字样式，可以在指定文字的起点前选择"样式"选项，将图形中已定义的某种文字样式设置为当前文字样式。

（4）默认为左对齐（L），可以在指定文字的起点前选择"对正"选项，根据需要指定文字行的对齐方式。如图 9-7 所示，AutoCAD 为单行文字的文字行规定了 4 条定位线：顶线（top line）、中线（middle line）、基线（base line）、底线（bottom line）。顶线为大写字母顶部的定位线，基线为大写字母底部的定位线，中线处于顶线与基线的正中间，底线为长尾小写字母底部的定位线，汉字在顶线和基线之间。系统提供了 13 个对齐点以及 15 种对齐方式。除默认的左对齐（L）以外，其余各对齐点分别对应的对齐方式为居中对齐（C）、中间对齐（M）、右对齐（R）、左上对齐（TL）、中上对齐（TC）、右上对齐（TR）、左中对齐（ML）、正中对齐（MC）、右中对齐（MR）、左下对齐（BL）、中下对齐（BC）、右下对齐（BR）。各对齐点即为文字行的插入点。

图 9-7　4 条定位线和 13 个对齐点

除上述 13 种对齐方式外，还有以下两种对齐方式：

① 对齐（A）：指定文字行基线的两个端点以确定文字的高度和方向。系统将自动调整字符高度，使文字在两个端点之间均匀分布，而字符的宽高比例不变，如图 9-8（a）所示。

② 布满（F）：指定文字行基线的两个端点以确定文字的方向。系统将调整字符的宽高比例以使文字在两端点之间均匀分布，而文字高度不变，如图 9-8（b）所示。

（a）对齐　　　　　　　　　（b）布满

图 9-8　对齐和布满

注意：在图 9-8 中 × 表示指定的文字行基线的两个端点，文字行的倾斜角度由起点与终点的连线与当前 X 轴正方向的夹角确定，指定这两点的先后次序不同会得到不同的注写结果。

（5）再次执行该命令时，如果以按 Enter 键响应"指定文字的起点"提示，则跳过输入高度和旋转角度的提示，直接在上一命令注写的最后一行单行文字的对齐点下方出现"在位文字编辑器"，且文字的对齐方式和文字属性不变。

锐边倒钝
未注倒角C1

图 9-9　利用"单行文字"命令注写文字

【例 9-2】　利用"单行文字"命令，注写图 9-9 所示的文字，要求用例 9-1 中设置的"长仿宋字"样式，字高为 5。

操作如下：

————　AutoCAD 2019 中文版机械设计标准实例教程

命令：_DTEXT	单击 ![A] 图标按钮，启动"单行文字"命令
当前文字样式："工程字" 文字高度：2.500 注释性：否 对正：左	系统提示当前文字样式、文字高度、是否为注释性文字①以及文字对齐方式
指定文字的起点或[对正(J)/样式(S)]：**S**↵	选择"样式"选项
输入样式名或[?]＜工程字＞：**长仿宋字**↵	指定文字样式为长仿宋字
当前文字样式：长仿宋字 文字高度：2.500 注释性：否 对正：左	系统提示当前文字样式等
指定文字的起点或[对正(J)/样式(S)]：	在适当位置单击，指定文字左对齐点
指定高度＜2.500＞：**5**↵	指定文字高度为5
指定文字的旋转角度＜0＞：↵	默认文字行的旋转角度为0°，并显示"在位文字编辑器"
在"在位文字编辑器"中输入文字：**锐边倒钝**↵	输入第一行文字，按Enter键，换行
在"在位文字编辑器"中输入文字：**未注倒角 C1**↵	输入第二行文字，按Enter键
↵	按Enter键，结束"单行文字"命令

注意：在命令提示为"输入样式名或[?] ＜当前样式名＞"时，如果输入问号（？），将列出当前图形文件中指定的所有文字样式及其设置，用户可以从中选择合适的文字样式。

2. 单行文字快捷菜单

在输入文字过程中，右击，弹出如图9-10所示的快捷菜单。除了顶部与底部的一些基本编辑命令外，其余是编辑单行文字特有的命令。下面介绍几个主要的命令。

图9-10 单行文字快捷菜单

（1）编辑器设置。默认设置下，显示单行文字"在位文字编辑器"的背景，此时文字后方的重叠对象淡化显示，如图9-11（a）所示。若不选择"显示背景"命令，则文字后方重叠的对象正常显示，如图9-11（b）所示。若选择"文字亮显颜色"命令，将打开"选择颜色"对话框，可以设置编辑文字时"在位文字编辑器"的背景颜色。

① 参见9.5节。

（a）显示背景　　　　　　　　（b）不显示背景

图 9-11　单行文字背景

（2）插入字段。字段是图形中的一些说明文字，显示当前图形中可能会发生变化的数据。选择"插入字段"命令，打开如图 9-12 所示的"字段"对话框，从中选择要插入文字中的字段类别和字段名称。关闭该对话框后，字段的当前值将显示在文字对象中。

图 9-12　"字段"对话框

（3）查找和替换。打开如图 9-13 所示的"查找和替换"对话框，在该对话框中可以查找指定的文字，也可以用指定的文字替换某文字。

图 9-13　"查找和替换"对话框

　　　　　　AutoCAD 2019 中文版机械设计标准实例教程

注意：如果选中"全字匹配"复选框，只有当文字是一个单独的词语时，才与"查找"文本框中的文字相匹配；如果不选中该复选框，无论文字是单独的词语还是其他词语的一部分，AutoCAD 都将查找与指定的文字相匹配的所有文字。

【例 9-3】 已知封闭的多段线图形如图 9-14（a）所示，利用"单行文字"命令，注写如图 9-14（b）所示的带字段的文字，采用"工程字"文字样式，左中对齐，字高为 7。

（a）多段线　　　　　　　　　（b）带字段的单行文字

图 9-14　注写带字段的单行文字

操作如下：

命令：_DTEXT	单击 A 图标按钮，启动"单行文字"命令
当前文字样式："工程字"　文字高度：5.000 注释性：否　对正：左	系统提示
指定文字的起点或[对正(J)/样式(S)]：**J**↵	选择"对正"选项
输入选项[左(L)/居中(C)/右对齐(R)/对齐(A)/中间(M)/布满(F)/左上(TL)/中上(TC)/右上(TR)/左中(ML)/正中(MC)/右中(MR)/左下(BL)/中下(BC)/右下(BR)]：**ML**↵	选择"左中"对齐方式
指定文字的左中点：	在适当位置单击，确定文字左中对齐点
指定高度<5.000>：**7**↵	指定文字高度为 7
指定文字的旋转角度<0>：↵	默认文字行的旋转角度为 0°，并显示"在位文字编辑器"
在"在位文字编辑器"中输入文字"图形周长为：mm"	输入第一行文字
将光标置于字符 mm 之前	调整光标位置
在文本框内右击	弹出快捷菜单
选择"插入字段"命令	打开"字段"对话框
在"字段名称"列表框中选择"对象"	选择字段类别
单击"对象类型"右侧的"选择对象"按钮 ✛，	回到绘图窗口，选择对象
选择对象	选择已知多段线图形，返回"字段"对话框
在"特性"列表中选择"长度"	在"预览"区内显示多段线的长度值，如图 9-15（a）所示
单击"确定"按钮	回到"在位文字编辑器"，在光标处显示对象特性的当前值
↵	按 Enter 键，换行
输入文字"创建日期为："之后，以上述同样方法插入当前时间	输入第二行文字，插入"创建日期"字段，如图 9-15（b）所示
↵↵	按 Enter 键，换行；再按 Enter 键，结束"单行文字"命令

（a）插入字段显示多段线长度

（b）插入字段显示创建对象的日期

图 9-15　插入字段

9.2.2　注写多行文字

利用"多行文字"命令，在绘图窗口指定矩形边界，弹出"文字编辑器"上下文选项卡，在"文字编辑器"内创建、编辑其特性可以控制的多行文字，并作为一个单独的对象。

调用命令的方式如下：

- 功能区：单击"默认"选项卡"注释"面板中的 A 图标按钮。

- 菜单：执行"绘图"|"文字"|"多行文字"命令。
- 图标：单击"绘图"或"文字"工具栏中的 A 图标按钮。
- 键盘命令：MTEXT 或 MT。

1. 创建多行文字

操作步骤如下：

第 1 步，调用"多行文字"命令。

第 2 步，命令提示为"指定第一角点："时，在适当位置指定多行文字矩形边界的一个角点。

第 3 步，命令提示为"指定对角点或 [高度（H）/对正（J）/行距（L）/旋转（R）/样式（S）/宽度（W）/栏（C）]:"时，在适当位置指定多行文字矩形边界的另一个角点，弹出如图 9-16 所示的"文字编辑器"上下文选项卡。

图 9-16　"文字编辑器"上下文选项卡

注意：矩形边界框宽度即多行文字的宽度，多行文字对象每行中的单字可自动换行，以适应文字的宽度。如图 9-17 所示，矩形边界框底部向下的箭头说明整个多行文字的高度可根据文字的多少自动伸缩，不受边界高度的限制。

第 4 步，在"文字编辑器"中，根据需要设置文字格式及多行文字的段落外观。

第 5 步，在"文字编辑器"的文本框中输入文字。

第 6 步，单击"关闭"面板中的 ✔ 按钮（或在绘图区内单击），完成多行文字注写。

操作及选项说明如下：

（1）在指定对角点之前，可以通过以下选项设置文字的外观：

① 高度（H）：指定文字高度。

② 对正（J）：指定文字的对齐方式，如图 9-18 所示，系统默认为"左上"对齐。

图 9-17　多行文字矩形边界框

图 9-18　多行文字对齐方式

③ 行距（L）：设置多行文字的行距。

④ 旋转（R）：指定文字边界的旋转角度。

⑤ 样式（S）：指定当前文字样式。

⑥ 宽度（W）：设置矩形多行文字的宽度。

⑦ 栏（C）：创建分栏格式的多行文字。可以指定每一栏的宽度、两栏之间的距离和每一栏的高度等。

注意：

① 如果选择"宽度"选项，指定文字行宽度后，直接打开"在位文字编辑器"；如果设置的宽度值为 0，文字换行功能将关闭，只能按 Enter 键换行，而多行文字的宽度与最长的文字行宽度一致。

② 在确定文字边界旋转角度时，如果使用光标定点，则旋转角度通过 X 轴与由第一角点和指定点确定的直线之间的夹角来确定。

（2）输入文字时，如果单击图 9-16 中的放弃、重做按钮，可以取消或恢复前一步对文字内容或文字格式进行修改的操作。

2. 利用多行文字的"文字编辑器"上下文选项卡编辑文字

多行文字的"文字编辑器"上下文选项卡由"样式""格式""段落""插入"等 8 个选项卡以及带标尺的文本框组成，如图 9-16 所示。首先在"样式"面板上选择文字样式，并设置字高，然后对多行文字的字符及段落进行相关编辑。

1）设置文字格式　文字格式可以在如图 9-19 所示的"格式"面板内进行设置。

图 9-19　"格式"面板

文字的字符格式中粗体、斜体、下画线、上画线、删除线、上下标、更改大小写等可以通过单击相应的按钮进行设置。其余格式设置的操作及选项说明如下：

（1）创建堆叠的文字。用堆叠字符（^、#、/）将文字字符分隔成两个文字串，如图 9-20（a）所示。选定需要堆叠的字符串，单击 按钮即可，堆叠形式如图 9-20（b）所示，可以注写上下标文字、分式等。如果选定堆叠文字，单击 按钮，则取消堆叠。

$\varnothing 50+0.027\hat{~}0$　　$\varnothing 50^{+0.027}_{0}$

$\varnothing 30H7\#f6$　　$\varnothing 30^{H7}/_{f6}$

$L\hat{~}1=14/7$　　$L_1=1\frac{4}{7}$

（a）堆叠前　　（b）堆叠后

图 9-20　堆叠文字

（2）设置字符倾角。在选择字符后，在"倾斜角度"文本框内输入字符相对于 Y 轴正方向的倾斜角度。

（3）设置字符间距。选择字符后，在"追踪"文本框内输入字符间距值，常规间距为1.0。间距大于 1.0，则增大字符间距，间距小于 1.0，可减小字符间距。

（4）设置字符宽度比例。选择字符后，在"宽度因子"文本框内输入字符宽度与高度比例值。

（5）设置上下标。选择字符，单击上标 x^2 或下标 x_2 按钮，设置上下标文字。

注意：

① SHX 字体不支持粗体和斜体字符格式。

② 如果为文字指定了文字样式，则预先设置的字体、高度、粗体、斜体等字符格式无效。而堆叠、下画线、上下标、颜色等特性设置仍有效。

③ 当将选定的字符设置为上标或下标后，堆叠按钮亮显，即相当于使用堆叠字符^注写上下标文字。例如 m^2，相当于输入 m2^，将 2^选中后堆叠。

（6）删除格式。选择字符后单击 清除 按钮，选择"删除字符格式"选项，可以清除所选字符的字高、上画线、下画线等字符格式。选择"删除段落格式"选项，可以清除字符所在段落的项目符号、行间距、段落对齐等段落格式。选择"删除所有格式"选项，可以清除字符所在段落的字符及段落等所有格式。

2）设置多行文字的段落外观

利用"段落""插入"面板内的相关按钮以及标尺可以控制多行文字的段落外观，如图 9-21 所示。

图 9-21 "段落"与"插入"面板

操作及选项说明如下：

（1）单击"对正"按钮，在其下拉选项中，选择对齐方式，默认为"左上"对齐。

（2）单击段落对齐栏内的各个按钮，如图 9-21 所示，设置当前段落或选定段落的左右文字边界的对齐方式。

（3）打开"项目符号和编号"下拉菜单，如图 9-22 所示。可以为新输入或选定的文字创建带有数字、字母编号或项目符号标记形式的列表，如图 9-23 所示。选择"关闭"选项，则从选定的文字中删除标记列表格式，而不修改缩进。

（4）单击"段落"面板上的 按钮，弹出如图 9-24 所示的"段落"对话框，可以精确设置段落缩进，指定制表位，设置段落对齐方式、段落间距和行距。

（5）标尺显示当前段落的设置，如图 9-25 所示。其中有 3 个滑块用于设置段落缩进。拖动标尺上的首行缩进滑块，可以设置段落的首行缩进；拖动段落左缩进滑块，可以设置

技术要求   技术要求   技术要求

1. 锐边倒钝;   • 锐边倒钝;   A. 锐边倒钝;

2. 人工时效处理。   • 人工时效处理。   B. 人工时效处理。

（a）数字编号标记   （b）项目符号标记   （c）大写字母标记

图 9-22　"项目符号和编号"下拉菜单　　　　图 9-23　文字行列表形式

图 9-24　"段落"对话框

图 9-25　带标尺的文本框

段落其他行的左缩进（悬挂）；拖动段落右缩进滑块，可以设置段落各行的右缩进。在标尺上单击要插入制表位的位置，可以自定义制表位。在标尺区域右击，弹出如图 9-26 所示的快捷菜单，选择"段落"命令，打开"段落"对话框，对段落进行设置。

图 9-26　利用快捷菜单打开"段落"对话框

　　　　　　AutoCAD 2019 中文版机械设计标准实例教程

注意：

（1）如果在输入文字前设置缩进和制表位，将应用于整个多行文字对象。

（2）若不同段落使用不同的缩进和制表位，可将光标停留在某个段落中，再进行修改。

（3）若几个段落使用相同的缩进和制表位，可以选择多个段落，再进行修改。

（4）可在如图9-26所示的快捷菜单中设置多行文字的宽度和高度。这两个选项是否可用由设置的分栏类型确定。

（6）单击"行距"下拉菜单，从中选择合适的行距，或选择"更多"命令，打开"段落"对话框，为当前段落或选定段落设置行距。

（7）单击"插入"面板上的"列"按钮，弹出如图9-27（a）所示的菜单，可以选择分栏类型，默认为"动态栏"的"手动高度"。选择"分栏设置"命令，将弹出如图9-27（b）所示的对话框，进行分栏格式设置。例如，图9-28所示的多行文字的分栏类型为"动态栏"的"自动高度"，栏宽为50，栏间距为5，栏高度为40，文字高度为5。

（a）"列"菜单　　　　　　　　　　（b）"分栏设置"对话框

图9-27　多行文字段落的分栏设置

图9-28　分栏显示的多行文字

3）设置背景遮罩

在"样式"面板上单击背景遮罩按钮 A 遮罩 ，打开如图 9-29（a）所示的"背景遮罩"对话框。当选中"使用背景遮罩"复选框时，将在多行文字后放置不透明背景，其大小由边界偏移因子确定。边界偏移因子默认为1.5，结果如图9-29（b）所示；偏移因子为 1.0时，背景正好布满多行文字的矩形边界框。

(a) 设置背景遮罩	(b) 背景遮罩的效果

图 9-29　背景遮罩

技术要求

1. 装配后用手旋转主动齿轮轴，
应转动灵活；

2. 两齿轮轮齿的啮合面应占全
齿长的$\frac{3}{4}$以上。

图 9-30　注写多行文字

【例 9-4】　利用"多行文字"命令注写如图 9-30 所示的多行文字。要求文字样式采用"工程字"，文字段落不分栏，其宽度为 50，采用"左上"对齐方式。"技术要求"字高为 7，居中对齐，首行缩进及悬挂值均为 0；两点具体内容字高为 5，首行缩进为 0，悬挂缩进值为 5。

操作如下：

命令：_MTEXT	单击 A 图标按钮，启动"多行文字"命令
当前文字样式："Standard"　　文字高度：7　注释性：否	系统提示
指定第一角点	指定文本框文字左上对齐点
指定对角点或 [高度 (H) /对正 (J) /行距 (L) /旋转 (R) /样式 (S) /宽度 (W) /栏 (C)]：**W**↵	选择"宽度"选项，设置文字段落的宽度
指定宽度：**50**↵	输入文字段落宽度值，按 Enter 键，弹出"文字编辑器"上下文选项卡
在"文字编辑器"的"样式"面板的文字样式栏内选择"工程字"	指定"工程字"为当前文字样式
单击"段落"面板的居中按钮 ☰	设置第一行文字居中对齐
分别拖动首行缩进和悬挂缩进滑块至 0	设置首行缩进和悬挂缩进方式
输入文字：**技术要求**↵	输入文字"技术要求"，按 Enter 键换行
在"样式"面板的"字高"下拉列表中选择 5，或直接在文本框中输入 5	指定文字高度为 5
在"段落"面板的"项目符号和编号"下拉菜单中选择"以数字标记"命令	为输入的文字设置成数字编号的列表形式
单击"段落"面板的 ▧ 按钮，弹出"段落"对话框，在左缩进选项组的"悬挂"文本框内输入 5，段落对齐为"左对齐"，单击"确定"按钮	设置悬挂缩进和段落对齐方式，如图 9-31 所示
输入文字：**装配后用手旋转主动齿轮轴，应转动灵活；**↵	输入技术要求第一点内容，按 Enter 键换行
输入文字：**两齿轮轮齿的啮合面应占全齿长的 3/4 以上。**	输入技术要求第二点内容，如图 9-32 所示
选中 3/4 后，单击"格式"面板上的堆叠按钮 ▤	使用文字堆叠功能将 3/4 堆叠为 $\frac{3}{4}$
在绘图区内单击	结束"多行文字"命令

4）合并段落

选择需要合并的段落，单击如图 9-21 所示的"段落"下滑面板上的"合并段落"按钮，可以将选定的几个段落合并为一个段落，同时用空格替换每个段落末尾的换行符。

图 9-31 "段落"对话框设置文字段落

图 9-32 在文字编辑器的文本框中输入文字

5）使用符号

当需要在光标位置输入特殊符号（标准键盘无法直接输入的字符）或不间断空格时，可以单击"插入"面板的"符号"按钮，在如图 9-33 所示的"符号"列表中选择相应的符号。选择"其他"选项，弹出如图 9-34 所示的"字符映射表"对话框。该对话框显示了当

图 9-33 "符号"列表

图 9-34 "字符映射表"

前字体的所有字符集。选中所需的字符，单击"选择"按钮，将其放在"复制字符"文本框中。选择要使用的所有字符，然后单击"复制"按钮，在文字编辑器的文本框中右击，在弹出的快捷菜单中选择"粘贴"命令，可以插入一个或多个字符。

【例 9-5】 利用"多行文字"命令及其"符号"选项注写如图 9-35 所示的沉孔的尺寸标注文字。要求文字样式采用"工程字"，正中对齐，字高为 3.5。

图 9-35 沉孔尺寸标注

操作如下：

命令：_MTEXT	单击 **A** 图标按钮，启动"多行文字"命令
当前文字样式："工程字" 文字高度：5 注释性：否	系统提示
指定第一角点：3↵	捕捉水平引线左端点，并垂直向上追踪，输入 3，确定文本框的第一角点
指定对角点或 [高度（H）/对正（J）/行距（L）/旋转（R）/样式（S）/宽度（W）/栏（C）]：3↵	捕捉水平引线右端点，并垂直向下追踪，输入 3，确定文本框的对角点
单击"文字编辑器"的"段落"面板的"对正"按钮，在下拉列表中选择"正中 MC"选项	设置文字对齐方式为正中
在"样式"面板的"字高"文本框中输入 3.5	指定文字高度为 3.5
在文本框中输入 4× 之后，单击"插入"面板的"符号"按钮，选择"直径"选项，如图 9-33 所示，再输入文字 9	输入第一行文字 4×ϕ9，如图 9-36（a）所示，按 Enter 键换行
单击"符号"按钮，选择"其他"选项	弹出"字符映射表"对话框
在 GDT 字体符号框内，单击如图 9-36（b）所示的放大符号，单击"选择"按钮	选择沉孔符号
在文本框中右击，在快捷菜单中选择"粘贴"命令，系统自动换行，并在"字体"框内自动显示"宋体"，且字高发生变化	在第二行行首插入沉孔符号，系统自动换行，并自动更改字体和字高
按退格键，在"字体"下拉列表框中将"宋体"改为 gbeitc，并在"字高"文本框中输入 3.5	将光标返回第 2 行，更改字体和字高
单击"符号"按钮，分别选择"直径""度数"选项，将光标移至两个符号之间，输入文字 17.6×90	输入第二行文字 ϕ17.6×90°，如图 9-36（a）所示
在绘图区内单击	结束"多行文字"命令

注意：在插入沉孔符号后，系统自动更换字体，如果此时将文字样式改成"工程字"，则弹出如图 9-37 所示的对话框，单击"是"按钮确认更改，则沉孔符号显示 w。

（a）输入沉孔尺寸标注文字　　　　　　　（b）选择沉孔符号

图 9-36　注写沉孔尺寸标注文字

3. 编辑器设置

　　"选项"面板的"更多"下拉菜单中提供了"编辑器设置"命令，如图 9-38 所示。其子菜单中的"显示背景"和"文字亮显颜色"命令的功能与单行文字的相应命令相同。

　　例如，选择"显示工具栏"命令，将显示多行文字的"文字格式"工具栏，如图 9-39 所示。利用该工具栏可以对多行文字的字符及段落的格式、外观进行各种编辑和设置。

图 9-37　"多行文字 - 文字样式更改"对话框　　　图 9-38　"更多"下拉菜单

图 9-39　"文字格式"工具栏

4. 利用快捷菜单编辑多行文字

　　在"文字编辑器"选项卡的文字输入框内右击，弹出如图 9-40 所示的多行文字快捷菜单，除了"剪切""复制""粘贴"等基本编辑命令外，提供了多行文字"文字编辑器"所特有的编辑命令，一些是与单行文字快捷菜单相同的命令，其余的是多行文字特有的命令，利用这些命令，可以对多行文字进行编辑。

全部选择(A)	Ctrl+A
剪切(T)	Ctrl+X
复制(C)	Ctrl+C
粘贴(P)	Ctrl+V
选择性粘贴	▶
插入字段(L)...	Ctrl+F
符号(S)	▶
输入文字(I)...	
段落对齐	▶
段落...	
项目符号和列表	▶
分栏	▶
查找和替换...	Ctrl+R
改变大小写(H)	▶
全部大写	
✓ 自动更正大写锁定	
字符集	▶
合并段落(O)	
删除格式	▶
背景遮罩(B)...	
编辑器设置	▶
帮助	F1
取消	

图 9-40　多行文字快捷菜单

9.3　特殊字符的输入

在机械图样中，经常要标注一些字符，如度符号（°）、公差符号（±）、直径符号（ϕ），有时还要给文字添加上画线、下画线等修饰。这些字符无法通过键盘直接输入，故称为特殊字符。使用"多行文字"命令，可以在"文字编辑器"的"插入"面板中利用"符号"选项选择需要的特殊字符，如图 9-33 所示。而使用"单行文字"命令时，需要输入特定的控制代码或 Unicode 字符串来创建特殊字符。表 9-1 列出了部分常用特殊字符的控制代码、Unicode 字符串及其含义。

表 9-1　特殊字符的控制代码和 Unicode 字符串

特殊字符	控制代码	Unicode 字符串	特殊字符	控制代码
度符号（°）	%%d	\U+00B0	上画线（‾）	%%o
公差符号（±）	%%p	\U+00B1	下画线（＿）	%%u
直径符号（ϕ）	%%c	\U+2205	百分号（%）	%%%
角度符号（∠）		\U+2220	ASCII 码 nnn*	%%nnn

* nnn 是表示字符的 ASCII 码值的 3 位十进制数。

注意：

（1）在输入上画线、下画线时，第一次出现控制代码时上画线、下画线开始，第二次出现控制代码时上画线、下画线结束。如果不第二次输入控制代码，则上画线、下画线在文字字符串末尾自动结束。

（2）在输入这些特殊字符时，控制代码字符会直接出现在屏幕上；控制代码输入完整后将自动转换为相应的符号。

（3）有些特殊符号可以通过软键盘输入。

【例 9-6】 用"单行文字"命令注写如图 9-41 所示的文字。

欢迎使用AutoCAD2016

∅40±0.012

∠A=30°

图 9-41　特殊字符标注示例

操作如下：

命令：_DTEXT	单击 **A** 图标按钮，启动"单行文字"命令
当前文字样式：工程字　文字高度：5.000 注释性：否　对正：左	系统提示
指定文字的起点或 [对正(J)/样式(S)]:	指定文字左对齐点
指定高度<5.000>：**7**↵	指定文字高度为 7
指定文字的旋转角度<0>：↵	默认文字行的旋转角度为 0°，并显示"在位文字编辑器"
在"在位文字编辑器"中输入文字：**%%o** 欢迎使用**%%uAutoCAD%%o** 2016↵	输入第一行文字，按 Enter 键换行
%%c40%%p0.012↵	输入第二行文字，按 Enter 键换行
\U+2220A=30%%d↵	输入第三行文字，按 Enter 键换行
↵	按 Enter 键，结束"单行文字"命令

9.4　注释性文字

注释性文字用于说明图形。它可以根据当前注释比例自动缩放，以正确的大小显示或打印在图纸上。

9.4.1　创建注释性文字样式

在创建注释性文字之前，一般需要设置注释性文字样式。可以创建新的注释性文字样式，也可以将当前图形文件中已有的非注释性文字样式修改为注释性文字样式。设置与修改均可在如图 9-1 所示的"文字样式"对话框中操作，其中"样式"列表中带有专用图标 △ 的文字样式为注释性文字样式，Annotative 为系统默认的注释性文字样式。

创建注释性文字样式的方法可参考 9.1.1 节，只是需要在"大小"选项组内选中"注释性"复选框，并在"图纸文字高度"文本框中输入数字，确定文字在图纸上显示的高度，如图 9-42 所示。

图 9-42　设置注释性文字样式

注意:

（1）如果重定义文字样式的注释性，则图形中使用该样式的文字将不会自动更新。可以使用 ANNOUPDATE 命令更新这些文字的注释性特性。

（2）如果注释性文字样式中没有指定固定的文字高度，即高度值为 0，则注释性文字的高度由注写文字时指定的高度和注释比例通过计算确定。

9.4.2　创建注释性文字

首次利用注释性文字样式创建注释性文字时，系统将弹出如图 9-43 所示的"选择注释比例"对话框，可以选择需要的比例，并自动设为当前注释比例。此后，创建的注释性文字将采用当前注释比例，如果需要采用不同的比例，可以在创建文字前重新设置当前注释比例。在状态行右侧显示用于控制注释的 3 个工具按钮，如图 9-44 所示。注释比例工具显示当前注释比例，单击注释比例工具，将显示注释比例下拉列表，从中选择所需的比例，即可更改当前注释比例。

图 9-43　"选择注释比例"对话框

──────── AutoCAD 2019 中文版机械设计标准实例教程

1. 创建注释性单行文字

利用"单行文字"命令创建注释性单行文字的操作方法与创建一般的单行文字完全相同，只是利用的是注释性文字样式。如图 9-45 所示，将光标悬停在注释性单行文字上时，将显示注释性图标。

图 9-44　状态行控制注释工具

注释性文字

图 9-45　注释性单行文字

2. 创建注释性多行文字

利用"多行文字"命令创建注释性多行文字，同样需要设置注释性特性。在多行文字"文字编辑器"上下文选项卡中，有以下两种创建注释性多行文字的操作方法：

（1）从如图 9-18 所示的"样式"面板的"文字样式"下拉列表中选择一个已有的注释性文字样式，创建注释性多行文字。

（2）单击如图 9-18 所示的"样式"面板的注释性按钮 ，创建注释性多行文字。

9.4.3　设置注释性文字的注释比例

如果某一注释性文字需要适应不同的显示或打印比例，则需要设置多个注释比例。有时还需添加和删除注释比例，可以在如图 9-46（a）所示的"注释"选项卡的"注释缩放"面板中进行设置。其中，"添加当前比例"按钮有两个选项，分别为"添加当前比例"和"删除当前比例"，如图 9-46（b）所示。

（a）"注释缩放"面板　　　　（b）添加和删除当前比例

图 9-46　"注释缩放"面板及添加和删除当前比例选项

1. 添加/删除注释比例

调用命令的方式如下：

- 功能区：单击"注释"选项卡"注释缩放"面板中的 添加/删除比例 按钮。
- 菜单：执行"修改"|"注释性对象比例"|"添加/删除比例"命令。
- 键盘命令：OBJECTSCALE。

操作步骤如下：

第 1 步，调用"添加/删除比例"命令。

第 2 步，命令提示为"选择注释性对象："时，选择需要设置注释比例的注释性文字，最后按 Enter 键结束选择。此时弹出"注释对象比例"对话框，如图 9-47（a）所示。

第 3 步，单击"添加"按钮，弹出"将比例添加到对象"对话框，如图 9-47（b）所示。

第 4 步，选择所需要的比例，单击"确定"按钮，返回"注释对象比例"对话框。

第 5 步，在"注释对象比例"对话框中选择某一比例，单击"删除"按钮，所选注释比例被删除。

第 6 步，单击"确定"按钮，完成设置。

（a）"注释对象比例"对话框　　　　　　　　（b）"将比例添加到对象"对话框

图 9-47　设置注释性文字的注释比例

注意：

（1）在选择比例时按下 Shift 键或 Ctrl 键，可以选择多个比例。

（2）选择注释性文字后，右击，在弹出的快捷菜单中选择"注释性对象比例" | "添加/删除比例"命令，可以打开"注释对象比例"对话框。

（3）注释比例应与显示或打印图形时的比例一致。注释性文字显示的高度是当前注释比例的倒数，例如，当前显示比例为 1：2，则注释性文字显示的高度为字高的 2 倍。

（4）如图 9-44 所示，状态行中的自动添加比例图标按钮默认处于关闭状态。当该按钮处于打开状态时，一旦更改当前注释比例，就会将该注释比例自动应用于所有注释性对象。

2. 添加/删除当前注释比例

调用命令的方式如下：

- 功能区：单击"注释"选项卡"注释缩放"面板中的"添加当前比例"或"删除当前比例"按钮。

- 菜单：执行"修改" | "注释性对象比例" | "添加当前比例"或"删除当前比例"命令。

- 键盘命令：AIOBJECTSCALEADD 或 AIOBJECTSCALEREMOVE。

操作步骤如下：

第 1 步，调用"添加当前比例"或"删除当前比例"命令。

第 2 步，命令提示为"选择注释性对象："时，选择需要添加或删除当前注释比例的注释性文字，最后按 Enter 键结束选择。系统提示所选对象已更新为当前注释比例或所选对象的注释比例已删除。

9.4.4 注释性文字的可见性

当前图形文件可能创建了多个注释性文字，每一个注释性文字对象又可能有多个注释比例。注释性文字是否显示取决于注释可见性状态。单击状态行右侧的注释可见性图标按钮，如图 9-44 所示，可以设置注释性文字的可见性。默认情况下，该图标亮显，表示注释可见性处于打开状态，显示所有的注释性文字；当该图标暗显时，注释可见性处于关闭状态，系统仅显示具有当前注释比例的注释性文字。

9.5 文字的编辑

在注写文字之后，常常需要对文字内容和文字特性进行编辑。

9.5.1 利用"编辑文字"命令编辑文字

利用"编辑文字"命令可以编辑文字内容。

调用命令的方式如下：

- 菜单：执行"修改"|"对象"|"文字"|"编辑"命令。
- 图标：单击"文字"工具栏中的 图标按钮。
- 键盘命令：DDEDIT 或 TEXTEDIT。

操作步骤如下：

第 1 步，调用"编辑文字"命令。

第 2 步，命令提示为"选择注释对象或 [放弃（U）/模式（M）]："时，选择需要编辑的单行文字或多行文字，系统出现"在位文字编辑器"。

第 3 步，在"在位文字编辑器"内，选中需要编辑的文字，使其亮显，输入新文字内容，按 Enter 键结束命令（如果修改的是多行文字，则结束编辑时单击"文字编辑器"上下文选项卡中的"关闭"按钮，或在绘图区单击）。

第 4 步，命令提示为"选择注释对象或 [放弃（U）/模式（M）]："时，继续编辑其他文字对象，或按 Enter 键结束命令。

注意： 系统提供了"单个"和"多个"两种编辑模式。默认为"多个"模式，用户可以修改多个文字；如果选择"单个"模式，则一次只能修改一个文字。

打开"在位文字编辑器"的快捷方法如下：

（1）双击要编辑的文字。

（2）单击要编辑的文字后，右击，在弹出的快捷菜单中选择"编辑"或"编辑多行文字"命令。

注意： 编辑多行文字时，在多行文字"文字编辑器"内，不仅可以修改文字内容，还可以修改文字特性与段落外观，操作与使用"多行文字"命令相同。

9.5.2 利用文字"特性"选项板编辑文字

可以利用文字"特性"选项板修改所选文字的内容和特性。调用命令的方式参见 8.6.2 节。

调用命令后，弹出文字"特性"选项板，该选项板列出了选定文字的所有特性和内容，如图 9-48 所示。在"常规"选项栏内修改文字特性，在"文字"选项栏内修改文字内容、文字样式等。单行文字可直接在"内容"栏内编辑；多行文字需要单击"内容"栏，则右侧显示 □ 按钮，单击该按钮，打开"文字编辑器"，对多行文字内容进行修改。

在"文字"选项栏内，"注释性"选项用于设置选定文字的注释性特性。单击"注释性"栏，在其右侧的下拉列表中选择"是"或"否"。当文字的注释性特性为"是"时，才显示"注释性比例"栏。在"注释性比例"栏内单击，再单击右侧的 … 按钮，可打开"注释对象比例"对话框，设置选定对象的注释比例。

（a）单行文字特性

（b）多行文字特性

（c）注释性文字特性

图 9-48　文字"特性"选项板

　　AutoCAD 2019 中文版机械设计标准实例教程

9.6 上机操作实验指导九：注写表格文字与技术要求

为齿轮零件图绘制表格，填写表格内容，并注写如图9-49所示的技术要求。采用例9-1设置的"工程字"文字样式，"技术要求"字高为7，其余字高为5。本实验主要涉及前面几章介绍的"直线"命令、"复制"命令和"偏移复制"命令以及本章介绍的"单行文字"命令和"多行文字"命令。

技术要求

1. 锐边倒钝；
2. 调质处理230-280HBS；
3. 未注圆角R0.3。

模数	2.5
齿数	16
压力角	20°
精度等级	8DC
公法线长度及偏差	$26.882^{-0.095}_{-0.143}$
跨测齿数	2
中心距及偏差	57.5±0.037

图9-49 填写表格并注写技术要求

第1步，设置绘图环境，操作过程略。

第2步，绘制表格。用"直线"、"复制"或"偏移复制"命令绘制表格，并按表格线型要求改变图线图层，如图9-50（a）所示。

第3步，填写表格。

（1）用"单行文字"命令填写表格的第一行文字，如图9-50（b）所示。

（a）绘制表格 （b）填写第一行文字

图9-50 绘制表格并填写第一行文字

操作如下：

命令：_DTEXT	单击 **A** 图标按钮，启动"单行文字"命令
当前文字样式：工程字 文字高度：7.000 注释性：否 对正：左	系统提示
指定文字的起点或[对正(J)/样式(S)]：**J**↵	选择"对正"选项，指定对齐方式
输入选项[左(L)/居中(C)/右对齐(R)/对齐(A)/中间(M)/ 布满(F)/左上(TL)/中上(TC)/右上(TR)/左中(ML)/正 中(MC)/右中(MR)/左下(BL)/中下(BC)/右下(BR)]：**M**↵	选择"中间"对齐方式

指定文字的中间点：	在第一行左侧框格中间指定文字中间对齐点
指定高度<7.000>：**5**↵	指定文字高度为 5
指定文字的旋转角度<0>：↵	默认文字行的旋转角度为 0°，并显示"在位文字编辑器"
在"在位文字编辑器"中输入文字：**模数**	输入文字"模数"
在第一行右侧表格中间单击，将光标移到下一文字对齐点	在第一行右侧框格中间指定文字中间对齐点
在"在位文字编辑器"中输入文字：**2.5**↵	输入文字 2.5，按 Enter 键
↵	按 Enter 键，结束"单行文字"命令

（2）用"复制"命令复制第一行文字，并删除第五行右侧框格文字，如图 9-51（a）所示。

（3）双击要修改的文字，在"在位文字编辑器"内，输入新文字内容，按 Enter 键。依次选择其他文字进行修改，如图 9-51（b）所示。

模数	2.5
模数	2.5
模数	2.5
模数	2.5
模数	
模数	2.5
模数	2.5

模数	2.5
齿数	16
压力角	20°
精度等级	8DC
公法线长度及偏差	
跨测齿数	2
中心距及偏差	57.5±0.037

（a）复制文字　　　　　　（b）编辑文字

图 9-51　编辑修改表格文字内容

注意： 压力角值中的°以及中心距及偏差值中的±这两个特殊字符用控制代码输入。

（4）用"多行文字"命令注写公法线长度及偏差值 $26.882_{-0.143}^{-0.095}$。

操作如下：

命令：_MTEXT	单击 **A** 图标按钮，启动"多行文字"命令
当前文字样式："工程字"　文字高度：5 注释性：否	系统提示
指定第一角点	指定表格框的左上点
指定对角点或 [高度（H）/对正（J）/行距（L）/旋转（R）/样式（S）/宽度（W）/栏（C）]：**J**↵	设定对齐方式
输入对正方式 [左上(TL)/中上(TC)/右上(TR)/左中(ML)/正中(MC)/右中(MR)/左下(BL)/中下(BC)/右下(BR)]<左上(TL)>：**MC**↵	设定"正中"对齐方式
指定对角点或 [高度（H）/对正（J）/行距（L）/旋转（R）/样式（S）/宽度（W）/栏（C）]：	指定表格框的右下点，显示"文字编辑器"上下文选项卡
在"文字编辑器"中输入文字：**26.882-0.095^-0.143**	输入文字
选中 "-0.095^-0.143"后，单击 堆叠按钮	$-0.095^-0.143$ 即 $_{-0.143}^{-0.095}$
在绘图区内单击	结束"多行文字"命令

第 4 步，用"多行文字"命令注写技术要求，如图 9-49 所示，参见例 9-4。

第 5 步，保存图形，操作过程略。

9.7 上机操作常见问题解答

1. 在注写单行文字时，怎样指定文字高度？

如果文字样式中的字高设置为非 0，该文字样式的文字高度就为固定值。使用该文字样式注写单行文字时，系统将直接使用这个高度值，而不会在命令行提示用户指定文字高度。用户可以在文字注写后，利用"特性"选项板更改文字高度。如果字高设置为 0，说明该样式文字高度为可变的，则使用该样式注写文字时，系统将提示用户指定文字高度。因此，建议字高设置为默认高度 0，在注写文字时可以根据需要任意指定文字高度。

2. 如何保证在注写中文字和特殊字符时能够正常显示？

在注写文字时，应该注意当前文字样式的字体与中文字和特殊字符的兼容，否则系统就不能正常显示中文字和特殊字符。

（1）设置文字样式时，如果选择的是 SHX 字体，要保证正常显示中文字，应该选中"使用大字体"复选框，并选择大字体文件 gbcbig.shx。否则使用这种文字样式注写中文时，中文字就会显示为若干问号（？）。

（2）需要注意特殊字符的控制代码和 Unicode 字符串只适用于部分 SHX 字体和 TrueType 文字字体。如果当前文字样式是例 9-1 中的长仿宋字，其字体为 TrueType 字体"**T**仿宋"，使用该样式注写单行文字时，在输入控制代码%%c 后，符号将显示为▯。要保证一些特殊字符正常显示，可以通过软键盘输入。而使用该样式注写多行文字时，在"在位文字编辑器"中，系统自动将%%c 的字体转化为**T**Isocpeur，使直径符号正常显示。

3. 注写的文字使用"仿宋字"，为什么文字的方向与排列会出现异常？

由于在设置"仿宋字"时选择了 TrueType 字体"**T**@仿宋"，结果会出现如图 9-52 所示的异常方向和排列。此时应该选择 TrueType 字体"**T**仿宋"。

（a）角度为 0°　　　（b）角度为 90°　　　（c）角度为 180°　　　（d）角度为 270°

图 9-52　不同旋转角度下文字的排列方式与效果

4. 为什么无法打开"字符映射表"对话框？

如果操作系统中没有预先安装 charmap.exe，则无法打开"字符映射表"对话框。

9.8 操作经验和技巧

1. 如何在注写文字前预先设置当前文字样式？

在注写文字前，单击"注释"选项卡"文字"面板或"默认"选项卡|"注释"下滑面板的"文字样式"下拉列表右侧的箭头，从下拉列表中选择某一文字样式，如图 9-53 所示。

该样式将作为当前文字样式显示在样式框中，方便了注写文字的操作。

（a）用"注释"选项卡"文字"面板设置　　　　　（b）用"默认"选项卡"注释"下滑面板设置

图 9-53 设置当前文字样式

2．在图样中填写表格时，如何创建位于表格中央的文字？

在图样中填写表格时，要使表格文字排列整齐，最好使文字注写在表格的中央。注写单行文字时可以使用"中间"对齐方式，对齐点可利用对象捕捉以及对象捕捉追踪功能，得到矩形框格的中央点，如图 9-54（a）所示；必要时可以画一条框格的对角线作为辅助线，其中点即为对齐点，如图 9-54（b）所示。注写多行文字时可以使用"正中"对齐方式，利用对象捕捉功能捕捉矩形框格的对角点。

（a）利用对象捕捉功能追踪定点　　　　　　　　（b）捕捉辅助线中点

图 9-54　获取矩形表格中央点的方法

3．如何在图样中快捷地创建多处文字？

在机械图样中，往往需要在多处注写文字，可以用以下两种方法快捷地完成：

（1）用"单行文字"命令注写时，可以只使用一次命令完成。写完一处文字后，移动光标至另一个适当位置（对齐点）单击，继续输入文字。完成所有文字内容的注写后，结束命令，再根据需要更改各个文字的大小。

（2）在注写单行文字或多行文字时，可以先在一处创建文字，然后用"复制"命令将其复制到其他位置，再利用编辑文字的方法修改各文字内容及文字大小。

9.9　上　机　题

绘制如图 9-55 所示的弹簧，并注写技术要求（尺寸可不标注），图中力的大小用 3.5 号字，"技术要求"用 7 号字，各项具体要求用 5 号字，均采用"工程字"文字样式。

技术要求

1. 展开长度L=859mm
2. 旋向：右
3. 有效圈数n=6
4. 总圈数n_1=88.5
5. 热处理40~50HRC

图 9-55　弹簧及技术要求

绘图提示：

（1）根据自由高度和中径绘制矩形，如图 9-56（a）所示。

（2）根据弹簧丝直径画表示支承圈的圆，如图 9-56（b）所示。

（3）根据弹簧丝直径画表示有效圈的圆，绘制各圆中心线，如图 9-56（c）所示。

（a）绘制矩形

（b）画支承圈的圆

（c）画有效圈的圆及所有中心线

图 9-56　绘制弹簧剖面

（4）按右旋作出相应小圆的公切线。

（5）修剪多余图线，并绘制剖面线。

第 10 章 尺 寸 标 注

在机械设计中，图形用以表达机件的结构形状，而机件的真实大小由尺寸确定。尺寸是机械图样中不可缺少的重要内容，是零部件生产加工的重要依据，必须满足正确、完整、清晰的基本要求。AutoCAD 提供了一套完整、灵活、方便的尺寸标注系统，具有强大的尺寸标注和尺寸编辑功能，可以创建多种尺寸标注类型，还可以通过设置尺寸标注样式或编辑单独的尺寸标注来控制尺寸标注的外观，以满足国家标准对尺寸标注的要求。

本章介绍的内容如下：
（1）尺寸标注的有关规定。
（2）设置尺寸标注样式命令。
（3）机械尺寸标注样式的设置。
（4）尺寸的标注。
（5）尺寸的编辑。
（6）尺寸公差的标注。
（7）形位公差的标注。
（8）组合体的尺寸标注。

10.1 尺寸标注的有关规定

尺寸标注是一项极为重要、严肃的工作，必须严格遵守国家标准 GB/T 4458.4—2003《机械制图 尺寸注法》与 GB/T 16675.2—1996《技术制图 简化表示法》中的规定，了解尺寸标注的规则、尺寸的组成元素以及尺寸的标注方法。

10.1.1 尺寸标注的基本规则

尺寸标注时应遵循以下基本规则：
（1）机件的真实大小应以图样上所注的尺寸数值为依据，与图样的大小及绘图的准确度无关。
（2）图样中的尺寸以毫米（mm）为单位时，不需要标注计量单位的代号或名称；如采用其他单位，则必须注明相应计量单位的代号或名称。
（3）图样中所标注的尺寸为该图样所示的机件的最后完工尺寸，否则应另行说明。
（4）机件的每一个尺寸一般只标注一次，并应标注在反映该结构最清晰的图形上。

10.1.2 尺寸的组成

尺寸一般由尺寸界线、尺寸线、尺寸数字和尺寸箭头等组成，如图 10-1 所示。

1. 尺寸界线
尺寸界线用细实线绘制，并从图形的轮廓线、轴线、对称中心线引出，也可以直接用

图 10-1　尺寸的组成

轮廓线、轴线、对称中心线作为尺寸界线，尺寸界线超出尺寸线 2mm。

2. 尺寸线

尺寸线必须用细实线单独画出，既不能用其他图线代替，也不能与其他图线重合或画在其延长线上。尺寸线一般与尺寸界线垂直，与所标注的对象平行，若干平行的尺寸应做到大尺寸在小尺寸的外面，以免尺寸界线与尺寸线相交。

3. 尺寸线终端符号

尺寸线终端符号常用的两种形式为箭头、斜线，机械图样中一般采用实心闭合箭头。

4. 尺寸数字

线性尺寸的数字一般应写在尺寸线的上方，其方向一般随尺寸线的方向而改变且垂直于尺寸线；角度尺寸的数字一般水平书写在尺寸线弧的中断处或外围。同一图样中所有尺寸数字的高度一致，一般采用 3.5 号字。

10.2　尺寸标注样式设置

尺寸标注样式是一组尺寸参数设置的集合，控制标注中各组成部分的格式和外观。标注尺寸之前，应首先根据机械制图国家标准的要求设置尺寸标注样式。用户可以按需要，利用"标注样式管理器"设置多个尺寸标注样式，以便标注尺寸时灵活应用，且确保尺寸标注的标准化。

调用命令的方式如下：

- 功能区：单击"默认"选项卡"注释"面板中的 图标按钮或"注释"选项卡"标注"面板中的 按钮。
- 菜单：执行"格式"|"标注样式"或"标注"|"标注样式"命令。
- 图标：单击"样式"或"标注"工具栏中的 图标按钮。
- 键盘命令：DIMSTYLE。

执行该命令后，弹出如图 10-2 所示的"标注样式管理器"对话框，"样式"列表中列出了当前图形文件中所有已创建的尺寸标注样式，并显示了当前样式名及其预览图。默认的公制尺寸标注样式为 ISO-25，英制尺寸标注样式为 Standard， Annotative 为注释性尺寸标注样式。本节以"机械标注"样式为例，说明创建尺寸标注样式的步骤及其相关设置。

图 10-2 "标注样式管理器"对话框

10.2.1 新建尺寸标注样式

操作步骤如下：

第 1 步，调用"标注样式"命令。

第 2 步，在"标注样式管理器"对话框中，单击"新建"按钮，弹出如图 10-3 所示的"创建新标注样式"对话框。

图 10-3 "创建新标注样式"对话框

第 3 步，在"新样式名"文本框中输入新的尺寸标注样式名称，如"机械标注"。

第 4 步，在"基础样式"下拉列表框中选择一个尺寸标注样式作为新建样式的基础样式。

第 5 步，在"用于"下拉列表框中选择新建样式所适用的标注类型为"所有标注"。

第 6 步，单击"继续"按钮，弹出如图 10-4 所示的"新建标注样式：机械标注"对话框。

第 7 步，在该对话框的各选项卡中设置新的尺寸标注样式的各种特性[①]。

第 8 步，单击"确定"按钮，返回"标注样式管理器"对话框，新的尺寸标注样式显示在"样式"列表中。

---

① 参见 10.2.2 节。

图 10-4 "新建标注样式：机械标注"对话框

第 9 步，进行其他操作，或单击"关闭"按钮，关闭"标注样式管理器"对话框。

操作及选项说明如下：

（1）基础样式默认为在"标注样式管理器"对话框的"样式"列表中亮显的尺寸标注样式，用户可以从"基础样式"下拉列表框中选择当前图形文件中已创建的尺寸标注样式。定义新样式时，仅仅需要修改与基础样式不同的特性。

（2）"用于"下拉列表框如图 10-5 所示。其中"所有标注"适用于所有尺寸标注类型，所创建的标注样式为全局样式（或称父样式）。其余选项分别适用于相应的标注类型，所创建的尺寸标注样式为指定的基础样式下的子样式[①]。

图 10-5 "用丁"下拉列表框

---

① 参见 10.2.3 节。

（3）选中"注释性"复选框，可以创建注释性尺寸标注样式。

10.2.2　设置机械尺寸标注样式特性

在图 10-5 所示的"创建新标注样式"对话框中定义"机械标注"样式后，随即在"新建标注样式：机械标注"对话框中设置标注样式特性。

1. 设置尺寸线、尺寸界线特性

在"线"选项卡中设置尺寸线、尺寸界线的颜色、线型、线宽、位置等特性，如图 10-6 所示。

操作及选项说明如下：

（1）在"尺寸线"选项组内设置尺寸线特性。

① "颜色""线型""线宽" 3 个下拉列表框中指定尺寸线的颜色、线型、线宽，一般设置为 ByLayer（随层）。

图 10-6　设置"机械标注"的尺寸线、尺寸界线特性

图 10-7　基线间距

② 在"基线间距"文本框中输入基线标注[①]时相邻两尺寸线之间的距离，如图 10-7 所示。根据机械制图国家标准规定，一般机械标注中基线间距设置为 8～10mm。

③ AutoCAD 的尺寸线被标注文字分成两部分，且默认为两部分均显示。通过"隐藏"的复选框"尺寸线1"和"尺寸线 2"分别设置两部分尺寸线是否显示，如图 10-8 所示。

[①]　参见 10.3.4 节。

| （a）隐藏尺寸线 1 | （b）隐藏尺寸线 2 | （c）隐藏两条尺寸线 |

图 10-8　隐藏尺寸线的效果

（2）在"尺寸界线"选项组内设置尺寸界线特性。

① 在"颜色""尺寸界线 1 的线型""尺寸界线 2 的线型""线宽" 4 个下拉列表框中指定尺寸界线的颜色、线型、线宽，一般设置为 ByLayer。

② 在"超出尺寸线"文本框中设置尺寸界线超出尺寸线的长度，如图 10-9 所示，机械标注设置为 2。

③ 在"起点偏移量"文本框中输入尺寸界线起点相对于图形中指定的标注起点的偏移距离，如图 10-10 所示，机械标注设置为 0。

图 10-9　尺寸界线超出尺寸线长度　　　　　图 10-10　起点偏移量

④ 两条尺寸界线均默认为显示，通过"隐藏"的复选框"尺寸界线 1"和"尺寸界线 2"可分别设置两条尺寸界线是否显示，如图 10-11 所示。

| （a）隐藏尺寸线 1 | （b）隐藏尺寸线界 2 | （c）隐藏两条尺寸界线 |

图 10-11　隐藏尺寸界线的效果

2. 设置符号和箭头特性

在"符号和箭头"选项卡中设置箭头、圆心标记、折断标注、弧长符号以及半径/线性折弯标注等特性，如图 10-12 所示。

图 10-12　设置"机械标注"的符号和箭头特性

操作及选项说明如下：

（1）在"箭头"选项组内设置箭头特性。

① AutoCAD 系统提供了约 20 种箭头形式，默认形式为"实心闭合"。利用"第一个""第二个""引线"下拉列表框，可以选择需要的箭头形式，尺寸线两端可以设置不同的箭头形式。机械标注箭头一般均为"实心闭合"形式。

② 在"箭头大小"文本框内输入箭头的大小。机械标注箭头大小设置为 3。

（2）在"圆心标记"选项组内设置直径和半径标注时圆或圆弧的圆心标记。

① 圆心标记控制在圆心处是否产生标记或中心线，默认为"标记"类型，如图 10-13 所示。由于图形中的圆或圆弧均要绘制中心线，故机械标注一般选择"无"类型。

② 当圆心标记类型选择为"标记"或"直线"时，在右侧的文本框中输入圆心标记的大小，即标记短十字线的长度或直线伸出圆外的长度。

（3）在"折断标注"选项组的"折断大小"文本框内输入折断间距，即在折断标注时标注对象之间或标注对象与其他对象之间相交处打断的距离，如图 10-14 所示。机械标注折断间距可设置为 3。

（a）无　　　（b）标记　　　（c）直线

图 10-13　圆心标记类型　　　　　　　　图 10-14　折断间距

AutoCAD 2019 中文版机械设计标准实例教程

（4）在"弧长符号"选项组内设置弧长标注时圆弧符号的位置，如图 10-15 所示。

① 机械标注默认选择"标注文字的前缀"单选按钮，将弧长符号放在标注文字之前。

② 当选择"标注文字的上方"单选按钮时，将弧长符号放在标注文字的上方。

③ 当选择"无"单选按钮时，不显示弧长符号。

（5）在"半径折弯标注"选项组的"折弯角度"文本框内输入折弯角度值，即折弯（Z字形）半径标注中连接两段尺寸线的横向直线与尺寸线的夹角，如图 10-16 所示。

（6）在"线性折弯标注"选项组的"折弯高度因子"文本框中输入折弯符号的高度因子，该值与尺寸数字高度的乘积即为折弯高度。线性折弯标注表示图形中绘出的尺寸（称为系统测量值）与标注的实际尺寸不同，如图 10-17 所示。

图 10-15　弧长符号　　　　图 10-16　折弯角度图　　　　图 10-17　线性折弯标注

3. 设置文字特性

在"文字"选项卡中设置文字的外观、位置、对齐方式等特性，如图 10-18 所示。

图 10-18　"文字"选项卡

操作及选项说明如下：

（1）在"文字外观"选项组内设置文字样式、颜色和大小。

① 在"文字样式"下拉列表中选择该图形中已设置的文字样式，还可单击右侧的⋯按钮，打开"文字样式"对话框，创建和修改标注文字样式。机械标注的文字样式选择例 9-1 中设置的"工程字"。

② 在"文字颜色"下拉列表框中选择标注文字的颜色。一般设置成 ByLayer。

③ 在"文字高度"文本框中输入标注文字的高度。机械标注的文字高度设为 3.5。

注意： 如所选文字样式的文字高度设置为大于 0 的固定值，则在此处无法设置标注文字高度，文字高度将是文字样式中设置的固定高度。

④ "绘制文字边框"复选框用于控制是否在标注文字的周围绘制矩形边框，一般不选中该复选框。

（2）在"文字位置"选项组内设置文字的放置位置和方式。

① 在"垂直"下拉列表框中选择标注文字相对于尺寸线的垂直位置，如图 10-19 所示。机械标注选择"上"。

（a）居中　　　　（b）上　　　　（c）外部　　　　（d）下　　　　（e）JIS

图 10-19　文字垂直位置

② 在"水平"下拉列表框中选择标注文字在尺寸线上相对于尺寸界线的位置，如图 10-20 所示。机械标注选择"居中"。

（a）居中　　（b）第一条尺寸　　（c）第二条尺寸　　（d）第一条尺寸　　（e）第二条尺寸
　　　　　　　　　界线　　　　　　　界线　　　　　　　界线上方　　　　　界线上方

图 10-20　文字水平位置

③ 在"观察方向"下拉列表框中选择标注文字的观察方向[①]，如图 10-21 所示。一般默认为"从左到右"。

④ 在"从尺寸线偏移"文本框中输入标注文字与尺寸线的间距。根据标注文字的位置和是否带有矩形边框，"从尺寸线偏移"选项的含义有 3 种情况，如图 10-22 所示。

---

① 这是 AutoCAD 2010 新增的功能。

（a）从左到右

（b）从右到左

图 10-21　文字观察方向

（a）文字与尺寸线端点的间距

（b）文字与尺寸线的间距

（c）文字与边框的间距

图 10-22　从尺寸线偏移的 3 种情况

（3）在"文字对齐"选项组内设置尺寸标注文字的对齐方式。由 3 个单选按钮控制标注文字的对齐方式："水平"指定水平方向放置文字，如图 10-23（a）所示；"与尺寸线对齐"指定文字方向与尺寸线平行，如图 10-23（b）所示；"ISO 标准"指定尺寸界线内的文字方向与尺寸线平行，尺寸界线外的文字方向水平放置，如图 10-23（c）所示。机械标注选择"与尺寸线对齐"。

（a）水平

（b）与尺寸线对齐

（c）ISO 标准

图 10-23　标注文字对齐方式

4．设置尺寸标注文字、箭头、引线和尺寸线的放置位置

在"调整"选项卡中设置尺寸标注文字、箭头的放置位置以及是否添加引线等特性，如图 10-24 所示。

操作及选项说明如下：

（1）在"调整选项"选项组内设置文字和箭头的位置。根据尺寸界线之间的有效空间，当尺寸界线间的距离足够放置文字和箭头时，AutoCAD 始终把文字和箭头都放在尺寸界线内；当尺寸界线间的距离不足时，则按照"调整选项"的设置放置文字和箭头。

① 选择"文字或箭头（最佳效果）"单选按钮时，AutoCAD 对标注文字和箭头综合进行考虑，自动选择最佳放置效果。该选项为默认设置。

② 选择"箭头"单选按钮时，首先将箭头移到尺寸界线外，再移出文字，如图 10-25（a）所示。

③ 选择"文字"单选按钮时，首先将文字移到尺寸界线外，再移出箭头，如图 10-25（b）所示。

图 10-24 "调整"选项卡

（a）箭头 （b）文字 （c）文字和箭头 （d）文字始终保持在尺寸界线之间

图 10-25 调整选项

④ 选择"文字和箭头"单选按钮时，将文字和箭头都放在尺寸界线外，如图 10-25（c）所示。

⑤ 选择"文字始终保持在尺寸界线之间"单选按钮时，文字始终放在尺寸界线内，如图 10-25（d）所示。

⑥ 选择"若箭头不能放在尺寸界线内，则将其消除"复选框时，当尺寸界线内没有足够的空间时，则消除箭头。

（2）在"文字位置"选项组内设置标注文字的位置。当标注文字不放在默认位置（机械标注样式为"居中"）时，文字位置有 3 个选项。

① 选择"尺寸线旁边"单选按钮，标注文字放在尺寸界线外时，将文字放在尺寸线旁边，且尺寸线会随文字移动，如图 10-26（a）所示。机械标注选择该项。

② 选择"尺寸线上方，带引线"单选按钮，标注文字从尺寸线移开时将创建引线，且尺寸线不会随文字移动，如图 10-26（b）所示。但如距离很近，引线则被省略。

③ 选择"尺寸线上方，不带引线"单选按钮，标注文字从尺寸线移开时将不加引线，且尺寸线不会随文字移动，如图 10-26（c）所示。

（a）尺寸线旁边 （b）尺寸线上方，带引线 （c）尺寸线上方，不带引线

图 10-26 文字位置选项

（3）在"标注特征比例"选项组内设置全局比例。选择"使用全局比例"单选按钮时，可以在其文本框内输入比例值，作为标注样式中所有参数的缩放比例，如图10-27所示。

（a）全局比例值为1　（b）全局比例值为2

图10-27　全局比例对尺寸标注的影响

注意：全局比例影响尺寸标注中组成元素的显示大小，应设置为图形输出比例值的倒数，使尺寸标注的各组成元素符合机械制图国家标准的要求。

（4）"在尺寸界线之间绘制尺寸线"复选框默认为选中，系统始终在尺寸界线之间绘制尺寸线。若不选中该复选框，则当箭头放在尺寸界线外时，不绘制尺寸线。一般使用默认设置，即选中该复选框。

5. 设置尺寸标注的精度、测量单位比例

在"主单位"选项卡中设置标注主单位的格式和精度，并设置标注文字的前缀和后缀，以及是否显示前导0和后续0。在"线性标注"选项组中设置"精度"为0.000，"小数分隔符"为"'.'（句点）"。在"角度标注"选项组中设置"精度"为0.00，并在"消零"区选中"后续"复选框。其余选项一般可选择默认设置，如图10-28所示。

图10-28　"主单位"选项卡

用户应根据图形的比例，在"测量单位比例"选项组的"比例因子"文本框中输入线性尺寸测量单位的比例因子，该比例因子乘以系统测量值即为标注的尺寸数值。

注意：机械制图国家标准规定图中所注尺寸应是物体的实际尺寸。当用缩放比例画图时，设置的比例因子应是图形缩放比例因子的倒数，以保证标注的尺寸为实际尺寸。

6. 设置换算单位

在"换算单位"选项卡中设置尺寸标注中换算单位的显示以及不同单位之间的换算格

式和精度。

注意：尺寸标注样式实际上是一组尺寸变量的集合。利用对话框进行上述设置，可以直观地改变相关变量的值，用户还可以在命令行通过若干尺寸变量名设置相应变量的值。

10.2.3 设置机械尺寸标注样式的子样式

AutoCAD 允许在一个全局尺寸标注样式下，对不同的尺寸标注类型创建相应的子样式，设置不同的特性，以符合机械制图国家标准规定的尺寸标注形式。在标注某一类尺寸时，系统将搜索当前尺寸标注样式下是否有该标注类型的子样式。如果有，则该类尺寸按其子样式标注；如果没有，则按全局样式标注。因此，在"机械标注"样式下必须创建其"角度"子样式，使角度数字水平放置。

操作步骤如下：

第 1 步，调用"标注样式"命令。

第 2 步，在"标注样式管理器"的"样式"列表框中选择"机械标注"，单击"新建"按钮。

第 3 步，在"创建新标注样式"对话框中，默认基础样式为"机械标注"，在"用于"下拉列表框中选择"角度标注"类型，如图 10-29 所示。

图 10-29　创建"机械标注"的"角度"子样式

第 4 步，单击"继续"按钮，弹出"新建标注样式：机械标注：角度"对话框。

第 5 步，在"文字"选项卡的"文字对齐"选项组内选择"水平"单选按钮，在"文字位置"选项组内可将"垂直"选项设置为"居中"或"上"或"外部"，如图 10-30 所示。

图 10-30　设置"角度"样式的文字位置及对齐方式

　　　　AutoCAD 2019 中文版机械设计标准实例教程

第 6 步，单击"确定"按钮，返回"标注样式管理器"对话框，在"机械标注"下面显示其"角度"子样式，如图 10-31 所示。

图 10-31 "机械标注"样式下的"角度"子样式

注意：

（1）选择某一尺寸标注样式，单击"置为当前"按钮，可以将其设置为当前尺寸标注样式。

（2）用户可以在某一尺寸标注样式上右击，利用弹出的快捷菜单将其置为当前样式或删除、重命名。不能删除当前样式或当前图形中已使用的样式。

10.2.4 尺寸标注样式的替代

样式替代是为了满足某些特殊标注形式的要求，对当前尺寸样式特性所做的细微改变。操作说明如下：

从"标注样式管理器"对话框的"样式"列表框中选中当前尺寸标注样式，"替代"按钮亮显。单击"替代"按钮，弹出"替代当前样式：×××"对话框，该对话框的选项与"新建标注样式：×××"对话框相同，只是标题不同，其中"×××"为当前样式的名称。用户对需要更改的特性在相应的选项卡中重新进行设置，单击"确定"按钮，返回"标注样式管理器"对话框。系统将样式替代作为未保存的更改结果显示在"样式"列表框中的当前样式下，如图 10-32 所示。

注意：

（1）如果更改当前样式，系统将弹出如图 10-33 所示的 AutoCAD 警告框，提示"把另一种样式置为当前样式将放弃样式替代"。如果单击"确定"按钮，"样式替代"将被删除。

（2）如果选择某一全局标注样式，单击"修改"按钮，在"修改标注样式：×××"对话框中修改后，图形中所有使用该样式标注的尺寸均更新为修改后的样式。而样式替代只应用到以后使用该样式标注的新尺寸中，直至用户修改或删除替代样式为止。图形中所有在替代前使用该全局样式已标注的尺寸并不会更新。

图 10-32　当前样式下的替代样式

图 10-33　放弃样式替代警告

（3）在替代样式名称上右击，利用快捷菜单还可将替代样式保存为当前样式，随后替代样式被删除，同时当前标注样式将更新为替代样式中的设置。

10.3　尺寸标注详解

按照标注对象的不同，AutoCAD 提供了 5 种尺寸标注的基本类型：线性、径向、角度、坐标、弧长。按照尺寸形式的不同，线性标注可分成水平、垂直、对齐、旋转、基线或连续等，径向标注包括直径标注、半径标注以及折弯标注。部分标注类型的示例如图 10-34 所示。

"注释"选项卡"标注"面板提供了智能标注图标按钮、基本标注类型的下拉式图标按钮以及其他用于标注的命令。为方便操作，标注尺寸前应打开自动捕捉功能，并将"尺寸"图层设置为当前图层，在标注样式下拉列表框中选择当前标注样式。如果使用"智能标注"命令标注尺寸，可以忽略当前图层，而在"标注"面板的图层下拉列表框中选择智能标注对象所在的图层，图 10-35 中选择了"尺寸"图层。

图 10-34　尺寸标注的类型

图 10-35　"标注"和"引线"面板

注意： "默认"选项卡"注释"面板主命令区提供了"智能标注"、基本标注类型的下拉式图标按钮，并在下滑面板上提供了当前图形文件的"标注样式"下拉列表框。

10.3.1　线性标注与对齐标注

标注方法主要有线性标注和对齐标注。

1. 线性标注

"线性"命令可以标注两点之间的水平、垂直尺寸以及尺寸线旋转一定角度的倾斜尺寸。调用命令的方式如下：

- 功能区：单击"默认"选项卡"注释"面板或"注释"选项卡"标注"面板中的 图标按钮。
- 菜单：执行"标注" | "线性"命令。

- 图标：单击"标注"工具栏中的 ⊢┤ 图标按钮。
- 键盘命令：DIMLINEAR 或 DIMLIN。

执行"线性"命令后，可以实现以下两种标注尺寸的方式。

1）"指定两点"方式

操作步骤如下：

第 1 步，调用"线性"命令。

第 2 步，命令提示为"指定第一条尺寸界线原点或 <选择对象>："时，指定第一条尺寸界线起点，确定第一条尺寸界线位置。

第 3 步，命令提示为"指定第二条尺寸界线原点："时，指定第二条尺寸界线起点，确定第二条尺寸界线位置。

第 4 步，命令提示为"指定尺寸线位置或[多行文字(M)/文字(T)/角度(A)/水平(H)/垂直(V)/旋转(R)]："时，移动光标，在合适位置拾取一点，确定尺寸线位置。如果没有执行其他任何选项，将自动按系统测量值生成标注文字。

操作及选项说明如下：

（1）当选择"多行文字"选项时，弹出"多行文字编辑器"，如图 10-36 所示。其中亮显的数字表示系统自动生成的标注文字，用户可以注写、编辑替代的标注文字。

图 10-36　多行文字编辑器

（2）选择"文字"选项时，可以直接在命令行输入替代的标注文字。

（3）选择"角度"选项时，指定标注文字的倾斜角度，如图 10-37 所示。

（4）选择"水平"或"垂直"选项时，标注两点间的水平或垂直距离，如图 10-38 所示。

（5）选择"旋转"选项时，标注按指定角度倾斜的尺寸，如图 10-38 所示。

图 10-37　文字倾斜角度

图 10-38　线性尺寸标注的形式

注意：

（1）在标注图形尺寸时，一般应使用对象捕捉功能指定尺寸界线的起点。

（2）如果指定的两条尺寸界线起点不在一条水平线或垂直线上，移动鼠标，屏幕上会出现两点之间的水平或垂直距离，观察确认后再指定尺寸线的位置，或用"水平"或"垂直"选项标注所需的尺寸。

（3）倾斜的尺寸线与两条尺寸界线起点的连线不一定平行，可以用指定两点方式确定倾斜角度，即两点连线与当前用户坐标系的 X 轴正方向的夹角。

2）"选择标注对象"方式

操作步骤如下：

第 1 步，调用"线性"标注命令。

第 2 步，命令提示为"指定第一条尺寸界线原点或
<选择对象>:"时，按 Enter 键，选择"选择对象"选项。

第 3 步，命令提示为"选择标注对象:"时，选择需要标注的对象。

第 4 步，同"指定两点"方式的第 4 步。

【例 10-1】 使用"机械标注"样式，利用"线性"命令标注如图 10-39 所示的线性尺寸。

操作如下：

图 10-39 线性尺寸标注

命令：_DIMLINEAR	单击 图标按钮，启动"线性"命令
指定第一条尺寸界线原点或<选择对象>:<对象捕捉开>	启用对象捕捉功能，捕捉点 1
指定第二条尺寸界线原点：	捕捉点 2
指定尺寸线位置或[多行文字(M)/文字(T)/角度(A)/水平(H)/垂直(V)/旋转(R)]：	点取尺寸线位置
标注文字=40	系统提示，标注水平尺寸 40
命令：↵	再次启动"线性"命令
指定第一条尺寸界线原点或<选择对象>:↵	按 Enter 键，选择"选择对象"选项
选择标注对象：	点取直线 13
指定尺寸线位置或[多行文字(M)/文字(T)/角度(A)/水平(H)/垂直(V)/旋转(R)]：	点取尺寸线位置
标注文字=15	系统提示，标注垂直尺寸 15
命令：↵	再次启动"线性"命令
指定第一条尺寸界线原点或<选择对象>：	捕捉点 4
指定第二条尺寸界线原点：	捕捉点 5
指定尺寸线位置或[多行文字(M)/文字(T)/角度(A)/水平(H)/垂直(V)/旋转(R)]：R↵	选择"旋转"选项，标注倾斜的尺寸
指定尺寸线的角度<0>：指定第二点：	依次捕捉 4、5 两点，保证尺寸线与线段 45 平行
指定尺寸线位置或[多行文字(M)/文字(T)/角度(A)/水平(H)/垂直(V)/旋转(R)]：	点取尺寸线位置
标注文字=4	系统提示，标注倾斜尺寸 4
命令：↵	再次启动"线性"命令
指定第一条尺寸界线原点或<选择对象>：	捕捉点 6
指定第二条尺寸界线原点：	捕捉点 7
指定尺寸线位置或 [多行文字(M)/文字(T)/角度(A)/水平(H)/垂直(V)/旋转(R)]：T↵	选择"文字"选项，修改尺寸数字

输入标注文字<7>: **%%C<>**↵	输入替代文字%%C< >, 按 Enter 键, 返回主提示
指定尺寸线位置或[多行文字(M)/文字(T)/角度(A)/水平(H)/垂直(V)/旋转(R)]:	点取尺寸线位置
标注文字 =7	系统提示, 标注水平尺寸 ϕ 7

注意:

（1）使用"线性"命令在非圆视图上标注直径时，在标注文字前输入前缀%%C，表示 ϕ 符号。

（2）尖括号（< >）表示 AutoCAD 通过自动测量生成的标注文字。

2. 对齐标注

利用"对齐"命令标注倾斜直线的长度，其尺寸线平行于标注的直线或两条尺寸界线起点的连线。

调用命令的方式如下:

- 功能区：单击"默认"选项卡"注释"面板或"注释"选项卡"标注"面板中的 图标按钮。
- 菜单：执行"标注"|"对齐"命令。
- 图标：单击"标注"工具栏中的 图标按钮。
- 键盘命令：DIMALIGNED。

对齐标注的操作方法与线性标注完全相同。

注意：与"线性"命令中的"旋转"方法相比，使用"对齐"命令标注倾斜直线的长度更为方便。对齐标注时，应正确选择两条尺寸界线原点，使选择的两个点的连线平行于所标注的直线。

图 10-40　对齐标注

【例 10-2】　使用"机械标注"样式，利用"对齐"标注命令标注如图 10-40 所示的线性尺寸。

操作如下:

命令: _DIMALIGNED	单击 图标按钮, 启动"对齐"命令
指定第一条尺寸界线原点或<选择对象>: <对象捕捉开>	打开对象捕捉功能, 捕捉一个圆的圆心
指定第二条尺寸界线原点:	捕捉另一个圆的圆心
指定尺寸线位置或[多行文字(M)/文字(T)/角度(A)]:	点取尺寸线位置
标注文字=15	系统提示, 标注对齐尺寸 15
命令: ↵	再次启动"对齐"命令
指定第一条尺寸界线原点或<选择对象>: ↵	按 Enter 键, 选择"选择对象"选项
选择标注对象:	点取直线 AB
指定尺寸线位置或[多行文字(M)/文字(T)/角度(A)/水平(H)/垂直(V)/旋转(R)]:	点取尺寸线位置
标注文字=35	系统提示, 标注垂直尺寸 35

10.3.2 径向标注

径向标注是指圆、圆弧的直径或半径尺寸的标注。

1. 直径标注

利用"直径"命令标注圆或圆弧的直径尺寸时，系统会自动在标注文字前添加直径符号 ϕ。

调用命令的方式如下：

- 功能区：单击"默认"选项卡"注释"面板或"注释"选项卡"标注"面板中的 ⊘ 图标按钮。
- 菜单：执行"标注"|"直径"命令。
- 图标：单击"标注"工具栏中的 ⊘ 图标按钮。
- 键盘命令：DIMDIAMETER。

操作步骤如下：

第 1 步，调用"直径"命令。

第 2 步，命令提示为"选择圆弧或圆："时，选择需标注的圆弧或圆。

第 3 步，命令提示为"指定尺寸线位置或[多行文字(M)/文字(T)/角度(A)]："时，移动光标，在合适位置拾取一点，确定尺寸线位置。如果没有执行其他任何选项，系统将自动按测量值标注圆弧或圆的直径。

上述第 3 步的命令提示的其他选项同"线性"命令。

2. 半径标注

利用"半径"命令标注圆或圆弧的半径尺寸时，系统会自动在标注文字前添加半径符号 R。

调用命令的方式如下：

- 功能区：单击"默认"选项卡"注释"面板或"注释"选项卡"标注"面板中的 ⊘ 图标按钮。
- 菜单：执行"标注"|"半径"命令。
- 图标：单击"标注"工具栏中的 ⊘ 图标按钮。
- 键盘命令：DIMDRADIUS。

操作步骤如下：

第 1 步，调用"半径"标注命令。

第 2 步～第 3 步，同"直径"标注的第 2 步～第 3 步。

【例 10-3】 标注如图 10-41 所示的径向尺寸。

操作如下：

图 10-41 径向尺寸标注

命令：_DIMDIAMETER	单击 ⊘ 图标按钮，启动"直径"命令
选择圆弧或圆：	拾取右侧 $\phi 6$ 圆上一点
标注文字=6	系统提示标注尺寸数字
指定尺寸线位置或 [多行文字(M)/文字(T)/角度(A)]：**T↵**	选择"文字"选项，修改尺寸数字
输入标注文字<6>：4 × < >	输入替代文字 4 × < >

指定尺寸线位置或 [多行文字(M)/文字(T)/角度(A)]:	拾取尺寸线位置, 标注直径 $4 \times \phi 6$, 并结束命令
命令: _DIMDRADIUS	单击 图标按钮, 启动 "半径" 命令
选择圆弧或圆:	拾取右上角 R6 圆弧上一点
标注文字=6	系统提示标注尺寸数字
指定尺寸线位置或 [多行文字(M)/文字(T)/角度(A)]:	拾取尺寸线位置, 标注半径 R6, 并结束命令

注意:

(1) 根据机械制图国家标准, 图形中完整的圆或大于半圆的圆弧应标注直径。对于一组规格相同的圆, 只在一个圆上标注, 并在尺寸数字前添加 "n×"(n 表示圆的个数), 可以用 "多行文字" 或 "文字" 选项输入替代的标注文字。

(2) 图形中小于半圆的圆弧应标注半径。对于一组规格相同的圆弧, 只在一个圆弧上标注, 在尺寸数字前可不注出圆弧的个数。

10.3.3 角度标注

利用 "角度" 命令, 可以标注两条非平行直线的夹角、3 个点之间的角度、圆弧中心角和圆上两点间的中心角, 并在标注文字后自动添加符号 "°"。

调用命令的方式如下:

- 功能区: 单击 "默认" 选项卡 "注释" 面板或 "注释" 选项卡 "标注" 面板中的 图标按钮。
- 菜单: 执行 "标注" | "角度" 命令。
- 图标: 单击 "标注" 工具栏中的 图标按钮。
- 键盘命令: DIMANGULAR。

执行 "角度" 命令后, 可以实现上述 4 种形式的角度标注, 如图 10-42 所示。

| (a) 两条直线夹角 | (b) 三点间的角度 | (c) 圆弧中心角 | (d) 圆上两点间的中心角 |

图 10-42 角度标注形式

1. 标注两条直线的夹角

操作步骤如下:

第 1 步, 调用 "角度" 命令。

第 2 步, 命令提示为 "选择圆弧、圆、直线或<指定顶点>:" 时, 选择需要标注角度的一条角边。

第 3 步, 命令提示为 "选择第二条直线:" 时, 选择第二条角边。

第 4 步, 命令提示为 "指定标注弧线位置或[多行文字(M)/文字(T)/角度(A)/象限点(Q)]:"

时，移动光标，在合适位置拾取一点，确定角度弧线的位置，并确定绘制角度界线的方向。如果没有执行其他任何选项，将自动按系统测量值标注角度。

注意：当标注两条直线夹角时，标注弧线位置将影响标注的结果，如图 10-42（a）所示。标注的角度总是小于 180°。

响应第 4 步的命令选项基本与"线性"命令选项相同，其中"象限点"选项可以指定标注应锁定到的象限。指定象限点后，系统总是标注该象限的角度，无论角度弧线的位置在哪个象限。当标注文字位于角度界限外时，角度弧线将会延伸超过角度界线。如图 10-43 所示，点 1 为锁定的象限点，点 2 为指定的角度弧线位置。

图 10-43 角度标注锁定象限

2. 定义三点方式标注角度

操作步骤如下：

第 1 步，调用"角度"命令。

第 2 步，命令提示为"选择圆弧、圆、直线或<指定顶点>："时，按 Enter 键。

第 3 步，命令提示为"指定角的顶点："时，用适当定点方式确定角的顶点，如图 10-42（b）所示的点 5。

第 4 步，命令提示为"指定角的第一个端点："时，用适当定点方式确定角的第一个端点，如图 10-42（b）所示的点 6。

第 5 步，命令提示为"指定角的第二个端点："时，用适当定点方式确定角的第二个端点，如图 10-42（b）所示的点 7。

第 6 步，同标注两条直线夹角的第 4 步。

3. 标注圆弧中心角

操作步骤如下：

第 1 步，调用"角度"命令。

第 2 步，命令提示为"选择圆弧、圆、直线或<指定顶点>："时，选择需要标注角度的圆弧。

第 3 步，同标注两条直线夹角的第 4 步。

注意：系统自动将选定圆弧的圆心作为角的顶点，两个端点作为角的端点，如图 10-42（c）所示。

【例 10-4】 标注如图 10-44 所示的圆弧中心角。

操作如下：

图 10-44 标注圆弧中心角

命令：_DIMANGULAR	单击 △ 图标按钮，启动"角度"命令
选择圆弧、圆、直线或<指定顶点>：	选择水平边 CD
选择第二条直线：	选择倾斜边 EF
指定标注弧线位置或 [多行文字(M)/文字(T)/角度(A)/象限点(Q)]：	拾取点 1，确定角度弧线位置，如图 10-44 所示
标注文字=105	系统提示标注角度
命令：↵	按 Enter 键，再次启动"角度"命令
选择圆弧、圆、直线或<指定顶点>：↵	按 Enter 键，选择"指定顶点"选项

指定角的顶点:	捕捉 φ 9 圆的圆心 O
指定角的第一个端点:	捕捉 φ 9 圆水平中心线的右端点 A
指定角的第二个端点:	捕捉腰形槽下侧圆弧中心线端点 B
指定标注弧线位置或 [多行文字(M)/文字(T)/角度(A)/象限点(Q)]: **Q↵**	选择"象限点"选项
指定象限点:	拾取点 2
指定标注弧线位置或 [多行文字(M)/文字(T)/角度(A)/象限点(Q)]:	在适当位置拾取一点，确定角度弧线位置
标注文字=10	系统提示标注角度
命令: ↵	按 Enter 键，再次启动"角度"命令
选择圆弧、圆、直线或<指定顶点>:	选择腰形槽外侧圆弧
指定标注弧线位置或 [多行文字(M)/文字(T)/角度(A)/象限点(Q)]:	捕捉角度 10°的角度弧线的端点，确定角度弧线位置
标注文字=35	系统提示标注角度

4. 标注圆上指定两点之间的中心角

操作步骤如下:

第 1 步，调用"角度"命令。

第 2 步，命令提示为"选择圆弧、圆、直线或<指定顶点>:"时，选择需要标注角度的圆。

第 3 步和第 4 步，同定义三点方式标注角度的第 5 步和第 6 步。

注意: 选择圆后，系统自动将其圆心作为角度的顶点，选择圆时的拾取点作为角的第一个端点，而角的第二个端点可以不位于圆上，系统将圆心与第二点的连线与圆的交点作为角的第二个端点，如图 10-42（d）所示。

10.3.4 基线标注

利用"基线"命令，可以标注与前一个或选定的标注具有相同的第一条尺寸界线（基线）的一系列线性、角度或坐标标注。在创建基线标注之前，必须已经创建了可以作为基准尺寸的线性、角度等标注。

调用命令的方式如下:

- 功能区: 单击"注释"选项卡"标注"面板中的 图标按钮。
- 菜单: 执行"标注"|"基线"命令。
- 图标: 单击"标注"工具栏中的 图标按钮。
- 键盘命令: DIMBASELINE 或 DIMBASE。

操作步骤如下:

第 1 步，调用"基线"命令。

第 2 步，命令提示为"指定第二条尺寸界线原点或 [放弃(U)/选择(S)]<选择>:"时，按 Enter 键，或输入 S 再按 Enter 键。

第 3 步，命令提示为"选择基线标注:"时，在图形上选择基线标注。

第 4 步，命令提示为"指定第二条尺寸界线原点或 [放弃(U)/选择(S)]<选择>:"时，指定第二条尺寸界线起点，确定第二条尺寸界线位置，同时直接按照尺寸样式中设定的基线间距创建标注。

第 5 步，命令提示为"指定第二条尺寸界线原点或 [放弃(U)/选择(S)]<选择>:"时，继续指定第二条尺寸界线原点，确定第二条尺寸界线位置，再创建基线标注或按 Enter 键。

第 6 步，命令提示为"选择基线标注:"时，重复上述第 3 步～第 5 步，继续创建其他基线标注，最终按 Enter 键，结束命令。

操作及选项说明如下：

（1）AutoCAD 默认前一个标注（线性、坐标或角度标注）为基准尺寸，如果用户确认其第一条尺寸界线为基线，可以跳过第 2 步和第 3 步，直接操作第 4 步，指定第二条尺寸界线起点。

（2）如果将前一个基准尺寸删除，进行基线标注时，AutoCAD 直接出现提示"选择基线标注:"，要求用户选择线性、坐标或角度标注，得到基准尺寸。

注意：

（1）选择基准标注时，选择点必须靠近共同的尺寸界线（基线）。

（2）选择的基准尺寸将作为后续所有基线标注的基准，除非重新指定基准尺寸。

（3）在命令执行过程中，系统不允许用户改变标注文字的内容。

【例 10-5】　已有尺寸 10 和尺寸 8，如图 10-45（a）所示。使用"基线"命令标注尺寸，如图 10-45（b）所示。

（a）原有尺寸标注　　　　　　　　　（b）完成基线标注

图 10-45　基线标注

操作如下：

命令：_DIMBASE	单击 图标按钮，启动"基线"命令
指定第二条尺寸界线原点或 [放弃(U)/选择(S)]<选择>:	捕捉上侧水平线左端点 1
标注文字=15	系统提示，标注尺寸 15
指定第二条尺寸界线原点或 [放弃(U)/选择(S)]<选择>:	捕捉ϕ9 水平中心线左端点 2
标注文字=20	系统提示，标注尺寸 20
指定第二条尺寸界线原点或 [放弃(U)/选择(S)]<选择>: ↵	按 Enter 键，选择"选择"选项
选择基线标注：	靠近点 3 选择尺寸 10
指定第二条尺寸界线原点或[放弃(U)/选择(S)]<选择>:	捕捉下侧水平线右端点 4

标注文字=45	系统提示，标注尺寸 45（总长）
指定第二条尺寸界线原点或 [放弃(U)/选择(S)]<选择>：↵	按 Enter 键
选择基线标注：↵	按 Enter 键，结束"基线"命令

10.3.5　连续标注

利用"连续"命令，可以标注与前一个或选定的标注具有首尾相连的一系列线性、角度或坐标标注。在创建连续标注之前，必须已创建了线性、角度等标注。

调用命令的方式如下：

- 功能区：单击"注释"选项卡"标注"面板中的 ⊞ 图标按钮。
- 菜单：执行"标注"|"连续"命令。
- 图标：单击"标注"工具栏中的 ⊞ 图标按钮。
- 键盘命令：DIMCONTINUE。

执行"连续"命令后，操作方法和步骤同基线标注。

【例 10-6】　在图 10-45（b）的基础上，又创建了角度尺寸 30°和水平尺寸 6，如图 10-46（a）所示。使用"连续"命令，标注水平尺寸 18 和右上方角度尺寸 30°，如图 10-46（b）所示。

（a）原有尺寸标注　　　　　　　　（b）完成连续标注

图 10-46　连续标注

操作如下：

命令：_DIMCONTINUE	单击 ⊞ 图标按钮，启动"连续"命令
指定第二条尺寸界线原点或 [放弃(U)/选择(S)]<选择>：	捕捉底部槽左侧端点 6
标注文字=18	系统提示，标注水平尺寸 18
指定第二条尺寸界线原点或 [放弃(U)/选择(S)]<选择>：↵	按 Enter 键，选择"选择"选项
选择连续标注：	靠近点 7 选择下侧角度尺寸
指定第二条尺寸界线原点或 [放弃(U)/选择(S)]<选择>：	捕捉腰形孔上侧中心线端点 8
标注文字 =30	系统提示，标注上侧角度 30°
指定第二条尺寸界线原点或 [放弃(U)/选择(S)]<选择>：↵	按 Enter 键
选择连续线标注：↵	按 Enter 键，结束"连续"命令

注意：创建水平尺寸 6 时，应先捕捉点 4，再捕捉点 5。

—————— AutoCAD 2019 中文版机械设计标准实例教程

10.3.6 弧长标注

利用"弧长"命令,可以标注圆弧的长度。

调用命令的方式如下:

- 功能区:单击"默认"选项卡"注释"面板或"注释"选项卡"标注"面板中的 ⌒ 图标按钮。
- 菜单:执行"标注"|"弧长"命令。
- 图标:单击"标注"工具栏中的 ⌒ 图标按钮。
- 键盘命令:DIMARC。

操作步骤如下:

第1步,调用"弧长"命令。

第2步,命令提示为"选择弧线段或多段线圆弧段:"时,选择需要标注的圆弧。

第3步,命令提示为"指定弧长标注位置或 [多行文字(M)/文字(T)/角度(A)/部分(P)/引线(L)]:"时,移动光标,在合适位置拾取一点,确定尺寸线的位置,并确定绘制尺寸界线的方向。如果没有执行其他任何选项,将自动按系统测量值标注弧长。

注意:如图10-47所示,圆弧中心角大于90°时,尺寸界线方向为径向;圆弧中心角小于90°时,尺寸界线为正交方向。

操作及选项说明如下:

(1)上述步骤可标注整段圆弧的长度,如图10-47(a)所示。

(2)当选择"部分"选项时,可以标注圆弧两点间的弧长,如图10-47(b)所示。

(3)当选择"引线"选项时,可以添加径向引线。只有当圆弧大于90°时才会显示该选项,如图10-47(c)所示。

（a）标注整段弧长

（b）标注部分弧长

（c）标注加引线的弧长

图10-47 弧长标注

(4)其余选项同"线性"命令。

【例10-7】 使用"弧长"命令,标注图10-47(b)所示的圆弧12的弧长。

操作如下:

命令:_DIMARC	单击 ⌒ 图标按钮,启动"弧长"命令
选择弧线段或多段线圆弧段:	选择图10-47所示的圆弧
指定弧长标注位置或 [多行文字(M)/文字(T)/角度(A)/部分(P)/引线(L)]:P↵	选择"部分"选项,标注部分弧长
指定弧长标注的第一个点:	捕捉点1
指定弧长标注的第二个点:	捕捉点2

指定弧长标注位置或 [多行文字(M)/文字(T)/角度(A)/部分(P)/引线(L)]:	在 1、2 两点间的上方拾取尺寸线位置
标注文字 = 20	系统提示，标注部分弧长

注意：指定弧长标注的两个点可以不在圆弧上，系统将指定点与圆心的连线和圆周的交点作为标注弧长的两个点。

10.3.7　折弯标注

当圆或圆弧的半径较大，其圆心位于图形或图纸外时，尺寸线不便或无法通过其圆心的实际位置。此时可以利用"折弯"标注命令标注折弯形的半径尺寸。

调用命令的方式如下：

- 功能区：单击"默认"选项卡"注释"面板或"注释"选项卡"标注"面板中的 图标按钮。
- 菜单：执行"标注"|"折弯"命令。
- 图标：单击"标注"工具栏中的 图标按钮。
- 键盘命令：DIMJOGGED。

操作步骤如下：

第 1 步，调用"折弯"命令。

第 2 步，命令提示为"选择圆弧或圆："时，选择需要标注折弯半径的圆弧或圆。

第 3 步，命令提示为"指定图示中心位置："时，用适当的定点方式，在圆弧或圆的中心线上指定替代圆心，作为折弯半径标注的中心点。

第 4 步，命令提示为"指定尺寸线位置或 [多行文字(M)/文字(T)/角度(A)]："时，移动鼠标，在适当位置拾取一点，确定尺寸线的角度和标注文字的位置。

第 5 步，命令提示为"指定折弯位置："时，指定连接尺寸界线和尺寸线的横向直线的中点，即折弯线的中点。系统将按折弯角度标注折弯半径。

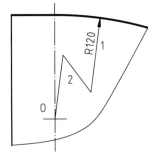

图 10-48　折弯半径标注

【例 10-8】　使用"机械标注"样式，利用"折弯"命令标注折弯半径，如图 10-48 所示。

操作如下：

命令：_DIMJOGGED	单击 图标按钮，启动"折弯"命令
选择圆弧或圆：	选择如图 10-48 所示的圆弧
指定图示中心位置：	捕捉点 O
标注文字=120	系统提示，标注的半径为 120
指定尺寸线位置或 [多行文字(M)/文字(T)/角度(A)]:	拾取点 1，确定尺寸线位置
指定折弯位置：	拾取折弯线中点 2，确定折弯线位置。系统按折弯角度 45° 标注折弯半径 R120

10.4 智 能 标 注

智能标注是 AutoCAD 2016 新增的功能，可以在一个命令执行过程中创建多种类型的标注对象，根据光标悬停的位置，系统自动判断并预览合适的标注类型。用户可以选择对象（圆弧、圆、直线、标注等对象类型）、线或点进行尺寸标注。智能标注适用于线性标注、角度标注、半径标注、直径标注、基线标注和连续标注、弧长标注、折弯半径标注等标注类型。

调用命令的方式如下：

- 功能区：单击"默认"选项卡"注释"面板或"注释"选项卡"标注"面板中的 图标按钮。
- 键盘命令：DIM。

操作步骤如下：

第 1 步，调用"智能标注"命令。

第 2 步，命令提示为"选择对象或指定第一条尺寸界线原点或 [角度(A)/基线(B)/连续(C)/坐标(O)/对齐(G)/分发(D)/图层(L)/放弃(U)]:"时，选择需标注尺寸的对象，或指定一点作为第一条尺寸界线的原点。

随后根据所选对象或指定的点显示相应提示，参见例 10-9 和例 10-10。

【例 10-9】 使用"智能标注"命令，标注如图 10-49 所示的尺寸。

（a）原有尺寸标注

（b）完成的尺寸标注

图 10-49　智能标注

操作如下：

命令：_DIM	单击"注释"选项卡"标注"面板的 图标按钮，启动"智能标注"命令
选择对象或指定第一条尺寸界线原点或 [角度(A)/基线(B)/连续(C)/坐标(O)/对齐(G)/分发(D)/图层(L)/放弃(U)]:	移动光标悬停在线段 AB 的端点 A
指定第一条尺寸界线原点或 [角度(A)/基线(B)/继续(C)/坐标(O)/对齐(G)/分发(D)/图层(L)/放弃(U)]:	捕捉端点 A
指定第二条尺寸界线原点或 [放弃(U)]:	捕捉端点 B

指定尺寸界线位置或第二条线的角度 [多行文字(M)/文字(T)/文字角度(N)/放弃(U)]:	点取尺寸线位置, 标注左侧尺寸 30
选择对象或指定第一条尺寸界线原点或 [角度(A)/基线(B)/连续(C)/坐标(O)/对齐(G)/分发(D)/图层(L)/放弃(U)]:	移动光标悬停在线段 BC 上
选择直线以指定尺寸界线原点:	单击, 选择直线 BC
指定尺寸界线位置或第二条线的角度 [多行文字(M)/文字(T)/文字角度(N)/放弃(U)]:	点取尺寸线位置, 标注下方尺寸 50
选择对象或指定第一条尺寸界线原点或 [角度(A)/基线(B)/连续(C)/坐标(O)/对齐(G)/分发(D)/图层(L)/放弃(U)]:	移动光标悬停在上方半圆上
选择圆弧以指定半径或 [直径(D)/折弯(J)/弧长 (L)/角度(A)]:	单击, 选择 R13 圆弧
指定半径标注位置或 [直径(D)/角度(A)/多行文字(M)/文字(T)/文字角度(N)/放弃(U)]:	点取半径标注对象的位置, 标注半径尺寸 R13
选择对象或指定第一条尺寸界线原点或 [角度(A)/基线(B)/连续(C)/坐标(O)/对齐(G)/分发(D)/图层(L)/放弃(U)]:	移动光标悬停在上方 $\phi 10$ 小圆上
选择圆以指定直径或 [半径(R)/折弯(J)/角度(A)]:	单击, 选择 $\phi 10$ 小圆
指定直径标注位置或 [半径(R)/多行文字(M)/文字(T)/文字角度(N)/放弃(U)]: T↵	选择 "文字" 选项, 修改标注文字
输入标注文字<10>: 2×<>↵	输入标注替代文字
指定直径标注位置或 [半径(R)/多行文字(M)/文字(T)/文字角度(N)/放弃(U)]:	点取直径标注对象的位置, 标注尺寸 $2 \times \phi 10$
选择对象或指定第一条尺寸界线原点或 [角度(A)/基线(B)/连续(C)/坐标(O)/对齐(G)/分发(D)/图层(L)/放弃(U)]:	移动光标悬停在线段 DE 上
选择直线以指定尺寸界线原点:	单击, 选择线段 DE
选择直线以指定角度的第二条边:	将光标悬停在线段 CD 上, 显示该提示后单击 CD
指定角度标注位置或 [多行文字(M)/文字(T)/文字角度(N)/放弃(U)]:	点取角度标注对象的位置, 标注角度 105°
选择对象或指定第一条尺寸界线原点或 [角度(A)/基线(B)/连续(C)/坐标(O)/对齐(G)/分发(D)/图层(L)/放弃(U)]:	移动光标悬停在右侧竖直尺寸标注 10 上
选择尺寸界线原点以基线或 [继续(C)]:	靠近 1 点单击, 选择尺寸标注 10
当前设置: 偏移 (DIMDLI) = 8.000000	系统提示基线间距
指定第二条尺寸界线原点或 [选择(S) /偏移(O)/放弃(U)] <选择>:	捕捉点 D
标注文字 =20	系统提示, 标注尺寸 20
指定第二条尺寸界线原点或 [选择(S) /偏移(O) /放弃(U)] <选择>: ↵	按 Enter 键, 选择 "选择" 选项
指定作为基线的第一条尺寸界线原点或 [偏移(O)]: ↵	按 Enter 键
选择对象或指定第一条尺寸界线原点或 [角度(A)/基线(B)/连续(C)/坐标(O)/对齐(G)/分发(D)/图层(L)/放弃(U)]: C↵	选择 "连续" 选项
指定第一条尺寸界线原点以继续:	靠近点 2, 选择下方水平尺寸标注 20
指定第二条尺寸界线原点或 [选择(S) /放弃(U)] <选择>:	单击竖直中心线下端点 3
标注文字=17	系统提示, 标注尺寸 17
指定第二条尺寸界线原点或 [选择(S) /放弃(U)] <选择>: ↵	按 Enter 键
指定第一条尺寸界线原点以继续: ↵	按 Enter 键

选择对象或指定第一条尺寸界线原点或 [角度(A)/基线(B)/连续(C)/坐标(O)/对齐(G)/分发(D)/图层(L)/放弃(U)]：↵	按 Enter 键，结束"智能标注"命令

操作及选项说明如下：

提示"选择对象或指定第一条尺寸界线原点或 [角度(A)/基线(B)/连续(C)/坐标(O)/对齐(G)/分发(D)/图层(L)/放弃(U)]："重复出现，用户可以根据需要选择选项。

（1）角度(A)：创建角度标注，后续提示同角度标注命令 DIMANGULAR。

（2）基线(B)：创建基线标注，系统提示如例 10-8 所示的操作中的"基线"选项，用户可以选择基准标注、重新设置尺寸线偏移距离等操作。

（3）连续(C)：创建连续标注，操作方法同连续标注命令 DIMCONTINUE。

（4）坐标(O)：创建坐标标注，通过指定点，标注该点的 X 坐标或 Y 坐标，如图 10-50 所示。

图 10-50　坐标标注

（5）对齐(G)：调整多个平行、同基准标注对象的尺寸线位置，使其与选定的基准标注对齐。利用该方式选择的标注对象至少要有 3 条尺寸线。

（6）分发(D)：调整一组孤立的线性标注或坐标标注对象的尺寸线位置。可利用"相等"方式，使选定的标注对象在其间等距布置；也可利用"偏移"方式，按选定的标注对象与基准标注对象的偏移值布置尺寸线。

【例 10-10】　使用"智能标注"命令，调整如图 10-51（a）所示的尺寸标注，调整后的尺寸标注如图 10-51（b）所示。

（a）原有尺寸标注

（b）调整后的尺寸标注

图 10-51　智能标注用于调整尺寸标注位置

操作如下：

命令：_DIM	单击"注释"选项卡"标注"面板的 图标按钮，启动"智能标注"命令

选择对象或指定第一条尺寸界线原点或 [角度(A)/基线(B)/连续(C)/坐标(O)/对齐(G)/分发(D)/图层(L)/放弃(U)]: G↵	选择"对齐"选项
选择基准标注:	选择水平尺寸 15
选择要对齐的标注: 找到 1 个	选择水平尺寸 20
选择要对齐的标注: ↵	按 Enter 键,结束对齐操作
选择对象或指定第一条尺寸界线原点或 [角度(A)/基线(B)/连续(C)/坐标(O)/对齐(G)/分发(D)/图层(L)/放弃(U)]: D↵	选择"分发"选项
当前设置: 偏移 (DIMDLI) = 8.000000	系统提示当前偏移值为 8
指定用于分发标注的方法 [相等(E)/偏移(O)] <偏移>: ↵	按 Enter 键,选择默认的"偏移"选项
选择基准标注或 [偏移(O)]:	选择上方水平尺寸 35
选择要分发的标注或 [偏移(O)]: 找到 1 个	选择上方水平尺寸 50
选择要分发的标注或 [偏移(O)]: ↵	按 Enter 键,结束分发操作
选择对象或指定第一条尺寸界线原点或 [角度(A)/基线(B)/连续(C)/坐标(O)/对齐(G)/分发(D)/图层(L)/放弃(U)]: D↵	选择"分发"选项
当前设置: 偏移 (DIMDLI) = 8.000000	系统提示当前偏移值为 8
指定用于分发标注的方法 [相等(E)/偏移(O)] <偏移>: E↵	选择"相等"选项
选择要分发的标注: 指定对角点: 找到 3 个	用窗交方式选择左侧 3 个尺寸
选择要分发的标注: ↵	按 Enter 键,结束分发操作
选择对象或指定第一条尺寸界线原点或 [角度(A)/基线(B)/连续(C)/坐标(O)/对齐(G)/分发(D)/图层(L)/放弃(U)]: ↵	按 Enter 键,结束"智能标注"命令

（7）图层(L)：指定标注对象所在的图层，以替代当前图层。

（8）放弃(U)：放弃上一个标注操作，取消上一个标注对象。

10.5　尺寸标注的编辑

标注尺寸后，可以根据需要对尺寸标注对象进行适当的编辑，除了标注的基本特性之外，还包括重新选择标注样式、修改尺寸文字的内容和位置、改变尺寸界线的方向、改变尺寸线的位置以及翻转箭头等。AutoCAD 提供了多种尺寸标注对象的编辑方法。

10.5.1　编辑标注

利用"编辑标注"命令可以一次修改一个或多个尺寸标注对象上的文字内容、方向、放置位置以及倾斜尺寸界线。

调用命令的方式如下：

- 图标：单击"标注"工具栏中的 图标按钮。

- 键盘命令：DIMEDIT。

1. 编辑标注文字

操作步骤如下：

第 1 步，调用"编辑标注"命令。

第 2 步，命令提示为"输入标注编辑类型 [默认(H)/新建(N)/旋转(R)/倾斜(O)] <默认>:"时，选择编辑选项，并根据相应提示输入修改内容。

———————————— AutoCAD 2019 中文版机械设计标准实例教程

第 3 步，命令提示为"选择对象："时，选择一个需要编辑的标注对象。

第 4 步，命令再次提示为"选择对象："时，选择另一个标注对象，或按 Enter 键结束命令。

操作及选项说明如下：

（1）选择"默认"选项，可将标注文字重新移回标注样式中指定的位置和角度。

（2）选择"新建"选项，打开多行文字编辑器，编辑标注文字内容。

（3）选择"旋转"选项，可将选定的标注对象文字按指定角度旋转。

2．倾斜尺寸界线

当线性尺寸的尺寸界线与其他图形对象发生冲突时，利用"编辑标注"命令，将尺寸界线倾斜，如图 10-52 所示。

操作步骤如下：

第 1 步，调用"编辑标注"命令。

第 2 步，命令提示为"输入标注编辑类型 [默认(H)/新建(N)/旋转(R)/倾斜(O)] <默认>："时，输入 O，按 Enter 键。

第 3 步，命令提示为"选择对象："时，选择一个需要编辑的标注对象。

第 4 步，命令再次提示为"选择对象："时，选择另一个标注对象，或按 Enter 键。

（a）倾斜前 　　　　（b）倾斜后

图 10-52　倾斜尺寸界线

第 5 步，命令提示为"输入倾斜角度 (按 ENTER 表示无)："时，输入尺寸界线相对于 X 轴正方向的倾斜角度值，或按 Enter 键。

注意：执行菜单"标注"|"倾斜"命令，或单击"注释"选项卡"标注"面板的 图标按钮，可直接进入上述第 3 步。

10.5.2　编辑标注文字位置和角度

利用"编辑标注文字"命令可以移动和旋转标注文字，也可以改变尺寸线位置。

调用命令的方式如下：

- 功能区：单击"注释"选项卡"标注"面板中的 4 个"对齐文字"按钮 之一。
- 菜单：执行"标注"|"对齐文字"命令。
- 图标：单击"标注"工具栏中的 图标按钮。
- 键盘命令：DIMTEDIT。

操作步骤如下：

第 1 步，调用"编辑标注文字"命令。

第 2 步，命令提示为"选择标注："时，选择需要编辑的标注对象。

第 3 步，命令提示为"为标注文字指定新位置或 [左对齐（L）/右对齐（R）/居中（C）/默认（H）/角度（A）]："时，执行相应的选项操作。

操作及选项说明如下：

（1）为标注文字指定新位置：为默认选项，直接移动鼠标，单击，可同时移动选定标注对象的文字和尺寸线。

（2）左对齐（L）/右对齐（R）/居中（C）：使选定标注对象的文字沿尺寸线左对齐、右对齐或放置在尺寸线的中间。

（3）默认（H）：将选定标注对象的文字移回默认位置。

（4）角度（A）：将选定标注对象的文字按指定角度旋转。

注意：左对齐（L）和右对齐（R）只适用于线性、直径和半径标注。

10.5.3 修改尺寸数值

利用"编辑文本"命令可以方便地修改一个或多个尺寸数值[①]，双击尺寸数值，可以对其进行修改，如图 10-53 所示。

图 10-53 修改尺寸数值

10.5.4 标注更新

利用"标注更新"命令可以将图形中已有的标注对象的标注样式更新为当前尺寸标注样式。

调用命令的方式如下：

- 功能区：单击"注释"选项卡"标注"面板中的▣图标按钮。
- 菜单：执行"标注"|"更新"命令。
- 图标：单击"标注"工具栏中的▣图标按钮。
- 键盘命令：-DIMSTYLE。

操作步骤如下：

第 1 步，调用"标注更新"命令。

第 2 步，命令提示为"输入标注样式选项[注释性（AN）/保存（S）/恢复（R）/状态（ST）/变量（V）/应用（A）/?]<恢复>:"时，输入 A，按 Enter 键。

第 3 步，命令提示为"选择对象:"时，选择需要更新的标注对象。

第 4 步，命令再次提示为"选择对象:"时，再选择其他需要更新的标注对象，或按 Enter 键结束命令，所选标注对象按当前标注样式重新显示。

注意：

（1）单击▣图标按钮执行该命令时，系统自动选择"应用"选项。

（2）执行键盘命令时，可利用"变量"选项列出某个标注样式的系统变量值；也可以利用"保存"选项，将当前标注样式的变量设置保存为一个新的标注样式，并置为当前标注样式；还可以利用"恢复"选项将选定的标注样式设置为当前标注样式。

10.5.5 翻转箭头

利用"翻转箭头"命令可以将所选箭头翻转 180°，以满足标注的需要。

调用命令的方式如下：

键盘命令：AIDIMFLIPARROW。

操作步骤如下：

---

① 命令的调用及操作步骤详见 9.5.1 节。

———————— AutoCAD 2019 中文版机械设计标准实例教程

第 1 步，调用"翻转箭头"命令。

第 2 步，命令提示为"选择对象："时，选择需要翻转箭头的标注对象。

第 3 步，命令提示为"选择对象："时，按 Enter 键，结束命令。

注意：系统自动将靠近选择点一侧的箭头翻转 180°，一次只能翻转一个箭头，重复执行该命令可翻转另一侧箭头，如图 10-54 所示。

（a）翻转箭头前 　　　（b）翻转一侧箭头 　　　（c）翻转另一侧箭头

图 10-54　翻转标注箭头

10.5.6　利用快捷菜单编辑尺寸标注

1. 标注快捷菜单

选择需要编辑的标注对象，右击，弹出如图 10-55 所示的快捷菜单，从中选择某一命令，编辑标注对象。

图 10-55　标注快捷菜单

操作及选项说明如下：

（1）选择"标注样式"命令，可以在列表中选择一种已创建的标注样式作为选定的标注样式。也可以将选定的标注样式重新命名进行保存。

（2）选择"精度"命令，可以修改选定标注对象的文字精度，确定小数点的位数。

2. 标注夹点快捷菜单

选择需要编辑的标注对象，将光标分别悬停在标注夹点上，将显示相关夹点编辑命令，如图 10-56 所示，可以进行相应的编辑，如更改文字、尺寸线的位置，翻转箭头，进行连续标注、基线标注等。

10.5.7　利用对象"特性"选项板编辑尺寸标注

利用"特性"选项板，可以查看所选标注的所有特性，并对其进行全方位的修改[①]。

该命令执行后，弹出标注对象"特性"选项板，该选项板列出了选定标注对象的所有

---

① 　调用命令的方式参见 4.5 节。

（a）尺寸文字夹点快捷菜单 　　　　　（b）尺寸箭头夹点快捷菜单

图 10-56　标注夹点快捷菜单

特性和内容，包括常规（线型、颜色、图层等）、其他（标注样式）以及由标注样式定义的其他特性（包括直线和箭头、文字、调整、主单位、换算单位、公差等）。用户根据需要打开某一项，快捷地进行编辑。

注意：利用标注对象"特性"选项板的"文字"选项组中的"文字替代"选项，修改标注文字方便快捷。

【例 10-11】　　如图 10-57（a）所示，在尺寸 5 的基础上，使用"连续"命令标注尺寸 3 和尺寸 4。现利用标注对象"特性"选项板编辑尺寸箭头，如图 10-57（b）所示。

（a）编辑前　　　　（b）编辑后

图 10-57　修改标注对象的箭头形式

操作步骤如下：

第 1 步，选择标注对象"尺寸 5"。

第 2 步，单击"视图"选项卡"选项板"面板中的 ▤ 图标按钮，打开标注对象"特性"选项板。

第 3 步，在"直线和箭头"选项组内的"箭头 2"下拉列表框中选择箭头形式为"小点"，如图 10-58 所示。按 Esc 键。

第 4 步，选择标注对象"尺寸 3"。

第 5 步，在"直线和箭头"选项组内的"箭头 1""箭头 2"下拉列表框中选择箭头形式为"无"，按 Esc 键。

第 6 步，选择标注对象"尺寸 4"。

第 7 步，在"直线和箭头"选项组内的"箭头 1"下拉列表框中选择箭头形式为"无"，按 Esc 键。

第 8 步，单击关闭按钮。

图 10-58　在标注对象"特性"选项板中修改箭头形式

10.5.8　尺寸的关联性与尺寸标注的编辑

标注尺寸时，系统会生成一组定义点，定义标注的位置，且自动生成一个"定义点（DefPoint）"图层，存放标注尺寸时产生的这些点，当选择标注对象时，在定义点上显示夹点。每种类型尺寸的标注文字的中间点都是定义点，表 10-1 列出了常用尺寸类型的其余定义点位置。

表 10-1　常用尺寸类型的定义点

尺寸类型	示　例	定　义　点
线型标注	20	尺寸界线的原点、箭头的端点（尺寸界线与尺寸线交点）
直径标注	Φ16	两个箭头的端点
半径标注	R6	圆心、箭头的端点

尺寸类型	示 例	定 义 点
角度标注	60°	角的顶点、尺寸界线的原点以及用于确定尺寸弧线位置的点

AutoCAD 将几何对象和尺寸标注之间的关系定义为尺寸的关联性，提供了 3 种类型的尺寸关联性，由尺寸变量 DIMASSOC 加以控制，相应的尺寸编辑也有所不同。

1. 关联标注

尺寸变量 DIMASSOC 的默认值为 2，在这种状态下生成的尺寸称为关联性尺寸，即标注对象的 4 个组成元素组成单一的对象，而且标注对象的一个或多个定义点与几何对象上的关联点相关联。如果几何对象上的关联点移动，则标注位置、方向和值将随之更新，如图 10-59 所示。显然，尺寸的关联性给图形与尺寸的编辑带来了方便。

　（a）编辑前　　　　　　　　（b）拉伸矩形上的关联点　　　　　（c）拉伸结果

图 10-59　利用关联性编辑尺寸

注意：

（1）关联点为尺寸界线在几何对象上的附着位置，在指定尺寸界线起点时务必仔细定位关联点（可以用对象捕捉功能，并使用 Tab 键切换捕捉点），以便正确地建立尺寸的关联性。

（2）使用"注释"选项卡"标注"面板中的 ⊗（重新关联）图标按钮，可以将选定的标注重新关联至选定的对象或对象上的点。

2. 非关联标注

当尺寸变量 DIMASSOC 为 1 时，创建非关联标注，即标注对象的 4 个组成元素以块的形式存在于图形文件中。例如，使用夹点功能移动标注对象上的定义点，其各元素将随之改变。拉伸箭头端点（或角度弧线位置点）和文字中间点，可移动尺寸线、尺寸文字的位置；拉伸尺寸界线原点可以调整线性尺寸与角度尺寸的标注范围，系统将重新测量并标注新尺寸，如图 10-60 所示。所以，利用夹点功能可以方便、快捷地编辑尺寸。

　（a）编辑前　　　　　　　（b）拉伸尺寸界线起点　　　　　　（c）拉伸结果

图 10-60　利用夹点拉伸非关联尺寸

3．分解标注

当尺寸变量 DIMASSOC 为 0 时，创建分解标注，即尺寸没有关联，标注的 4 个组成部分均作为独立的对象绘制。

注意：如果将关联或非关联标注分解，则标注的各组成元素也变成独立的对象。这会给尺寸编辑带来麻烦，只能利用系统提供的一般对象的编辑命令编辑各个尺寸组成元素。因此，没有必要时，不要随意分解标注。

10.5.9　打断标注

使用"标注打断"命令可以将选定的标注在其尺寸界线或尺寸线与图形中的几何对象或其他标注对象相交的位置打断，从而使标注更为清晰。可以打断的标注有线性标注、角度标注、径向标注、弧长标注、坐标标注和直线类型的多重引线标注等。

调用命令的方式如下：

- 功能区：单击"注释"选项卡"标注"面板中的 图标按钮。
- 菜单：执行"标注"|"标注打断"命令。
- 图标：单击"标注"工具栏中的 图标按钮。
- 键盘命令：DIMBREAK。

操作步骤如下：

第 1 步，调用"标注打断"命令。

第 2 步，命令提示为"选择要添加/删除折断的标注或 [多个(M)]："时，选择需要被打断的标注对象。

第 3 步，命令提示为"选择要折断标注的对象或 [自动(A)/手动(M)/删除(R)] <自动>："时，选择与选定标注对象尺寸线或尺寸界线相交的几何对象或标注对象。

第 4 步，命令提示为"选择要折断标注的对象："时，继续选择要打断标注的对象，直至按 Enter 键，系统将按标注样式中指定的"折断大小"作为打断间距打断选定标注。

操作及选项说明如下：

（1）自动(A)：系统自动将选定的要打断的标注对象在每个与其相交的对象的所有交点处打断。

（2）手动(M)：在选定的要打断的标注对象上或该对象外的适当位置指定两点，系统在这两点之间打断选定的标注对象。手动方式一次仅可以打断一个标注对象。

（3）删除(R)：将选定的打断标注恢复为未打断的原标注。

（4）多个(M)：一次可以指定多个要打断的标注对象，接着选择要打断标注的一个或多个对象，或用自动方式打断选定的标注。

注意：当打断标注对象或其相交的对象被修改后，除了手动方式打断的标注对象外，用其他方式打断的标注对象都会更新。

【例 10-12】　利用"标注打断"命令，将图 10-61（a）所示的尺寸 22 打断，如图 10-61（b）所示。

（a）打断标注前

（b）打断标注后

图 10-61　创建打断标注对象

操作如下：

命令：_DIMBREAK	单击 ⅷ 图标按钮，启动"标注打断"命令
选择要添加/删除折断的标注或 [多个(M)]:	选择尺寸标注对象 22
选择要折断标注的对象或 [自动(A)/手动(M)/删除(R)] <自动>:	选择尺寸标注对象 φ16
选择要折断标注的对象：	选择尺寸标注对象 φ8
选择要折断标注的对象：↵	按 Enter 键，结束"标注打断"命令
一个对象已修改	系统提示

10.5.10　调整标注间距

利用"标注间距"命令可以自动将标注对象之间的距离按指定的间距值进行调整。

调用命令的方式如下：

- 功能区：单击"注释"选项卡"标注"面板中的 ⅷ 图标按钮。
- 菜单：执行"标注"|"标注间距"命令。
- 图标：单击"标注"工具栏中的 ⅷ 图标按钮。
- 键盘命令：DIMSPACE。

操作步骤如下：

第 1 步，调用"标注间距"命令。

第 2 步，命令提示为"选择基准标注："时，选择一个标注对象作为基准标注对象。

第 3 步，命令提示为"选择要产生间距的标注："时，选择要与基准标注调整间距的线性标注或角度标注。

第 4 步，命令提示为"选择要产生间距的标注："时，继续选择下一个线性标注或角度标注，直至按 Enter 键结束标记选择。

注意： 第 3 步和第 4 步中选择的线性标注一般与基准标注平行，角度标注与基准标注具有公共的顶点。

第 5 步，命令提示为"输入值或 [自动(A)] <自动>："时，输入标注对象的间距值，按 Enter 键。系统保持基准标注位置不变，将选定的标注对象按指定的间距值从基准标注重新均匀展开排列。

注意： 当选择"自动"选项时，系统将自动计算间距，所得的间距值是基准标注对象的标注样式中设置的文字高度的两倍。

【例 10-13】 利用"标注间距"命令，调整如图 10-62（a）所示的标注，调整后的标注如图 10-62（b）所示。

（a）调整标注间距前

（b）调整标注间距后

图 10-62　调整标注间距

操作如下：

命令：_DIMSPACE	单击▓图标按钮，启动"标注间距"命令
选择基准标注：	选择水平尺寸标注对象 20
选择要产生间距的标注：找到 1 个	选择水平尺寸标注对象 30
选择要产生间距的标注：找到 1 个，总计 2 个	选择水平尺寸标注对象 18
选择要产生间距的标注：↵	按 Enter 键，结束对象选择
输入值或 [自动(A)]＜自动＞：8↵	确定尺寸线之间的间距值，结束"标注间距"命令，各选定的标注对象按指定的间距值重新排列
命令：↵	按 Enter 键，再次启动"标注间距"命令
选择基准标注：	选择角度尺寸标注对象 20°
选择要产生间距的标注：找到 1 个	选择角度尺寸标注对象 40°
选择要产生间距的标注：↵	按 Enter 键，结束对象选择
输入值或 [自动(A)]＜自动＞：0↵	确定尺寸线间距为 0，结束"标注间距"命令，选定的角度标注对象和基准标注形成连续标注形式

10.5.11　折弯线性标注

机械制图国家标准规定，当机件采用折断画法时必须标注实际尺寸。此时利用线性标注命令所注尺寸的系统测量值小于机件的实际尺寸（替代文字）。为表示这种情况，可以利用"折弯线性"命令对线性标注添加折弯符号，如图 10-63 所示。

（a）原线性标注尺寸　　　　　　　　　　　（b）添加折弯符号后

图 10-63　折弯线性标注

调用命令的方式如下：

- 功能区：单击"注释"选项卡"标注"面板中的 图标按钮。
- 菜单：执行"标注"|"折弯线性"命令。
- 图标：单击"标注"工具栏中的 图标按钮。
- 键盘命令：DIMJOGLINE。

操作步骤如下：

第1步，调用"折弯线性"命令。

第2步，命令提示为"选择要添加折弯的标注或 [删除（R）]："时，选择需要添加折弯符号的一个标注对象，例如图 10-63（a）所示的尺寸 60。

第3步，命令提示为"指定折弯位置 (或按 Enter 键)："时，在尺寸线的合适位置指定一点，确定折弯符号的位置，系统按尺寸标注样式中设置的折弯高度添加折弯符号，如图 10-63（b）所示。

注意：

（1）第2步如果选择"删除"选项，可以将选定的折弯标注的折弯符号删除。

（2）第3步如果以按 Enter 键响应，系统将折弯符号放在标注文字和第一条尺寸界线之间的中点处。

（3）当选择折弯线性标注对象时，将在折弯符号的中点出现夹点。激活该夹点并移动鼠标，可以改变折弯符号的位置。

10.6 多重引线标注

引线标注对象是两端分别带有箭头和注释内容的一段或多段引线，引线可以是直线或样条曲线，注释内容可以是文字、图块等形式。多重引线标注对象的注释内容可以有一条连接到引线上的水平基线，且一个注释内容可以由多条引线指向图形中的多个对象，还可以将多个多重引线按选定的一个多重引线进行对齐排列和均匀排序。

10.6.1 创建多重引线样式

多重引线样式可以指定基线、引线、箭头和注释内容的格式，用以控制多重引线对象的外观。一般情况下，在创建多重引线标注对象前，应该根据需要设置多重引线样式。

调用命令的方式如下：

- 功能区：单击"默认"选项卡"注释"面板中的 图标按钮或"注释"选项卡"引线"面板中的 按钮。
- 菜单：执行"格式"|"多重引线样式"命令。
- 图标：单击"样式"或"多重引线"工具栏中的 图标按钮。
- 键盘命令：MLEADERSTYLE。

执行该命令后，弹出如图 10-64 所示的"多重引线样式管理器"对话框，"样式"列表框中列出了当前图形文件中所有已创建的多重引线样式，并亮显当前样式名，显示其预览图，默认的样式为 Standard。

下面以创建"倒角标注"为例，介绍操作步骤。

图 10-64 "多重引线样式管理器"对话框

【例 10-14】 利用"多重引线样式"命令创建"倒角标注"的多重引线样式。

操作步骤如下：

第 1 步，调用"多重引线样式"命令。

第 2 步，在"多重引线样式管理器"对话框中，单击"新建"按钮，弹出如图 10-65 所示的"创建新多重引线样式"对话框。

第 3 步，在"新样式名"文本框中输入新的多重引线样式名"倒角标注"。

第 4 步，在"基础样式"下拉列表中选择一个多重引线样式作为新样式的基础样式。

图 10-65 "创建新多重引线样式"对话框

第 5 步，单击"继续"按钮，弹出如图 10-66 所示的"修改多重引线样式：倒角标注"对话框。

图 10-66 "修改多重引线样式：倒角标注"对话框

第 6 步，在"引线格式"选项卡中设置引线类型、颜色、线型、线宽以及箭头形式和大小，并在"打断大小"文本框中输入打断引线标注时的打断间距值。如图 10-67 所示。

图 10-67　设置多重引线的格式

第 7 步，在"引线结构"选项卡中设置引线点数、角度、基线距离（即长度）等，如图 10-68 所示。

图 10-68　设置多重引线的结构

第 8 步，在"内容"选项卡中设置注释内容类型、注释文字选项（样式、角度、颜色、

　　　　　　　　　AutoCAD 2019 中文版机械设计标准实例教程

高度）以及引线连接方式，如图 10-69 所示。

图 10-69　设置多重引线样式的注释内容

第 9 步，单击"确定"按钮，返回"多重引线样式管理器"对话框，在"样式"列表中显示"倒角标注"新样式，并在"预览"显示框内显示"倒角标注"样式外观，如图 10-70 所示。

图 10-70　"倒角标注"样式及其预览

第 10 步，单击"关闭"按钮，关闭"多重引线样式管理器"对话框，完成设置。

注意： 在"样式"列表框中选择某个多重引线样式名，再单击"置为当前"或"删除"按钮，可以将该样式设置为当前样式或删除。在某个多重引线样式名上右击，弹出快捷菜单，也可以将该样式设置为当前样式、重命名和删除。不能删除当前图形中已经使用的样式。默认的 Standard 样式不能被重命名或删除。

操作及主要选项说明如下：

（1）系统默认的引线类型为"直线"，用户可以从"类型"下拉列表框中选择"样条曲线"或"无"。

（2）最大引线点数决定了引线的段数，系统默认的最小点数为 2，仅绘制一段引线。

（3）"第一段角度"与"第二段角度"复选框分别控制第一段与第二段引线的角度，默认为不选中，可以根据指定的引线点确定引线角度。

（4）选中"自动包含基线"复选框后，"设置基线距离"复选框才亮显，将使引线包含一段长度为其文本框中输入值的水平基线。

（5）多重引线标注对象可以根据"比例"选项组内设置的比例进行缩放，控制其标注大小。一般情况下，用户在"指定比例"文本框内输入缩放比例值。

（6）"多重引线类型"选项（用于设置多重引线的注释内容）可以是"多行文字""块""无"3 种，如图 10-71 所示。

（a）多行文字　　　　　（b）表面粗糙度块　　　　　（c）无注释

图 10-71　多重引线的注释内容

（7）当注释内容为多行文字时，在"文字选项"选项组内设置多重引线文字的外观。单击"默认文字"文本框右侧的 ⋯ 按钮，弹出"文字编辑器"上下文选项卡，输入经常使用的文字，将其设置为默认文字；在"文字角度"列表中提供了"按插入""保持水平""始终正向读取"3 个选项，用以控制文字的旋转角度；选中"始终左对正"复选框时，不论引线位置在何处，文字总是使用左对齐方式；选中"文字边框"复选框时，将给文字添加矩形边框。

（8）当注释内容为多行文字时，在"引线连接"选项组内分别设置引线基线与附着在引线两侧注释文字的对齐方式。图 10-72 为"连接位置 - 左"设置的 9 种情况。

（a）第一行顶部　　（b）第一行中间　　（c）第一行底部　　（d）第一行加下画线　　（e）文字中间

（f）最后一行中间　　（g）最后一行底部　　（h）最后一行加下画线　　（i）所有文字加下画线

图 10-72　引线基线与多行文字的连接方式

————————————————　AutoCAD 2019 中文版机械设计标准实例教程

10.6.2 多重引线标注

利用"多重引线"命令，可以按当前多重引线样式创建引线标注对象，还可以重新指定引线的某些特性。

调用命令的方式如下：

- 功能区：单击"默认"选项卡"注释"面板，或"注释"选项卡"引线"面板中的图标按钮。
- 菜单：执行"标注"|"多重引线"命令。
- 图标：单击"多重引线"工具栏中的图标按钮。
- 键盘命令：MLEADER。

1. 按当前多重引线样式创建多重引线标注对象

操作步骤如下：

第 1 步，调用"多重引线"命令。

第 2 步，命令提示为"指定引线箭头的位置或 [引线基线优先(L)/内容优先(C)/选项(O)] <选项>："时，指定引线的起始点位置。

第 3 步，命令提示为"指定下一点："时，用适当定点方式指定引线的第二点位置。

第 4 步，命令提示为"指定引线基线的位置："时，用适当定点方式指定引线基线的位置。

第 5 步，在多行文字编辑器内输入多行文字的内容，并在绘图区单击。

操作及选项说明如下：

（1）多重引线样式中点的数目 n 包括引线的起始点、中间点以及基线位置点。命令提示"指定下一点："出现的次数为 $n-2$ 次。如果点的数目为默认值 2，则跳过第 3 步。

（2）如果当前多重引线样式中设置了默认文字，系统会询问用户是否覆盖默认文字。

（3）可以控制多重引线各部分绘制的先后顺序。系统默认为按箭头优先创建多重引线，即先确定箭头位置；如果选择"引线基线优先"选项，则先指定基线的位置；如果选择"内容优先"选项，则先指定注释内容的位置。一旦指定了优先选项，则后续的多重引线标注将按该优先方式创建引线，除非重新指定优先方式。

【例 10-15】 使用"倒角标注"样式，利用"多重引线"命令创建如图 10-73 所示的轴端倒角。

图 10-73 利用"多重引线"命令标注倒角

操作步骤如下：

第 1 步，单击"注释"选项卡中"引线"面板的"多重引线样式"栏，从下拉列表框中选择"倒角标注"样式，将其设置为当前多重引线样式。

第 2 步，利用"多重引线"命令创建倒角。

操作如下：

命令：_MLEADER	单击图标按钮，启动"多重引线"命令
指定引线箭头的位置或 [引线基线优先(L)/内容优先(C)/选项(O)] <选项>：	捕捉点 1

指定引线基线的位置:	在适当位置拾取点 2
覆盖默认文字 [是(Y)/否(N)] <否>: ↵	按 Enter 键, 采用默认的文字 C1
命令: ↵	按 Enter 键, 再次启动"多重引线"命令
指定引线箭头的位置或 [引线基线优先(L)/内容优先(C)/选项(O)] <选项>:	捕捉点 3
指定引线基线的位置:	在适当位置拾取点 4
覆盖默认文字 [是(Y)/否(N)] <否>: **Y**↵	输入 Y, 按 Enter 键, 弹出多行文字编辑器
在多行文字编辑器中输入 C1.5	输入新的文字, 覆盖默认的注释文字
在绘图区单击	关闭多行文字编辑器, 完成倒角标注

注意: 由于"倒角标注"样式中指定了第一段引线的角度为 45°, 故上述点 2 和点 4 的位置只要与点 1 和点 3 分别接近 45° 和 135° 即可。

2. 通过指定多重引线特性来创建多重引线标注对象

操作步骤如下:

第 1 步, 调用"多重引线"命令。

第 2 步, 命令提示为"指定引线箭头的位置或 [引线基线优先(L)/内容优先(C)/选项(O)] <选项>:"时, 按 Enter 键。

第 3 步, 命令提示为"输入选项 [引线类型(L)/引线基线(A)/内容类型(C)/最大节点数(M)/第一个角度(F)/第二个角度(S)/退出选项(X)]<退出选项>:"时, 根据需要选择某一选项, 指定引线格式、结构或注释内容。

第 4 步, 命令提示为"输入选项 [引线类型(L)/引线基线(A)/内容类型(C)/最大节点数(M)/第一个角度(F)/第二个角度(S)/退出选项(X)] < >:"时, 输入 X, 按 Enter 键, 退出选项。

第 5 步~第 8 步, 同上述按当前多重引线样式创建多重引线对象的第 2 步~第 5 步。

注意: 如果当前多重引线样式不适用于当前引线标注, 使用该方法可以临时设置标注样式。

【例 10-16】 使用 Standard 样式, 利用"多重引线"命令创建如图 10-74 所示的序号。

图 10-74 利用"多重引线"命令标注序号

操作步骤如下:

第 1 步, 创建属性块"序号"[①]。

第 2 步, 利用"多重引线"命令创建序号标注对象。

操作如下:

命令: _MLEADER	单击 图标按钮, 启动"多重引线"命令
指定引线箭头的位置或 [引线基线优先(L)/内容优先(C)/选项(O)] <选项>: ↵	按 Enter 键, 使用默认的选项, 即"选项"选项
输入选项 [引线类型(L)/引线基线(A)/内容类型(C)/最大节点数(M)/第一个角度(F)/第二个角度(S)/退出选项(X)] <退出选项>: **A**↵	选择"引线基线"选项

---

① 操作方法参见第 11 章。

使用基线 [是(Y)/否(N)] <是>: **N↵**	不使用水平基线
输入选项 [引线类型(L)/引线基线(A)/内容类型(C)/最大节点数(M)/第一个角度(F)/第二个角度(S)/退出选项(X)] <引线基线>: **C↵**	选择"内容类型"选项
选择内容类型 [块(B)/多行文字(M)/无(N)] <多行文字>: **B↵**	选择"块"选项
输入块名称: **序号↵**	输入已创建的图块名称"序号"
输入选项 [引线类型(L)/引线基线(A)/内容类型(C)/最大节点数(M)/第一个角度(F)/第二个角度(S)/退出选项(X)] <内容类型>: **M↵**	选择"最大节点数"选项
输入引线的最大节点数<2>: **3↵**	输入3,确定引线的最大节点数
输入选项 [引线类型(L)/引线基线(A)/内容类型(C)/最大节点数(M)/第一个角度(F)/第二个角度(S)/退出选项(X)] <最大节点数>: **X↵**	选择"退出选项"选项
指定引线箭头的位置或 [引线基线优先(L)/内容优先(C)/选项(O)] <选项>:	在垫片一端适当位置拾取点1
指定下一点:	在适当位置拾取点2
指定引线基线的位置:	在适当位置拾取点3
输入属性值	系统提示
输入序号: **2↵**	输入序号值2,按Enter键,结束"多重引线"命令

第3步,利用对象"特性"选项板,在"引线"选项组中修改箭头大小为3。

10.7 尺寸公差的标注

10.7.1 标注尺寸公差

为保证零件的性能,零件图中对重要的尺寸常常提出精度要求,标注尺寸公差。AutoCAD 提供了多种尺寸公差的标注方法,本节介绍常用的 3 种方法。

1. 创建样式替代标注尺寸公差

可以为当前样式创建一个设置了公差的样式替代,然后进行尺寸标注。标注完成后及时修改样式替代,以便应用于下一个不同尺寸的标注。

在"替代当前样式:×××"对话框的"公差"选项卡中,可以设置公差显示方式和公差值、精度等。×××为样式替代的名称。例如,图 10-75 中的样式替代名称为"机械标注"。

操作及选项说明如下:

(1)在"方式"下拉列表框设置公差标注方式。系统提供了 5 种标注公差的方式,默认为"无"。可以从下拉列表框的其他 4 种方式中选择一种,如图 10-76 所示。

(2)设置公差精度。在"精度"下拉列表框中选择尺寸公差值的精度,一般设为 0.000。

(3)设置极限偏差。在"上偏差"及"下偏差"文本框中输入上、下偏差值。

图 10-75 "替代当前样式:机械标注"对话框"公差"选项卡

（a）对称　　　　　（b）极限偏差　　　　（c）极限尺寸　　　　（d）基本尺寸

图 10-76　尺寸公差标注方式

（4）设置高度比例。在"高度比例"文本框中输入公差文字与尺寸文字高度的比例因子,默认为 1,可设置为 0.7。系统根据标注文字高度和该比例因子的乘积设置当前公差文字的高度。

（5）设置公差对齐方式。在"垂直位置"下拉列表框中选择对称公差和极限公差的文字相对于标注文字的对齐方式。AutoCAD 提供了"上""中""下"3 种对齐方式。

（6）设置前导零和后续零是否显示。在"消零"选项组中设置尺寸公差标注时,是否显示前导零和后续零,一般使用默认设置,消去后续零。

注意:

（1）AutoCAD 将 +（加号）自动加在上偏差值前,将 −（减号）自动加在下偏差值前。如下偏差为正,在下偏差值前应输入−。

（2）设置公差格式后,将影响其后的所有尺寸公差标注,直至改变公差格式的设置为止。

【例 10-17】　使用样式替代标注如图 10-76（b）所示的尺寸。

操作步骤如下:

AutoCAD 2019 中文版机械设计标准实例教程

第1步，为"机械标注"创建样式替代，设置公差，如图10-75所示。

第2步，标注尺寸。

操作如下：

命令：_DIMLINEAR	单击🔲图标按钮，启动"线性"标注命令
指定第一条尺寸界线原点或<选择对象>：<对象捕捉开>	启用对象捕捉功能，捕捉转向线一个端点
指定第二条尺寸界线的原点：	捕捉转向线另一个端点
指定尺寸线位置或 [多行文字(M)/文字(T)/角度(A)/水平(H)/垂直(V)/旋转(R)]：**T**↵	选择"文字"选项，修改尺寸数字
输入标注文字<25>：**%%C<>**↵	输入标注文字，按Enter键，返回主提示
指定尺寸线位置或[多行文字(M)/文字(T)/角度(A)/水平(H)/垂直(V)/旋转(R)]：	点取尺寸线位置
标注文字=25	系统提示，完成标注，如图10-76（b）所示

2. 利用多行文字的堆叠方式直接标注尺寸公差

如果当前标注样式的公差格式设置为"无"，标注尺寸公差时，利用标注命令中的"多行文字"选项，打开多行文字编辑器，通过多行文字堆叠方式标注尺寸公差。

【例10-18】 使用多行文字的堆叠方式标注如图10-76（b）所示的尺寸。

操作如下：

命令：_DIMLINEAR	单击🔲图标按钮，启动"线性"标注命令
指定第一条尺寸界线原点或<选择对象>：<对象捕捉开>	启用对象捕捉功能，捕捉转向线一个端点
指定第二条尺寸界线的原点：	捕捉转向线另一个端点
指定尺寸线位置或 [多行文字(M)/文字(T)/角度(A)/水平(H)/垂直(V)/旋转(R)]：**M**↵	选择"多行文字"选项，打开多行文字编辑器，修改尺寸数字
在"文字编辑器"中，输入文字： **%%C<>+0.023^+0.002**↵	输入标注文字，如图10-77（a）所示
选择**+0.023^+0.002**，单击"格式"下滑面板上的 按钮	堆叠公差字符，如图10-77（b）所示
单击"关闭文字编辑器"按钮	退出多行文字编辑器
指定尺寸线位置或[多行文字(M)/文字(T)/角度(A)/水平(H)/垂直(V)/旋转(R)]：	点取尺寸线位置
标注文字=25	系统提示，完成标注，如图10-76（b）所示

（a）输入堆叠前标注文字

（b）堆叠公差字符

图10-77 输入尺寸公差文字

3. 利用对象"特性"选项板编辑尺寸公差

如果当前标注样式的公差格式设置为"无"，在尺寸标注后，选中需要标注公差的标注对象，打开"特性"选项板，在"公差"选项组内编辑尺寸公差。

【例 10-19】 利用对象"特性"选项板标注如图 10-76（b）所示的尺寸。

第 1 步，标注尺寸 ϕ25，操作过程略。

第 2 步，选择尺寸 ϕ25，单击"视图"选项卡|"选项板"面板中的 图标按钮，打开对象"特性"选项板，在"公差"选项组中进行设置，如图 10-78 所示。"显示公差"设为"极限偏差"，"公差上限"设为 0.023，"公差下限"设为–0.002，"公差精度"设为 0.000，"公差消去后续零"设为"是"。

第 3 步，单击关闭按钮。

第 4 步，按 Esc 键。

10.7.2 尺寸公差的对齐

可以在标注样式对话框的"公差"选项卡的"公差对齐"选项组内，设置尺寸公差上下偏差值的对齐方式。如图 10-76 所示，系统提供了"对齐小数分隔符"和"对齐运算符"两个单选按钮，控制公差上偏差值和下偏差值的对齐方式，如图 10-79 所示。还可以在标注尺寸公差后，利用对象"特性"选项板的"公差"列表中的"公差对齐"项为选定的标注设置公差对齐方式。尺寸公差的对齐效果如图 10-79 所示。

图 10-78 利用对象"特性"选项板编辑尺寸公差

（a）按"对齐小数分隔符"对齐上下偏差值　　　（b）按"对齐运算符"对齐上下偏差值

图 10-79 尺寸公差的对齐效果

10.8 几何公差的标注

几何公差要求也是保证零件性能的重要指标，GB/T 1182—2008 对几何公差的标注作了规定。AutoCAD 通过特征控制框标注形位公差[①]，即新的机械制图国家标准规定的几何公差。

---

① 机械制图国家标准中的几何公差在 AutoCAD 中称为形位公差，它是形状公差和位置公差的合称。

10.8.1 "公差"标注命令

利用"公差"标注命令可以绘制几何公差特征控制框。

调用命令的方式如下：

- 功能区：单击"注释"选项卡"标注"面板中的■图标按钮。
- 菜单：执行"标注"|"公差"命令。
- 图标：单击"标注"工具栏中的■图标按钮。
- 键盘命令：TOLERANCE。

执行该命令后，弹出如图 10-80 所示的"形位公差"对话框，在该对话框中设置几何公差的特性。

图 10-80 "形位公差"对话框

操作步骤如下：

第 1 步，调用"公差"命令，打开"形位公差"对话框。

第 2 步，单击"符号"中的小黑框，打开"特征符号"对话框，如图 10-81（a）所示。选择相应符号图标，为特征控制框添加形位公差项目。

第 3 步，单击"公差 1"文本框左侧小黑框，可增加或删除直径符号ϕ。在"公差 1"文本框中输入公差值 1 的公差数值。单击"公差 1"文本框右侧小黑框，打开如图 10-81（b）所示的"附加符号"对话框，为公差 1 选择包容条件符号。

第 4 步，在"基准 1"文本框输入、编辑基准代号，也可以加上包容条件符号。

第 5 步，如需要，可按上述步骤设置公差值 2，基准 2、基准 3。

第 6 步，单击"确定"按钮。

第 7 步，命令提示为"输入公差位置："时，用适当方法指定一点，确定形位公差的位置，结束命令。几何公差特征控制框如图 10-81（c）所示。

（a）"特征符号"对话框

（b）"附加符号"对话框

（c）几何公差特征控制框

图 10-81 几何公差形式

10.8.2 标注几何公差的方法

几何公差标注中包含引线和几何公差特征控制框两部分，本节介绍 AutoCAD 标注几何公差常用的两种方法。

1. 使用"多重引线"命令绘制引线标注几何公差

首先用几何公差引线的多重引线样式绘制引线，然后标注几何公差特征控制框，最后插入基准符号。

【例 10-20】 标注轴的几何公差，如图 10-82 所示。

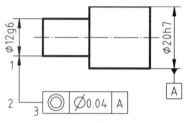

图 10-82 标注轴的几何公差

操作步骤如下：

第 1 步，利用"多重引线样式"命令创建名为"几何公差引线"的多重引线样式[①]。"引线格式"选项卡中的设置如图 10-83 所示，"引线结构"选项卡中的设置如图 10-84 所示，在"内容"选项卡的"多重引线类型"下拉列表框中选择"无"。

图 10-83 几何公差引线的格式设置

[①] 创建与设置方法参见 10.6 节。

　　AutoCAD 2019 中文版机械设计标准实例教程

图 10-84　几何公差引线的结构设置

第 2 步，单击"注释"选项卡的"引线"面板的"多重引线样式"下拉列表框，如图 10-35 所示，从下拉列表框中选择"几何公差引线"样式，将其设置为当前多重引线样式。

第 3 步，利用"多重引线"命令创建几何公差引线，如图 10-82 所示。

操作如下：

命令：_MLEADER	单击 图标按钮，启动"多重引线"命令
指定引线箭头的位置或 [引线基线优先(L)/内容优先(C)/选项(O)] <选项>：	捕捉点 1
指定下一点：<极轴　开>	启用"极轴"，垂直向下追踪，在适当位置拾取点 2
指定引线基线的位置：	水平向右追踪，在适当位置拾取点 3，完成引线标注

第 4 步，利用"公差"标注命令标注几何公差特征控制框，如图 10-85 所示。

图 10-85　在"形位公差"对话框中设置几何公差

操作如下：

命令：_TOLERANCE	单击 🔠 图标按钮，启动"公差"命令
在"形位公差"对话框中，单击"符号"的空白框，在"符号"对话框内选择"同轴度"符号	设置几何公差项目
单击"公差 1"文本框左侧空白框，添加直径符号 ϕ，在"公差 1"文本框中输入公差数值 0.04	设置几何公差数值
在"基准 1"文本框中输入基准字母 A	输入基准字母
单击"确定"按钮	退出"形位公差"对话框，回到绘图窗口
输入公差位置：	捕捉点 3，完成几何公差特征控制框标注

2. 使用"引线"命令标注几何公差

使用"引线"命令同时绘出几何公差的引线和特征控制框。

调用命令的方式如下：

键盘命令：LEADER。

【例 10-21】　利用"引线"命令，标注如图 10-82 所示的轴的几何公差。

操作步骤如下：

利用"引线"命令标注几何公差。

操作如下：

命令：_LEADER	键盘输入 leader，启动"引线"命令
指定引线起点：	捕捉点 1
指定下一点：<极轴　开>	启用"极轴"，垂直向下追踪，拾取点 2
指定下一点或 [注释(A)/格式(F)/放弃(U)] <注释>：	水平向右追踪，拾取点 3
指定下一点或 [注释(A)/格式(F)/放弃(U)] <注释>：↵	按 Enter 键，选择默认的"注释"选项
输入注释文字的第一行或<选项>：↵	按 Enter 键，选择默认的"选项"选项
输入注释选项 [公差(T)/副本(C)/块(B)/无(N)/多行文字(M)] <多行文字>：T↵	选择"公差"选项，弹出"形位公差"对话框
在"形位公差"对话框中设置公差形式	设置几何公差，如图 10-85 所示
单击"确定"按钮	完成标注

注意：

（1）选择"格式"选项，可以设置引线类型、箭头形式等。

（2）利用 QLEADER（快速引线）命令，也可以标注几何公差。

（3）基准符号块的创建与插入方法参见第 11 章。

10.9　上机操作实验指导十：组合体的尺寸标注

组合体尺寸标注的基本要求如下：

（1）正确。所标注的尺寸应符合机械制图国家标准中有关尺寸标注的规定。

（2）完整。将确定组合体各部分形状大小及相对位置的尺寸标注齐全，且按要求标注总体尺寸。

AutoCAD 2019 中文版机械设计标准实例教程

（3）清晰。标注的尺寸布置整齐、清楚，便于读图。

组合体尺寸标注的基本方法是形体分析法，将组合体分解为若干基本形体，逐个标注出确定各基本形体形状大小的定形尺寸以及确定各基本形体间相对位置的定位尺寸，最后综合考虑标注总体尺寸。定位尺寸标注的起点应为尺寸基准。组合体尺寸就是所有定形尺寸和定位尺寸的数量和。标注时，尺寸既不要遗漏，也不要重复。

本节以 7.7 节所绘制的组合体为例，如图 10-86 所示，介绍组合体尺寸标注的方法和操作步骤。

图 10-86 标注组合体尺寸

第 1 步，打开图形文件"组合体三视图"。

第 2 步，将"尺寸"图层置为当前图层。

第 3 步，设置标注样式"机械标注"及其子样式"角度""直径""半径"[①]。

第 4 步，进行形体分析（参见 7.7 节上机操作实验指导七第 2 步）。

第 5 步，选择尺寸基准，如图 10-86 所示。

第 6 步，标注尺寸。

（1）标注底板的定形尺寸和定位尺寸。

① 标注底板定位尺寸 35。

操作如下：

命令：_DIMLINEAR	单击 ▭ 图标按钮，启动"线性"命令
指定第一条尺寸界线原点或<选择对象>：<对象捕捉开>	启用对象捕捉功能，捕捉中心端点 1
指定第二条尺寸界线的原点：	捕捉中心线端点 2
指定尺寸线位置或[多行文字(M)/文字(T)/角度(A)/水平(H)/垂直(V)/旋转(R)]:	点取尺寸线位置
标注文字=35	系统提示，标注底板宽度尺寸 35

---

① 参见表 13-2 和表 13-3。

继续使用"线性"命令标注底板高度10。

② 标注底板半径尺寸R12。

操作如下：

命令：_DIMDRADIUS	单击 ◤ 图标按钮，启动"半径"命令
选择圆弧或圆：	拾取底板上R12圆弧上的一点
标注文字=12	系统提示标注尺寸数字
指定尺寸线位置或 [多行文字(M)/文字(T)/角度(A)]：	拾取尺寸线位置，标注半径R12，并结束命令

③ 使用"直径"命令标注底板上的直径φ13。

操作如下：

命令：_DIMDIAMETER	单击 ◯ 图标按钮，启动"直径"命令
选择圆弧或圆：	拾取左上角φ13圆上的一点
标注文字=13	系统提示标注尺寸数字
指定尺寸线位置或 [多行文字(M)/文字(T)/角度(A)]：	拾取尺寸线位置，标注直径φ13，并结束命令

（2）标注圆柱体及其孔等的定形尺寸和定位尺寸以及总高。

① 标注主视图上的尺寸φ28。

操作如下：

命令：_DIMLINEAR	单击 ⊟ 图标按钮，启动"线性"命令
指定第一条尺寸界线原点或<选择对象>：<对象捕捉开>	启用对象捕捉功能，捕捉点3
指定第二条尺寸界线的原点：	捕捉点4
指定尺寸线位置或[多行文字(M)/文字(T)/角度(A)/水平(H)/垂直(V)/旋转(R)]：**T↵**	选择"文字"选项，修改尺寸数字
输入标注文字<36>：**%%C<>↵**	输入替代文字，按Enter键
指定尺寸线位置或[多行文字(M)/文字(T)/角度(A)/水平(H)/垂直(V)/旋转(R)]：	点取尺寸线位置
标注文字=28	系统提示，标注圆柱直径尺寸φ28

继续用"线性"命令在主视图上标注圆柱孔的直径φ16，并在左视图上标注外圆柱直径φ40，文字替代为%%C<>。

② 分别用"半径"和"直径"命令标注圆柱体上切割槽及孔的半径R5、直径φ10。

③ 用"线性"命令在主视图上标注定位尺寸10。

④ 用"基线"命令标注φ28孔深尺寸20。

操作如下：

命令：_DIMBASE	单击 ⊟ 图标按钮，启动"基线"命令
指定第二条尺寸界线原点或 [放弃(U)/选择(S)]<选择>：↵	按Enter键
选择基线标注：	在主视图上靠近点7选择定位尺寸10
指定第二条尺寸界线原点或 [放弃(U)/选择(S)]<选择>：	捕捉φ28圆柱孔底面最左点8
标注文字=20	系统提示，标注尺寸20
指定第二条尺寸界线原点或 [放弃(U)/选择(S)]<选择>：↵	按Enter键，选择"选择"选项
选择基线标注：↵	按Enter键，结束"基线"命令

注意：如果标注上述定位尺寸 10 时依次捕捉点 5 和点 6，则可直接捕捉点 8。

（3）标注右上侧 U 形板及孔的定形尺寸和定位尺寸。

① 用"连续"命令标注 U 形板定位尺寸 26。

操作如下：

命令：_DIMCONTINUE	单击 ▥ 图标按钮，启动"连续"命令
指定第二条尺寸界线原点或 [放弃(U)/选择(S)]<选择>：↵	按 Enter 键，选择"选择"选项
选择连续标注：	靠近点 2 选择尺寸 35
指定第二条尺寸界线原点或 [放弃(U)/选择(S)]<选择>：	捕捉中心线端点 9
标注文字=26	系统提示，标注尺寸 26（两孔中心距）
指定第二条尺寸界线原点或 [放弃(U)/选择(S)]<选择>：↵	按 Enter 键，选择"选择"选项
选择连续标注：↵	按 Enter 键，结束"连续"命令

② 分别用"半径"和"直径"命令在俯视图上标注 U 形板外形半径 R8、孔直径 $\phi 7$。

③ 使用"线性"命令在主视图上捕捉点 10、11，标注 U 形板厚度尺寸 8。

第 7 步，考虑标注总体尺寸。

用"基线"命令在主视图上标注总高尺寸 35，操作过程略。

该组合体的总长与总宽均无须标注。

第 8 步，保存图形，命名为"组合体尺寸标注"。

10.10　上机操作常见问题解答

1. 使用基线标注或连续标注时，为什么会出现基准标注异常的情况？

在进行基线标注或连续标注时，应密切注意基准标注的基线位置，如图 10-87 所示。在标注尺寸 12 时，基线原点应捕捉点 A；而如果选择点 B 为基线原点，则会出现错误标注，如图 10-87（b）所示。而在标注如图 10-87（c）所示的尺寸 12 或 14 时，选择基准标注（尺寸 12）时，选择点必须靠近共同的尺寸界线（基线），即靠近点 C，标注正确的尺寸；而如果靠近点 D 选择基准标注，将得到错误的标注，如图 10-87（d）所示。

（a）基线标注正确　　　（b）基线标注错误　　　（c）连续标注正确　　　（d）连续标注错误

图 10-87　基线标注与连续标注的异常标注

2. 在利用"特性"选项板设置公差后，为什么不显示公差值？

用户在标注公差时常遇到这个问题，这是由于标注文字替代是具体的数字，而该数字不带公差。这个问题同样出现在使用设置了公差的样式替代标注尺寸时输入文字替代的情况。输入的文字替代中必须使用<>（如%%C<>），<>表示系统自动测量生成的尺寸数字，一旦设置了公差，标注文字中就会自动显示公差。

3. 在标注尺寸公差时，为什么不按照设置的值显示，而显示 0 偏差？

公差小数点显示的位数与公差精度有关。因此，尽管设置了公差值，但如果设置精度为 0，则仍然会显示 0 偏差。用户应根据具体的极限偏差值设置公差精度，一般设置为 0.000，并选择"后续"消零，以满足标注的需要。

10.11　操作经验和技巧

1. 如何灵活标注各种形式的径向尺寸？

根据机械制图国家标准对尺寸注法的规定，径向尺寸的标注有多种形式，如图 10-88 所示。利用 AutoCAD，可以通过以下途径解决径向尺寸标注形式的问题：

（1）设置直径与半径的子样式，在"文字"选项卡内选择 ISO 对齐方式；在"调整"选项卡中选择"箭头"或"文字"调整选项。用户也可以预先设置当前标注样式的样式替代，修改"文字对齐"和"调整选项"设置。标注径向尺寸的形式如图 10-88（a）和（b）所示。

（2）标注径向尺寸如图 10-88（b）所示，再利用"特性匹配"命令将文字对齐方式为"与尺寸线对齐"的尺寸复制给该径向尺寸，即可得到图 10-88（c）的形式。

（3）选定图 10-88（b）或（c）形式的径向尺寸，利用"特性"选项板"调整"项，选择"尺寸线强制"为"关"状态，分别得到图 10-88（d）的两种形式。

（a）尺寸线在内　　　（b）尺寸线在外水平　　　（c）尺寸线在外　　　（d）强制内部尺寸线省略

图 10-88　径向尺寸标注形式

2. 如何使用尺寸线和尺寸界线的开关特性编辑尺寸？

机械制图国家标准在尺寸注法中规定：当对称机件采用对称画法或采用半剖视图、局部剖视图表达时，其尺寸线应略超过对称中心线或断裂处的边界线，仅在尺寸线的一端画出箭头，例如图 10-89 所示的一组尺寸的标注。可以更改当前标注样式的样式替代，将尺寸线及对应的尺寸界线隐藏，但同时必须记住隐藏了哪一条尺寸线，以便正确标注。更快捷的方法是利用"特性"选项板编辑修改。可以先按尺寸线不隐藏的标注样式标注尺寸，在选择第一条尺寸界线原点后，利用极轴追踪功能沿追踪方向输入尺寸值，如图 10-89（a）所示，水平向左追踪 38，确定第二条尺寸界线原点。然后选择需要编辑的尺寸，在"直线和箭头"选项列表中，将"尺寸线 2"和"尺寸界线 2"均设置为"关"。

3. 如何使用"线性直径"标注样式标注非圆直径尺寸？

在非圆视图上，使用"线性标注"命令标注非圆直径时，需要进行文字替代，在尺寸数字前手工输入%%C。为了避免此操作，可以预先设置一个名为"线性直径"的全局标注

（a）对称画法 （b）半剖视图 （c）局部剖视图

图 10-89 关闭尺寸线和尺寸界线的应用

样式。操作方法是：选择"机械标注"作为新建样式的基础样式，只需打开如图 10-28 所示的"主单位"选项卡，在"线性标注"选项组的"前缀"文本框内输入%%C，其他设置保持不变。用"线性直径"样式标注尺寸时，即可在尺寸文字前自动添加 ϕ。

10.12 上 机 题

1. 绘制如图 10-90 所示的组合体三视图，并且标注其尺寸。

图 10-90 组合体三视图及尺寸标注

2. 绘制如图 10-91 所示的平面图形，并使用"智能标注"命令标注其尺寸。

图 10-91　平面图形及尺寸标注

3. 绘制如图 10-92 所示的传动轴，并且标注其尺寸。

图 10-92　传动轴及其尺寸标注

绘图提示：

（1）绘制已知尺寸的轴段。利用自动追踪功能先绘制 $\phi 45 \times 6$ 轴段矩形，再分别绘制 $\phi 35 \times 45$、$\phi 30 \times 20$ 两个轴段矩形，如图 10-93（a）所示。

AutoCAD 2019 中文版机械设计标准实例教程

（2）由尺寸 115 和 151 绘制长为 151 的水平轴线。如图 10-93（a）所示，确定右端点。

（3）绘制右端ϕ25 轴段矩形，如图 10-93（b）所示。

（4）绘制左端ϕ35 轴段。如图 10-93（b）所示的确定矩形右上端点；利用"捕捉自"对象捕捉模式，确定参考追踪点，如图 10-93（c）所示；水平向右追踪 20，如图 10-93（d）所示，得到矩形左上端点，接着指定左下端点、右下端点。

（5）绘制左端ϕ30×20 轴段，再利用夹点拉伸功能将轴线适当拉长。

（6）绘制两个键槽。

（7）用"倒角"命令，绘制两端倒角。

（a）绘制已知尺寸的轴段及轴线　　　　　（b）确定ϕ35 轴段矩形右上端点

（c）确定参考追踪点　　　　　（d）确定ϕ35 轴段矩形左上端点

图 10-93　绘制传动轴的主视图

第 11 章　机械符号块和标准件库的创建

图块简称块，是一组图形对象的集合。当块创建后，可以作为单一的对象插入零件图或装配图的图形中。块是系统提供给用户的重要工具之一，具有提高绘图速度、节省存储空间、便于修改图形和便于数据管理的特点。

通过在同一图形文件中创建块，可以组织一组相关的块定义，使用这种方法创建的图形文件称为块库，即存储在单个图形文件中的块定义的集合。用户可以使用 Autodesk 或其他厂商提供的块库或自定义的块库。

使用设计中心或工具选项板可以将块库图形文件中定义的块插入当前图形。通过设计中心使用来自其他图形文件的块定义不覆盖图形中的现有的同名块定义。

本章介绍的内容和新命令如下：

（1）Block（创建块）命令。

（2）Insert（插入块）命令。

（3）Minsert（插入矩形阵列块）命令。

（4）Attdef（定义属性）命令。

（5）Ddedit（编辑属性）命令。

（6）Eattedit（编辑块属性）命令。

（7）块属性管理器。

（8）动态块。

（9）设计中心。

（10）工具选项板。

（11）常用机械符号库和机械标准件库的创建和应用。

11.1　创建内部块

将一个或多个对象定义为一个新的单个对象，这个新的单个对象就是块。块保存在图形文件中，故又称内部块。

调用命令的方式如下：

- 功能区：单击"插入"选项卡"块定义"面板中的 图标按钮或者单击"默认"选项卡"块"面板中的 图标按钮。
- 菜单：执行"绘图"|"块"|"创建"命令。
- 图标：单击"绘图"工具栏中的 图标按钮。
- 键盘命令：BLOCK、BMAKE 或 B。

操作步骤如下：

第 1 步，调用"创建块"命令，弹出如图 11-1 所示的"块定义"对话框。

图 11-1　"块定义"对话框

第 2 步，在"名称"文本框中输入块名。

第 3 步，在"对象"选项组中，设置创建块后如何处理选定对象。

第 4 步，在"对象"选项组中，单击"选择对象"按钮，在绘图区中拾取构成块的对象。

第 5 步，按 Enter 键，完成对象选择，返回"块定义"对话框。

第 6 步，在"基点"选项组中，指定块的插入点。

第 7 步，在"说明"文本框中输入块定义的说明（此说明显示在设计中心中）。

第 8 步，单击"确定"按钮。

操作及选项说明如下：

（1）"对象"选项组中有 3 种处理原选定对象的方式。

① "保留"单选按钮：创建块后将原选定对象保留在图形中。

② "转换为块"单选按钮：创建块后将原选定对象转换为图形中的块。

③ "删除"单选按钮：创建块后从图形中删除原选定对象。从图形中删除的原选定对象可使用 OOPS 命令恢复。

（2）"基点"选项组中有两种指定块插入点的方式。

① 单击"拾取点"按钮，在绘图区中拾取基点。

② 输入该点的 X、Y、Z 坐标值以确定基点坐标。

（3）在"方式"选项组中可以对块的以下 3 个特性进行设置。

① "注释性"复选框[①]：指定块是否为注释性对象。

---

① 此为 AutoCAD 2008 新增的功能。

②"按统一比例缩放"复选框：指定块是否按统一比例缩放。

③"允许分解"复选框：指定是否允许块被分解。

【例 11-1】 绘制图 11-2 所示的公称直径为 16mm 的内六角螺钉的端面视图，并将其创建为块。

第 1 步，绘制内六角螺钉端面视图。根据图 11-2 中所标尺寸绘制，操作过程略。

第 2 步，将螺钉的端面视图创建为块。

操作如下：

图 11-2　螺钉端面视图

命令：_BLOCK	单击 图标按钮，弹出"块定义"对话框，如图 11-1 所示
填写"名称"文本框：内六角螺钉 - M16 (端面视图)	输入块名
单击"选择对象"按钮	选择组成螺钉端面视图的所有对象，按 Enter 键，完成对象选择，返回"块定义"对话框。
单击"拾取点"按钮	指定块插入点为螺钉的中心线交点
填写"说明"文本框：公称直径 M16	输入块定义的说明
选择"块单位"下拉列表框中的毫米	指定块插入到图形中时的单位为毫米
选中"按统一比例缩放"复选框	指定块插入到图形中时 X 向和 Y 向按同一比例缩放，如图 11-3 所示
单击"确定"按钮	结束"创建块"命令

图 11-3　螺钉端面视图的"块定义"对话框

注意：

（1）使用"创建块"命令所创建的块保存在当前图形文件中，可以随时调用并插入当前图形文件中。其他图形文件可通过设计中心或剪贴板调用这些块。

（2）在"块定义"对话框中选中"在块编辑器中打开"复选框，单击"确定"按钮后，

———————— AutoCAD 2019 中文版机械设计标准实例教程

可以在块编辑器中打开当前的块定义[①]。

11.2　插　入　块

将要重复绘制的图形创建成块，并在需要时通过"插入块"命令直接调用它们，插入图形中的块称为块参照。

调用命令的方式如下：

- 功能区：单击"插入"选项卡"块定义"面板中的 🔲 图标按钮或者单击"默认"选项卡"块"面板中的 🔲 图标按钮。
- 菜单：执行"插入"|"块"命令。
- 图标：单击"绘图"工具栏中的 🔲 图标按钮。
- 键盘命令：INSERT 或 I。

操作步骤如下：

第 1 步，调用"插入块"命令，在下滑面板中单击"更多选项"按钮，弹出"插入"对话框，如图 11-4 所示。

图 11-4　"插入"对话框

第 2 步，在"名称"下拉列表框中选择要插入的块名。也可以单击"浏览"按钮，弹出如图 11-5 所示的"选择图形文件"对话框，从中选择要插入的外部块或其他图形文件。

第 3 步，如果在绘图区指定插入点、比例和旋转角度，可以选中"在屏幕上指定"复选框；否则，在"插入点""比例"和"旋转"选项组的相应文本框中分别输入值。

第 4 步，单击"确定"按钮。

【例 11-2】　在如图 11-6（a）所示的当前图形中插入例 11-1 中定义的螺钉端面视图的图块，如图 11-6（b）所示。

---

① 参见 11.5 节。

图 11-5 "选择图形文件"对话框

（a）原图   （b）插入块后

图 11-6 块插入过程

操作如下：

命令：_**INSERT**	单击 🖵 图标按钮，在下滑面板中单击"更多选项"按钮，弹出"插入"对话框
在"插入"对话框中进行相应的设置	设置内容如图 11-4 所示
单击"确定"按钮	关闭"插入"对话框，返回绘图窗口
指定插入点或 [基点(B)/比例(S)/旋转(R)]：	选择块的插入点为中心线的交点

注意：

（1）当使用"插入块"命令，通过对话框中的"浏览"按钮选择所需的图形文件插入当前图形时，该图形文件中所创建的块同时被带入当前图形文件的块列表中。

（2）使用设计中心可以插入在其他图形文件中已创建的块[①]。

（3）"单位"文本框显示插入图形中的块在自动缩放时所用的图形单位，如毫米、英寸等。"比例"文本框显示单位比例因子。

（4）选择"分解"复选框，插入的块同时被分解为最基本的对象，且只能按指定的统一比例因子插入。

11.3　块　属　性

属性是附着到块上的标签或标记上的数据，是块中的非图形信息。属性中可能包含的数据包括零件型号、价格、注释和物主的名称等。

11.3.1　属性定义

创建属性定义，即创建属性的样板。

调用命令的方式如下：

- 功能区：单击"插入"选项卡"块定义"面板中的❤图标按钮或者单击"默认"选项卡"块"面板中的❤图标按钮。
- 菜单：执行"绘图"|"块"|"定义属性"命令。
- 键盘命令：ATTDEF 或 ATT。

操作步骤如下：

第 1 步，调用"定义属性"命令，弹出如图 11-7 所示的"属性定义"对话框。

图 11-7　"属性定义"对话框

第 2 步，在"模式"选项组中设置属性的模式。

---

① 参见 11.7 节。

第 3 步，在"标记"文本框中输入属性标记。

注意：标记用于标识图形中每次出现的属性。可以使用任何字符组合（空格除外）输入属性标记。系统自动将小写字母更改为大写字母。

第 4 步，在"提示"文本框中输入当插入包含该属性定义的块时系统在命令行中显示的提示内容。

第 5 步，在"默认"文本框中输入默认属性值。例如，单击"插入字段"按钮，显示"字段"对话框，可以插入一个字段作为属性的全部或部分值。

第 6 步，在"文字设置"选项组中设置属性文字的对齐方式、样式、注释性[①]、高度和旋转角度。

第 7 步，在"插入点"选项组中设置属性值的插入点。通常选择"在屏幕上指定"复选框。

第 8 步，单击"确定"按钮，返回绘图窗口。

第 9 步，命令提示为"指定起点："时，在屏幕上指定属性插入点。

操作及选项说明如下：

（1）"模式"选项组有 6 种属性模式可以选择。

① "不可见"复选框：指定插入块时是否显示属性值。

② "固定"复选框：插入块时赋予属性固定值。

③ "验证"复选框：插入块时提示用户验证属性值是否正确。

④ "预设"复选框：插入包含预设属性值的块时，将默认值作为属性值。

⑤ "锁定位置"复选框：锁定块参照中属性的位置。解锁后，属性可以相对于使用夹点编辑的块的其他部分移动，并且可以调整多行属性的大小[②]。

⑥ "多行"复选框：指定属性值可以包含多行文字。选择此复选框后，可以指定属性的边界宽度[③]。

（2）若选择"文字设置"选项组中的"注释性"复选框，则表示属性为注释性对象。

11.3.2 创建带属性的块

带属性的块是由图形对象和属性对象组成的。创建带属性的块时，应首先定义属性，然后才能在创建块定义时将其作为一个对象来选择。当插入带属性的块时，系统会提示输入属性值。块也可以使用常量属性（即属性值不变），在插入带常量属性的块时，系统不提示输入值。带属性块的每个后续参照可以使用为该属性指定的不同的值。

【例 11-3】 将切削加工表面结构代号创建为带属性的块，如图 11-8 所示。

操作步骤如下：

第 1 步，设置绘图环境，操作过程略。

第 2 步，绘制如图 11-9 所示的表面结构符号，其尺寸可参照机械制图国家标准的相应规定。当轮廓线宽度为 0.5 时，表面结构参数字高为 3.5，H_1 为 5，H_2 为 11，L 暂定为 15（长度取决于其上下所标注内容的长度）。绘制过程略。

---

①②③ 这是 AutoCAD 2008 新增的功能。

图 11-8 表面结构代号图块

图 11-9 表面结构符号

第 3 步，定义表面结构参数属性。

操作如下：

命令：_ATTDEF	单击 ✎ 图标按钮，弹出"属性定义"对话框
在"属性"选项组的"标记"文本框中输入 **CS**	输入该属性标记
在"属性"选项组的"提示"文本框中输入 **"输入表面结构参数"**	输入在插入块时命令行的提示内容
在"属性"选项组的"默认"文本框中输入 **Ra 6.3**	输入属性的默认值
在"文字设置"选项组中，设置属性文字的"对正"为 **"正中"**，"文字样式"为 **"汉字"**，"文字高度"为 **3.5**，"旋转"为 **0**	设置"文字设置"选项组中的各项内容
在"插入点"选项组中，选择"在屏幕上指定"复选框	选择在屏幕上指定插入点的方式
单击"确定"按钮 指定起点：	关闭如图 11-10 所示的"属性定义"对话框，返回绘图窗口，在如图 11-11 所示的符号上×处拾取，作为属性插入点

图 11-10 表面结构参数的"属性定义"对话框

图 11-11 表面结构参数属性

第 4 步，创建带属性的块。

操作如下：

命令：_BLOCK	单击 图标按钮，弹出"块定义"对话框
在"名称"下拉列表框中输入 **"去除材料表面结构代号"**	输入块名称
单击"选择对象"按钮	选择如图 11-11 所示的属性定义 CS 及表面结构符号

单击"拾取点"按钮	利用对象捕捉功能捕捉交点 A 为块的插入点
选择"按统一比例缩放"复选框	指定块插入图形中时 X 向和 Y 向按同一比例缩放，如图 11-12 所示
单击"确定"按钮	关闭对话框，原选择对象转化为块，如图 11-8 所示

图 11-12　表面结构代号的"块定义"对话框

11.3.3　修改属性

1．编辑属性定义命令

调用命令的方式如下：

- 菜单：执行"修改"|"对象"|"文字"|"编辑"命令。
- 图标：单击"文字"工具栏中的 图标按钮。
- 快捷菜单：选择属性定义，在绘图区域中双击。
- 键盘命令：DDEDIT 或 ED。

操作步骤如下：

第 1 步，调用"编辑"命令。

第 2 步，单击需要修改的属性定义，弹出如图 11-13 所示的"编辑属性定义"对话框。

图 11-13　"编辑属性定义"对话框

AutoCAD 2019 中文版机械设计标准实例教程

在"标记""提示""默认"文本框中分别编辑在属性定义时设置的标记、提示以及属性默认值。

第3步，单击"确定"按钮。

注意：当调用"编辑"命令时，单击选择块参照中的属性（而不是属性定义），将弹出如图 11-14 所示的"增强属性编辑器"对话框。

图 11-14　"增强属性编辑器"对话框

2．修改块参照中的属性

- 功能区：单击"插入"选项卡"块"面板中的图标按钮或者单击"默认"选项卡"块"面板中的 图标按钮。
- 菜单：执行"修改"|"对象"|"属性"|"单个"命令。
- 图标：单击"修改Ⅱ"工具栏中的 图标按钮。
- 键盘命令：EATTEDIT。

操作步骤如下：

第1步，调用 EATTEDIT 命令，单击需要修改属性定义的块，弹出如图 11-14 所示的"增强属性编辑器"对话框。

第2步，在"属性""文字选项""特性"3 个选项卡中分别进行相应的修改。

第3步，单击"应用"按钮，显示修改结果。

第4步，单击"确定"按钮，关闭对话框。

【**例 11-4**】　在如图 11-15 所示的圆柱孔内表面上插入表面结构代号，将圆柱孔表面结构参数值 6.3 改为 12.5，且参数宽度缩小，使其最终效果如图 11-16 所示。

图 11-15　插入不同方向的表面结构代号

图 11-16　修改后的表面结构代号

操作步骤如下：

第1步，修改圆柱孔表面结构参数的值。双击圆柱孔表面结构代号，调用 EATTEDIT 命令，弹出"增强属性编辑器"对话框。在"属性"选项卡上的"值"文本框内将 Ra 6.3 改为 Ra 12.5，然后单击"应用"按钮。

第2步，修改圆柱孔表面结构参数的宽度。选择"文字选项"选项卡，在其"宽度因子"文本框内将原值1改为0.9，如图 11-17 所示，然后单击"确定"按钮，结果如图 11-16 所示。

图 11-17　在"增强属性编辑器"对话框中修改属性和文字参数值

3．快速修改块参照中的属性

利用"快捷特性"面板能迅速修改块参照中的属性。在状态栏上，单击 ▦ 图标，可以启用或禁用"快捷特性"面板。在启用"快捷特性"面板后，选择一个对象或多个对象时将弹出"快捷特性"面板。如果要临时退出"快捷特性"面板，可按 Esc 键。

【例 11-5】　利用"快捷特性"面板，快速将例 11-4 中的圆柱孔表面结构参数值 Ra 6.3 修改为 Ra 3.2。

第1步，在状态行上，启用"快捷特性"面板。

第2步，直接拾取该圆柱孔表面结构代号图块，弹出"快捷特性"面板。

第3步，在"快捷特性"面板中将表面结构参数 Ra 6.3 改为 Ra 3.2，如图 11-18 所示。

图 11-18　"快捷特性"面板

第4步，按 Enter 键，按 Esc 键，修改完成。

注意：单击状态行上的"自定义"图标按钮，在弹出的快捷菜单中可以自定义状态行的快捷菜单图标。

4．块属性管理器

要编辑图形文件中多个块的属性定义，可以使用块属性管理器。在块属性管理器中还

————————　AutoCAD 2019 中文版机械设计标准实例教程

可以更改块的多个属性值提示次序。

调用命令的方式如下：

- 功能区：单击"插入"选项卡"块定义"面板中的 图标按钮或者单击"默认"选项卡"块"下滑面板中的 图标按钮。
- 菜单：执行"修改"|"对象"|"属性"|"块属性管理器"命令。
- 图标：单击"修改 II"工具栏中的 图标按钮。
- 键盘命令：BATTMAN。

1）编辑图块属性

操作步骤如下：

第1步，调用"块属性管理器"命令，弹出"块属性管理器"对话框，如图11-19所示。

（a）去除表面结构代号块

（b）标题栏块

图11-19 "块属性管理器"对话框

第2步，在"块属性管理器"对话框中，从"块"列表中选择一个块；也可以单击"选择块"图标按钮，在绘图区域中选择一个块。

第3步，在属性列表中双击要编辑的属性，或者选择该属性并单击"编辑"按钮。

第4步，在"编辑属性"对话框中，对选择的属性进行修改，然后单击"确定"按钮。

2）更改图块属性值提示次序

操作步骤如下：

第1步，调用"块属性管理器"命令，弹出如图11-19所示的"块属性管理器"对话框。

第2步，在"块属性管理器"对话框中，从"块"列表中选择一个块；也可以单击"选择块"按钮，在绘图区域中选择一个块。对于具有多个属性的块，将在属性列表的"提示"

栏列出属性提示顺序，如图11-19（b）所示。

第3步，要将"提示"栏中的某个属性向上移动，可以选择该属性，然后单击"上移"按钮；要将"提示"栏中的某个属性向下移动，可以选择该属性，然后单击"下移"按钮。"上移"和"下移"按钮不能用于含有常量值(Mode=C)的属性。

注意：单击"应用"按钮，使用修改后的属性更新图形，此时"块属性管理器"保持打开状态。

11.4　块的重新定义

如果要对当前图形中已定义的块进行修改，可以通过块的重新定义来实现。块的重新定义有两种方式：

（1）传统方式：对同名块进行重新定义。

（2）块编辑器方式：此为 AutoCAD 2006 增加的新功能，将在 11.5 节详细介绍，本节仅介绍传统方式的操作步骤。

操作步骤如下：

第1步，调用"创建块"命令，弹出"块定义"对话框。

第2步，在该对话框中的"名称"下拉列表框中选择要重新定义的块名。

第3步，修改"块定义"对话框中的各项。

第4步，单击"确定"按钮。

为节省时间，可以直接插入并分解要重新定义的块，然后在重新定义块的过程中使用结果对象。

当对同名块进行重新定义后，会影响当前图形中已经插入的块参照，图形中所有已经插入的块立即随之更新以反映新定义，但块的属性值不变。

【例11-6】　将如图11-20所示的块"螺栓连接件组俯视图"插入图11-21所示的图形中并执行环形阵列操作，将图块中的水平中心线去除，重新定义块，结果如图11-22所示。

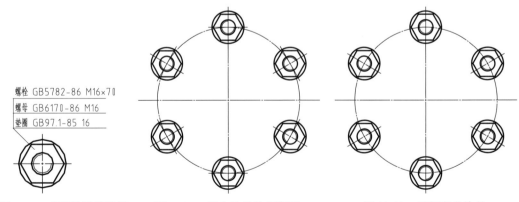

图11-20　"螺栓连接件组　　图11-21　插入块并执行环形　　图11-22　重新定义块并
　　　　　 俯视图"块　　　　　　　　　　 阵列后的图形　　　　　　　　　 更新后的图形

操作步骤如下：

第1步，调用"插入"命令，弹出"插入"对话框，选择块名为"螺栓连接件组俯视图"的块，插入当前图形中。

第2步，选择刚插入的图块，单击 图标按钮，调用"环形阵列"命令，结果如图11-21所示。

第3步，单击 图标按钮，调用"分解"命令，分解利用"环形阵列"命令复制生成的对象为6个独立块，再次调用"分解"命令，分解其中一个块。

第4步，单击 图标按钮，调用"删除"命令，删除"螺栓连接件组俯视图"块中的水平中心线。

第5步，将修改后的图形重新定义为块。

操作如下：

命令：_BLOCK	单击 图标按钮，弹出"块定义"对话框
在"名称"下拉列表框中选择要重新定义的块名"螺栓连接件组俯视图"	选择要重新定义的块
单击"选择对象"按钮	选择要重新定义的对象
单击"拾取点"按钮	指定块插入点为"螺栓连接件组俯视图"块的中心
单击"确定"按钮	弹出如图11-23所示的"重定义块"对话框
单击"重定义"按钮	图形中已经插入的 6 个"螺栓连接件组俯视图"块立即随之更新，如图11-22所示

图 11-23　"重新定义块"对话框

11.5　动　态　块

11.5.1　动态块概述

动态块是 AutoCAD 2006 新增的重要功能，在 AutoCAD 2010 中又得到了增强。它具有较强的灵活性和智能性。用户在操作时可以轻松地更改图形中的动态块参照，还可以通过自定义夹点或自定义特性来改变动态块参照中的几何图形。例如，同一公称直径的普通六角头螺栓有一组系列公称长度，按其特点创建为动态块后，可以在插入这个动态块后根据不同的长度需要在位调整螺栓的长度，而不用搜索另一个块以插入或重定义现有的块。

11.5.2　动态块的创建

AutoCAD 专门提供了用于创建动态块的编写区域，即块编辑器。块编辑器的功能如下：

（1）可以创建新的块定义。

（2）可以在位调整修改块。

（3）可以向块定义中添加动态行为或编辑其中的动态行为。

1．块编辑器的调用

调用命令的方式如下：

- 功能区：单击"插入"选项卡"块定义"面板中的 图标按钮或"默认"选项卡"块"面板中的 图标按钮。
- 菜单：执行"工具"|"块编辑器"命令。
- 图标：单击"标准"工具栏中的 图标按钮。
- 快捷菜单：选择一个块参照，在绘图区域中右击，在快捷菜单中选择"块编辑器"命令。
- 键盘命令：BEDIT 或 BE。

操作步骤如下：

第 1 步，调用"块编辑器"命令，弹出"编辑块定义"对话框，如图 11-24 所示。

图 11-24 "编辑块定义"对话框

第 2 步，在"编辑块定义"对话框中执行以下操作之一：

（1）从列表中选择一个块定义。

（2）如果希望将当前图形保存为动态块，可以选择"<当前图形>"。

（3）在"要创建或编辑的块"下的文本框中输入新的块定义的名称。

第 3 步，单击"确定"按钮，进入如图 11-25 所示的块编辑器界面。

第 4 步，在块编辑器中创建动态块。

绘制编辑几何图形，并执行以下操作之一。

（1）在块编写选项板的"参数集"选项卡中添加一个或多个参数集。在黄色警告图标上右击，在弹出的快捷菜单中选择"动作选择集"|"新建选择集"命令（或调用 BACTIONSET 命令），并按照命令行上的提示将动作与几何图形选择集相关联。

（2）在块编写选项板的"参数"选项卡中添加一个或多个参数。按照命令行上的提示，从"动作"选项卡中添加一个或多个动作。

第 5 步，单击块编辑器的"打开/保存"面板中的 （保存块）图标按钮。

第 6 步，单击关闭按钮关闭块编辑器。

图 11-25　块编辑器

2．块编辑器的组成

块编辑器提供了 7 个面板、专用绘图区域和块编写选项板。

1）块编辑器的 7 个面板

（1）"打开/保存"面板。主要按钮如下：

（保存块）图标按钮：保存对当前块定义所做的更改。该功能只能在块编辑器中使用。

（将块另存为）图标按钮：单击该图标按钮，显示"将块另存为"对话框。该功能只能在块编辑器中使用。

（测试块）图标按钮：单击该图标按钮，在块编辑器内显示一个窗口，以测试动态块。

（2）"几何"面板。主要按钮如下：

（自动约束）图标按钮：根据对象相对于彼此的方向将几何约束应用于对象的选择集。

（显示或隐藏约束）图标按钮：显示或隐藏选定对象上的几何约束。

（显示所有几何约束）图标按钮：显示对象上的所有几何约束。

（隐藏所有几何约束）图标按钮：隐藏对象上的所有几何约束。

有关几何约束命令的介绍参见第 7 章。

（3）"标注"面板。主要按钮如下：

（块特性表）图标按钮：显示"块特性表"对话框以定义块的变量。

有关约束参数命令参见第 7 章。

（4）"管理"面板。主要按钮如下：

（删除约束）图标按钮：删除选定对象上所有的几何约束和标注约束。

（构造几何图形）图标按钮：将对象转换为构造几何图形。块参照中不显示构造几何图形，它在块编辑器中以灰色虚线显示，且无法修改构造几何图形的颜色、线型或图层。

（约束状态）按钮：打开和关闭约束显示状态，并基于对象的约束级别来控制它们的着色。

（参数管理器）图标按钮：显示或隐藏"参数"管理器。

（块编写选项板）图标按钮：显示或隐藏块编写选项板。

（5）"操作参数"面板。主要按钮如下：

（参数）下滑图标按钮组：向动态块定义中添加参数。可以在块编写选项板的"参数"选项卡上调用相应的参数。

（动作）下滑图标按钮组：向动态块定义中添加动作。动作定义了动态块参照的几何图形将如何移动或变化。该功能只能在块编辑器中使用。

（定义属性）图标按钮：调用 ATTDEF（属性定义）命令[①]。

（6）"可见性"面板。当添加可见性参数后，所有图标按钮才亮显。

（可见性状态）图标按钮：创建、设置或删除动态块中的可见性状态。

（可见性控制）图标按钮：控制动态块中的可见性状态的可见性。

（7）"关闭"面板。主要按钮如下：

（关闭块编辑器）图标按钮：关闭块编辑器并提示用户保存或放弃对当前块定义所做的任何更改。

2）专用绘图区域

用户可以根据需要在专用绘图区域中绘制和编辑几何图形。用户可以在"选项"对话框中改变块编辑器专用绘图区域的背景颜色。

3）块编写选项板

块编写选项板由 4 张选项卡组成，通过选项板可以快速访问块编写工具。

（1）"参数"选项卡：提供用于向块编辑器中的动态块定义中添加参数的工具。

（2）"动作"选项卡：提供用于向块编辑器中的动态块定义中添加动作的工具。

（3）"参数集"选项卡：向动态块定义添加一般成对的参数和动作。将参数集添加到动态块中时，动作将自动与参数相关联。表 11-1 列出了块编写选项板的"参数集"选项卡提供的参数集。

表 11-1　"参数集"选项卡提供的参数集

参　数　集	说　　　明
点移动	向动态块定义中添加带有一个夹点的点参数和关联的移动动作
线性移动	向动态块定义中添加带有一个夹点的线性参数和关联的移动动作
线性拉伸	向动态块定义中添加带有一个夹点的线性参数和关联的拉伸动作
线性阵列	向动态块定义中添加带有一个夹点的线性参数和关联的阵列动作
线性移动配对	向动态块定义中添加带有两个夹点的线性参数和与每个夹点关联的移动动作

---

① 参见 11.3.1 节。

参数集	说　明
线性拉伸配对	向动态块定义中添加带有两个夹点的线性参数和与每个夹点关联的拉伸动作
极轴移动	向动态块定义中添加带有一个夹点的极轴参数和关联的移动动作
极轴拉伸	向动态块定义中添加带有一个夹点的极轴参数和关联的拉伸动作
环形阵列	向动态块定义中添加带有一个夹点的极轴参数和关联的阵列动作
极轴移动配对	向动态块定义中添加带有两个夹点的极轴参数和与每个夹点关联的移动动作
极轴拉伸配对	向动态块定义中添加带有两个夹点的极轴参数和与每个夹点关联的拉伸动作
XY 移动	向动态块定义中添加带有一个夹点的 XY 参数和关联移动动作
XY 移动配对	向动态块定义中添加带有两个夹点的 XY 参数和与每个夹点关联的移动动作
XY 移动方格集	向动态块定义中添加带有 4 个夹点的 XY 参数和与每个夹点关联的移动动作
XY 拉伸方格集	向动态块定义中添加带有 4 个夹点的 XY 参数和与每个夹点关联的拉伸动作
XY 阵列方格集	向动态块定义中添加带有 4 个夹点的 XY 参数和与每个夹点关联的阵列动作
旋转集	向动态块定义中添加带有一个夹点的旋转参数和关联的旋转动作
翻转集	向动态块定义中添加带有一个夹点的翻转参数和关联的翻转动作
可见性集	向动态块定义中添加带有一个夹点的可见性参数，无须将任何动作与可见性参数相关联
查寻集	向动态块定义中添加带有一个夹点的查寻参数和查寻动作

（4）"约束"选项卡：提供用于将几何约束和约束参数[①]应用于对象的工具。

【例 11-7】　在块编辑器中创建螺栓 GB/T 5782—2016 M12×50（主视）的图块，M12 螺栓的公称长度系列包括 50、55、60、65、70、80、90、100、120。添加动态行为，使插入的图块可以根据需要调整 M12 螺栓的公称长度。

操作步骤如下：

第 1 步，启动块编辑器。调用"块编辑器"命令，弹出"编辑块定义"对话框，如图 11-26 所示。在"要创建或编辑的块"文本框中输入"螺栓 M12（主视）"，单击"确定"按钮，打开块编辑器。

图 11-26　"编辑块定义"对话框

---

① 参见 7.6 节。

第 2 步,按简化画法在块编辑器的专用绘图区域绘制螺栓 GB/T 5782—2000 M12×50,如图 11-27 所示,不用标注尺寸。

图 11-27 "螺栓 M12(主视)"块编辑器

第 3 步,添加动态行为。螺栓的螺杆部分需要按一个系列值集调整其公称长度,因此添加到块定义中的参数集是"线性拉伸"。在"参数集"选项卡中选择"线性拉伸",将成对的参数和动作添加到动态块中。

操作如下:

命令:_BPARAMETER 线性	单击"参数集"选项卡中的 ⬚ (线性拉伸)图标按钮,添加"线性拉伸"参数集
指定起点或 [名称(N)/标签(L)/链(C)/说明(D)/基点(B)/选项板(P)/值集(V)]: L↵	选择"标签"选项
输入距离特性标签<距离>: 公称长度↵	输入线性参数的特性标签"公称长度"
指定起点或 [名称(N)/标签(L)/链(C)/说明(D)/基点(B)/选项板(P)/值集(V)]: V↵	选择"值集"选项
输入距离值集合的类型 [无(N)/列表(L)/增量(I)]<无>: L↵	选择输入距离值集合的"列表"类型
输入距离值列表 (逗号分隔): 50, 55, 60, 65, 70, 80, 90, 100, 120↵	输入螺栓的公称长度系列
指定起点或 [名称(N)/标签(L)/链(C)/说明(D)/基点(B)/选项板(P)/值集(V)]:	指定线性参数的起点为点 A,如图 11-28 所示
指定端点:	指定线性参数的端点为点 B,如图 11-28 所示
指定标签位置:	指定参数标签的位置,如图 11-28 所示
命令:_BACTIONSET	右击警示图标,在弹出的快捷菜单中选择"动作选择集"|"新建选择集"命令,将拉伸动作与线性参数相关联
指定拉伸框架的第一个角点或 [圈交(CP)]:	指定拉伸框架的第一个角点
指定对角点:	指定拉伸框架对角点,如图 11-29 所示
指定要拉伸的对象 选择对象:指定对角点:找到 7 个	用 C 窗口选择被拉伸框架窗口包围的或与之相交的所有对象
选择对象: ↵	按 Enter 键,结束对象选择

图 11-28 添加"线性拉伸"参数集

图 11-29 添加拉伸动作

第 4 步,保存块定义。

操作如下:

命令: _BSAVE	单击"打开/保存"面板上的 图标按钮,保存"螺栓 M12(主视)"动态块的定义
命令: _BCLOSE 正在重生成模型。	单击块编辑器的关闭按钮。 系统提示

将"螺栓 M12(主视)"动态块插入当前图形后,单击选择该图块,如图 11-30 所示,然后拉伸图块上与拉伸动作相关联的拉伸夹点,按要求动态调整螺栓公称长度。

注意:

(1)块编辑器专用绘图区域的 UCS 图标原点即为块的插入基点。

图 11-30 动态块的拉伸夹点

(2)图 11-28、图 11-29 中出现的警示图标 中的感叹号表示必须将某个动作与该参数相关联,才能使块成为动态块。当图 11-29 中的拉伸动作完成后,警示图标中的感叹号消失。

【例 11-8】 在块编辑器中创建六角头螺栓 GB/T 5782—2016 的端视图图块,应用几何约束和约束参数添加动态行为,使插入的螺栓端视图图块可以根据需要调整其公称直径。

第 1 步,调用"块编辑器"命令,弹出如图 11-31 所示的"编辑块定义"对话框,在"要创建或编辑的块"文本框中输入块名"六角头螺栓(端视图)",单击"确定"按钮。

图 11-31 "编辑块定义"对话框

第 2 步,在块编辑器专用绘图区域,按简化画法绘制螺栓 GB/T 5782—2016 M10 端视图,如图 11-32 所示,正六边形必须用"分解"命令分解,所有尺寸不用标注。

图 11-32 "六角头螺栓端视图"块编辑器

第 3 步，在块编写选项板上单击"约束"选项卡。

第 4 步，在"约束"选项卡上，选择"直径"约束参数约束螺栓公称直径。

操作如下：

命令：_BPARAMETER 线性	单击 图标按钮，添加直径约束
选择标注约束或 [线性(LI)/水平(H)/竖直(V)/对齐(A)/角度(AN)/半径(R)/直径(D)] <直径>：_DIAMETER	
选择圆弧或圆：	拾取视图中的粗实线圆
指定尺寸线位置：	指定直径约束尺寸线位置，输入 d=10，按 Enter 键

第 5 步，单击选取 d=10 直径约束参数，右击，弹出快捷菜单。

第 6 步，在快捷菜单中选择"特性"命令，弹出"特性"选项板，如图 11-33（a）所示。

（a）修改前

（b）修改后

图 11-33 "特性"选项板

——————————— AutoCAD 2019 中文版机械设计标准实例教程

第 7 步，如图 11-33（b）所示，修改"值集"选项的"距离类型"为"列表"，单击"距离值列表"中的 图标按钮，弹出"添加距离值"对话框。

第 8 步，在"要添加的距离"文本框中输入新值，以逗号隔开，如图 11-34 所示。

图 11-34 "添加距离值"对话框

第 9 步，单击"添加"按钮，将距离值添加到下面的距离值列表中，单击"确定"按钮，关闭对话框。

第 10 步，在"约束"选项卡上单击 🔒（固定）图标按钮，使粗实线圆心与世界坐标系的原点始终重合，如图 11-35 所示。

第 11 步，在"约束"选项卡上单击 🚫（直径）图标按钮，拾取螺栓中 3/4 细实线圆，使其直径为螺栓公称直径 d 的 0.85 倍，如图 11-36 所示。

图 11-35　添加约束参数和几何约束

图 11-36　添加标注约束

第 12 步，在"约束"选项卡上单击 🚫 图标按钮，拾取螺栓中的粗实线圆心和正六边形的最上点，使两点距离等于螺栓公称直径 d，如图 11-36 所示。

第 13 步，在"约束"选项卡上单击 🚫 图标按钮，拾取螺栓中的粗实线圆心和正六边形的最下点，使两点距离等于螺栓公称直径 d，如图 11-36 所示。

第 14 步，在"约束"选项卡上单击 🚫 图标按钮，拾取正六边形最右边两端点，使两点距离等于螺栓公称直径 d，如图 11-36 所示。

第 15 步，在"约束"选项卡上重复单击 ＝（相等）图标按钮，使正六边形的 5 条边分别和最右边相等，如图 11-37 所示。

第 16 步，在"约束"选项卡上单击 ∥（平行）图标按钮，使正六边形的最左边和最

图 11-37　添加几何约束

右边平行，如图 11-37 所示。

第 17 步，在"动作"选项卡上单击 ▦（块特性表）图标按钮，添加"块特性表"动作。在端视图左下角指定块特性表的位置，按 Enter 键，确定夹点数为 1。

第 18 步，如图 11-38 所示，在弹出的"块特性表"对话框中，单击 ⨍ 图标按钮，弹出"添加参数特性"对话框，如图 11-39 所示，选择参数为 d，类型为"直径"，单击"确定"按钮。

图 11-38　"块特性表"对话框

图 11-39　"添加参数特性"对话框

———————— AutoCAD 2019 中文版机械设计标准实例教程

第 19 步, 返回 "块特性表" 对话框, 添加 "直径" 约束参数 d 的列表值, 如图 11-40 所示, 单击 "确定" 按钮, 关闭对话框。

图 11-40　完成添加的 "块特性表" 对话框

第 20 步, 在 "打开/保存" 面板上单击 （测试块）图标按钮, 进入测试动态块界面。完成测试后, 单击测试界面右上角的关闭按钮, 退出测试界面。

第 21 步, 在 "打开/保存" 面板上单击 （保存块）图标按钮, 保存动态块。

第 22 步, 在 "关闭" 面板上单击关闭按钮, 退出块编辑器。

将按照以上步骤完成的 "六角头螺栓（端视图）" 动态块插入当前图形后, 单击选择该动态块, 如图 11-41（a）所示, 然后单击 "块特性表" 夹点, 如图 11-41（b）所示, 按要求选择螺栓公称直径。

（a）选择动态块　　　　（b）选择螺栓公称直径

图 11-41　动态块的操作

11.6 工具选项板

11.6.1 基本组成及基本操作

可以使用工具选项板组织、共享和放置工具，如将块、图案填充和自定义工具整理在一个便于使用的窗口中。

调用命令的方式如下：

- 功能区：单击"视图"选项卡"选项板"面板中的图标按钮。
- 菜单：执行"工具"|"选项板"|"工具选项板"命令。
- 图标：单击"标准"工具栏中的图标按钮。
- 键盘命令：TOOLPALETTES 或 TP。

操作步骤如下：

第 1 步，调用"工具选项板"命令，弹出如图 11-42 所示的工具选项板。

第 2 步，在工具选项板名称栏底部单击，弹出如图 11-43 所示的快捷菜单。

第 3 步，在快捷菜单中有 21 个选项板的名称，单击其中一个使其成为当前选项板。

第 4 步，在工具选项板的当前选项板上单击要使用的工具。

第 5 步，按照命令行上显示的提示操作。

图 11-42 工具选项板

图 11-43 工具选项板快捷菜单

【例 11-9】 利用工具选项板在边长为 30 的正方形中填充 ISO 图案填充板中的铁丝图案，如图 11-44 所示。

操作步骤如下：

第 1 步，调用"工具选项板"命令，弹出工具选项板。

第 2 步，在工具选项板名称栏底部单击，在弹出的快捷菜单中，单击"图案填充"选项，使"图案填充"选项板成为当前选项板。

第 3 步，如图 11-44 所示，在"图案填充"选项板上单击"ISO 图案填充"列表中的铁丝图案，再将光标移至绘图区中边长为 30 的正方形内单击，将指定的图案填充应用到正方形内（也可以直接将铁丝图案拖曳至绘图区中边长为 30 的正方形内，再松开鼠标左键）。

图 11-44　利用工具选项卡上的工具进行图案填充

注意：可以将工具选项板固定在应用程序窗口的左边或右边，也可以移动工具选项板到任意位置，移动时只要拖动工具选项板标题栏即可。

11.6.2　创建工具选项板上的工具

可以通过将绘图区的项目拖至工具选项板的区域（一次一个项目）来创建新工具，这些项目可以是以下几种：

（1）几何对象（如直线、圆和多段线）、标注、块等。

（2）图案填充、渐变填充。

（3）光栅图像。

（4）外部参照。

当新工具拥有具体特性（如图层、比例因子和旋转角度等）时，可以使用新工具在图形中创建与新工具具有相同特性的对象，工具选项板的功能会因此变得更加强大。

【**例 11-10**】 将例 11-8 中"螺栓 M10（主视）"动态块创建为工具。

操作步骤如下：

第 1 步，将"螺栓 M10（主视）"动态块插入绘图区。

第 2 步，调用"工具选项板"命令，弹出工具选项板。

第 3 步，单击"机械"选项板，使其成为当前选项板。

第 4 步，单击并拖曳"螺栓 M10（主视）"动态块参照至"机械"选项板上，黑线表示要放置工具的位置，就会在工具选项板上创建一个绘制螺栓 M10 主视图的工具，如图 11-45 所示。

图 11-45 在工具选项板上创建的"螺栓 M10（主视）"动态块工具

注意：

（1）当拖曳对象时，光标不能放在对象的夹点上，否则对象将不能拖曳到工具选项板上。

（2）将几何对象或标注拖至工具选项板上，创建工具后，将自动创建相应的弹出工具。

【**例 11-11**】 将当前图形文件中的剖面符号创建为工具。

操作步骤如下：

第 1 步，在"粗实线"图层上绘制如图 11-46 所示的图形。在"剖面"图层上填充剖面符号，剖面符号类型为"用户定义"，其角度为 45°，间距为 3mm。

第 2 步，单击"图案填充"选项板名称，使其成为当前选项板。

第 3 步，在绘制的剖面符号上按住鼠标左键，将剖面线从绘图区拖曳至"图案填充"选项板上，黑线表示要放置工具的位置，就会在工具选项板上创建一个绘制剖面线的工具，如图 11-46 所示，使用此工具填充的图案为"剖面"图层上的剖面线，角度为 45°，间距为 3mm。

图 11-46　用剖面符号创建的工具

11.7　设计中心概述

AutoCAD 设计中心为用户提供了一个与 Windows 资源管理器类似的直观且高效的工具。通过设计中心可以浏览、查找、预览、管理、利用和共享 AutoCAD 图形，还可以使用其他图形文件中的图层定义、块、文字样式、尺寸标注样式、布局等信息，提高图形管理和图形设计的效率。

11.7.1　基本操作及基本环境

调用命令的方式如下：
- 功能区：单击"视图"选项卡"选项板"面板中的▦图标按钮。
- 菜单：执行"工具"|"选项板"|"设计中心"命令。
- 图标：单击"标准"工具栏中的▦图标按钮。
- 键盘命令：ADCENTER 或 ADC。

操作步骤如下：

第 1 步，调用"设计中心"命令。

第 2 步，弹出设计中心，如图 11-47 所示。

图 11-47　设计中心

第 3 步，利用设计中心可以执行如下操作：

（1）浏览用户计算机、网络驱动器和 Web 页上的图形内容，例如图形或符号库。

（2）在定义表中查看图形文件中命名对象（例如块和图层）的定义，然后将定义插入、附着、复制和粘贴到当前图形中。

（3）更新（重定义）块定义。

（4）创建指向常用图形、文件夹和网址的快捷方式。

（5）向图形中添加内容（例如外部参照、块和填充）。

（6）在新窗口中打开图形文件。

（7）将图形、块和填充拖动到工具选项板上，以便于访问。

"设计中心"选项板可以处于悬浮状态，也可以居于 AutoCAD 绘图区的左右两侧，还可以自动隐藏，成为单独的标题条。设计中心由 3 个选项卡和若干图标按钮组成。

1．选项卡

设计中心包括"文件夹""打开的图形"和"历史记录" 3 个选项卡。

（1）"文件夹"选项卡显示设计中心的资源，如图 1-47 所示。

① 单击树状视图中的项目，在内容区中显示其内容。

② 单击加号（+）或减号（-）可以显示或隐藏树状结构中的其他层次。

③ 双击某个项目可以显示其下一层次的内容。

④ 在树状视图和内容区右击，将显示带有若干相关选项的快捷菜单。

（2）"打开的图形"选项卡显示当前已打开的所有图形文件的列表，如图 11-48 所示。单击某个图形文件，可以将图形文件的内容加载到内容区中。

（3）"历史记录"选项卡中列出最近通过设计中心访问过的图形文件列表，如图 11-49 所示。选择列表中的某个图形文件，然后右击，在弹出的快捷菜单中选择"文件夹"命令，可以在"文件夹"选项卡中的树状视图中定位此图形文件并将其内容加载到内容区中。

图 11-48 "打开的图形"选项卡

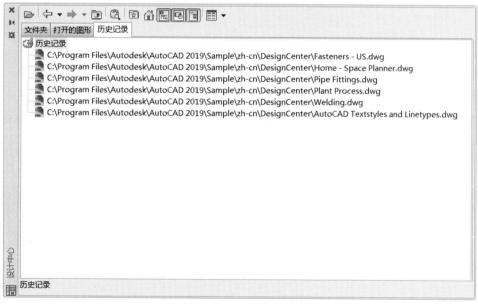

图 11-49 "历史记录"选项卡

2．图标按钮

设计中心顶部图标按钮的主要功能如下：

▷（加载）图标按钮用于显示"加载"对话框，浏览本地和网络驱动器或 Web 上的文件并将选择的文件加载到内容区。

◀（上一页）图标按钮用于返回历史记录列表中最近一次的位置。

➡（下一页）图标按钮用于返回历史记录列表中下一次的位置。

▣（上一级）图标按钮用于显示上一级内容。

（搜索）图标按钮用于显示"搜索"对话框，从中可以指定搜索条件，以便在图形中查找图形、块和非图形对象。

（收藏夹）图标按钮用于在内容区中显示"收藏夹"文件夹的内容。

（主页）图标按钮用于将设计中心返回默认文件夹。安装时，默认文件夹被设置为...\Sample\DesignCenter。可以使用树状图中的快捷菜单更改默认文件夹。

（树状图切换）图标按钮用于显示和隐藏树状视图。

（预览）图标按钮用于显示和隐藏内容区窗格中选定项目的预览。如果选定项目没有保存的预览图像，预览区将为空。

（说明）图标按钮用于显示和隐藏内容区窗格中选定项目的文字说明。如果选定项目没有保存的说明，说明区将为空。

（视图）图标按钮用于为加载到内容区中的内容提供不同的显示格式。

11.7.2 搜索功能的应用

单击设计中心中的"搜索"图标按钮 ，将显示"搜索"对话框，从中可以指定搜索条件，以便在图形中查找图形、块和非图形对象。搜索范围也包括保存在桌面上的自定义内容。下面以搜索六角螺母紧固件图块为例，详细介绍操作步骤。

【例11-12】 查找 AutoCAD 2014 提供的有关六角螺母紧固件图块，并将其插入当前图形文件。

操作步骤如下：

第1步，在"设计中心"选项板中单击"搜索"图标按钮 ，弹出"搜索"对话框。

第2步，在对话框的"搜索"下拉列表框中选择"块"选项，在"于"下拉列表框中选择查找的路径，在"搜索名称"文本框中输入图块的有关名称"*六角螺母*"，单击"立即搜索"按钮开始搜索，搜索结果将显示在对话框下部的列表框中，显示 C 盘中所有与六角螺母相关的图块，如图 11-50 所示。

图 11-50 "搜索"对话框

第 3 步，将图块插入当前图形。选择"六角螺母 - 公制"图块，并右击，在弹出的快捷菜单中选择"插入块"命令，然后在弹出的"插入"对话框中按需要进行设置，单击"确定"按钮，在绘图区拾取插入点，将六角螺母图块（动态块）插入当前图形，如图 11-51所示。

图 11-51　插入的六角螺母图块

11.7.3　在当前图形中插入设计中心的内容

使用以下方法之一可以将内容区中的项目添加到当前图形中。

（1）将某个项目拖动到当前图形区，按照默认设置（如果有）将其插入。

（2）在内容区中的某个项目上右击，将显示包含若干选项的快捷菜单。

（3）双击块，将显示"插入"对话框。

【例 11-13】　通过设计中心将其他图形文件中的图层、文字样式和图块等添加到新建的当前图形文件中。

第 1 步，打开新图。单击"新建"按钮，在"创建新图形"对话框中，选择 acadiso.dwt样板文件。

第 2 步，调用"设计中心"选项板，单击"打开的图形"选项卡，选择某个打开的图形文件，如"标准图纸.dwg"，在内容区显示其 12 种命名对象，如图 11-52（a）所示。

（a）内容区显示其命名对象

图 11-52　显示图形文件内容的设计中心

（b）内容区显示所有命名图层

图 11-52 　（续）

第 3 步，双击内容区中的"图层"，所有命名图层显示在内容区中，如图 11-52（b）所示。

第 4 步，直接将它们拖曳到绘图区后松开鼠标左键，或者右击后在弹出的快捷菜单中选择"添加图层"命令，将所选图层添加到当前新图形中。

第 5 步，双击图 11-52（b）所示的树状视图中"标准图纸.dwg"下的"文字样式"，所有命名文字样式将显示在内容区中。

第 6 步，直接将它们拖曳到绘图区后松开鼠标左键，或者右击后在弹出的快捷菜单中选择"添加文字样式"命令，将所选文字样式添加到当前新图形中。

第 7 步，双击图 11-52（b）所示的树状视图中"标准图纸.dwg"下的"块"，所有已创建的图块将显示在内容区中。

第 8 步，直接将它们拖曳到绘图区后松开鼠标左键，或者右击后在弹出的快捷菜单中选择"插入块"命令，随即弹出"插入"对话框，完成插入块的操作。在绘图区插入块参照的同时，块定义也会添加到当前图形文件中。

11.8　常用机械符号库和机械标准件库的创建和应用

在同一个图形文件里定义一组块的过程实质上就是建立一个块库的过程。运用设计中心、工具选项板等可以方便地管理和应用常用图形符号库。

普通用户建立常用机械符号库和机械标准件库的方法通常以创建"块"为主。创建一个新图形文件，在图形文件中用"创建块"命令定义"表面结构代号"和"基准符号"等符合机械制图国家标准的常用机械符号图块，并将文件命名为"机械符号"，即常用机械符号库。

创建另一个新图形文件，在图形文件中用"块编辑器"命令定义一系列符合机械制图国家标准的常用机械标准件动态块，并将文件名保存为"机械标准件"，即机械标准件库。

——————— AutoCAD 2019 中文版机械设计标准实例教程

11.8.1　利用设计中心管理和应用图形符号库

设计中心是 AutoCAD 的重要功能之一，由于其强大的与国际互联网设计素材库的共享和应用，使得它具备了更加完善的设计工具。它还提供了在各个图形之间进行数据交换的简单易行的方法。利用设计中心可以管理与应用图形符号库。

操作步骤如下：

第 1 步，在新图形文件中，创建一组图块，如一组常用机械符号块，并将文件命名为"机械符号.dwg"。

第 2 步，打开当前图形文件，调用"设计中心"命令。

第 3 步，在设计中心的树状视图中，搜索符号库图形文件"机械符号.dwg"。

第 4 步，单击树状视图中"机械符号.dwg"下的"块"，在内容区选择所需符号块。

第 5 步，直接将它们拖曳到绘图区后松开鼠标左键。也可以右击符号块，在弹出的快捷菜单中选择"插入块"命令，如图 11-53 所示，随即弹出"插入"对话框，完成插入块操作。

图 11-53　通过设计中心调用常用机械符号块

11.8.2　利用工具选项板管理和应用图形符号库

工具选项板中选项卡形式的区域提供了组织块的有效方法，为专业工程绘图带来极大的便利，并且可以根据需要灵活地改进。利用工具选项板可以管理与应用图形符号库。

操作步骤如下：

第 1 步，在新图形文件中，创建一组图块，如常用机械标准件动态块等，并将文件命名为"GB 机械标准件.dwg"。

第 2 步，调用"工具选项板"命令。

第 3 步，在工具选项板标题栏上右击，在弹出的快捷菜单中选择"新建选项板"命令，如图 11-54 所示。

图 11-54　工具选项板的快捷菜单

第 4 步，在文本框中，输入选项板的名称，如 "GB 机械标准件"。

第 5 步，调用 "设计中心" 命令。

第 6 步，单击设计中心的树状视图中的图形文件 "机械标准件.dwg"，在内容区中显示其 9 种命名对象。

第 7 步，双击内容区中的命名对象 "块"，内容区显示 "机械标准件.dwg" 图形文件中创建的所有机械标准件图块。

第 8 步，将设计中心内容区的机械标准件图块逐一拖曳至 "GB 机械标准件" 选项板窗格中，使之成为工具，如图 11-55 所示。

第 9 步，打开新的图形文件，拖曳工具选项板中新建的工具至绘图区即可。

注意：

（1）符号库源文件的路径一旦变动，工具就将无法使用。此时需改变工具特性中源文件的相应路径。

（2）AutoCAD 2019 已创建的动态块库文件的路径通常在 ...\AutoCAD2019\Sample\zh-cn\Dynamic Blocks\ 下，可以作为参照。

图 11-55　"GB 机械标准件"选项板窗口

11.9　上机操作实验指导十一：创建基准符号

在保存符号库的图形文件中，将几何公差中的基准符号创建为带属性的块，如图 11-56 所示，并拖曳至工具选项板，使之成为工具。本实验主要涉及的命令有"创建块"命令、"定义属性"命令和"工具选项板"命令。

第 1 步，打开符号库图形文件。如果没有符号库图形文件，则新建图形文件，名为"机械符号.dwg"。

第 2 步，绘制基准符号图形。在 0 层上绘制如图 11-57 所示的图形。

图 11-56　基准符号块

图 11-57　基准符号的图形

第 3 步，将基准符号中的字母定义为属性。启动"定义属性"命令，弹出"属性定义"对话框，按图 11-58 所示进行设置，单击"确定"按钮，在屏幕上拾取属性的位置，为基准符号的正方形中心，如图 11-59 所示。

图 11-58 "属性定义"对话框

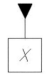

图 11-59 属性的位置

第 4 步,创建带属性的基准符号块。

单击 🗔 图标按钮,弹出"块定义"对话框,在"名称"文本框中输入"新基准"。单击"拾取点"按钮,捕捉基准符号中黑色三角形顶边的中点。选择"转化为块"单选按钮,单击"选择对象"按钮,在屏幕上拾取图 11-59 所示的图形及属性。最后,单击"确定"按钮,基准符号的属性块创建成功。

第 5 步,保存文件,操作过程略。

第 6 步,创建"GB 机械符号"选项板。

(1)调用"工具选项板"命令。

(2)在工具选项板标题栏右击,在弹出的快捷菜单中选择"新建选项板"命令。

(3)在文本框中,输入选项板的名称"GB 机械符号"。

(4)将绘图区基准符号图块拖曳至"GB 机械符号"选项板,使之成为工具,如图 11-60 所示。

可以用同样的方法创建若干机械符号图块,并拖曳到"GB 机械符号"选项板上,使之成为工具。

图 11-60 "GB 机械符号"选项板

11.10 上机操作常见问题解答

1. 使用"分解"命令将插入当前图形文件中的块分解后，是否会将该块定义删除？

AutoCAD 允许用户使用"分解"命令将当前图形文件中已插入的块分解。系统所分解的是块参照，而不是块定义，原块定义仍然存在于当前图形中。如果要删除块定义，需用 PURGE 命令清除未被引用的块定义。

2. 插入带多个属性的块后，属性提示顺序未按用户的要求排列，如何修改？

属性提示顺序是与创建属性的顺序一致的。如需调整属性提示的顺序，可在块属性管理器中单击"上移"或"下移"按钮。

3. 块插入当前图层后，其颜色和线型不能随当前图层变化，如何处理？

块可以由绘制在若干图层上的对象组成。块插入后，原来位于 0 图层上的对象被分配到当前图层，块中其他图层上的对象仍在原来的图层上。所以，如希望块的颜色和线型随插入的图层变化，就应在 0 图层上创建块。

11.11 操作经验和技巧

1. 如何管理和调用经常使用的块，使之作为一个图形文件保存？

可以使用"写块"命令，将块保存为一个独立的图形文件，以便其他图形文件调用。但最佳的方法是使用"创建块"命令将常用图形在同一文件中创建为块，作为个人图形库，通过工具选项板或设计中心调用。

2. 当工具选项板固定在绘图区的两侧时，无法更改透明度。如何解决这一问题？

只有当工具选项板浮动在绘图区域时才能更改透明度。

11.12 上 机 题

1. 将螺钉 GB/T 68—2016 M10×20 的主视图创建为块，其主视图如图 11-61 所示，图中 d 为 10，l 为 20。

图 11-61　螺钉 GB/T 68—2016 M10×20 的主视图

2. 将图 11-62 所示的椅子俯视图创建为块，然后在 A3 图纸中插入这个块，完成椅子分布图，如图 11-63 所示。

图 11-62　椅子俯视图

图 11-63　椅子分布图

3. 将图样标题栏中需填写的"签名""年月日""材料标记""比例""图样名称"内容定义成属性，并将整个标题栏创建为带属性的块。

绘图提示：

（1）按图 11-64 所示的尺寸绘制标题栏，并填写文字，文字高度为 3.5。

图 11-64　标题栏样式

（2）将需填写的"签名""年月日""材料标记""比例""图样名称"定义成属性，如图 11-65 所示。

图 11-65　将标题栏中的 5 个内容定义成属性

（3）将属性和标题栏创建为块。在创建块时，如果选择将原选定对象转换成图形中的块，则在创建块的同时，命令行将提示输入属性值。完成后的块如图 11-66 所示。

图 11-66　转化为块的标题栏

4. 为第 1 题中创建的螺钉 GB/T 68—2016 M10×20 主视图的块添加动态行为，加入公称长度系列 25、30、35，使之成为动态块。

第 12 章　零件图和装配图的绘制

任何机器或部件都是由一些零件按照一定的装配关系和技术要求装配而成的。用来制造、检验零件的图样称为零件图，它是制造和检验零件的主要技术依据。零件图包含四大部分内容：一组图形、完整的尺寸、技术要求和标题栏。

表达机器或部件的图样称为装配图。装配图是机械设计阶段中最重要的技术文件之一。装配图的内容包括五大部分：一组图形、必要的尺寸、技术要求、零部件序号及明细栏和标题栏。

在 AutoCAD 中绘制零件图及装配图时，要遵照机械制图国家标准，并且尽可能发挥计算机的优势和特点。与传统的手工绘图相比，用 AutoCAD 绘制机械图样具有快捷、方便、易修改的特点。

本章介绍的内容和新命令如下：

（1）WBLOCK（写块）命令。

（2）BASE（基点）命令。

（3）TABLESTYLE（表格样式）命令。

（4）TABLE（表格）命令。

（5）绘制零件图的方法和步骤。

（6）绘制装配图的方法和步骤。

12.1　外部块的定义

将整个图形或对象保存到独立的图形文件中，称为外部块。在绘制机械图样时，可以将零件图的视图作为外部块保存。由零件图拼画装配图时，可用"插入块"命令调用保存为外部块的零件图视图，简化装配图的绘制过程。

调用命令的方式如下：

键盘命令：WBLOCK 或 W。

操作步骤如下：

第 1 步，调用"写块"命令，弹出如图 12-1 所示的"写块"对话框。

第 2 步，在"源"选项组中选择"对象"单选按钮。

第 3 步，在"对象"选项组中选择"保留"单选按钮。并单击 ✦（选择对象）图标按钮，在绘图区拾取构成新图形（即块）的对象。

第 4 步，按 Enter 键，完成对象选择，返回"写块"对话框。

第 5 步，在"基点"选项组中，单击 ᴿ（拾取点）图标按钮，指定块的插入点。

第 6 步，在"目标"选项组中，输入新图形的文件名和路径，或单击 ⋯ 按钮显示标准的文件选择对话框。

第 7 步，单击"确定"按钮。

图 12-1 "写块"对话框

操作及选项说明如下：

（1）"源"选项组中包含以下 3 个单选按钮：

① "块"单选按钮。从下拉列表框中指定现有的块（已用"创建块"命令创建的块）来定义外部块。

② "整个图形"单选按钮。选择当前整个图形来定义外部块。

③ "对象"单选按钮。从屏幕上选择要作为外部块的对象及基点。

（2）"插入单位"下拉列表框。指定从设计中心拖动新文件或将其作为块插入到使用不同单位的图形中时用于自动缩放的单位值。如果希望插入时不自动缩放图形，一般选择"无单位"。

注意：

（1）在"源"选项组中选择"整个图形"单选按钮时，以上操作步骤中的第 3~5 步略去，直接执行第 6 步。

（2）"写块"对话框中的选项和"创建块"对话框中的同名选项意义相同。

12.2 插 入 基 点

如果要将当前图形作为块插入其他图形（例如装配图），或从其他图形外部参照当前图形，AutoCAD 默认当前图形的坐标原点作为插入基点。当需要使用除(0,0,0)以外的其他位置作为插入基点时，则需使用"基点"命令为图形文件指定新的插入基点。

调用命令的方式如下：

- 功能区：单击"插入"选项卡"块定义"面板中的 图标按钮或者"默认"选项卡"块"面板中的 图标按钮。

- 菜单：执行"绘图"|"块"|"基点"命令。
- 键盘命令：BASE。

操作步骤如下：

第 1 步，调用"基点"命令。

第 2 步，命令提示为"输入基点<0.0000,0.0000,0.0000>："时，为当前图形指定新的插入基点。

【例 12-1】 利用"基点"命令指定螺钉的图形文件插入基点，如图 12-2 所示，使得螺钉正确插入图 12-3 所示的被连接件图形文件中，即螺钉的点 A 重合于被连接件的点 B。

图 12-2 螺钉图形文件   图 12-3 被连接件图形文件

操作步骤如下：

第 1 步，在螺钉图形文件中调用"基点"命令。

命令：_BASE	单击 ⬜ 图标，启动"基点"命令
输入基点<0.0000,0.0000,0.0000>：	拾取点 A 作为螺钉图形文件的新插入基点，如图 12-2 所示

第 2 步，在如图 12-3 所示的被连接件图形文件中调用"插入"命令，插入螺钉图形文件，插入基点为点 B，操作过程略。

12.3 表格的绘制

12.3.1 表格样式设置

表格是一个在行和列中包含数据的对象。表格的外观由表格样式控制，用户可以使用默认表格样式 Standard，也可以创建自己的表格样式。

调用命令的方式如下：

- 功能区：单击"注释"选项卡"表格"面板下拉列表中的 管理表格样式... 图标按钮，或"表格"名称右侧的 ⬐ （表格样式）图标按钮，或"默认"选项卡"注释"面板中的 ⊞ 图标按钮。
- 菜单：执行"格式"|"表格样式"命令。
- 图标：单击"样式"工具栏中的 ⊞ 图标按钮。
- 键盘命令：TABLESTYLE。

操作步骤如下：

第 1 步，调用"表格样式"命令，弹出如图 12-4 所示的"表格样式"对话框。

第 2 步，单击"新建"按钮。弹出如图 12-5 所示的"创建新的表格样式"对话框。

图 12-4 "表格样式"对话框

图 12-5 "创建新的表格样式"对话框

第 3 步，在"基础样式"下拉列表框中选择一种表格样式，作为新表格的基础样式。在"新样式名"文本框中输入新表格样式的名称。

第 4 步，单击"继续"按钮。弹出"新建表格样式：Standard 副本"对话框，如图 12-6 所示。

图 12-6 "新建表格样式：Standard 副本"对话框

第 5 步，在"表格方向"下拉列表框中，选择"向下"或"向上"选项。"向上"选项创建由下而上读取的表格，标题行和列标题行都在表格的底部；"向下"选项则相反。

第 6 步，在"单元样式"下拉列表框中，选择要应用于表格的单元样式。也可以通过单击该下拉列表右侧的按钮创建一个新单元样式。

第 7 步，在"常规"选项卡中，选择当前单元样式的以下选项：

（1）在"填充颜色"下拉列表框中指定填充颜色。选择"无"或选择一种背景色，也可以单击某一颜色色块以显示"选择颜色"对话框。

（2）在"对齐"下拉列表框中为单元内容指定一种对齐方式。其中，"中心"指水平对齐，"中间"指垂直对齐。

（3）"格式"选项用于设置表格中各行的数据类型和格式。单击 按钮，弹出"表格单元格式"对话框，从中可以进一步定义单元格式选项。

（4）在"类型"下拉列表框中将单元样式指定为标签或数据。该选项也用于在工具选项板上创建表格工具的情况。

（5）在"页边距"选项组中的"水平"文本框中输入单元中的文字或块与左右单元边界之间的距离。

（6）"页边距"选项组中的"垂直"文本框中输入单元中的文字或块与上下单元边界之间的距离。

（7）选择"创建行/列时合并单元"复选框，将使用当前单元样式创建的所有新行或列合并到一个单元中。

第 8 步，在如图 12-7 所示的"文字"选项卡中选择当前单元样式的以下选项：

（1）在"文字样式"下拉列表框中指定文字样式，或单击 按钮打开"文字样式"对话框并创建新的文字样式（默认文字样式为 Standard）。

图 12-7　"新建表格样式：Standard 副本"对话框的"文字"选项卡

　　　　　　AutoCAD 2019 中文版机械设计标准实例教程

（2）在"文字高度"文本框中输入文字的高度。

（3）在"文字颜色"下拉列表框中指定文字颜色，或者单击"选择颜色"显示"选择颜色"对话框。

（4）在"文字角度"文本框中输入文字角度，默认的文字角度为0°。可以输入−359°～359°的任何角度。

第9步，在如图12-8所示的"边框"选项卡中，可以修改当前单元样式边框的线宽、线型和颜色，进行双线设置及边框显示设置等。

图12-8 "新建表格样式：Standard 副本"对话框的"边框"选项卡

第10步，单击"确定"按钮。

【例12-2】 创建名为"圆柱齿轮参数表"的表格样式。

操作步骤如下：

第1步，设置作图环境，操作过程略。

第2步，调用"表格样式"命令，弹出"表格样式"对话框。

第3步，在"表格样式"对话框中，单击"新建"按钮，弹出"创建新的表格样式"对话框，在"新样式名"文本框中输入"圆柱齿轮参数表"，如图12-9所示。

图12-9 "创建新的表格样式"对话框

第4步，单击"继续"按钮，弹出"新建表格样式：圆柱齿轮参数表"对话框。

第5步，在对话框中选择"单元样式"下拉列表框中的"数据"选项。

第6步，在"常规"选项卡中，选择"对齐"下拉列表框中的"正中"，在"水平"文本框中输入0.1，在"垂直"文本框中输入0.1，如图12-10所示。

图12-10 "新建表格样式：圆柱齿轮参数表"对话框的"常规"选项卡

第7步，单击"文字"选项卡，选择"文字样式"下拉列表框中的"工程字体"，在"文字高度"文本框中输入7，如图12-11所示。

图12-11 "新建表格样式：圆柱齿轮参数表"对话框的"文字"选项卡

　　　　　　　AutoCAD 2019中文版机械设计标准实例教程

第 8 步，单击 "确定" 按钮，关闭 "新建表格样式：圆柱齿轮参数表" 对话框。

第 9 步，单击 "关闭" 按钮，关闭 "表格样式" 对话框。

12.3.2 插入表格

调用命令的方式如下：

- 功能区：单击 "注释" 选项卡 "表格" 面板中的 ⊞ 图标按钮或 "默认" 选项卡 "注释" 面板中的 ⊞ 图标按钮。
- 菜单：执行 "绘图" | "表格" 命令。
- 图标：单击 "绘图" 工具栏中的 ⊞ 图标按钮。
- 键盘命令：TABLE 或 TB。

操作步骤如下：

第 1 步，调用 "表格" 命令，弹出如图 12-12 所示的 "插入表格" 对话框。

图 12-12 "插入表格" 对话框

第 2 步，在 "插入表格" 对话框中，从 "表格样式" 下拉列表框中选择一个表格样式，或单击 ⊞ 按钮创建一个新的表格样式[①]。

第 3 步，在 "插入方式" 选项组中，指定表格的插入点或者插入窗口。

第 4 步，设置列数和列宽。如果使用窗口插入方法，可以设置列数或列宽，但是不能同时设置两者。

第 5 步，设置行数和行高。如果使用窗口插入方法，行数由用户指定的窗口尺寸和行高决定。其中行高由行数决定，每一行高取决于文字高度和单元边距。

第 6 步，单击 "确定" 按钮。

【例 12-3】 插入一个圆柱齿轮参数表到当前图形中。

---

① 参见 12.3.1 节。

操作步骤如下：

第1步，在例12-2的基础上，继续完成下面的操作。

第2步，调用"表格"命令，弹出"插入表格"对话框。

第3步，在"表格样式"下拉列表框中选择"圆柱齿轮参数表"样式。

第4步，在"设置单元样式"选项组中，3个下拉列表框全部选择"数据"；在"列和行设置"选项组中，在"列数"文本框中输入3，在"列宽"文本框中输入40，在"数据行数"文本框中输入3，在"行高"文本框中输入1。最终设置情况如图12-13所示。

图12-13　"插入表格"对话框中的设置

第5步，单击"确定"按钮，退出"插入表格"对话框。在绘图区确定圆柱齿轮参数表的插入点，并在单元格中输入如图12-14（a）所示的内容。

第6步，单击文字编辑器的关闭按钮，结束"表格"命令。完成的表格如图12-14（b）所示。

模数	m	3.5
齿数	z_1	22
压力角	α	20°
齿厚	s	$5.498^{-0.15}_{-0.20}$
精度等级		8

（a）正在填写的表格　　　　　　　　　　（b）完成的圆柱齿轮参数表

图12-14　插入绘图区的圆柱齿轮参数表

　　　　　　AutoCAD 2019中文版机械设计标准实例教程

注意：

（1）在"表格样式"对话框中选择当前图形中未引用或未置为当前状态的表格名称，单击"删除"按钮，可以将选择的表格删除。

（2）插入方式选择"指定窗口"时，表格列数、列宽、行数和行高取决于窗口的大小以及列和行的设置。

12.3.3　修改表格

1．修改表格的列长与行高

在以上所创建的表格样式中，无法直接确定表格中每一列的不同宽度、每一行的具体高度。修改表格的列宽与行高可用以下两种方法。

方法一：使用表格的夹点或表格单元的夹点进行修改。

使用表格的夹点进行修改的操作步骤如下：

第1步，单击表格，出现夹点。

第2步，使用以下夹点之一，如图12-15（a）所示。

（1）左上夹点：可移动表格。

（2）右上夹点：可统一修改表格宽度。

（3）左下夹点：可统一修改表格高度。

（4）右下夹点：可统一修改表高和表宽。

（5）列夹点：可更改列宽而不拉伸表格。若按住 Ctrl 键拖动列夹点，可同步更改相邻列，并自动缩放表格以适应此修改。

（a）表格夹点　　　　　　　　　　　　（b）单元格夹点

图 12-15　表格的夹点

注意：

（1）最小列宽是单个字符的宽度。空白表格的最小行高是文字的高度加上单元边距。

（2）按 Esc 键取消对夹点的选择。

使用表格单元的夹点进行修改的操作步骤如下：

第1步，单击选中该表格中的某一表格单元。

第2步，使用表格单元夹点之一修改列长与行高，如图12-15（b）所示。

方法二：使用"特性"选项板进行修改。

操作步骤如下：

第 1 步，在表格单元内单击，然后右击，弹出如图 12-16 所示的快捷菜单。

第 2 步，选择"特性"命令，弹出如图 12-17 所示的"特性"选项板。

第 3 步，在"特性"选项板中，单击"单元宽度"和"单元高度"，输入要修改的新值。

图 12-16　表格的快捷菜单　　　　　　　　图 12-17　表格的"特性"选项板

2．修改列数与行数

操作步骤如下：

第 1 步，在要添加列或行的表格单元内单击。可以选择在多个单元内添加多个列或行。

第 2 步，右击，弹出快捷菜单。

第 3 步，选择其中的"插入行""删除行""插入列"或"删除列"命令来修改列数与行数。

【例 12-4】　创建"明细栏"表格样式，并插入图形，如图 12-18 所示。按图 12-19 所示的机械制图国家标准规定的样式修改明细栏，序号数增加至 5。

图 12-18　"明细栏"表格样式　　　　图 12-19　GB/T 17825.2—1999 规定的明细栏样式

第 1 步，设置作图环境，操作过程略。

第 2 步，调用"表格"命令，弹出"插入表格"对话框。

第 3 步，在"插入表格"对话框中，单击 图标按钮，弹出"表格样式"对话框。

　　　　　　　　　AutoCAD 2019 中文版机械设计标准实例教程

第 4 步，在"表格样式"对话框中，单击"新建"按钮，弹出"创建新的表格样式"对话框，在"新样式名"文本框中输入"明细栏"。单击"继续"按钮，弹出"新建表格样式：明细栏"对话框。

第 5 步，在"单元样式"下拉列表框中选择"数据"，并在"常规"和"文字"选项卡中选择或输入如图 12-20 所示的内容。

（a）"常规"选项卡

（b）"文字"选项卡

图 12-20　在"新建表格样式：明细栏"对话框中设置"数据"单元格

第 6 步，在"单元样式"下拉列表框中选择"表头"，并在"常规"和"文字"选项卡中选择或输入如图 12-21 所示的内容。

（a）"常规"选项卡

（b）"文字"选项卡

图 12-21 在"新建表格样式：明细栏"对话框中设置"表头"单元格

第 7 步，在"表格方向"下拉列表框中选择"向上"，单击"确定"按钮，关闭"新建表格样式：明细栏"对话框。

————————— AutoCAD 2019 中文版机械设计标准实例教程

第8步，在"表格样式"对话框中，单击"置为当前"按钮，将"明细栏"表格样式置为当前表格样式。

第9步，单击"关闭"按钮，关闭"表格样式"对话框。

第10步，单击▦（表格）图标按钮，在弹出的"插入表格"对话框中选择或输入如图 12-22 所示的内容。

图 12-22　在"插入表格"对话框中设置明细栏

第11步，单击"确定"按钮，关闭"插入表格"对话框。在绘图区指定表格插入点。

第12步，双击"表头"单元格并输入如图 12-23 所示的文字，单击"文字编辑器"选项卡中的关闭按钮。

第13步，单击"标题"单元格，打开"表格单元"选项卡，如图 12-24 所示。

图 12-23　输入表头内容

图 12-24　删除"标题"单元格

第 14 步，单击"表格单元"选项卡中"行"面板中的 （删除行）图标按钮，然后按 Esc 键，完成"明细栏"表格样式的创建。

第 15 步，选择所有表头单元格，然后右击，在弹出的快捷菜单中选择"特性"命令，弹出"特性"选项板。在"特性"选项板的"单元高度"文本框中输入 10，如图 12-25（a）所示，按 Enter 键，确定修改内容，按 Esc 键退出选择单元格的状态。

第 16 步，选择所有数据单元格，在"特性"选项板的"单元高度"文本框中输入 7，如图 12-25（b）所示，按 Enter 键，确定修改内容，按 Esc 键退出选择单元格的状态，完成行高的修改。

（a）修改表头单元格的行高　　　　　　　　　　　（b）修改数据单元格的行高

图 12-25　利用"特性"选项板修改各行的高度

第 17 步，依次在表格每一列内单击，利用"特性"选项板修改各列宽度，如图 12-26 所示。也可以通过左右拖曳列夹点来修改列宽。

图 12-26　利用"特性"选项板修改各列的宽度

AutoCAD 2019 中文版机械设计标准实例教程

第 18 步，在数据单元格中从下往上填写明细栏内容，如图 12-27 所示。

3		旋转杆	1	
2		顶盖	1	
1		螺钉	1	
序号	代号	名称	数量	备注

图 12-27　数据单元格填写的内容

第 19 步，初始表格中有 3 行数据。单击第 3 个序号所在的单元格，在打开的"表格单元"选项卡的"行"面板中单击两次 🔲（从上方插入行）图标按钮，并在新插入的行内填写内容。完成的明细栏如图 12-28 所示。

5		底座	1	
4		起重螺杆	1	
3		旋转杆	1	
2		顶盖	1	
1		螺钉	1	
序号	代号	名称	数量	备注

图 12-28　完成的明细栏

12.3.4　插入公式

从 AutoCAD 2006 开始，表格中增加了使用公式的新功能，用于计算总计、平均值和计数，以及定义简单的算术表达式。

在表格中插入公式可用以下两种方法：

方法一：在表格中直接插入公式。

操作步骤如下：

第 1 步，在需插入公式的表格单元格内单击，打开"表格单元"选项卡。

第 2 步，在"插入"面板中，单击 f_x（公式）图标按钮，在其下拉菜单中依次选择"求和""均值"等选项。

方法二：使用文字编辑器输入公式。

操作步骤如下：

第 1 步，双击单元格以打开"在位文字编辑器"选项卡，然后输入要计算的公式。

对于算术表达式，等号（=）使单元格可以使用以下运算符：+、−、/、*、^ 和 =，根据表格中其他单元格的内容来计算数值表达式。

第 2 步，单击文字编辑器的关闭按钮，完成公式的插入。

【例 12-5】　在如图 12-29 所示的流量统计表中统计平均值和总计值。

	流量₁(l/h)	流量₂(l/h)	平均
A管	400	350	375.000000
B管	900	850	875.000000
总计	1300	1200	

图 12-29　流量统计表

操作步骤如下：

第 1 步，在 B4 单元格内单击，打开"表格单元"选项卡，如图 12-30（a）所示。

第 2 步，单击"插入"面板中的 f_x 图标按钮，选择"求和"选项。

第 3 步，用光标拾取求和的范围，如图 12-30（b）所示。

第 4 步，总计值显示在 B4 单元格中。

第 5 步，用同样方法求得 C4 单元格中的总计值。

（a）选择"求和"选项

（b）拾取求和的范围

（c）显示求和的范围

图 12-30　插入求和公式求总计值

第 6 步，使用文字编辑器输入求平均值公式。双击要插入公式的表格单元格，打开"文字编辑器"选项卡。

第 7 步，在 D2 单元格中输入求平均值的算术表达式，如图 12-31 所示。

AutoCAD 2019 中文版机械设计标准实例教程

图 12-31　输入求均值的算术表达式

第 8 步，单击文字编辑器的关闭按钮，完成公式的插入。

第 9 步，用同样的方法求得 D3 单元格中的平均值。完成的表格如图 12-29 所示。

12.4　零件图概述

12.4.1　零件图的内容

任何机器或部件都是由一些零件按照一定的装配关系和技术要求装配而成的。制造机器或部件时必须首先制造组成它的零件。用来制造、检验零件的图样称为零件图。一张完整的零件图应包括以下基本内容：

（1）一组完整、清晰的视图，用以清楚表达零件内、外结构形状。

（2）一组完整的尺寸标注，用以确定零件各部分结构形状的大小和相对位置，便于零件的制造和检验。

（3）技术要求。用以标注或说明零件在制造和检验时应达到的技术指标，例如表面结构代号、公差等，以及用文字注写的热处理等技术要求。

（4）标题栏。用以填写零件的名称、材料、比例、图号以及设计者及审核者签名、日期等。

12.4.2　零件图绘制的一般步骤

在使用计算机绘图时，必须遵守机械制图国家标准的规定。以下是零件图的一般绘制步骤及需要注意的一些问题：

（1）在绘制零件图时，首先应按照图纸幅面大小的不同，分别建立若干样板图[①]。根据零件的用途、加工方法和结构形状确定表达方法与比例，选择其中合适的样板图作为当前零件图的模板。

（2）绘制一组图形，即绘制零件图中的一组视图。根据前面所介绍的绘图和编辑命令高效、快速地绘制视图。视图之间应符合投影规律，即"主、俯视图长对正，主、左视图高平齐，俯、左视图宽相等"。AutoCAD 提供的"构造线"命令可画出一系列的水平与垂直辅助线，以便保证视图之间的投影关系；也可利用对象捕捉追踪功能来保证视图之间的

---

① 参见 13.1 节。

投影关系[1]。

（3）尺寸标注。首先进行一般尺寸的标注；然后标注代号注写的技术要求，其中尺寸公差和形位公差[2]参见 10.7 节和 10.8 节。

（4）标注表面结构代号。表面结构代号可以通过创建属性块来引用[3]。

（5）编写文字注写的技术要求，填写标题栏[4]。

（6）保存图形文件。

【例 12-6】 绘制如图 12-32 所示的底座零件图。

图 12-32　底座零件图

第 1 步，根据零件的结构形状和大小确定表达方法、比例和图幅。

---

① 参见 7.5 节。

② 参见第 10 章。

③ 参见 11.3 节。

④ 参见第 9 章。

第 2 步，打开相应的样板图。打开 V_A4.dwt 样板文件①。

第 3 步，设置作图环境。设置极轴角为 15°，设置有关的对象捕捉，依次单击激活状态行上的极轴、对象捕捉和对象追踪按钮，关闭捕捉、栅格和正交按钮。

第 4 步，绘制视图。

（1）绘制如图 12-33 所示的底座的中心线、对称线以及定位线。

（2）利用形体分析法将底座分解成若干基本部分。首先绘制各基本部分的积聚性投影，再用对象追踪方法绘制其他投影，如图 12-34 所示。

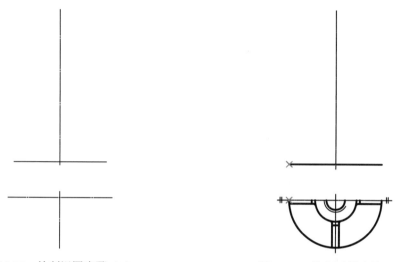

图 12-33　绘制视图步骤（1）　　　　　　　图 12-34　绘制视图步骤（2）

（3）使用绘图命令及"复制""镜像"等编辑命令补齐所有对象的投影，如图 12-35 所示。

（4）在主视图断面上绘制剖面符号，如图 12-36 所示。

图 12-35　绘制视图步骤（3）　　　　　　　图 12-36　绘制视图步骤（4）

---

① 参见 13.1 节。

第 5 步，标注尺寸。

尺寸标注结果如图 12-37 所示，具体方法已在第 10 章作了详细介绍，这里不再赘述。

图 12-37　底座的尺寸标注结果

第 6 步，标注表面结构代号。表面结构代号可以通过创建属性块来引用。

第 7 步，编写技术要求及填写标题栏。可使用"多行文字"命令编写技术要求，技术要求字高为 7，下面的条款字高为 5。可使用"单行文字"命令填写标题栏，材料和零件名称等字高为 10，设计人员签名及日期等字高为 3.5。完成的图形如图 12-32 所示。

第 8 步，保存图形文件，操作过程略。

12.5　装配图概述

12.5.1　装配图的内容

装配图是表达机器或部件的图样。装配图要反映设计者的意图和机器或部件的结构形状、零件间的装配关系、工作原理和性能要求，以及在装配、检验、安装时需要的尺寸和技术要求。一张完整的装配图应包括以下基本内容：

（1）一组视图。表达机器或部件的工作原理、装配关系及结构形状等。

（2）必要的尺寸。包括反映机器或部件的规格、性能、安装、装配及检验等方面的有关尺寸。

（3）技术要求。说明机器或部件的装配、试验、安装、使用和维修的技术要求，一般用文字加以说明。

（4）标题栏零件序号和明细栏。为了便于生产的组织管理工作，在装配图上须对零件进行编号，并将各零件的序号、代号、名称等有关内容填写在明细栏内。在标题栏内填写本机器或部件的名称、比例、图号以及设计、审核者的签名等。

12.5.2　装配图绘制的方法

设计机器或部件时，一般先绘制装配图，再根据装配图及零件在整台机器或部件上的作用绘制零件图，装配图的绘制过程与零件图相似。

测绘机器或部件时，一般先绘制零件图，再根据零件图拼画装配图。装配图的绘制有其自身的特点，主要采用的方法有 3 种：

（1）零件图块插入法。将零件图上的各个图形创建为图块，然后在装配图中插入所需的图块。例如，在零件图中使用"创建块"命令创建内部图块，可通过设计中心引用这些内部图块；在零件图中使用"写块"命令创建外部图块，绘制装配图时，可直接使用"插入块"命令将外部图块插入当前装配图。

（2）零件图形文件插入法。可使用"插入块"命令将零件的整个图形文件作为块直接插入当前装配图，也可通过设计中心将多个零件图形文件作为块插入当前装配图，插入基点为零件图形文件的坐标原点(0,0)。为了便于定位，经常使用"基点"命令来重新定义零件图形文件的插入基点位置，参见例 12-1。

（3）剪贴板交换数据法。使用 AutoCAD 的"复制"命令（"标准"工具栏中的 图标按钮）将零件图中所需图形复制到剪贴板，然后使用"粘贴"命令（"标准"工具栏中的 图标按钮）将剪贴板中的图形粘贴到装配图所需的位置上。

12.5.3　装配图绘制的一般步骤

装配图绘制的一般步骤如下：

（1）在绘制装配图前，应按照图纸幅面大小的不同，分别建立若干样板图。根据部件的装配关系和工作原理确定表达方法和比例，选择其中合适的样板图作为当前装配图的模板。

（2）绘制一组图形。即根据装配图表达方案绘制装配图的各个视图。

（3）标注必要的尺寸，如性能尺寸、配合尺寸、安装尺寸和总体尺寸等。

（4）标注序号。可以利用"多重引线"标注序号或利用属性块标注序号。

（5）绘制明细表。可以利用"表格"命令直接创建明细表。

（6）编写技术要求，填写标题栏。

（7）保存图形文件。

12.6　上机操作实验指导十二：千斤顶装配图的绘制

本节将结合图 12-38 所示的千斤顶装配图的绘制过程，详细讲述装配图的绘制方法和步骤。本节将涉及前面各章学习过的二维图形的绘制和编辑命令、尺寸标注、文字注写和图案填充等操作以及本章介绍的"表格"命令和"基点"命令等。

图 12-38　千斤顶装配图

操作步骤如下：

第 1 步，确定表达方法、比例和图幅。千斤顶是用来顶起重物的部件。它是依靠底座 5 上的内螺纹和起重螺杆 4 上的外螺纹构成的螺纹副来工作的。在起重螺杆的顶端安装有顶盖 2，并用螺钉 1 加以固定，用以放置重物。在起重螺杆的上部有两个垂直正交的径向孔，孔中插有旋转杆 3。千斤顶的视图表达首先应考虑主视图，主视图位置选择千斤顶的工作位置，选择能表达其工作原理、主要结构特征以及主装配线上零件的装配关系的方向为主视图的投射方向；俯视图补充主视图没有表达清楚的内容。以比例 1：1 放置在 A3 图纸上时，俯视图不按投影关系放置，改为 A 向视图。

第 2 步，打开样板图。打开 H_A3.dwt 样板图。

第 3 步，设置作图环境。设置极轴角为 15°，依次单击激活状态行上的对象捕捉、极轴和对象追踪 3 个按钮。

第 4 步，绘制一组视图。首先根据千斤顶装配图的表达方案，绘制视图的主要中心线、对称线以及定位线。

组成千斤顶的零件有 5 种，包括如图 12-32 所示的底座和如图 12-39 所示的顶盖、起重螺钉、旋转杆（即绞杠）和螺钉。如果已绘制好相应的零件图，用户可使用图块、设计中心及剪贴板等将零件图上的图形引入装配图，将大大节省绘制图形的时间。

图 12-39　千斤顶零件图

用剪贴板交换数据法将千斤顶有关的零件图的图形引入千斤顶装配图的具体操作方法如下：

（1）依次打开相应的零件图。

（2）按 Ctrl+C 键，将零件图中所需图形复制到剪贴板。

（3）按 Ctrl+V 键，将剪贴板中的图形粘贴到装配图上，如图 12-40 所示。此时插入基点为插入图形的左下角。

图 12-40　千斤顶装配图视图的绘制过程

（4）按照装配干线，由外向内依次将图框左右两侧的零件的图形移入图框内，位置不符合装配位置的图形先旋转再移动,然后删除和修剪被遮住的线条。单击需要修改方向的剖面符号,在"图案填充编辑器"选项卡里修改剖面符号方向,使相邻零件的剖面符号方向相反或间隔大小不同。完成的装配图视图如图 12-41 所示。

图 12-41　千斤顶装配图视图

第 5 步,标注必要的尺寸。尺寸的标注如图 12-38 所示,标注方法已在第 10 章中作了详细介绍,这里不再赘述。其中的配合尺寸 $\phi 14$ 上的公差带代号 $\dfrac{H9}{d9}$ 通过多行文字编辑器输入。

第 6 步,编写技术要求。使用多行文字编辑器填写技术要求。

第 7 步,标注序号及填写明细栏和标题栏。

(1)序号。序号的常见形式如图 12-42 所示,在所指零件的可见轮廓线内画一个圆点,然后从圆点开始画细实线的引线,在引线的端点画一条细实线的水平线或圆,在水平线上或圆内注写序号,也可以不画水平线或圆而直接在引线的端点附近注写序号,序号字高应比尺寸数字大一号或两号;对很薄的零件或涂黑的剖面,应该用箭头代替引线起点的圆点,箭头应指向所标部分的轮廓,如图 12-42(d)所示。

(a)引线端点
加水平线
注写序号　　(b)引线端点
加圆注写
序号　　(c)引线端点
直接注写
序号　　(d)引线起点
使用箭头

图 12-42　序号的常见形式

标注序号时，可以先将序号创建为动态块，再插入装配图。图 12-42（a）、（c）、（d）所示的 3 种形式的序号也可以先设置相应的引线样式，再直接用"多重引线"命令一次完成。

（2）明细栏。使用"表格"命令完成明细栏的创建和填写。

（3）标题栏。标题栏的填写最好用"单行文字"命令完成，填写的小字体高度为 5，大字体高度为 7。

第 8 步，保存图形文件，操作过程略。

12.7　上机操作常见问题解答

1. 在 AutoCAD 中采用什么比例绘图较好？

绘图比例和输出比例是两个概念。绘图使用原值比例（即 1∶1）比较好，在由零件图拼画装配图或由装配图拆画零件图时非常方便，可以提高工作效率。输出时使用"输出 1 单位=绘图 X 单位"，即按 1∶X 的比例输出；若使用"输出 X 单位=绘图 1 单位"，就是放大到 X 倍输出。

2. 在修改表格的尺寸时，用图 12-43 所示的 W 窗口或 C 窗口无法选取要选择的数据单元格区，如图 12-44 所示，应如何处理这一情况？

图 12-43　W 窗口和 C 窗口的错误选择范围

图 12-44　要选择的数据单元格区

用 W 窗口或 C 窗口选择表格单元格时，窗口的对角点必须在所选表格单元格内部。即 W 窗口和 C 窗口的范围应为图 12-45 所示的范围。

图 12-45　W 窗口和 C 窗口的正确选择范围

也可以在按住 Shift 键的同时拾取单元格。

12.8　操作经验和技巧

1. 零件图的比例为 1∶n 时，如何绘制图形并进行尺寸标注？

方法一：在模型空间打印。先按照机件的实际大小绘制图形，再利用"比例缩放"命令将图形按照 1/n 的比例缩放，例如采用 1∶2 的比例，即图形缩放比例因子为 0.5。标注尺寸时，应将标注样式中的"自动测量比例"设置为图形缩放比例因子的倒数值 n，这里的图形缩放比例因子设为 2。然后，按 1∶1 输出图形。

方法二：在布局空间打印。首先在模型空间按 1∶1 的比例绘制图形，然后在布局空间绘制图框、标题栏和明细栏等，对显示零件图形的视口设置比例，再在布局空间进行尺寸标注，注写技术要求，最后打印出图。

2．在 AutoCAD 中如何快捷地切换窗口？

在绘制装配图和零件图时，常需要同时打开几个图形文件，并随时切换这些图形文件窗口。单击窗口再找到要打开的文件的方法比较麻烦，在 AutoCAD 中可以利用 Ctrl+F6 键或者 Ctrl+Tab 键进行窗口的切换。

12.9 上　机　题

1．图 12-46 为凸缘联轴器装配示意图。绘制如图 12-47 和图 12-48 所示的半联轴器零件图，再根据绘制的零件图拼画如图 12-49 所示的凸缘联轴器装配图。

图 12-46　凸缘联轴器装配示意图

图 12-47　J₁ 型轴孔半联轴器零件图

图 12-48 J 型轴孔半联轴器零件图

12-49 凸缘联轴器装配图

2. 图 12-50 为旋塞阀装配示意图。绘制如图 12-51 至图 12-53 所示的旋塞阀的零件图,再根据绘制的零件图拼画如图 12-54 所示的旋塞阀装配图。

图 12-50　旋塞阀装配示意图

图 12-51　填料压盖零件图

图 12-52　旋塞零件图

　　　　AutoCAD 2019 中文版机械设计标准实例教程

图 12-53　阀体零件图

图 12-54　旋塞阀装配图

第 13 章　机械样板文件与查询功能

在 AutoCAD 中，绘图前首先必须先设置好作图环境，如图形界限、图框、标题栏、文字样式、尺寸标注样式、多重引线样式和图层等。但是，如果每次绘图都要重复做这些工作，将是非常烦琐的。所以，AutoCAD 提供了样板文件的功能，只要将上述有关的设置（包括一些定义为常用标准符号的图块）保存在一系列扩展名为 dwt 的样板文件中。以后绘制新图时，可以直接调用样板文件，在该文件各项设置的基础上开始绘图，可以避免重复操作，大大地提高绘图的效率。

另外，为了了解 AutoCAD 的运行状态和图形对象的数据信息等，AutoCAD 还提供了查询功能。

本章介绍的内容和新命令如下：

（1）样板文件的建立。

（2）样板文件的调用。

（3）POINT（画点）命令。

（4）DDPTYPE（点样式）命令。

（5）DIVIDE（定数等分）命令。

（6）MEASURE（定距等分）命令。

（7）AREA（面积）命令。

（8）DIST（距离）命令。

（9）LIST（列表）命令。

（10）ID（点坐标）命令。

（11）STATUS（状态）命令。

（12）TIME（时间）命令。

（13）MASSPROP（面域/质量特性）命令。

13.1　机械样板文件的建立

AutoCAD 2019 提供了许多样板文件，但这些样板文件并不完全符合我国的机械制图国家标准，所以不同的专业在绘图前都应该建立符合相关国家标准的样板文件，以保证图纸的规范性。下面以建立符合我国机械制图国家标准的 A4 机械样板文件为例，介绍机械样板文件创建的一般方法和步骤。

操作步骤如下：

第 1 步，设置绘图环境。

（1）创建新图形文件。单击"快速访问"工具栏中的 ⬜ 图标按钮，弹出如图 13-1 所示的"选择样板"对话框，选择 acadiso.dwt 样板文件，单击"打开"按钮。

图 13-1 "选择样板"对话框

（2）设置绘图单位。启动"单位"命令，在弹出的"图形单位"对话框中，设置长度的"类型"为"小数"，"精度"为 0.0000，角度的"类型"为"十进制度数"，"精度"为0，如图 13-2 所示。

图 13-2 "图形单位"对话框

调用命令的方式如下：

- 菜单：执行"格式"|"单位"命令或执行 |"图形实用工具"|"单位"命令。
- 键盘命令：UNITS 或 UN。

注意：通常绘图单位的设置可以省略，直接使用默认的设置即可。

（3）设置图形界限。

操作如下：

命令：_LIMITS	在菜单中执行"格式"|"图形界限"命令，启动"图形界限"命令
指定左下角点或 [开(ON)/关(OFF)] <0.0000,0.0000>：↵	按 Enter 键，确认默认的左下角点坐标
指定右上角点<420.0000,297.0000>：**210,297**↵	输入右上角点坐标

（4）使图形界限充满显示区。单击 <kbd>🔍</kbd> 图标按钮。

第 2 步，设置文字样式。

单击 <kbd>A</kbd> 图标按钮，在弹出的"文字样式"对话框中命名"样式名"为"工程字"，在"SHX 字体"下拉列表框中选择 gbenor.shx（用于标注正体字母和数字）或者 gbeitc.shx（用于标注斜体字母和数字），选择"使用大字体"复选框，在"大字体"下拉列表框中选择 gbcbig.shx，如图 13-3 所示。

图 13-3 "文字样式"对话框

第 3 步，创建图层。

单击 <kbd>🗇</kbd> 图标按钮，在如图 13-4 所示的"图层特性管理器"选项板中按表 13-1 所示的图层设置创建图层。

图 13-4 "图层特性管理器"选项板

表 13-1　图层设置

层　名	颜　色	线型名	线条样式	用　途
粗实线	白色	Continuous	粗实线	可见轮廓线、可见过渡线
细实线	绿色	Continuous	细实线	剖面线等
尺寸	黄色	Continuous	细实线	尺寸线和尺寸界线
细点画线	红色	Center	点画线	对称中心线、轴线
细虚线	黄色	Hidden	虚线	不可见轮廓线、不可见过渡线
细双点画线	洋红色	Phantom	双点画线	假想线
波浪线	绿色	Continuous	细实线	波浪线

第 4 步，设置尺寸标注样式。

单击 ✍图标按钮，在弹出的如图 13-5 所示的"标注样式管理器"对话框中，以 ISO-25 为基础样式新建"机械标注"样式，并按表 13-2 设置有关的变量值，其余采用默认设置。

图 13-5　"标注样式管理器"对话框

表 13-2　机械标注样式的父样式变量值设置

选 项 卡	选 项 组	选 项 名 称	变 量 值
线	尺寸线	基线间距	8
	尺寸界线	超出尺寸线	2
		起点偏移量	0
符号和箭头	箭头	第一个	实心闭合
		第二个	实心闭合
		引线	实心闭合
		箭头大小	3
	弧长符号	标注文字的前缀	选中
	半径折弯标注	折弯角度	45°
	折断标注	折断大小	3

选项卡	选项组	选项名称	变量值
文字	文字外观	文字样式	工程字
		文字高度	3.5
	文字位置	垂直	上
		水平	居中
		从尺寸线偏移	1
	文字对齐	与尺寸线对齐	选中
主单位	线性标注	单位格式	小数
		精度	0.00
		小数分隔符	句号
	角度标注	单位格式	十进制度数
		精度	0.0

另外，还应按表 13-3 设置角度、直径和半径标注子样式，设置的详细步骤参见 10.2.3 节。

表 13-3　机械标注样式的子样式变量设置

名　称	选项卡	选项组	选项名称	变量值
角度	文字	文字位置	垂直	外部
			水平	居中
		文字对齐	水平	选中
直径/半径	文字	文字对齐	ISO 标准	选中
	调整	调整选项	文字	选中

第 5 步，设置多重引线样式。

单击 图标按钮，在弹出的如图 13-6 所示的"多重引线样式管理器"对话框中，以 Standard 为基础样式新建"倒角标注"和"形位公差引线"样式，并按表 13-4 设置有关的变量值，其余采用默认设置。

图 13-6　"多重引线样式管理器"对话框

表 13-4　多重引线样式的变量设置

选项卡	选项组	选项名称	变　量　值	
			倒角标注	形位公差引线
引线格式	箭头	符号	无	实心闭合
		大小	0	3
	引线打断	打断大小	3	3
引线结构	约束	最大引线点数	2	3
		第一段角度	45°	90°
		第二段角度		0°
	基线设置	自动包含基线	不选中	不选中
内容	多重引线类型		多行文字	无
	文字选项	默认文字	C1	
		文字样式	工程字	
		文字高度	3.5	
	引线连接	连接位置-左	最后一行加下画线	
		连接位置-右	最后一行加下画线	
		基线间隙	0.1	

第 6 步，绘制图框。

为了便于图样的绘制和图纸的管理，机械制图国家标准中对图纸幅面作了规定。绘制图框时，首先应选择是竖装还是横装，是否留装订边，如图 13-7 所示。机械制图国家标准图幅尺寸可参见表 13-5，操作过程略。

（a）竖装且留装订边　　　　　（b）竖装且不留装订边　　　　　（c）横装且留装订边

图 13-7　图框的格式

表 13-5　机械制图国家标准图幅尺寸

尺寸参数/ mm	幅　面　代　号				
	A0	A1	A2	A3	A4
$B \times L$	841×1189	594×841	420×594	297×420	210×297
a	25				
c	10			5	
e	20		10		

注意：图纸的边界线应画成细实线，而图框线应画成粗实线。

第 7 步，绘制标题栏。

这里为简化起见，标题栏采用"机械制图"课中建议学生练习时使用的简化标题栏，如图 13-8 所示，绘制方法参见 12.3 节。符合机械制图国家标准的标题栏可参见 11.12 节。

图 13-8　简化标题栏

第 8 步，定义标题栏块。

标题栏中要填写的内容（即标题栏中带括号的文字）如果每次都使用"文字"命令输入则比较麻烦。简单的方法是把它们定义为属性，然后将标题栏和属性定义成块。在插入标题栏块时，可以根据提示输入相应的文字内容。下面以"（图名）"项为例进行介绍。

操作步骤如下：

（1）将"文字"图层设置为当前图层。

（2）定义属性。单击"块"面板中的 图标按钮，在弹出的如图 13-9 所示的"属性定义"对话框中，在"标记"文本框中输入"（图名）"，在"提示"文本框中输入"输入图名"，在"对正"下拉列表框中选择"中间"，在"文字样式"下拉列表框中选择"工程字"，在"文字高度"文本框中输入 5，单击"确定"按钮。利用捕捉功能在屏幕上捕捉对正点，即方格的正中点。

图 13-9　"属性定义"对话框

AutoCAD 2019 中文版机械设计标准实例教程

用同样的方法定义其他属性，直至完成带属性的标题栏，如图 13-10 所示。

	(图名)		比　例	(比例)	(图号)
			材　料	(材料)	
制　图	(姓名)	(日期)			
审　核	(姓名)	(日期)			

图 13-10　带属性的标题栏

（3）创建属性块。单击 图标按钮，在弹出的"块定义"对话框中，在"名称"文本框中输入"标题栏"，单击"选择对象"按钮，选择标题栏及其属性，单击"拾取点"按钮，捕捉标题栏右下角点作为基点，如图 13-11 所示。

图 13-11　"块定义"对话框

第 9 步，定义常用符号图块。

通过设计中心，可以将已有图形的符号块添加进来[①]。也可以采用类似于创建标题栏属性块的方法，由用户自定义表面结构代号、基准符号等[②]，操作步骤略。

第 10 步，保存样板文件。

单击 图标按钮，弹出"图形另存为"对话框，在"文件类型"下拉列表框中选择"AutoCAD 图形样板（*.dwt）"，输入文件名 A4，如图 13-12 所示，再单击"保存"按钮，弹出如图 13-13 所示的"样板选项"对话框，可以输入有关的说明。

注意：可以利用设计中心复制已有的图层、文字样式、块、表格样式和尺寸标注样式。

---

① 参见 11.7.3 节。

② 参见第 11 章。

图 13-12 "图形另存为"对话框

图 13-13 "样板选项"对话框

13.2 机械样板文件的调用

样板文件建好后,每次绘制新图时都可以从调用样板文件开始。

操作步骤如下:

第 1 步,单击 图标按钮,弹出如图 13-14 所示的"选择样板"对话框,选择 A4 样板文件,单击"打开"按钮。

第 2 步,单击 图标按钮,在下滑面板中单击"更多选项"按钮,在弹出的"插入"对话框中的"名称"下拉列表框中选择"标题栏"。这里,如果要按 1∶1 比例打印出图,则 X、Y 的缩放比例都为 1,旋转角度为 0°,如图 13-15 所示。利用捕捉功能捕捉图框的右下角点作为标题栏块的插入点,根据提示输入属性值(即填写标题栏块中带括号的内容)。

————————— AutoCAD 2019 中文版机械设计标准实例教程

图 13-14　"选择样板"对话框

图 13-15　"插入"对话框

注意：

（1）如果按非 1∶1（如 1∶50）比例打印出图，则 X、Y 的缩放比例都为 50。在"尺寸标注样式"对话框"调整"选项卡的"标注特征比例"选项组中将"使用全局比例"选项改为 50。在命令行输入 LTSCALE（全局比例因子）系统变量，将线型比例也改为 50；输入 SCALE（"比例缩放"命令），将图框放大 50 倍。另外，在输入文字时，其高度也应扩大 50 倍。

（2）样板文件保存在系统默认的专门存放样板文件的 Template 文件夹下。

13.3　点 的 绘 制

13.3.1　点样式设置

利用"点样式"命令可以设置点标记的形状和大小。

调用命令的方式如下：

- 功能区：单击"默认"选项卡"实用工具"面板中的 图标按钮。
- 菜单：执行"格式"|"点样式"命令。
- 键盘命令：DDPTYPE。

执行"点样式"命令后，弹出如图 13-16 所示的"点样式"对话框。

操作及选项说明如下：

（1）点样式缩略图。显示 20 种不同类型的点样式，单击某个缩略图可以选择相应的点样式。

（2）"点大小"文本框。设置点的显示大小。

（3）"相对于屏幕设置大小"单选按钮。按屏幕的比例显示点标记，单位为%（即点标记的大小占屏幕大小的百分比）。当缩放图形时，点标记的大小不会变化。

（4）"按绝对单位设置大小"单选按钮。按实际单位来显示点标记（即以作图单位作为点标记的单位）。

图 13-16　"点样式"对话框

13.3.2　绘制点

利用画点命令可以在指定位置按已设定的点样式绘制一个或多个点。

调用命令的方式如下：

- 功能区：单击"默认"选项卡"绘图"面板中的 图标按钮。
- 菜单：执行"绘图"|"点"|"单点"或者"多点"命令。

——————　AutoCAD 2019 中文版机械设计标准实例教程

- 图标：单击"绘图"工具栏中的 ⠿ 图标按钮。
- 键盘命令：POINT 或 PO。

操作步骤如下：

第 1 步，调用"点"命令。

第 2 步，命令提示为"指定点："时，可以输入点的坐标，也可以用捕捉功能捕捉特殊点。在此步中可以绘制多个点。

13.4 定数等分对象

利用"定数等分"命令可以沿对象的长度或周长按指定的分段数在等分点处放置点对象或块。

调用命令的方式如下：

- 功能区：单击"默认"选项卡"绘图"面板中的 ⠿ 图标按钮。
- 菜单：执行"绘图"|"点"|"定数等分"命令。
- 键盘命令：DIVIDE 或 DIV。

13.4.1 点定数等分对象

点定数等分对象就是沿选定对象按当前点样式设置及指定的等分数目等间距放置点对象。

操作步骤如下：

第 1 步，调用"定数等分"命令。

第 2 步，命令提示为"选择要定数等分的对象："时，选择要定数等分的对象。

第 3 步，命令提示为"输入线段数目或 [块(B)]："时，指定等分数目。

注意：

（1）定数等分的对象可以是直线、圆弧、样条曲线、圆、椭圆和多段线。

（2）等分数目为 2~32 767。

13.4.2 插入块定数等分对象

插入块定数等分对象就是沿选定对象按指定的等分数目等间距放置块。

操作步骤如下：

第 1 步和第 2 步，同 13.4.1 节第 1 步和第 2 步。

第 3 步，命令提示为"输入线段数目或 [块(B)]："时，输入 B，选择"块"选项，按 Enter 键。

第 4 步，命令提示为"输入要插入的块名："时，输入作为标记的块的名称。

第 5 步，命令提示为"是否对齐块和对象？[是(Y)/否(N)] <Y>："时，指定插入块与定数等分对象是否对齐。

第 6 步，命令提示为"输入线段数目："时，指定等分数目。

注意：块必须预先定义好，才能选择"块"选项。

【例 13-1】 绘制如图 13-17 所示的珍珠链。

图 13-17　珍珠链

操作如下：

命令：_DIVIDE	单击 图标按钮，启动"定数等分"命令
选择要定数等分的对象：	选择样条曲线
输入线段数目或 [块(B)]：**B**↵	选择"块"选项
输入要插入的块名：**single**↵	输入块名 (应事先绘制一个圆和圆环，并定义为 single 块)
是否对齐块和对象？ [是(Y)/否(N)] <Y>：↵	按 Enter 键，选择默认选项"是"
输入线段数目：**10**↵	输入线段数目

13.5　定距等分对象

利用"定距等分"命令可以将点对象或块在对象上按指定长度放置。

调用命令的方式如下：

- 功能区：单击"默认"选项卡"绘图"面板中的 图标按钮。
- 菜单：执行"绘图"|"点"|"定距等分"命令。
- 键盘命令：MEASURE 或 ME。

13.5.1　点定距等分对象

点定距等分对象就是沿选定对象按指定间隔及当前点样式设置放置点对象，如图 13-18 所示。

图 13-18　点定距等分对象

操作步骤如下：

第 1 步，调用"定距等分"命令。

第 2 步，命令提示为"选择要定距等分的对象："时，选择要定距等分的对象。

第 3 步，命令提示为"指定线段长度或 [块(B)]："时，输入等分的长度值。

注意：定距等分的对象可以是直线、圆弧、样条曲线、圆、椭圆和多段线。

13.5.2　插入块定距等分对象

插入块定距等分对象就是沿选定对象按指定间隔放置块。

操作步骤如下：

第 1 步和第 2 步，同 13.5.1 节第 1 步和第 2 步。

第 3 步，命令提示为"指定线段长度或 [块(B)]:"时，输入 B，选择"块"选项，按 Enter 键。

第 4 步，命令提示为"输入要插入的块名:"时，输入作为标记的块的名称。

第 5 步，命令提示为"是否对齐块和对象？[是(Y)/否(N)] <Y>:"时，指定插入块与定距等分对象是否对齐。

第 6 步，命令提示为"指定线段长度:"时，指定等分的长度值。

注意：

（1）开口对象从最靠近用于选择对象的点的端点处开始放置点对象或块。

（2）闭合多段线的定距等分从绘制的第一个点处开始放置点对象或块。

13.6 查 询 对 象

13.6.1 查询时间

利用"时间"命令可以查询当前图形有关时间的信息。

调用命令的方式如下：

- 菜单：执行"工具"|"查询"|"时间"命令。
- 键盘命令：TIME。

调用该命令后，切换到 AutoCAD 文本窗口，显示如图 13-19 所示的时间信息。

图 13-19 显示时间信息

操作及选项说明如下：

（1）显示（D）：重复显示时间信息。

（2）开（ON）：打开计时器。

（3）关（OFF）：关闭计时器。

（4）重置（R）：使计时器复位清零。

13.6.2 查询系统状态

利用"状态"命令可以查询当前图形中的对象数目、图形范围、可用图形磁盘空间和可用物理内存以及有关参数设置等信息。

调用命令的方式如下：
- 菜单：执行"工具"|"查询"|"状态"命令。
- 键盘命令：STATUS。

调用该命令后，切换到 AutoCAD 文本窗口，显示如图 13-20 所示的系统状态信息。

图 13-20　显示系统状态信息

13.6.3　列表显示特性参数

利用"列表"命令可以以列表形式显示选定对象的特性参数。

调用命令的方式如下：
- 功能区：单击"默认"选项卡"特性"面板中的图标按钮。
- 菜单：执行"工具"|"查询"|"列表"命令。
- 图标：单击"查询"工具栏中的图标按钮。
- 键盘命令：LIST、LI 或 LS。

操作步骤如下：

第 1 步，调用"列表"命令。

第 2 步，命令提示为"选择对象："时，选择要查询的图形对象，可以选择多个对象。

第 3 步，命令提示为"选择对象："时，按 Enter 键，结束对象选择。

【例 13-2】　列表显示如图 13-21 所示的圆和正六边形的特性参数。

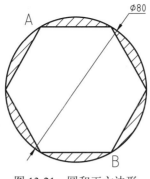

图 13-21　圆和正六边形

操作如下：

命令：_LIST	单击 图标按钮，启动"列表"命令
选择对象：找到 1 个	选择圆
选择对象：找到 1 个，总计 2 个	选择正六边形
选择对象：↵	结束对象选择
圆　　　　图层：粗实线 　　　　　　　　空间：模型空间 　　　句柄 = 169 　　　圆心点，X=2887.4505　Y=−230.4017　Z= 0.0000 　　　半径　　40.0000 　　　周长　　251.3274 　　　面积　5026.5482 　　　　　LWPOLYLINE　图层：粗实线 　　　　　　　　　空间：模型空间 　　　　句柄 = 16b 　　　闭合 　固定宽度　　0.0000 　　　面积　　4156.9219 　　　周长　　240.0000 　　　于端点　X=2867.4505　Y=−195.7606　Z=0.0000 　　　于端点　X=2847.4505　Y=−230.4017　Z=0.0000 　　　于端点　X=2867.4505　Y=−265.0427　Z=0.0000 　　　于端点　X=2907.4505　Y=−265.0427　Z=0.0000 　　　于端点　X=2927.4505　Y=−230.4017　Z=0.0000 　　　于端点　X=2907.4505　Y=−195.7606　Z=0.0000	显示特性参数

13.6.4　查询点坐标

利用"点坐标"命令可以查询指定点的坐标。

调用命令的方式如下：

- 功能区：单击"默认"选项卡"实用工具"面板中的 图标按钮。

- 菜单：执行"工具"|"查询"|"点坐标"命令。
- 图标：单击"查询"工具栏中的图标按钮。
- 键盘命令：ID。

操作步骤如下：

第 1 步，调用"点坐标"命令。

第 2 步，命令提示为"指定点"时，拾取要显示坐标的点。

13.6.5 查询距离和角度

利用"距离"命令可以测量指定两点之间的距离和角度。

调用命令的方式如下：

- 功能区：单击"默认"选项卡"实用工具"面板中的图标按钮。
- 菜单：执行"工具"|"查询"|"距离"命令。
- 图标：单击"查询"工具栏中的图标按钮。
- 键盘命令：DIST 或 DI。

操作步骤如下：

第 1 步，调用"距离"命令。

第 2 步，命令提示为"指定第一点："时，拾取或输入第一点。

第 3 步，命令提示为"指定第二点或 [多个点(M)]："时，拾取或输入第二点。

【例 13-3】 用"距离"命令测量如图 13-21 所示的点 A 和点 B 之间的距离。

操作如下：

命令：_MEASUREGEOM	单击 图标按钮，启动"距离"命令
输入选项 [距离(D)/半径(R)/角度(A)/面积(AR)/体积(V)] <距离>：_DISTANCE	
指定第一点：	利用端点捕捉功能捕捉点 A
指定第二点或 [多个点(M)]：	利用端点捕捉功能捕捉点 B
距离 = 80.0000，XY 平面中的倾角 = 300，与 XY 平面的夹角 = 0 X 增量 = 40.0000，Y 增量 = −69.2820，Z 增量 = 0.0000	系统显示距离、倾角等信息

13.6.6 查询面积和周长

利用"面积"命令可以计算对象或指定封闭区域的面积和周长。

调用命令的方式如下：

- 功能区：单击"默认"选项卡"实用工具"面板的下拉式图标按钮中的图标按钮。
- 菜单：执行"工具"|"查询"|"面积"命令。
- 图标：单击"查询"工具栏中的图标按钮。
- 键盘命令：AREA 或 AA。

1．计算由指定点定义的面积和周长

操作步骤如下：

第 1 步，调用"面积"命令。

第 2 步，命令提示为"指定第一个角点或 [对象(O)/增加面积(A)/减少面积(S)] <对象(O)>："时，指定围成封闭多边形的第一个角点。

第 3 步，命令提示为"指定下一个点或 [圆弧(A)/长度(L)/放弃(U)]："时，指定第二个角点。

第 4 步，命令提示为"指定下一个点或 [圆弧(A)/长度(L)/放弃(U)]："时，指定第三个角点。

第 5 步，命令提示为"指定下一个点或 [圆弧(A)/长度(L)/放弃(U)/总计(T)] <总计>："时，指定第四个角点。

……

第 n+1 步，命令提示为"指定下一个点或 [圆弧(A)/长度(L)/放弃(U)/总计(T)] <总计>："时，指定第 n 个角点。

注意：所有点必须都在与当前用户坐标系（UCS）的 XY 平面平行的平面上。

【例 13-4】 利用"面积"命令指定点，求如图 13-22 所示的五边形面积。

图 13-22　求五边形面积

操作如下：

命令：_MEASUREGEOM	单击 [图标] 图标按钮，启动"面积"命令
输入选项 [距离(D)/半径(R)/角度(A)/面积(AR)/体积(V)] <距离>：_AREA	
指定第一个角点或 [对象(O)/增加面积(A)/减少面积(S)/退出(X)] <对象(O)>：	利用端点捕捉功能捕捉点 A
指定下一个点或 [圆弧(A)/长度(L)/放弃(U)]：	利用端点捕捉功能捕捉点 B
指定下一个点或 [圆弧(A)/长度(L)/放弃(U)]：	利用端点捕捉功能捕捉点 C
指定下一个点或 [圆弧(A)/长度(L)/放弃(U)/总计(T)] <总计>：	利用端点捕捉功能捕捉点 D
指定下一个点或 [圆弧(A)/长度(L)/放弃(U)/总计(T)] <总计>：	利用端点捕捉功能捕捉点 E
面积 = 2800.0000，周长 = 224.7214	系统显示多边形的面积和周长

2．计算封闭对象的面积和周长

操作步骤如下：

第 1 步, 调用"面积"命令。

第 2 步, 命令提示为"指定第一个角点或 [对象(O)/增加面积(A)/减少面积(S)] <对象(O)>:"时, 输入 O, 选择"对象"选项, 按 Enter 键。

第 3 步, 命令提示为"选择对象:"时, 选择一个封闭的对象。

注意:

(1) 封闭对象可以是圆、椭圆、样条曲线、多段线和正多边形等。

(2) 选择"增加面积"选项时, 可以选择两个以上的对象, 用加模式计算面积; 选择"减少面积"选项时, 可以选择两个以上的对象, 用减模式计算面积。

(3) 如果选择开放的多段线, 将假设从最后一点到第一点绘制了一条直线, 然后计算所围区域中的面积。

【例 13-5】 利用"面积"命令计算如图 13-23 所示的阴影部分的面积。

图 13-23 求阴影部分的面积

操作如下:

命令: _MEASUREGEOM	单击 图标按钮, 启动"面积"命令
输入选项 [距离(D)/半径(R)/角度(A)/面积(AR)/体积(V)] <距离>: _AREA	
指定第一个角点或 [对象(O)/增加面积(A)/减少面积(S)] <对象(O)>: **A↵**	选择"增加面积"选项
指定第一个角点或 [对象(O)/减少面积(S)]: **O↵**	选择"对象"选项
("加"模式) 选择对象:	选择矩形
面积 = 4800.0000, 周长 = 280.0000	系统显示矩形的面积和周长
总面积 = 4800.0000	系统显示总面积
("加"模式) 选择对象: ↵	按 Enter 键, 结束对象选择
指定第一个角点或 [对象(O)/减少面积(S)]: **S↵**	选择"减少面积"选项
指定第一个角点或 [对象(O)/增加面积(A)]: **O↵**	选择"对象"选项
("减"模式) 选择对象:	选择圆
面积 = 314.1593, 圆周长 = 62.8319	系统显示圆的面积和周长
总面积 = 4485.8407	系统显示总面积
("减"模式) 选择对象:	选择正方形
面积 = 100.0000, 周长 = 40.0000	系统显示正方形的面积和周长
总面积 = 4385.8407	系统显示总面积

("减"模式) 选择对象: ↵	按 Enter 键，结束对象选择
指定第一个角点或 [对象(O)/增加面积(A)]: ↵	按 Enter 键，结束"面积"命令

注意：AutoCAD 2010 新增了 MEASUREGEOM 命令，除了以上的查询选项外，还包括查询半径、角度和体积等选项。执行"工具" | "查询"子菜单中的"距离""半径""角度""面积"和"体积"等命令，或者单击功能区"默认"选项卡中"实用工具"面板中的下拉式 ▤ 图标按钮，与执行 MEASUREGEOM 命令的对应选项的效果相同。

13.6.7　查询质量特性

利用"面域/质量特性"命令可以计算面域或实体的质量特性。

调用命令的方式如下：

- 菜单：执行"工具" | "查询" | "面域/质量特性"命令。
- 图标：单击"查询"工具栏中的 ▤ 图标按钮。
- 键盘命令：MASSPROP。

操作步骤如下：

第 1 步，调用"面域/质量特性"命令。

第 2 步，命令提示为"选择对象"时，选择面域或三维实体对象。

【例 13-6】　利用"面域/质量特性"命令查询如图 13-24 所示的三维实体对象的质量特性。

图 13-24　三维实体

操作如下：

命令: _MASSPROP	单击 ▤ 图标按钮，启动"面域/质量特性"命令
选择对象: 找到 1 个	选择三维实体对象
选择对象: ↵	结束对象选择
--------------- 实体 ---------------	系统显示三维实体对象的质量特性

```
质量：          408107.8705
体积：          408107.8705
边界框：  X: −70.0000  --  70.0000
          Y: −45.0000  --  45.0000
          Z:   0.0000  --  90.0000
质心：    X:  −1.0608
          Y:   0.0000
          Z:  32.8810
```

惯性矩： X：978369528.5075 Y：1182217721.0687 Z：682717368.8027 惯性积： XY：0.0000 YZ：0.0000 ZX：−25976335.5046 旋转半径： X：48.9625 Y：53.8222 Z：40.9009 主力矩与质心的 X-Y-Z 方向： I：536196490.5422 沿 [0.9968 0.0000 -0.0801] 按 Enter 键继续： J：740529170.6300 沿 [0.0000 1.0000 0.0000] K：683201856.3293 沿 [0.0801 0.0000 0.9968]	
是否将分析结果写入文件？[是(Y)/否(N)] <否>：↵	系统提示是否将分析结果写入文件中，按 Enter 键，选择默认选项"否"

13.7　上机操作实验指导十三：棘轮的绘制

本节介绍如图 13-25 所示的棘轮的绘制方法和步骤。本节主要涉及的命令包括前面各章介绍的"阵列"命令、"圆"命令、"直线"命令和本章介绍的"点样式"命令、"定数等分"命令。

操作步骤如下：

第 1 步，设置绘图环境，操作过程略。

第 2 步，设置点样式。单击 图标按钮，在"点样式"对话框中按图 13-26 设置点的样式。

图 13-25　棘轮

图 13-26　"点样式"对话框

第 3 步，定数等分圆。

（1）绘制 3 个同心圆，操作过程略。

（2）定数等分圆。

操作如下：

命令：_DIVIDE	单击 图标按钮，启动"定数等分"命令
选择要定数等分的对象：	选择直径最大的圆
输入线段数目或 [块(B)]：**12↵**	输入等分数为 12

（3）定数等分第二个圆，操作过程略。完成后的图形如图 13-27 所示。

第 4 步，绘制棘轮齿的轮廓线。

（1）"对象捕捉"设置为"节点""圆心"。

（2）绘制单个齿。

操作如下：

命令：_LINE	单击 图标按钮，启动"直线"命令
指定第一个点：_nod 于	利用对象捕捉功能捕捉节点 C
指定下一点或 [放弃(U)]：_nod 于	利用对象捕捉功能捕捉节点 A
指定下一点或 [放弃(U)]：_nod 于	利用对象捕捉功能捕捉节点 B
指定下一点或 [闭合(C)/放弃(U)]：↵	按 Enter 键，结束"直线"命令，完成后的图形如图 13-28 所示

图 13-27　定数等分圆

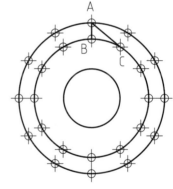

图 13-28　绘制单个齿

（3）阵列单个齿，操作过程略。

（4）将点的样式改为默认样式。单击 图标按钮，在"点样式"对话框中设置点的样式为默认样式。

（5）删除两个辅助圆。

第 5 步，保存图形，操作过程略。

13.8　上机操作常见问题解答

1. 定数等分对象或定距等分对象时，为何有时不显示等分点？

选择点样式类型中的第一种和第二种，则显示的等分点很难辨别，而系统默认的就是第一种。所以，应首先设置合适的点样式。

2．在新建文件的过程中选择样板时，找不到已创建的样板文件。如何处理这一情况？

（1）样板文件可能没有保存在系统默认的专门存放样板文件的 Template 文件夹下。可以单击"浏览"按钮，找到存放该样板文件的路径。

（2）该样板文件可能被保存为系统默认的 dwg 文件。可以在操作系统资源管理器中将文件扩展名改为 dwt。

13.9　操作经验和技巧

1．如何查看图形样板文件的位置？

查看样板文件位置的操作步骤如下：

第 1 步，执行"工具" |"选项"命令。

第 2 步，在"选项"对话框中的"文件"选项卡上，单击"样板设置"左侧的加号（+）。

第 3 步，在"样板设置"下，单击"图形样板文件位置"左侧的加号（+）。

第 4 步，在"图形样板文件位置"下，查看图形样板文件的路径，如图 13-29 所示。

图 13-29　"选项"对话框的"文件"选项卡

AutoCAD 2019 中文版机械设计标准实例教程

2．如何利用已有的图形文件创建样板文件？

创建样板文件不一定要从零开始，可以利用一张设置好的已有的图形文件，删除其中不需要的图形对象，对其中与机械制图国家标准不符的设置内容进行修改，然后另存为扩展名为 dwt 的样板文件。

3．如何设置默认的样板文件？

设置默认的样板文件后，当单击 图标按钮时，系统将不显示"选择样板"对话框，直接打开样板文件。

操作步骤如下：

第 1 步，执行"工具"|"选项"命令。

第 2 步，在"选项"对话框中的"文件"选项卡上，单击"样板设置"左侧的加号 (+)。

第 3 步，在"样板设置"下，单击"快速新建的默认样板文件名"左侧的加号 (+)。如果没有设置默认样板文件，则其下显示"无"，如图 13-30 所示。

图 13-30 "选项"对话框的"文件"选项卡"快速新建的默认样板文件名"

第 4 步，单击"浏览"按钮，将弹出"选择文件"对话框，找到默认样板文件的路径，选中该样板文件，单击"打开"按钮，如图 13-31 所示。

第 5 步，系统返回"选项"对话框，如图 13-32 所示。单击"应用"按钮，然后单击"确定"按钮。

图 13-31 "选择文件"对话框

图 13-32 快速新建的默认样板文件名

13.10 上 机 题

1. 利用"定数等分"命令将已知角三等分，如图 13-33 所示。

————— AutoCAD 2019 中文版机械设计标准实例教程

图 13-33 三等分已知角

2. 创建横式 A3 样板文件，然后调用该样板文件，绘制如图 13-34 所示的钳座零件图，其三维实体模型如图 13-35 所示。

图 13-34 钳座零件图

图 13-35 钳座三维实体模型

第 14 章　基本三维实体模型的创建

前面所述的二维图形是传统工程图样的主要表达形式，在表达物体的形状、尺寸、技术要求等方面具有独特的优势，因而得到广泛的应用。但二维图形对象都是在平面内创建的，不够直观。三维模型是对三维形体的空间描述，能直接表达产品的设计效果。本章将重点讲述与三维造型相关的三维观察方式、用户坐标系以及三维实体造型命令的操作方法。

本章介绍的内容和新命令如下：

（1）标准视点定义的常用标准视图。

（2）三维导航立方体。

（3）三维动态观察。

（4）控制盘。

（5）用户坐标系。

（6）UCSICON（坐标系图标显示控制）命令。

（7）VISUALSTYLES（视觉样式管理器）命令。

（8）HELIX（螺旋线）命令。

（9）REGION（面域）命令。

（10）创建基本几何体的命令。

（11）EXTRUDE（创建拉伸体）命令。

（12）REVOLVE（创建旋转体）命令。

（13）SWEEP（创建扫掠体）命令。

（14）LOFT（创建放样体）命令。

14.1　三维工作空间

在 AutoCAD 2019 中，与创建三维模型有关工作空间有三维基础工作空间和三维建模工作空间。三维基础工作空间和三维建模工作空间的界面类似，绘图区右侧有三维导航立方体和导航栏，用于全方位观察三维模型。三维基础工作空间比三维建模工作空间的界面更为简洁，可以满足大多数三维模型的创建。本章与第 15 章如不作特殊说明，全部使用三维建模工作空间，如图 14-1 所示。

三维建模工作空间的右侧是导航栏，可以通过命令 NAVBAR 打开或关闭导航栏，NAVBAR 的选项为 ON 时打开导航栏，NAVBAR 的选项为 OFF 时关闭导航栏。

三维模型一般有平行投影和透视投影两种显示方式，如图 14-2 所示。透视投影取决于人观察物体的视点和人与目标点之间的距离，较小的距离产生明显的透视效果，较大的距离产生的透视效果不明显。而平行投影与此距离无关。

图 14-1　三维建模工作空间

（a）平行投影　　　　　　　　　　　　　　（b）透视投影

图 14-2　三维模型的显示方式

　　机械工程中的三维模型一般采用平行投影的方式显示。平行投影和透视投影可以通过改变系统变量 PERSPECTIVE 的值来切换，透视投影的 PERSPECTIVE 值为 1，平行投影的 PERSPECTIVE 值为 0。

　　注意：透视视图在"二维线框"视觉样式中不可用，且仅在模型空间中有效。

14.2　三维模型的分类

　　AutoCAD 2019 支持的三维模型类型包括实体模型、线框模型、网格模型和表面模型。

　　实体模型描述了对象的整个体积，是信息最完整且二义性最小的一种三维模型，复杂的实体模型在构造和编辑上比线框模型和表面模型容易。使用实体模型，用户可以分析实体的质量、体积、重心等物理特性，可以为一些应用分析（如数控加工、有限元等）提供数据。实体模型是具有质量、体积、重心和惯性矩等特性的三维表示。实体模型是包含信息最多，也是最容易使用的三维建模类型，如图 14-3（a）所示。本章主要讨论实体建模的方法。

线框模型是描绘三维对象的骨架，如图 14-3（b）所示。线框模型中没有面，只有描绘对象边界的点、直线和曲线。AutoCAD 可以在三维空间的任何位置放置二维（平面）对象来创建线框模型。AutoCAD 也提供了一些三维线框对象，例如三维多段线和样条曲线。由于构成线框模型的每个对象都必须单独绘制和定位，因此，这种建模方式往往最为耗时。

网格模型由使用多边形（包括三角形和四边形）来定义三维形状的顶点、边和面组成，如图 14-3（c）所示。与实体模型不同，网格模型没有质量特性。但是，与三维实体一样，从 AutoCAD 2010 开始，用户可以创建诸如长方体、圆锥体和棱锥体等图元的网格形式，然后可以通过不适用于三维实体或曲面的方法来修改网格模型。例如，可以应用锐化、拆分以及增加平滑度，可以拖动网格子对象（顶点、边和面）使对象变形。要获得更细致的效果，可以在修改网格模型之前优化特定区域的网格。

表面模型是通过面来表达三维形体的模型，如图 14-3（d）所示。它不仅定义三维对象的边，而且定义三维对象的面，所以可以进行消隐、着色等操作。但表面模型没有体的信息，且创建后编辑修改不方便。

（a）实体模型　　　　　　（b）线框模型　　　　　　（c）网格模型　　　　　（d）表面模型

图 14-3　三维模型的类型

14.3　三 维 观 察

用户在创建三维模型时，可采用缩放或平移的方法来观察三维模型，同时还需要从不同的角度来观察三维模型，以获得三维模型各部分的详细信息。下面介绍常用的三维模型观察方法：常用标准视图、三维导航立方体和三维动态观察器。

14.3.1　常用标准视图

快速设置观察方向的方法是选择预定义的标准正交视图和等轴测视图。这些视图为俯视、仰视、左视、右视、前视、后视、西南等轴测、东南等轴测、东北等轴测和西北等轴测。

调用命令的方式如下：

- 功能区：单击"常用"选项卡"视图"面板中的"视图"下拉列表或"视图"选项卡"视图"面板中的"视图"下拉列表。
- 菜单：执行"视图"|"三维视图"命令。
- 工具栏：单击"视图"工具栏。

操作步骤如下：

第1步，单击"常用"选项卡"视图"面板中的"视图"下拉列表，如图14-4所示。

图14-4 "视图"下拉列表

第2步，单击相应的图标按钮，可以在6个标准正交视图和4个等轴测视图之间切换。

14.3.2 三维导航立方体

三维导航立方体（ViewCube）是AutoCAD 2009新增的一个三维观察工具。启用三维图形系统时，三维导航立方体可以作为三维模型方位的参考，直观反馈模型当前的观察方向，并可以在标准视图和等轴测视图间快速切换。三维导航立方体如图14-5所示。

图14-5 三维导航立方体

调用命令的方式如下：

- 功能区：单击"视图"选项卡"视口工具"面板中的 📦 图标按钮。
- 菜单：执行"视图"|"显示"|ViewCube|"开"命令。当前工作空间的菜单中未提供。
- 键盘命令：NAVVCUBE。

默认情况下，三维导航立方体直接在界面绘图区右上角激活。

三维导航立方体提供了26个已定义区域，这些区域按类别分为3组：角、边和面，可以单击立方体的角、边和面更改模型的当前视图。

1. 面的操作

三维导航立方体上、下、前、后、左、右分别代表三维模型6个标准正交视图：俯视、仰视、主视、左视、右视、后视，这6个正交视图也称面视图。单击三维导航立方体的一个面，可以选择正交视图，如图 14-6 所示。

图 14-6　三维导航立方体的面操作

2．角的操作

单击三维导航立方体的一个角，可以选择基于模型 3 个侧面所定义的等轴测视图，如图 14-7 所示。

图 14-7　三维导航立方体的角操作

3．边的操作

单击三维导航立方体的一条边，可以选择基于模型两个侧面的四分之三视图，如图 14-8 所示。

图 14-8　三维导航立方体的边操作

4．旋转标准正交视图的操作

从一个面视图查看三维模型时，三维导航立方体附近将显示另外两个弯箭头图标。单击弯箭头可以将当前视图沿逆时针方向（或顺时针方向）绕视图中心滚动（或旋转）90°。例如，单击图 14-6 所示的三维导航立方体右上方的逆时针方向弯箭头，视图沿逆时针方向绕视图中心旋转 90°，结果如图 14-9 所示。

图 14-9　三维导航立方体的正交视图旋转

5．切换至相邻面的操作

从一个面视图查看三维模型时，可以使用三维导航立方体切换至一个相邻面以查看该面视图。三维导航立方体处于活动状态且某个面视图（即正交视图）为当前视图时，将显示 4 个三角形，三维导航立方体的每个侧面上均有一个。单击三角形，可以旋转当前视图，以显示标有三角形的面视图。

14.3.3　动态观察

动态观察就是视点围绕目标移动，而目标一直保持静止。使用这一功能，可以从不同的角度查看对象，还可以自动连续地旋转查看对象。

动态观察分为受约束的动态观察、自由动态观察和连续动态观察。其中最常用的是受约束的动态观察和自由动态观察。

1．受约束的动态观察

受约束的动态观察仅限于水平动态观察和垂直动态观察。

调用命令的方式如下：

* 功能区：单击"视图"选项卡"导航"面板中的 ✥ 图标按钮。
* 导航栏：单击导航栏上的 ✥ 图标按钮。
* 菜单：执行"视图"|"动态观察"|"受约束的动态观察"命令。
* 键盘命令：3DORBIT。

操作步骤如下：

第 1 步，选择要使用 3DORBIT 查看的一个或多个对象；如果要查看整个图形，则不选择对象，此步省略。

第 2 步，调用"受约束的动态观察"命令。

第 3 步，要沿 XY 平面移动动态观察对象，可以在图形中按住鼠标左键，并向左或向右拖动光标；要沿 Z 轴移动动态观察对象，可以在图形中按住鼠标左键，然后上下拖动光标。

第 4 步，按 Enter 键，结束命令。

2．自由动态观察

自由动态观察不参照平面，在任意方向上进行动态观察。

调用命令的方式如下：

- 功能区：单击"视图"选项卡"导航"面板上的 图标按钮。
- 导航栏：单击导航栏上的 图标按钮。
- 菜单：执行"视图"|"动态观察"|"自由动态观察"命令。
- 键盘命令：3DFORBIT。

该命令在当前工作空间的菜单中未提供。

当调用"自由动态观察"命令时，绘图区将显示如图 14-10 所示的导航球。将光标移动到转盘的 4 个不同部分，光标会发生如下的几种变化：

- ⊕：将光标移动到转盘内时，拖动鼠标左键，可以随意设置目标的视点。
- ☉：将光标移动到转盘外时，拖动鼠标左键，使视点围绕垂直屏幕并通过目标中心的轴线移动。
- ⬦：将光标移动到转盘左侧或右侧较小的圆上时，拖动鼠标左键左右移动，视点在水平方向上围绕目标中心移动。
- ⬦：将光标移动到转盘顶部或底部较小的圆上时，拖动鼠标左键上下移动，视点在垂直方向上围绕目标中心移动。

图 14-10　导航球的三维自由动态观察

注意：

（1）OLE 对象和光栅对象不在三维动态观察的视图中出现。

（2）不能在动态观察激活时编辑对象。要退出动态观察，可以按 Enter 键或 Esc 键，也可以从快捷菜单中选择"退出"命令。

（3）导航栏的激活方法：执行键盘命令 NAVBAR，设置输入选项为 ON。

14.3.4　控制盘

控制盘（SteeringWheels）[①]划分为不同部分，每一部分是一个按钮。控制盘的每个按

---

①　这是 AutoCAD 2009 新增的功能。

钮代表一种导航工具，它将多个常用导航工具结合到一个单一界面中，从而为用户节省了时间。

调用命令的方式如下：

- 菜单：执行"视图"|SteeringWheels 命令。
- 导航栏：单击导航栏上的 ⊙ 图标按钮。
- 键盘命令：NAVSWHEEL。

图 14-11 所示的大控制盘提供了 4 种用于不同场合的控制盘样式：全导航控制盘、查看对象控制盘、巡视建筑控制盘和二维导航控制盘。前 3 种样式还有对应的小控制盘，如图 14-12 所示。

（a）全导航控制盘   （b）查看对象控制盘   （c）巡视建筑控制盘   （d）二维导航控制盘

图 14-11　大控制盘

平移   平移   向上/向下

（a）全导航小控制盘   （b）查看对象小控制盘   （c）巡视建筑小控制盘

图 14-12　小控制盘

不同控制盘样式之间常用的切换方式有以下两种：

（1）调用命令激活控制盘后右击，在快捷菜单中选择控制盘样式，如图 14-13 所示。

（2）从导航栏调用命令，单击 下拉式按钮，选择控制盘样式，如图 14-14 所示。

图 14-13　控制盘快捷菜单   图 14-14　控制盘下拉式按钮

控制盘的"动态观察"按钮被激活后,观察视点将围绕轴心转动,如图 14-15(a)所示。可以通过单击"中心"按钮启动中心工具来设置轴心的位置,如图 14-15(b)所示。

(a)设置轴心位置　　　　　　　　　　　　(b)"中心"按钮

图 14-15　"动态观察"轴心位置

14.4　用户坐标系

AutoCAD 有两个坐标系:一个是被称为世界坐标系(WCS)的固定坐标系,另一个是被称为用户坐标系 (UCS) 的可移动坐标系。默认情况下,这两个坐标系在新图形中是重合的。

用户坐标系是用于坐标输入、平面操作和查看的一种可移动坐标系。重新定位后的坐标系相对于世界坐标系而言就是新创建的用户坐标系。大多数编辑命令取决于当前用户坐标系的位置和方向,二维对象将绘制在当前用户坐标系的 *XY* 平面上。与用户坐标系相关的命令主要有两个:UCS 命令和 UCSICON 命令。

14.4.1　用户坐标系的创建

所有坐标输入以及其他许多工具和操作均参照当前的用户坐标系。使用 UCS 命令可以重新定位用户坐标系。

调用命令的方式如下:

- 功能区:单击"常用"选项卡"坐标"面板中的 图标按钮或"视图"选项卡"坐标"面板中的 图标按钮。
- 菜单:执行"工具"|"新建 UCS"命令。
- 工具栏:单击"UCS"工具栏中的 图标按钮。
- 键盘命令:UCS。

利用 UCS 命令重新定位用户坐标系的方法主要有以下 4 种。

1. 绕指定轴旋转当前 UCS

操作步骤如下:

第1步：单击功能区"常用"选项卡"坐标"面板上的 图标按钮，调用 UCS 命令。

第2步：命令提示为"指定 UCS 的原点或 [面(F)/命名(NA)/对象(OB)/上一个(P)/视图(V)/世界(W)/X/Y/Z/Z 轴(ZA)] <世界>：_n""指定绕 n 轴的旋转角度<90>："时，输入旋转角度，按 Enter 键。

注意：提示中的 n 代表 X、Y 或 Z。将右手拇指指向轴的正方向，卷曲其余四指，四指所指示的方向即轴的正旋转方向。

2．通过指定新原点及新的 X、Y 轴方向定义新 UCS

操作步骤如下：

第1步：单击功能区"常用"选项卡"坐标"面板上的 图标按钮，调用 UCS 命令。

第2步：命令提示为"指定 UCS 的原点或 [面(F)/命名(NA)/对象(OB)/上一个(P)/视图(V)/世界(W)/X/Y/Z/Z 轴(ZA)] <世界>：_3""指定新原点<0,0,0>："时，指定 UCS 原点新的位置。

第3步：命令提示为"在正 X 轴范围上指定点"时，指定新的 X 轴上的一点。

第4步：命令提示为"在 UCS XY 平面的正 Y 轴范围上指定点"时，指定新的 Y 轴上的一点。

3．恢复上一次定义的 UCS

操作步骤如下：

第1步：单击功能区"常用"选项卡"坐标"滑出面板中的 图标按钮，调用 UCS 命令。

第2步：命令提示为"指定 UCS 的原点或 [面(F)/命名(NA)/对象(OB)/上一个(P)/视图(V)/世界(W)/X/Y/Z/Z 轴(ZA)] <世界>：_P"时，按 Enter 键，恢复上一次定义的 UCS。

4．使 UCS 重新与 WCS 重合

操作步骤如下：

第1步：单击功能区"常用"选项卡"坐标"滑出面板中的 图标按钮，调用 UCS 命令。

第2步：命令提示为"指定 UCS 的原点或 [面(F)/命名(NA)/对象(OB)/上一个(P)/视图(V)/世界(W)/X/Y/Z/Z 轴(ZA)] <世界>：_W"时，按 Enter 键，使 UCS 重新与 WCS 重合。

【**例 14-1**】 将图 14-16 中的 UCS 原点的位置改到长方体的对角点，且原 UCS 中的 Z 轴改为 X 轴。

（a）原原点位置

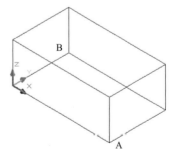

（b）现原点位置

图 14-16　三维长方体图

操作如下:

命令: _UCS	单击 图标按钮,启动 UCS 命令
当前 UCS 名称: *没有名称*	系统提示
指定 UCS 的原点或 [面(F)/命名(NA)/对象(OB)/上一个(P)/视图(V)/世界(W)/X/Y/Z/Z 轴(ZA)]<世界>: _3	输入 3
指定新原点<0,0,0>:	拾取长方体的对角点为新的 UCS 原点
在正 X 轴范围上指定点<52.5376,35.6546,-89.2658>:	拾取角点 A
在 UCS XY 平面的正 Y 轴范围上指定点<51.5376, 36.6546, -89.2658>:	拾取角点 B

14.4.2 动态 UCS

AutoCAD 2007 新增的动态 UCS 功能可用于简单几何图形、文字、参照、实体编辑以及 UCS、区域、夹点工具操作等。

动态 UCS 的启动或关闭可以通过单击状态栏上 按钮或按 F6 键来实现。

动态 UCS 的使用使得三维建模变得更为灵活和方便,主要体现在以下 3 个方面:

(1)启动动态 UCS 后,在已有三维实体的平面上创建对象时,无须手动更改 UCS 的方向。在执行命令的过程中,当光标移动到面上方时,动态 UCS 会临时将 UCS 的 *XY* 平面与三维实体的平面对齐。

(2)对三维实体使用动态 UCS 和 3DALIGN 命令,可以快速、有效地重新定位对象并重新确定对象相对于平面的方向。

(3)使用动态 UCS 以及 UCS 命令,可以快速在三维空间中指定新的 UCS,同时大大降低错误概率。具体操作步骤在例 14-2 中说明。

【例 14-2】 将如图 14-17(a)所示的三维模型中原有 UCS 的 *XY* 平面重新指定在模型的斜面上。

操作如下:

命令: <对象捕捉开>	按 F3 键,启动对象捕捉功能
命令: <动态 UCS 开>	按 F6 键,启动动态 UCS
命令: _UCS	单击 图标按钮,启动 UCS 命令
当前 UCS 名称: *没有名称*	系统提示
指定 UCS 的原点或 [面(F)/命名(NA)/对象(OB)/上一个(P)/视图(V)/世界(W)/X/Y/Z/Z 轴(ZA)]<世界>:	光标移至三维模型的斜面上,使之亮显,如图 14-17(b)所示;然后在斜面上利用二维的对象捕捉找到斜面中点,如图 14-17(c)所示
在正 X 轴范围上指定点<1.0000,0.0000,0.0000>: ↵	按 Enter 键,接受默认指定方向
在 UCS XY 平面的正 Y 轴范围上指定点<0.0000, 1.0000, 0.0000>: ↵	按 Enter 键,接受默认指定方向

注意:仅当命令处于活动状态时,动态 UCS 才可用。

(a) 原有 UCS (b) 新的 *XY* 平面

(c) 新的坐标原点 (d) 新的 UCS

图 14-17 动态定义新的 UCS

14.4.3 坐标系图标的显示控制

UCSICON 既是命令也是系统变量。可以通过 SETVAR 命令访问 UCSICON 系统变量，也可以直接在命令行输入 UCSICON 命令。通过 UCSICON 命令可以改变 UCS 图标的大小和颜色等。

调用命令的方式如下：

- 功能区：单击"常用"选项卡"坐标"面板中的▦图标按钮或"视图"选项卡"坐标"面板中的▦图标按钮。
- 菜单：执行"视图"|"显示"|"UCS 图标"命令。
- 键盘命令：UCSICON。

操作步骤如下：

第 1 步，调用 UCSICON 命令。

第 2 步，命令提示为"输入选项 [开(ON)/关(OFF)/全部(A)/非原点(N)/原点(OR)/特性(P)]<开>："时，输入 P，按 Enter 键。

第 3 步，在"UCS 图标"对话框中修改设置。

第 4 步，单击"确定"按钮。

注意：UCS 图标的可见性可通过命令行提示输入选项时输入 ON（开）或 OFF（关）来控制。

【例 14-3】 在"二维线框"视觉样式下将图 14-18（a）中的 UCS 图标增大，颜色改为红色，并且将文字和线加粗。

（a）原 UCS 图标样式　　　　　　　　（b）现 UCS 图标样式

图 14-18　UCS 图标样式

操作如下：

命令：_ UCSICON	输入 UCSICON，弹出"UCS 图标"对话框
"线宽"：**3**	线宽选择最粗线宽
"UCS 图标大小"：**70**	UCS 图标的大小为 70
"UCS 图标颜色"中的"模型空间图标颜色"：**红**	模型空间中 UCS 图标的颜色为红色
单击"确定"按钮	结束命令，结果如图 14-18（b）所示

注意：使用 UCSICON 命令改变 UCS 图标的大小和颜色，只限于"二维线框"的视觉样式，对其他视觉样式下的 UCS 图标不起作用。

14.5　视　觉　样　式

视觉样式是一组设置，主要用来控制三维模型中边和着色的显示。

14.5.1　视觉样式的种类

AutoCAD 2019 提供以下 10 种默认视觉样式。

（1）二维线框：显示用直线和曲线表示边界的对象。光栅和 OLE 对象、线型和线宽均可见。

（2）线框（三维线框）：显示用直线和曲线表示边界的对象，如图 14-19（a）所示。

（3）隐藏：显示用三维线框表示的对象并隐藏不可见轮廓线，如图 14-19（b）所示。

（4）概念：使用平滑着色和古氏面样式显示对象。古氏面样式使用冷色和暖色而不是暗色和亮色来增强面的显示效果，在实际显示中，这些面可能会被附加阴影而很难看清。这种效果缺乏真实感，但是可以更方便地查看模型的细节，如图 14-19（c）所示。

（5）真实：使用平滑着色显示对象。将显示已附着到对象的材质，如图 14-19（d）所示。

（6）着色：使用平滑着色显示对象，如图 14-19（e）所示。

（7）带边缘着色：使用平滑着色和可见边显示对象，如图 14-19（f）所示。

（8）灰度：使用平滑着色和单色灰度显示对象。

（9）勾画：使用线延伸和抖动边修改器显示手绘效果的对象。

（10）X 射线：以局部透明度显示对象。

（a）线框　　　　　　　　　　　　　　（b）隐藏

（c）概念　　　　　　　　　　　　　　（d）真实

（e）着色　　　　　　　　　　　　　（f）带边缘着色

图 14-19　AutoCAD 默认的视觉样式

14.5.2　视觉样式的切换

视觉样式的切换可以用以下两种方式进行。

1. 快速切换

在功能区"常用"选项卡的"视图"面板中或"可视化"选项卡的"视图样式"面板中，单击如图 14-20 所示的视觉样式下拉列表，可以快速在各视觉样式之间切换。

2. 利用"视觉样式管理器"切换

AutoCAD 用"视觉样式管理器"管理上述的 10 种默认视觉样式及自定义视觉样式，显示当前可用的视觉样式的样例图像。

图 14-20　视觉样式下拉列表

调用命令的方式如下：

- 功能区：单击"常用"选项卡"视觉"面板中的"视觉样式管理器"或"视图"选项卡"选项板"面板中的🪟（视觉样式）图标按钮。
- 菜单：执行|"工具"|"选项板"|"视觉样式"命令或者|"视图"|"视觉样式"|"视觉样式管理器"命令。
- 键盘命令：VISUALSTYLES。

视觉样式切换的操作步骤如下：

第 1 步，调用"视觉样式管理器"命令。

第 2 步，在如图 14-21 所示的"视觉样式管理器"选项板中，双击所需的视觉样式样例图像。选定的视觉样式将应用到视口中的模型。

图 14-21　"视觉样式管理器"选项板

AutoCAD 2019 中文版机械设计标准实例教程

一般以"二维线框"或"线框"的视觉样式对实体进行编辑和修改。而在查看三维模型的整体效果时，需要隐藏实体的不可见线条或对实体进行着色处理，以增强图形的效果，得到更逼真的图像，"隐藏""概念"及"真实"等视觉样式可以满足这样的要求，快速、直观地查看三维模型的整体效果。

14.6 螺旋线的绘制

螺旋线是指开口的二维或三维螺旋线。可以使用"螺旋"命令绘制螺旋线。

调用命令的方式如下：

- 功能区：单击"常用"选项卡"绘图"下滑面板中的 ▤ 图标按钮。
- 菜单：执行"绘图"|"螺旋"命令。
- 工具栏：单击"建模"工具栏中的 ▤ 图标按钮。
- 键盘命令：HELIX。

操作步骤如下：

第 1 步，调用"螺旋"命令。

第 2 步，命令提示为"指定底面的中心点："时，指定螺旋线底面的中心点。

第 3 步，命令提示为"指定底面半径或 [直径(D)]："时，指定底面半径。

第 4 步，命令提示为"指定顶面半径或 [直径(D)] ："时，指定顶面半径，或按 Enter 键以指定与底面半径相同的值。

第 5 步，命令提示为"指定螺旋高度或 [轴端点(A)/圈数(T)/圈高(H)/扭曲(W)] <1.0000>："时，指定螺旋线高度。

【例 14-4】 创建三维螺旋线，尺寸如图 14-22 所示。

图 14-22 三维螺旋线

操作如下：

命令：_HELIX 圈数 =3.0000　　扭曲=CCW	单击 ▤ 图标按钮，启动"螺旋"命令
指定底面的中心点：	拾取一点为三维螺旋线的底面中心点
指定底面半径或 [直径(D)] <1.0000>：50↵	指定底面半径为 50
指定顶面半径或 [直径(D)] <50.0000>：↵	按 Enter 键，指定顶面半径与底面半径相同
指定螺旋高度或 [轴端点(A)/圈数(T)/圈高(H)/扭曲(W)] <1.0000>：T↵	选择"圈数"选项

| 输入圈数<3.0000>：**5.**↵ | 指定三维螺旋线圈数为 5 |
| 指定螺旋高度或 [轴端点(A)/圈数(T)/圈高(H)/扭曲(W)] <1.0000>：**100.**↵ | 指定三维螺旋线高度为 100 |

14.7 创 建 面 域

面域是二维闭合区域，即二维的平面。形成面域的二维闭合线框可以是直线、多段线、圆、圆弧、椭圆、椭圆弧和样条曲线的组合。组成二维闭合线框的对象必须闭合或通过与其他对象共享端点形成闭合的区域。

调用命令的方式如下：

- 功能区：单击"常用"选项卡"绘图"下滑面板中 ⌾ 图标按钮。
- 菜单：执行"绘图"|"面域"命令。
- 工具栏：单击"绘图"工具栏中的 ⌾ 图标按钮。
- 键盘命令：REGION。

操作步骤如下：

第 1 步，调用"面域"命令。

第 2 步，命令提示为"选择对象："时，选择对象以创建面域。对象必须各自形成闭合区域。

第 3 步，命令提示为"选择对象："时，按 Enter 键，结束命令。

【例 14-5】 创建如图 14-23 所示的面域。

操作步骤如下：

第 1 步，按图 14-24 中标注的尺寸绘制二维封闭轮廓线，操作过程略。

图 14-23　面域

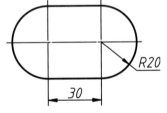

图 14-24　二维封闭线框

第 2 步，创建面域。

操作如下：

命令：**_REGION**	单击 ⌾ 图标按钮，启动"面域"命令
选择对象：指定对角点：找到 4 个	使用光标选择图 14-24 中的二维封闭线框
选择对象：↵	按 Enter 键
已提取 1 个环	AutoCAD 提示已提取一个封闭线框
已创建 1 个面域	AutoCAD 提示已创建一个面域，如图 14-23 所示

14.8 创建基本几何体

按三维建模的特性来分，基本实体应分为基本几何体和简单体。基本几何体包括长方体、圆柱体、圆锥体、球体、棱锥体、楔体、圆环体、多段体等，在 AutoCAD 中有对应的创建基本几何体的命令。简单体包括拉伸体、旋转体、放样体、扫掠体等。

AutoCAD 提供的建模命令可以直接创建常用的基本几何体。

调用命令的方式如下：

- 功能区：单击"常用"选项卡"建模"面板中的 图标按钮或"实体"选项卡"图元"面板中的 图标按钮。
- 菜单：执行"绘图" | "建模"命令。
- 工具栏：单击"建模"工具栏中的相关图标按钮。
- 键盘命令：BOX、CYLINDER、CONE、SPHERE、PYRAMID、WEDGE、TORUS 和 POLYSOLID。

14.8.1 创建长方体

操作步骤如下：

第 1 步，设置实体模型的投影法、视点及视觉样式。

第 2 步，调用"长方体"命令。

第 3 步，命令提示为"指定第一个角点或 [中心(C)]："时，指定底面第一个角点的位置。

第 4 步，命令提示为"指定其他角点或 [立方体(C)/长度(L)]："时，指定底面对角点的位置。

第 5 步，命令提示为"指定高度或 [两点(2P)]："时，指定长方体高度。

【例 14-6】 创建长方体，尺寸如图 14-25 所示。

图 14-25 长方体

操作步骤如下：

第 1 步，设置投影法、视点及视觉样式。

（1）输入 NAVVCUBE，设置选项为 ON，显示三维导航立方体。

（2）在三维导航立方体上右击，在弹出的快捷菜单中选择"平行"命令，设置当前投影为平行投影模式。

（3）单击如图 14-26 所示的三维导航立方体上的基于"上""前"和"右"面的角点，设置观察方向为"东南等轴测"。

（4）单击"常用"选项卡的"视图"面板上的视觉样式下拉列表，选择"线框"视觉样式。

图 14-26   三维导航立方体的"东南等轴测"角点

第 2 步，调用"长方体"命令。

操作如下：

命令：_BOX	单击 ▢ 图标按钮，启动"长方体"命令
指定第一个角点或 [中心 (C)]：**0,0**↵	指定长方体底面第一个角点坐标为原点（0,0,0）
指定其他角点或 [立方体(C)/长度(L)]：**50,40**↵	指定底面对角点的坐标（50,40,0）
指定高度：**30**↵	指定长方体高度为 30

注意：

（1）长方体的角点坐标输入两个数时，AutoCAD 默认 Z 坐标为 0。

（2）输入高度的值为负值时，则沿 Z 坐标轴的负方向绘制长方形。

（3）打开动态输入，调用"长方体"命令后将直接提示输入长方体的长、宽、高，各数值之间用键盘上的 Tab 键跳转。其中，长度对应的是 X 坐标轴，宽度对应的是 Y 坐标轴，高度对应的是 Z 坐标轴。

14.8.2   创建圆柱体

操作步骤如下：

第 1 步，设置实体模型的投影法、视点及视觉样式。

第 2 步，调用"圆柱体"命令。

第 3 步，命令提示为"指定底面的中心点或 [三点(3P)/两点(2P)/相切、相切、半径(T)/椭圆(E)]："时，指定底面中心点。

第 4 步，命令提示为"指定底面半径或 [直径(D)] <83.7602>："时，指定底面半径。

第 5 步，命令提示为"指定高度或 [两点(2P)/轴端点(A)] <186.6950>："时，指定圆柱体的高度。

【例 14-7】   创建圆柱体，尺寸如图 14-27 所示，回转轴为 Z 轴。

操作步骤如下：

第 1 步，设置投影法、视点及视觉样式，操作方法同例 14-6。

第 2 步，调用"圆柱体"命令。

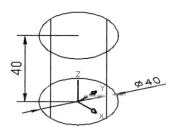

图 14-27 沿 Z 轴回转的圆柱体

操作如下：

命令：_CYLINDER	单击 📋 图标按钮，启动"圆柱体"命令
指定底面的中心点或 [三点(3P)/两点(2P)/相切、相切、半径(T)/椭圆(E)]：**0,0**↵	指定圆柱体底面中心点坐标（0,0,0）
指定底面半径或 [直径(D)] <20.0000>：**20** ↵	指定圆柱体底面半径为 20
指定高度或 [两点(2P)/轴端点(A)] <40.0000>：**40.**↵	指定圆柱体高度为 40

注意："圆柱体"命令中的选项"两点""轴端点"与"圆锥体"命令中的同名选项含义相似。

14.8.3 创建圆锥体

操作步骤如下：

第 1 步，设置实体模型的投影法、视点及视觉样式。

第 2 步，调用"圆锥体"命令。

第 3 步，命令提示为"指定底面的中心点或 [三点(3P)/两点(2P)/相切、相切、半径(T)/椭圆(E)]："时，指定底面中心点。

第 4 步，命令提示为"指定底面半径或 [直径(D)]："时，指定底面半径或直径。

第 5 步，命令提示为"指定高度或 [两点(2P)/轴端点(A)/顶面半径(T)] <10>："时，指定圆锥体的高度。也可以输入 A 并按 Enter 键，指定圆锥体的轴端点位置后再指定圆锥体的高度。

【例 14-8】 创建圆锥体，尺寸如图 14-28 所示，回转轴为 Z 轴。

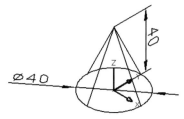

图 14-28 沿 Z 轴回转的圆锥体

操作步骤如下：

第 1 步，设置投影法、视点及视觉样式，操作方法同例 14-6。

第 2 步，调用"圆锥体"命令。

操作如下：

命令：_CONE	单击△图标按钮，启动"圆锥体"命令
指定底面的中心点或 [三点(3P)/两点(2P)/相切、相切、半径(T)/椭圆(E)]：**0,0**↵	指定圆锥体底面中心点坐标（0,0,0）
指定底面半径或 [直径(D)] <30>：**20**↵	指定圆锥体底面半径为20
指定高度或 [两点(2P)/轴端点(A)/顶面半径(T)] <60>：**40**↵	指定圆锥体高度为40

【例14-9】 创建圆锥体，尺寸如图14-29所示，回转轴为 *X* 轴。

图14-29 沿 *X* 轴回转的圆锥体

操作步骤如下：

第1步，设置投影法、视点及视觉样式，操作方法同例14-6。

第2步，调用"圆锥体"命令。

操作如下：

命令：_CONE	单击△图标按钮，启动"圆锥体"命令
指定底面的中心点或 [三点(3P)/两点(2P)/相切、相切、半径(T)/椭圆(E)]：**0,0**↵	指定圆锥体底面中心点坐标（0,0,0）
指定底面半径或 [直径(D)] <30>：**20**↵	指定圆锥体底面半径为20
指定高度或 [两点(2P)/轴端点(A)/顶面半径(T)] <60>：**A**↵	选择指定回转轴端点（顶点）的方式
指定轴端点：**40**↵	*X* 轴向追踪指定轴端点与锥底中心距离为40

【例14-10】 创建圆锥台，尺寸如图14-30所示，回转轴为 *Z* 轴。

图14-30 沿 *Z* 轴回转的圆锥台

操作步骤如下：

第1步，设置投影法、视点及视觉样式，操作方法同例14-6。

第2步，调用"圆锥体"命令。

操作如下：

命令：_CONE	单击△图标按钮，启动"圆锥体"命令
指定底面的中心点或 [三点(3P)/两点(2P)/相切、相切、半径(T)/椭圆(E)]：**0,0**↵	指定圆锥体底面的中心点坐标为（0,0,0）

指定底面半径或 [直径(D)] <30>: **20↵**	指定圆锥体底面半径为 20
指定高度或 [两点(2P)/轴端点(A)/顶面半径(T)] <60>: **T↵**	选择"顶面半径"选项
指定顶面半径<0.0000>: **10↵**	指定圆锥台顶面半径为 10
指定高度或 [两点(2P)/轴端点(A)] <12.2324>: **20↵**	指定顶面中心与底面中心距离为 20

注意： 启动"圆锥体"命令，在命令提示指定高度时，其中的选项"两点"表示用两个指定点之间的距离作为圆锥体的高度。

14.8.4 创建球体

操作步骤如下：

第 1 步，设置实体模型的投影法、视点及视觉样式，操作方法同例 14-6。

第 2 步，调用"球体"命令。

第 3 步，命令提示为"指定中心点或 [三点(3P)/两点(2P)/相切、相切、半径(T)]:"时，指定球体的球心。

第 4 步，命令提示为"指定半径或 [直径(D)] <00.0000>:"时，指定球体的半径。

创建球体的操作过程及各选项的含义类似于"圆"命令，这里不再赘述。

14.8.5 创建棱锥体

操作步骤如下：

第 1 步，设置实体模型的投影法、视点及视觉样式，操作方法同例 14-6。

第 2 步，调用"棱锥体（面）"命令。

第 3 步，命令提示为"指定底面的中心点或 [边(E)/侧面(S)]:"时，输入 S，按 Enter 键，选择"侧面"选项。

第 4 步，命令提示为"输入侧面数<4>:"时，指定正棱锥体的侧面数量。

第 5 步，命令提示为"指定底面的中心点或 [边(E)/侧面(S)]:"时，指定底面中心点。

第 6 步，命令提示为"指定底面半径或 [内接(I)] <10>:"时，指定底面半径。

第 7 步，命令提示为"指定高度或 [两点(2P)/轴端点(A)/顶面半径(T)] <20>:"时，指定棱锥体的高度。

【例 14-11】 创建正六棱锥体，尺寸如图 14-31 所示。

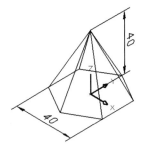

图 14-31 正六棱锥体

操作步骤如下：

第 1 步，设置投影法、视点及视觉样式，操作过程同例 14-6。

第 2 步，调用"棱锥体"命令。

操作如下：

命令：_PYRAMID	单击◇图标按钮，启动"棱锥体"命令
指定底面的中心点或 [边(E)/侧面(S)]：**S**↲	选择"侧面"选项
4 个侧面　外切 输入侧面数<4>：**6**↲	指定棱锥体的侧面数为 6
指定底面的中心点或 [边(E)/侧面(S)]：**0,0**↲	指定棱锥体的底面中心坐标为（0,0,0）
指定底面半径或 [内接(I)] <10>：**20**↲	指定棱锥体底面内切圆半径为 20
指定高度或[两点(2P)/轴端点(A)/顶面半径(T)]<30.0000>：**40**↲	指定棱锥体高度为 40

注意："棱锥体"命令中的选项"两点""轴端点"与"圆锥体"命令或"圆柱体"命令中的同名选项含义相似。

14.8.6　创建楔体

操作步骤如下：

第 1 步，设置实体模型的投影法、视点及视觉样式，操作方法同例 14-6。

第 2 步，调用"楔体"命令。

第 3 步，命令提示为"指定第一个角点或 [中心(C)]："时，指定底面第一个角点的位置。

第 4 步，命令提示为"指定其他角点或 [立方体(C)/长度(L)]："时，指定底面对角点的位置。

第 5 步，命令提示为"指定高度或 [两点(2P)] <10>："时，指定楔体高度。

创建楔形的具体操作过程类似于创建长方体，这里不再赘述。

14.8.7　创建圆环体

操作步骤如下：

第 1 步，设置实体模型的投影法、视点及视觉样式，操作方法同例 14-6。

第 2 步，调用"圆环体"命令。

第 3 步，命令提示为"指定中心点或 [三点(3P)/两点(2P)/相切、相切、半径(T)]："时，指定圆环体的中心点。

第 4 步，命令提示为"指定半径或 [直径(D)] <10>："时，指定圆环体的半径。

第 5 步，命令提示为"指定圆管半径或 [两点(2P)/直径(D)]："时，指定圆管的半径。

【例 14-12】　创建圆环体，尺寸如图 14-32 所示。

操作步骤如下：

第 1 步，设置投影法、视点及视觉样式，操作方法同例 14-6。

第 2 步，调用"圆环体"命令。

操作如下：

图 14-32　圆环

　　　　　　　AutoCAD 2019 中文版机械设计标准实例教程

命令：_TORUS	单击◎图标按钮，启动"圆环体"命令
指定中心点或 [三点(3P)/两点(2P)/相切、相切、半径(T)]: **0,0**↵	指定圆环体中心点坐标（0,0,0）
指定半径或 [直径(D)] <10.4199>: **20**↵	指定圆环体半径为20
指定圆管半径或 [两点(2P)/直径(D)] <7.5341>: **5**↵	指定圆管的半径为5

14.8.8 创建多段体

利用"多段体"命令可以创建轮廓为矩形的直线段和曲线段的实体。

调用命令的方式如下：

- 功能区：单击"常用"选项卡"建模"面板中的◻图标按钮或"实体"选项卡"图元"面板中的◻图标按钮。
- 菜单：执行"绘图"|"建模"|"多段体"命令。
- 工具栏：单击"建模"工具栏中的◻图标按钮。
- 键盘命令：POLYSOLID。

1. 直接创建多段体

操作步骤如下：

第1步，调用"多段体"命令。

第2步，命令提示为"指定起点或 [对象(O)/高度(H)/宽度(W)/对正(J)] <对象>:"时，输入 H 或 W，按 Enter 键，设置多段体的高或宽。如果采用默认值，则省略此步。

第3步，命令提示为"指定起点或 [对象(O)/高度(H)/宽度(W)/对正(J)] <对象>:"时，指定起点。

第4步，命令提示为"指定下一个点或 [圆弧(A)/放弃(U)]:"时，指定下一个点。

……

第 *n* 步，按 Enter 键，结束命令。

2. 利用现有二维对象创建多段体

操作步骤如下：

第1步，调用"多段体"命令。

第2步，命令提示为"指定起点或 [对象(O)/高度(H)/宽度(W)/对正(J)] <对象>:"时，输入 O，按 Enter 键。

第3步，命令提示为"选择对象:"时，选择直线、二维多段线、圆弧或圆。

【例 14-13】 利用"多段体"命令，按图 14-33 所示的路径，创建如图 14-34 所示的多段体。

图 14-33 二维多段线

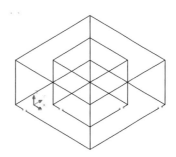

图 14-34 创建的多段体

操作如下：

命令：_POLYSOLID	单击🔲图标按钮，启动"多段体"命令
_指定起点或 [对象(O)/高度(H)/宽度(W)/对正(J)] <对象>：**H↵**	选择"高度"选项
指定高度<80.0000>：**40↵**	指定高度为40
指定起点或 [对象(O)/高度(H)/宽度(W)/对正(J)] <对象>：**W↵**	选择"宽度"选项
指定宽度<5.0000>：**20↵**	指定宽度为20
指定起点或 [对象(O)/高度(H)/宽度(W)/对正(J)] <对象>：**0,0↵**	指定实体轮廓的起点坐标（0,0）
指定下一个点或 [圆弧(A)/放弃(U)]：**@0,60↵**	指定实体轮廓的起点坐标（@0,60）
指定下一个点或 [圆弧(A)/放弃(U)]：**@60,0↵**	指定实体轮廓的起点坐标（@60,0）
指定下一个点或 [圆弧(A)/闭合(C)/放弃(U)]：**@0,-60↵**	指定实体轮廓的起点坐标（@0,-60）
指定下一个点或 [圆弧(A)/闭合(C)/放弃(U)]：**C↵**	创建闭合实体

注意：在调用"多段体"命令时选择"对正"选项，可选择对齐方式。图 14-35 为居中、左对齐、右对齐 3 种对齐方式，对齐方式由轮廓的第一条线段的起始方向决定。

（a）居中   （b）左对齐   （c）右对齐

图 14-35 对齐方式

【例 14-14】   以图 14-36 所示的二维多段线为轨迹，创建如图 14-37 所示的 U 形体。

图 14-36 二维多段线   图 14-37 U 形体

操作如下：

命令：_POLYSOLID	单击🔲图标按钮，启动"多段体"命令
高度=40.0000，宽度=20.0000，对正=居中	系统提示多段体的默认高度为40，宽度为20，对齐方式为居中

指定起点或 [对象(O)/高度(H)/宽度(W)/对正(J)] <对象>: **H↵**	选择"高度"选项
指定高度<40.0000>: **50↵**	指定多段体高度为 50
高度= 50.0000，宽度= 20.0000，对正=居中 指定起点或 [对象(O)/高度(H)/宽度(W)/对正(J)] <对象>: **W↵**	选择"宽度"选项
指定宽度<20.0000>: **50↵**	指定多段体宽度为 50
高度= 50.0000，宽度= 50.0000，对正=居中 指定起点或 [对象(O)/高度(H)/宽度(W)/对正(J)] <对象>: **O↵**	选择"对象"选项
选择对象:	拾取如图 14-36 所示的二维多段线
标注已解除关联 标注已解除关联	系统提示

注意：选择的对象既可以是二维多段线，也可以是直线、圆弧或圆。

14.9　创建拉伸体

创建拉伸体是指通过拉伸选定的对象创建实体和曲面。如果拉伸闭合对象，则生成的对象为实体，即拉伸体；如果拉伸开放对象，则生成的对象为曲面。利用"拉伸"命令可创建拉伸体。

调用命令的方式如下：

- 功能区：单击"常用"选项卡"建模"面板中的 ▦ 图标按钮或"实体"选项卡"实体"面板中的 ▦ 图标按钮。
- 菜单：执行"绘图"|"建模"|"拉伸"命令。
- 工具栏：单击"建模"工具栏中的 ▦ 图标按钮。
- 键盘命令：EXTRUDE 或 EXT。

操作步骤如下：

第 1 步，调用"拉伸"命令。

第 2 步，命令提示为"选择要拉伸的对象："时，选择要拉伸的对象。

第 3 步，命令提示为"选择要拉伸的对象："时，按 Enter 键，结束选择。

第 4 步，命令提示为"指定拉伸的高度或 [方向(D)/路径(P)/倾斜角(T)] <10>："时，指定高度。

【**例 14-15**】　将图 14-23 中的面域拉伸为如图 14-38 所示的拉伸体。

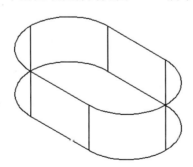

图 14-38　无倾角的拉伸体

操作步骤如下：

第1步，设置投影法、视点及视觉样式，操作过程略。

第2步，调用"拉伸"命令。

操作如下：

命令：_EXTRUDE	单击▢图标按钮，启动"拉伸"命令
当前线框密度：　ISOLINES=4	当前默认的显示拉伸体曲面的素线数为4
选择对象：找到 1 个	选择如图14-23所示的面域
选择对象：↵	按Enter键，结束对象选择
指定拉伸高度或[方向(D)/路径(P)/倾斜角(T)]<40.0000>：**20**↵	输入拉伸高度（输入值为正时，沿 Z 轴正方向拉伸对象；输入值为负时，沿 Z 轴负方向拉伸对象）

【例14-16】 将图14-23中的面域拉伸为如图14-39所示的有倾角的拉伸体。

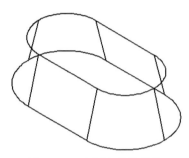

图14-39　有倾角的拉伸体

操作步骤如下：

第1步，设置投影法、视点及视觉样式，操作过程略。

第2步，调用"拉伸"命令。

操作如下：

命令：_EXTRUDE	单击▢图标按钮，启动"拉伸"命令
当前线框密度：　ISOLINES=4	当前默认的显示拉伸体曲面的素线数为4
选择对象：找到 1 个	选择如图14-23所示的面域
选择对象：↵	按Enter键，结束对象选择
指定拉伸高度或[方向(D)/路径(P)/倾斜角(T)]<20.0000>：**T**↵	选择"倾斜角"选项
指定拉伸的倾斜角度<20>：**15**↵	指定倾斜角度15°（输入正角度表示从基准面域逐渐变细地拉伸，如图14-39所示；而输入负角度则表示从基准面域逐渐变粗地拉伸）
指定拉伸的高度或 [方向(D)/路径(P)/倾斜角(T)] <40.0000>：**20**↵	指定拉伸高度

【例14-17】 将图14-40（a）中的面域沿路径拉伸，结果如图14-40（b）所示。

操作步骤如下：

第1步，设置投影法、视点及视觉样式，操作过程略。

第2步，调用"拉伸"命令。

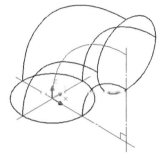

（a）封闭线框和路径   （b）沿路径拉伸效果

图 14-40   沿路径拉伸的拉伸体

操作如下：

命令：_EXTRUDE	单击 图标按钮，启动"拉伸"命令
当前线框密度：ISOLINES=4	当前默认的显示拉伸体曲面的素线数为 4
选择对象：找到 1 个	选择图 14-40（a）中的圆
选择对象：↵	按 Enter 键，结束对象选择
指定拉伸高度或[方向(D)/路径(P)/倾斜角(T)] <20.0000>：P ↵	选择"路径"选项
选择拉伸路径或 [倾斜角]：	选取图 14-40（a）中的圆弧路径

14.10   创建旋转体

创建旋转体是指通过绕轴旋转闭合对象或开放对象来创建实体或曲面。如果旋转闭合对象，则生成的对象为实体，即旋转体；如果旋转开放对象，则生成的对象为曲面。利用"旋转"命令可以创建旋转体。

调用命令的方式如下：

- 功能区：单击"常用"选项卡"建模"面板中的 图标按钮或"实体"选项卡"实体"面板中的 图标按钮。
- 菜单：执行"绘图"|"建模"|"旋转"命令。
- 工具栏：单击"建模"工具栏中的 图标按钮。
- 键盘命令：REVOLVE 或 REV。

操作步骤如下：

第 1 步，调用"旋转"命令。

第 2 步，命令提示为"选择要旋转的对象："时，选择要旋转的对象。

第 3 步，命令提示为"选择要旋转的对象："时，按 Enter 键，结束对象选择。

第 4 步，命令提示为"指定轴起点或根据以下选项之一定义轴 [对象(O)/X/Y/Z] <对象>："时，指定旋转轴起点。

第 5 步，命令提示为"指定轴端点："时，指定旋转轴端点，旋转轴正轴方向即从起点到端点的方向。

第 6 步，命令提示为"指定旋转角度或 [起点角度(ST)] <360>："时，指定旋转角。

【例 14-18】 将图 14-41 中的二维线框旋转为如图 14-42 所示的回转体。

图 14-41　二维线框

图 14-42　创建的回转体

操作步骤如下：

第 1 步，绘制如图 14-41 所示的二维线框，操作过程略。

第 2 步，将绘制的二维线框创建为面域，操作过程略。

第 3 步，调用"旋转"命令。

操作如下：

命令：_REVOLVE	单击 图标按钮，启动"旋转"命令
当前线框密度：　ISOLINES=4	当前默认的显示回转体曲面的素线数为 4
选择要旋转的对象：找到 1 个	选择已创建的面域
选择要旋转的对象：↵	按 Enter 键，结束选择
指定轴起点或根据以下选项之一定义轴 [对象(O)/X/Y/Z] <对象>：	鼠标拾取旋转中心轴的起点
指定轴端点：	鼠标拾取旋转中心轴的端点
指定旋转角度或 [起点角度(ST)] <360>：↵	确定旋转角度为默认旋转角度360°

注意：

（1）"旋转"命令使用的二维线框只能是回转体轴截面的一半，即对称轴一侧的截面，指定旋转轴时还要保证整个面域处于旋转轴的同一侧。

（2）一次可以旋转多个对象。

14.11　创建扫掠体

创建扫掠体是指通过沿闭合或开放的二维或三维路径扫掠开放或闭合的平面曲线（轮廓）来创建新实体或曲面。如果沿一条路径扫掠闭合的线框，则生成实体，即扫掠体。

调用命令的方式如下：

- 功能区：单击"常用"选项卡"建模"面板中的 图标按钮或"实体"选项卡"实体"面板中的 图标按钮。
- 菜单：执行"绘图"|"建模"|"扫掠"命令。
- 工具栏：单击"建模"工具栏中的 图标按钮。
- 键盘命令：Sweep。

操作步骤如下：

第1步，调用"扫掠"命令。

第2步，命令提示为"选择要扫掠的对象："时，选择要扫掠的对象。

第3步，命令提示为"选择要扫掠的对象："时，按 Enter 键，结束对象选择。

第4步，命令提示为"选择扫掠路径或 [对齐(A)/基点(B)/比例(S)/扭曲(T)]："时，选择扫掠路径。

【例 14-19】 将图 14-43 中的圆沿螺旋线路径扫掠为如图 14-44 所示的螺旋体。

图 14-43　螺旋线路径和圆

图 14-44　创建的螺旋体

操作步骤如下：

第1步，绘制螺旋线路径，如图 14-43 所示。

操作如下：

命令：_HELIX	单击 ⊜ 图标按钮，启动"螺旋"命令
圈数 = 3.0000　　　扭曲=CCW	当前默认螺旋圈数为3，螺旋扭曲为逆时针方向
指定底面的中心点：0,0↵	指定螺旋线底面中心坐标为(0,0,0)
指定底面半径或 [直径(D)] <67.5259>：30↵	指定螺旋线底面半径为30
指定顶面半径或 [直径(D)] <30.0000>：↵	指定螺旋线顶面半径和底面半径相同
指定螺旋高度或 [轴端点(A)/圈数(T)/圈高(H)/扭曲(W)] <210.4866>：50↵	指定螺旋高度为50

第2步，绘制二维封闭曲线 φ12 的圆，如图 14-43 所示，操作过程略。

第3步，创建螺旋体，如图 14-44 所示。

操作如下：

命令：_SWEEP	单击 □ 图标按钮，启动"扫掠"命令
当前线框密度：　ISOLINES=4	当前默认的显示扫掠体曲面的素线数为4
选择要扫掠的对象：找到 1 个	选择要扫掠的对象为 φ12 的圆
选择要扫掠的对象：↵	按 Enter 键，结束选择
选择扫掠路径或 [对齐(A)/基点(B)/比例(S)/扭曲(T)]：	选择扫掠路径为螺旋线

14.12　创建放样体

创建放样体是指通过对一组包含两条或两条以上横截面的曲线进行放样（创建实体或曲面）来创建三维实体或曲面。如果对一组闭合的横截面曲线进行放样，则生成实体。

调用命令的方式如下：

- 功能区：单击"常用"选项卡"建模"面板中的 图标按钮或"实体"选项卡"实体"面板中的 图标按钮。
- 菜单：执行"绘图"|"建模"|"放样"命令。
- 工具栏：单击"建模"工具栏中的 图标按钮。
- 键盘命令：LOFT。

操作步骤如下：

第 1 步，调用"放样"命令。

第 2 步，命令提示为"按放样次序选择横截面："时，依次选择横截面。

第 3 步，命令提示为"按放样次序选择横截面："时，按 Enter 键，结束横截面的选择。

第 4 步，命令提示为"输入选项 [导向(G)/路径(P)/仅横截面(C)] <仅横截面>："时，输入 C，选择"仅横截面"选项，按 Enter 键。

第 5 步，在"放样设置"对话框中更改参数设置，以控制实体或曲面的形状，在绘图区查看曲面或实体的效果，单击"确定"按钮。

【例 14-20】 对图 14-45 中的一组封闭曲线进行放样，结果如图 14-46 所示。

图 14-45　一组封闭正六边形

（a）选择"直纹"　　　　　　　　　（b）选择"平滑拟合"

（c）选择"法线指向"　　　　　　　（d）选择"拔模斜度"

图 14-46　放样实体

操作步骤如下：

第 1 步，绘制 3 个正六边形，如图 14-45 所示。大正六边形中心坐标为（0,0,0），外接圆半径为 30；中正六边形中心坐标为（0,10,10），外接圆半径为 20；小正六边形中心坐标为（0,20,20），外接圆半径为 8。

第 2 步，放样，创建如图 14-46 所示的实体。

操作如下：

命令：_LOFT	单击 图标按钮，启动"放样"命令
按放样次序选择横截面：找到 1 个 按放样次序选择横截面：找到 1 个，总计 2 个 按放样次序选择横截面：找到 1 个，总计 3 个	按由大到小的次序选择 3 个正六边形
按放样次序选择横截面：↵	按 Enter 键，结束选择
输入选项 [导向(G)/路径(P)/仅横截面(C)/设置(S)] <仅横截面>：**S**↵	输入 S，按 Enter 键，弹出"放样设置"对话框，如图 14-47 所示
在"放样设置"对话框中进行选择	选择"直纹"，结果如图 14-46（a）所示； 选择"平滑拟合"，结果如图 14-46（b）所示； 选择"法线指向"，在下拉列表框中"所有横截面"，结果如图 14-46（c）所示； 选择"拔模斜度"，起点和端点角度为 90°，起点和端点幅值为 0°，结果如图 14-46（d）所示

图 14-47 "放样设置"对话框

14.13 上机操作实验指导十四：创建组合体三维实体模型

本节介绍如图 14-48 所示的模型的绘制方法和步骤。本节主要涉及的命令包括 UCS 命令、"拉伸"命令和"旋转"命令。

根据如图 14-48 所示的模型二视图，用形体分析法将其分解为基本几何体和简单体，分别创建基本几何体和简单体的三维实体模型，并按其在组合体中的位置组合放置在一起。

图 14-48　模型二视图

如图 14-48 所示的模型可分解为底板（拉伸体）、左上长圆体（拉伸体）、右上圆柱体（回转体），经叠加后形成该模型。

操作步骤如下：

第 1 步，设置绘图环境。

（1）切换到"三维建模"工作空间，操作步骤略。

（2）单击"常用"选项卡"视图"面板中的"视图"下拉列表框，选择"西南等轴测"。

第 2 步，绘制底板。

（1）绘制如图 14-49 所示的底板二维封闭线框，操作过程略。

（2）将底板二维封闭线框创建为底板面域，如图 14-50 所示。

图 14-49　底板二维封闭线框

图 14-50　底板面域

操作如下：

命令：_REGION	输入 REGION，启动"面域"命令
选择对象：指定对角点：找到 12 个	选择图 14-49 中的二维封闭线框
选择对象：↵	按 Enter 键
已提取 1 个环	系统提示已提取一个二维封闭线框
已创建 1 个面域	系统提示已创建一个面域，如图 14-50 所示

（3）将创建的面域拉伸为三维实体。

操作如下：

命令：_EXTRUDE	单击🔲图标按钮，启动"拉伸"命令
当前线框密度： ISOLINES=4	系统提示当前默认显示拉伸体曲面素线数为4
选择要拉伸的对象：找到 1 个	选择已创建的面域
选择要拉伸的对象：↵	结束对象选择
指定拉伸的高度或 [方向(D)/路径(P)/倾斜角(T)]：6↵	输入拉伸高度6，沿 Z 轴方向拉伸

第 3 步，绘制长圆体。

（1）打开状态行的"动态 UCS"按钮。

（2）选择底板顶面，绘制如图 14-51 所示的长圆体二维图形。

（3）将二维封闭线框创建为面域，操作过程略。

（4）将已创建的面域拉伸为三维实体，如图 14-52 所示。

图 14-51　底板

图 14-52　长圆体二维线框

第 4 步，绘制圆柱回转体。

（1）使用 UCS 命令，重新定义用户坐标系，如图 14-53 所示。

操作如下：

命令：_UCS	单击🔲图标按钮，启动 UCS 命令
当前 UCS 名称：*没有名称*	系统提示
指定 UCS 的原点或 [面(F)/命名(NA)/对象(OB)/上一个(P)/视图(V)/世界(W)/X/Y/Z/Z 轴(ZA)]<世界>：X↵	选择指定绕 X 轴旋转方式
指定绕 X 轴的旋转角度<90>：↵	指定绕 X 轴的旋转角度为默认角度90°

（2）在当前的 XY 平面内，绘制圆柱回转体的二维线框，如图 14-53 所示，操作步骤略。

图 14-53　新的 UCS 下的二维线框

图 14-54　创建的回转体

（3）将二维封闭线框创建为面域，操作步骤略。

（4）将已创建的面域旋转为三维实体，如图 14-54 所示。

操作如下：

命令：_REVOLVE	单击图标按钮，启动"旋转"命令
当前线框密度： ISOLINES=4	当前默认的显示回转体曲面的素线数为 4
选择要旋转的对象：找到 1 个	选择已创建的面域
选择要旋转的对象：↵	按 Enter 键，结束选择
指定轴起点或根据以下选项之一定义轴 [对象(O)/X/Y/Z]<对象>：	利用对象捕捉功能拾取旋转轴的起点
指定轴端点：	利用对象捕捉功能拾取旋转轴的端点
指定旋转角度或 [起点角度(ST)] <360>：↵	确定旋转角度为默认旋转角度 360°

（5）用二维的"移动"命令，将创建的圆柱回转体移至模型中相应的位置，结果如图 14-55 所示。

图 14-55 创建的模型实体

第 5 步，将三部分实体进行并运算[①]，操作过程略。

第 6 步，保存实体图形文件，操作过程略。

14.14 上机操作常见问题解答

1. 单击图标按钮，移动 UCS 坐标原点时，UCS 图标不移动。如何解决这一问题？

当前的 UCSICON 命令的选项为"非原点"，则无论 UCS 原点在何处，总会在绘图区域左下角显示图标。因此，只要启动 UCSICON 命令，选择"原点"选项，图标即可在当前坐标系的原点处显示。

2. 无法将二维图形创建为面域。如何解决这一问题？

生成面域的二维图形的边界由端点相连的封闭线段组成。AutoCAD 不接受所有相交或自交的线段或者有间歇的线段。因此，如果二维图形不能生成面域，应启动 ZOOM 命令用 W 窗口放大各线段端点部位，查找相交线段或有间歇的端点，修改为端点相连的封闭轮廓

---

① 参见 15.1.1 节。

线，即可生成面域。

3．"扫掠"命令和"拉伸"命令有何共性与差别？

"扫掠"命令和"拉伸"命令都可以沿路径创建实体，例如图 14-56 的两个相同的圆柱体分别是调用"扫掠"命令和"拉伸"命令创建的。

"扫掠"命令沿路径扫掠时，如图 14-57 所示的扫掠对象将被移动并与路径垂直对齐，然后沿路径扫掠该轮廓。而"拉伸"命令是将路径移动到拉伸对象的质心，然后沿路径拉伸选定对象的轮廓以创建实体或曲面，路径不能与对象处于同一平面。

图 14-56　扫掠体及拉伸体　　　　　图 14-57　路径、扫掠对象及拉伸对象

4．如何利用 UCS 图标的夹点快捷地移动或旋转 UCS？

在不执行命令时单击 UCS 图标，出现如图 14-58 所示的夹点。将光标移动至不同的夹点上，会出现相应的快捷菜单，单击其中的选项，就可以快捷地移动或旋转 UCS。

图 14-58　UCS 图标夹点的运用

14.15　操作经验和技巧

1．如何快捷地创建简单体（拉伸体和回转体等）？

创建简单体时，一般先绘制二维图形，再创建为面域，最后拉伸或旋转为实体——简单体。绘图过程涉及二维图形和三维模型，为方便绘制二维图形，又无须频繁切换视点以满足三维观察要求，可以在 AutoCAD 中同时打开两个文件的窗口，并横向并列（单击"视图"选项卡中"界面"下滑面板中的 图标按钮，如图 14-59 所示。一个文件窗口设置为"俯视"视图，便于绘制二维图形；另一个文件窗口设置为"××等轴测"视图，用于创建和观察三维模型。选择绘制好的二维图形，直接拖曳至另一窗口中，创建面域，再拉伸或旋转为简单体。

但要注意，在俯视窗口中绘制的二维图形，只能拖曳到等轴测窗口中的 XY 平面内。

图 14-59　数据交换的界面

2．利用"拉伸""扫掠""旋转"和"放样"命令创建实体后，如何删除或保留原对象？

用 DELOBJ 系统变量控制创建实体后是否自动删除原对象。默认的 DELOBJ 系统变量值为 1，即删除原对象；DELOBJ 系统变量值为 0 时保留原对象及路径；DELOBJ 系统变量值为 2 时删除原对象及路径；DELOBJ 系统变量值为−1 时提示是否删除原对象；DELOBJ 系统变量值为−2 时提示是否删除原对象及路径。

3．三维对象捕捉有哪些特点？

AutoCAD 2011 增加了三维对象捕捉功能，其捕捉模式和使用方法与二维对象捕捉类似。三维对象捕捉中有两个不同于二维对象捕捉的捕捉模式：ZCENter（捕捉"面中心"）、ZKNOt（捕捉到样条曲线节点），在创建三维实体时用途较大。

14.16　上　机　题

1．根据如图 14-60 所示的组合体三视图，利用形体分析法将其分解为基本几何体和简单体，分别创建基本几何体和简单体的三维实体模型，并按其在组合体中的位置组合放置在一起。

建模提示：楔形体最后单独创建，然后调用"移动"命令，以轮廓线中点 A 为基点移动至另一轮廓线中点 B，如图 12-61 所示。

图 14-60　组合体

图 14-61　"移动"操作

2. 根据如图 14-62 所示的吊钩的视图，运用 UCS 命令和"放样""螺旋""扫掠""差集"[①]等命令完成吊钩的三维实体模型。

---
① "差集"命令将在 15.1 节详细介绍。

图 14-62　吊钩视图

建模提示：

（1）先按吊钩视图画出如图 14-63 所示的吊钩轨迹线和外轮廓，然后在轨迹线各线段上插入等分点并连接等分点和线段圆心，如图 14-64 所示。

图 14-63　吊钩轨迹线和外轮廓

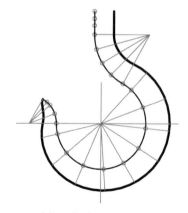

图 14-64　连接吊钩轨迹线上的等分点和圆心

（2）以等分点为圆心画圆，使其和轨迹线垂直（画圆前，先启动 UCS 命令，指定 UCS 原点在等分点上，X 轴与灰色连线重合），如图 14-65 所示。

（3）调整视点，使画好的圆与绘图平面垂直，并在吊钩轨迹线左端点绘制一点，如图 14-66 所示。

（4）启动"放样"命令，依次选取已绘制的圆作为放样横截面，最后选择左端点，设置左端点处的"凸度幅值"为 50，结果如图 14-67 所示。

（5）继续启动"拉伸"命令和"倒角"命令完成吊钩雏形，如图 14-68 所示。

图 14-65　绘制与轨迹线垂直的圆

图 14-66　在轨迹线左端点绘制一点

图 14-67　吊钩变截面部分的三维模型

图 14-68　吊钩雏形

（6）启动"螺旋"命令，在吊钩上端圆柱体表面创建螺旋线：底面半径为 11，顶面半径为 11，圈数为 14，高度为 35，即螺距为 2.5。如图 14-69 所示，以线框模式显示，螺旋线高度超过圆柱高度。

（7）按粗牙螺纹的机械制图国家标准绘制一个截面，尺寸和位置如图 14-70 所示，并将其创建为面域。

（8）启动"扫掠"命令，以刚创建的面域为扫掠对象，以螺旋线为扫掠路径，完成扫掠体创建，如图 14-71 所示。

图 14-69　创建螺旋线

图 14-70　绘制一个截面并创建为面域

图 14-71　创建螺旋扫掠体

（9）启动"差集"命令，选择圆柱体，再选择要减去的扫掠体，结果如图 14-72 所示。

图 14-72 吊钩三维模型

AutoCAD 2019 中文版机械设计标准实例教程

第 15 章　三维复杂实体模型的创建

第 14 章所述的创建三维实体的命令只能绘制一些简单的基本实体。要创建复杂的三维实体，还需要使用 AutoCAD 提供的布尔运算及三维实体编辑命令等，对已创建的三维基本体进行编辑修改。

本章介绍的内容和新命令如下：

（1）布尔运算。

（2）FILLET（三维圆角）命令。

（3）CHAMFER（三维倒角）命令。

（4）3DALIGN（三维对齐）命令。

（5）MIRROR3D（三维镜像）命令。

（6）3DARRAY（三维阵列）命令。

（7）ROTATE3D（三维旋转）命令。

（8）3DMOVE（三维移动）命令。

（9）SOLIDEDIT（实体编辑）命令。

（10）PRESSPULL（按住并拖动）命令。

15.1　布 尔 运 算

在 AutoCAD 中，布尔运算是针对面域和实体进行的。可以先创建三维基本实体，再通过布尔运算创建复杂的组合实体。

15.1.1　并运算

并运算是应用"并集"命令将多个面域或实体组成一个新的整体。

调用命令的方式如下：

- 功能区：单击"常用"选项卡"实体编辑"面板中的 ▮ 图标按钮或"实体"选项卡"布尔值"面板中的 ▮ 图标按钮。
- 菜单：执行"修改"|"实体编辑"|"并集"命令。
- 键盘命令：UNION 或 UNI。

操作步骤如下：

第 1 步，调用"并集"命令。

第 2 步，命令提示为"选择对象："时，选择要组合的对象。

……

第 n 步，命令提示为"选择对象："时，按 Enter 键，结束对象选择。

【例 15-1】　利用"并集"命令，将如图 15-1（a）所示的长方体和圆柱体合并成一个整体，结果如图 15-1（b）所示。

操作如下：

命令：_UNION	单击 图标按钮，启动"并集"命令
选择对象：找到 1 个	选择长方体
选择对象：找到 1 个，总计 2 个	选择圆柱体
选择对象：↵	按 Enter 键，结束对象选择

（a）实体并运算前　　　（b）实体并运算后　　　（a）面域并运算前　　　（b）面域并运算后

图 15-1　实体并运算　　　　　　　　　　图 15-2　面域并运算

可以对图 15-2 所示的面域进行同样的并运算。

注意： 单击在空间中没有公共部分的实体和面域，也可以进行并运算。

15.1.2　交运算

交运算是应用"交集"命令将多个面域或实体相交的部分创建为新的面域或实体，同时删去原体。

调用命令的方式如下：

功能区：单击"常用"选项卡"实体编辑"面板中的 图标按钮或"实体"选项卡"布尔值"面板中的 图标按钮。

菜单：执行"修改"|"实体编辑"|"交集"命令。

键盘命令：INTERSECT 或 IN。

操作步骤如下：

第 1 步，调用"交集"命令。

第 2 步，命令提示为"选择对象："时，选择要相交的对象。

……

第 n 步，命令提示为"选择对象："时，按 Enter 键，结束对象选择。

【例 15-2】　运用"交集"命令，将如图 15-3（a）所示的长方体和圆柱体共有的部分创建为一个新的实体，结果如图 15-3（b）所示。

操作如下：

命令：_INTERSECT	单击 图标按钮，启动"交集"命令
选择对象：找到 1 个	选择长方体
选择对象：找到 1 个，总计 2 个	选择圆柱体
选择对象：↵	按 Enter 键，结束对象选择

可以对图 15-4 所示的面域进行同样的交运算。

　　　　AutoCAD 2019 中文版机械设计标准实例教程

（a）实体交运算前　　　　　（b）实体交运算后　　　　　（a）面域交运算前　　　　　（b）面域交运算后

图 15-3　实体交运算　　　　　　　　　　　　　图 15-4　面域交运算

15.1.3　差运算

差运算是应用"差集"命令从第一个实体或面域选择集中减去第二个实体或面域选择集，然后创建一个新的实体或面域。

调用命令的方式如下：

- 功能区：单击"常用"选项卡"实体编辑"面板中的 图标按钮或"实体"选项卡"布尔值"面板中的 图标按钮。
- 菜单：执行"修改"|"实体编辑"|"差集"命令。
- 键盘命令：SUBTRACT 或 SU。

操作步骤如下：

第1步，调用"差集"命令。

第2步，命令提示为"选择要从中减去的实体或面域...""选择对象："时，选择要从中减去的对象。

第3步，命令提示为"选择对象："时，按 Enter 键，结束对象选择。

第4步，命令提示为"选择要减去的实体或面域...""选择对象："时，选择要减去的对象。

第5步，命令提示为"选择对象："时，按 Enter 键，结束对象选择。

【例 15-3】　运用"差集"命令，从如图 15-5（a）所示的长方体中挖去圆柱体，将剩余部分创建为一个新的实体，结果如图 15-5（b）所示。

操作如下：

命令：_SUBTRACT	单击 图标按钮，启动"差集"命令
_选择要从中减去的实体或面域... 选择对象：找到 1 个	选择长方体
选择对象：↵	按 Enter 键，结束对象选择
选择要减去的实体或面域... 选择对象：找到 1 个	选择圆柱体
选择对象：↵	按 Enter 键，结束对象选择

可以对图 15-6 所示的面域进行同样的差运算。

（a）实体差运算前　　　（b）实体差运算后　　　（a）面域差运算前　　　（b）面域差运算后

图 15-5　实体差运算　　　　　　　　　　　图 15-6　面域差运算

15.2　三 维 圆 角

"圆角边"命令用于对三维实体的棱边进行圆角处理。

调用命令的方式如下：

- 功能区：单击"实体"选项卡"实体编辑"面板中的图标按钮。
- 菜单：执行"修改"|"实体编辑"|"圆角边"命令。
- 键盘命令：FILLETEDGE。

操作步骤如下：

第 1 步，调用"圆角边"命令。

第 2 步，命令提示为"选选择边或 [链(C)/半径(R)]："时，输入 R。

第 3 步，命令提示为"输入圆角半径或 [表达式(E)] <1.0000>："时，输入圆角的半径。

第 4 步，命令提示为"选择边或 [链(C)/半径(R)]："时，拾取要作圆角处理的棱边。

第 5 步，命令提示为"选择边或 [链(C)/半径(R)]："时，按 Enter 键，结束棱边的拾取。

第 6 步，命令提示为"按 Enter 键接受圆角或 [半径(R)]："时，按 Enter 键，结束命令。

【例 15-4】　运用"圆角边"命令，将图 15-7 中的三维实体底板的两个直角修改为圆角，结果如图 15-8 所示。

图 15-7　三维实体模型　　　　　　　　　图 15-8　圆角处理后的三维实体模型

操作如下：

命令：_ FILLETEDGE	单击图标按钮，启动"圆角边"命令
半径 = 3.0000	系统提示，默认的圆角半径为 3
选择边或 [链(C)/半径(R)]：R↵	选择"半径"选项
输入圆角半径或 [表达式(E)] <3.0000>：15↵	输入圆角半径 15
选择边或 [链(C)/半径(R)]：	选择要进行圆角处理的一条棱边

　　　　　　　　AutoCAD 2019 中文版机械设计标准实例教程

选择边或 [链(C)/半径(R)]:	再次选择要进行圆角处理的另一条棱边
选择边或 [链(C)/半径(R)]: ↵	按 Enter 键，结束对象选择
已选定 2 个边用于圆角	系统提示
按 Enter 键接受圆角或 [半径(R)]: ↵	按 Enter 键，结束命令

15.3　三　维　倒　角

"倒角边"命令用于对三维实体中两个相交的面进行倒角处理。

调用命令的方式如下：

- 功能区：单击"实体"选项卡"实体编辑"面板中的 图标按钮。
- 菜单：执行"修改"|"实体编辑"|"倒角边"命令。
- 键盘命令：CHAMFEREDGE。

操作步骤如下：

第1步，调用"倒角边"命令。

第2步，命令提示为"选择一条边或 [环(L)/距离(D)]:"时，输入 D，选择"距离"选项。

第3步，命令提示为"指定距离 1 或 [表达式(E)] <1.0000>:"时，输入第一个倒角距离。

第4步，命令提示为"指定距离 2 或 [表达式(E)] <1.0000>:"时，输入第二个倒角距离。

第5步，命令提示为"选择一条边或 [环(L)/距离(D)]:"时，拾取要倒角的棱边。

第6步，命令提示为"选择属于同一个面的边或 [环(L)/距离(D)]:"时，拾取同一个面上要倒角的另一条棱边。

第7步，命令提示为"选择属于同一个面的边或 [环(L)/距离(D)]:"时，按 Enter 键结束棱边的拾取。

第8步，命令提示为"按 Enter 键接受倒角或 [距离(D)]:"时，按 Enter 键，结束命令。

【例 15-5】 运用"倒角"命令，对图 15-8 中的三维实体的圆柱孔顶端进行倒角处理，结果如图 15-9 所示。

图 15-9　倒角处理后的三维实体模型

操作如下：

命令：_CHAMFEREDGE	单击 ✎ 图标按钮，启动"倒角"命令
距离 1 = 1.0000，距离 2 = 1.0000	系统提示，当前默认的倒角尺寸为 C1
选择一条边或 [环(L)/距离(D)]：**D**↵	选择"距离"选项
指定距离 1 或 [表达式(E)] <1.0000>：**2**↵	输入第一个倒角距离 2
指定距离 2 或 [表达式(E)] <1.0000>：**2**↵	输入第二个倒角距离 2
选择一条边或 [环(L)/距离(D)]：	拾取要进行倒角的棱边为圆柱孔顶端圆边
选择属于同一个面的边或 [环(L)/距离(D)]：↵	按 Enter 键，结束棱边的拾取
按 Enter 键接受倒角或 [距离(D)]：↵	按 Enter 键，结束命令

15.4　三 维 对 齐

"三维对齐"命令通过指定 3 对源点和目标点，使目标对象与源对象对齐。

调用命令的方式如下：

- 功能区：单击"常用"选项卡"修改"面板中的 📇 图标按钮。
- 菜单：执行"修改"|"三维操作"|"三维对齐"命令。
- 键盘命令：3DALIGN 或 3AL。

操作步骤如下：

第 1 步，调用"三维对齐"命令。

第 2 步，命令提示为"选择对象："时，选择要对齐的对象。

第 3 步，命令提示为"选择对象："时，按 Enter 键，结束对象选择。

第 4 步，命令提示为"指定源平面和方向...""指定基点或 [复制(C)]："时，拾取第一个源点（称为基点）。

第 5 步，命令提示为"指定第二个点或 [继续(C)]："时，拾取第二个源点。

第 6 步，命令提示为"指定第 3 个点或 [继续(C)]："时，拾取第三个源点。

第 7 步，命令提示为"指定目标平面和方向...""指定第一个目标点："时，拾取第一个目标点。

第 8 步，命令提示为"指定第二个目标点或 [退出(X)] <X>："拾取第二个目标点。

第 9 步，命令提示为"指定第 3 个目标点或 [退出(X)] <X>："时，拾取第三个目标点。

【例 15-6】　利用"三维对齐"命令，将图 15-10（a）中的楔体与三维实体对齐，完成图形如图 15-10（b）所示。

（a）对齐前　　　　　　　　　　　　　　　　（b）对齐后

图 15-10　三维对齐操作

　　　　　　　　AutoCAD 2019 中文版机械设计标准实例教程

操作如下：

命令：_3DALIGN	单击 图标按钮，启动"三维对齐"命令
选择对象：找到 1 个	选择源对象（楔体）
选择对象：↵	结束对象选择
指定源平面和方向... 指定基点或 [复制(C)]：	选择源对象上的点 1 为基点
指定第二个点或 [继续(C)] <C>：	选择源对象上的点 2
指定第三个点或 [继续(C)] <C>：	选择源对象上的点 3
指定目标平面和方向... 指定第一个目标点：	选择目标对象上的点 A
指定第二个目标点或 [退出(X)] <X>：	选择目标对象上的点 B
指定第三个目标点或 [退出(X)] <X>：	选择目标对象上的点 C

注意：选定的对象将从源点移动到目标点，如果指定了第二点和第三点，则这两点将旋转并使选定的对象倾斜。

15.5 三维镜像

利用"三维镜像"命令可以创建相对于某一平面的镜像对象。

调用命令的方式如下：

- 功能区：单击"常用"选项卡"修改"面板中的 图标按钮。
- 菜单：执行"修改"|"三维操作"|"三维镜像"命令。
- 键盘命令：MIRROR3D。

操作步骤如下：

第 1 步，调用"三维镜像"命令。

第 2 步，命令提示为"选择对象："时，选择要镜像的对象。

第 3 步，命令提示为"选择对象："时，按 Enter 键，结束对象选择。

第 4 步，命令提示为"指定镜像平面 (三点) 的第一个点或[对象(O)/最近的(L)/Z 轴(Z)/视图(V)/XY 平面(XY)/YZ 平面(YZ)/ZX 平面(ZX)/三点(3)] <三点>："时，拾取镜像平面上的第一点。

第 5 步，命令提示为"在镜像平面上指定第二点："时，拾取镜像平面上的第二点。

第 6 步，命令提示为"在镜像平面上指定第三点："时，拾取镜像平面上的第三点。

第 7 步，命令提示为"是否删除源对象？[是(Y)/否(N)] <否>："时，按 Enter 键保留原始对象，或者输入 Y 将其删除。

【例 15-7】 对图 15-10（b）中的楔体进行三维镜像操作，结果如图 15-11 所示。

操作如下：

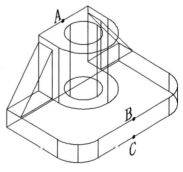

图 15-11 三维镜像效果

命令：_MIRROR3D	单击 图标按钮，启动"三维镜像"命令
选择对象：找到 1 个	选择要镜像的对象
选择对象：↵	结束对象选择
指定镜像平面 (三点) 的第一个点或 [对象(O)/最近的(L)/Z 轴(Z)/视图(V)/XY 平面(XY)/YZ 平面(YZ)/ZX 平面(ZX)/三点(3)] <三点>：	利用对象捕捉功能捕捉镜像面上的点 A
在镜像平面上指定第二点：	利用对象捕捉功能捕捉镜像面上的点 B
在镜像平面上指定第三点：	利用对象捕捉功能捕捉镜像面上的点 C
是否删除源对象？[是(Y)/否(N)] <否>：↵	按 Enter 键，选择默认的不删除源对象的方式

15.6 三 维 阵 列

"三维阵列"命令允许用户创建关联或非关联、二维或三维的矩形、路径或环形阵列。
调用命令的方式如下：

- 菜单：执行"修改"|"三维操作"|"三维阵列"命令。
- 键盘命令：3DARRAY 或 3A。

15.6.1 三维矩形阵列

在创建三维矩形阵列时，除行数和列数外，还可以指定 Z 方向的层数。
操作步骤如下：

第 1 步，调用"三维阵列"命令。

第 2 步，命令提示为"选择对象："时，选择要创建阵列的对象。

第 3 步，命令提示为"选择对象："时，按 Enter 键，结束对象选择。

第 4 步，命令提示为"输入阵列类型 [矩形(R)/环形(P)] <矩形>："时，按 Enter 键，选择"矩形"选项。

第 5 步，命令提示为"输入行数(---) <1>："时，输入行数。

第 6 步，命令提示为"输入列数(|||) <1>："时，输入列数。

第 7 步，命令提示为"输入层数(...) <1>："时，输入层数。

第 8 步，命令提示为"指定行间距(---)："时，指定行间距。

第 9 步，命令提示为"指定列间距(|||)："时，指定列间距。

第 10 步，命令提示为"指定层间距(...)："时，指定层间距。

15.6.2 三维环形阵列

在创建三维环形阵列时，可以通过空间中的任意两点指定旋转轴。
操作步骤如下：

第 1 步，调用"三维阵列"命令。

第 2 步，命令提示为"选择对象："时，选择要创建阵列的对象。

第 3 步，命令提示为"选择对象："时，按 Enter 键，结束对象选择。

第 4 步，命令提示为"输入阵列类型 [矩形(R)/环形(P)] <矩形>："时，输入 P，选择

"环形"选项。

第5步，命令提示为"输入阵列中的项目数目："时，输入要创建阵列的项目数目。

第6步，命令提示为"指定要填充的角度 (+=逆时针, −=顺时针) <360>："时，指定要填充的阵列对象的角度。

第7步，命令提示为"旋转阵列对象？ [是(Y)/否(N)] <Y>："时，按 Enter 键沿阵列方向旋转对象；或者输入 N 保持阵列对象的方向。

第8步，命令提示为"指定阵列的中心点："时，指定对象旋转轴的起点。

第9步，命令提示为"指定旋转轴上的第二点："时，指定对象旋转轴的端点。

15.7 三 维 旋 转

"三维旋转"命令可以在三维视图中显示三维旋转小控件，以协助三维对象绕三维轴旋转，所以"三维旋转"命令的实质就是调用和使用三维旋转小控件。

调用命令的方式如下：

- 功能区：单击"常用"选项卡"修改"面板及"选择"面板中的 ⊕ 图标按钮或"实体"选项卡"选择"面板中的 ⊕ 图标按钮。
- 菜单：执行"修改" | "三维操作" | "三维旋转"命令。
- 键盘命令：3DROTATE 或 3R。

操作步骤如下：

第1步，调用"三维旋转"命令。

第2步，命令提示为"选择对象："时，选择要旋转的对象，或者按住 Ctrl 键选择子对象（面、边和顶点）。

第3步，命令提示为"选择对象："时，按 Enter 键，结束对象选择。此时显示附着在光标上的三维旋转小控件，如图 15-12 所示。

图 15-12　三维旋转小控件

第4步，命令提示为"指定基点："时，拾取旋转的基点，放置三维旋转小控件。

第5步，命令提示为"拾取旋转轴："时，将光标悬停在三维旋转小控件上的一个轴句柄上，直到它变为黄色并显示矢量轴，然后单击。

第6步，命令提示为"指定角的起点或输入角度："时，光标拾取旋转的角度或输入角度值。

第7步，命令提示为"指定角的端点："时，可以移动鼠标旋转对象，单击指定角的端点。

直接利用三维旋转小控件的操作步骤如下：

第1步，单击"常用"选项卡"修改"面板及"选择"面板中的 ⊕ 图标按钮或单击"实体"选项卡"选择"面板中的⊕图标按钮。

第 2 步，选择要旋转的对象，或者按住 Ctrl 键选择子对象（面、边和顶点）。此时显示附着在光标上的三维旋转小控件，如图 15-12 所示。

第 3 步，拾取移动三维旋转小控件的中心框，确定旋转的基点。

第 4 步，将光标悬停在二维旋转小控件上的一个轴句柄上，直到它变为黄色并显示矢量轴，然后单击。

第 5 步，命令提示为"指定旋转角度或 [基点(B)/复制(C)/放弃(U)/参照(R)/退出(X)]:"时，输入角度值。

【例 15-8】 直接利用三维旋转小控件对图 15-13（a）中的楔体进行三维旋转操作，结果如图 15-13（b）所示。

（a）旋转前   （b）旋转后

图 15-13 三维旋转操作

操作如下：

命令：_3DROTATE UCS 当前的正角方向：ANGDIR= 逆时针 ANGBASE=0	单击功能区的"常用"选项卡"修改"面板中的⊕（三维旋转）图标按钮
选择对象：找到 1 个 选择对象：↵	选择要旋转的对象
指定基点：	拾取移动三维旋转小控件的中心框至点 O
拾取旋转轴：	将光标悬停在三维旋转小控件上的轴句柄上，直到轴句柄变为黄色并显示矢量轴，如图 15-13（a）所示，然后单击
指定角的起点或键入角度：	输入旋转角度为-90°，结果如图 15-13（b）所示

注意：

（1）旋转角度的正负由右手法则决定（右手大拇指和旋转轴 X 轴的正向一致，其余 4 个手指的方向为旋转正向）。

（2）在"二维线框"视觉样式下，不能直接使用三维旋转小控件。在"三维旋转"命令执行期间，视觉样式需更改为"三维线框"。

15.8 三 维 移 动

"三维移动"命令可以在三维视图中显示三维移动小控件，并利用它沿指定方向将对象移动指定的距离，所以"三维移动"命令的实质就是调用和使用三维移动小控件。

调用命令的方式如下：

- 功能区：单击"常用"选项卡"修改"面板及"选择"面板中的⚙图标按钮或"实体"选项卡"选择"面板中的⚙图标按钮。
- 菜单：执行"修改"|"三维操作"|"三维移动"命令。
- 键盘命令：3DMOVE 或 3M。

操作步骤如下：

第1步，调用"三维移动"命令。

第2步，命令提示为"选择对象："时，选择要移动的对象，或者按住 Ctrl 键选择子对象（例如面、边和顶点）。

第3步，命令提示为"选择对象："时，按 Enter 键，结束对象选择。此时显示附着在光标上的三维移动小控件，如图 15-14（a）所示。

（a）三维移动小控件   （b）放置移动夹点工具

图 15-14   三维移动操作

第4步，命令提示为"指定基点或 [位移(D)] <位移>："时，拾取移动的基点，放置移动夹点工具。

第5步，"指定第二个点或<使用第一个点作为位移>："时，将光标悬停在三维移动小控件的轴句柄上，直到它变为黄色并显示矢量轴，如图 15-14（b）所示，然后单击。

第6步，光标拾取或输入值，以指定移动的距离。

直接使用三维移动小控件的操作步骤如下：

第1步，单击"常用"选项卡"修改"面板及"选择"面板中的⚙图标按钮或单击"实体"选项卡"选择"面板中的⚙（移动小控件）图标按钮。

第2步，选择要移动的对象。此时显示附着在光标上的三维移动小控件，如图 15-14（a）所示。

第3步，拾取并移动三维移动小控件的中心框，确定移动的基点。

第4步，将光标悬停在三维移动小控件的轴句柄上，直到它变为黄色并显示矢量轴，如图 15-14（b）所示，然后单击。

第5步，输入移动的距离。

注意：在"二维线框"视觉样式下，不能直接使用三维移动小控件。在"三维移动"命令执行期间，视觉样式需更改为"三维线框"。

15.9   三维实体的快速编辑

从 AutoCAD 2007 开始加强了快速修改三维实体的功能，可对基本实体的面和边进行拉伸、移动、旋转、偏移、倾斜、删除和复制的编辑。

15.9.1 按住并拖动有限区域编辑实体

可以通过"按住并拖动"命令拾取区域来按住或拖动有限区域。区域不能是曲面。

AutoCAD 2013 增强了"按住并拖动"命令,可以同时选取多个轮廓线条或者多个封闭区域一次完成修改,也可以延续倾斜面的角度等,详见例 15-9。

调用命令的方式如下:

- 功能区:单击"常用"选项卡"建模"面板中的 🔳 图标按钮或"实体"选项卡"实体"面板中的 🔳 图标按钮。
- 键盘命令:PRESSPULL。

操作步骤如下:

第 1 步,调用"按住并拖动"命令。

第 2 步,命令提示为"单击有限区域以进行按住或拖动操作"时,单击由同面线段围成的任意区域。

第 3 步,拖动鼠标以按住或拖动有限区域。

第 4 步,单击或输入值以指定高度。

【例 15-9】 用"按住并拖动"命令修改如图 15-15(a)所示的四棱柱体。

(a)四棱柱体	(b)修改一	(c)修改二
(d)修改三	(e)修改四	(f)修改五

图 15-15 "按住并拖动"操作

操作步骤如下:

第 1 步,打开动态 UCS,绘制如图 15-15(a)所示的四棱柱体。

第 2 步,调用"按住并拖动"命令。

第 3 步,进行修改。

(1)修改一。

操作如下:

命令:_PRESSPULL	单击 🔳 图标按钮,启动"按住并拖动"命令
选择对象或边界区域:	拾取图 15-15(a)中的封闭线框 B
指定拉伸高度或 [多个(M)]:**10**↵ 已创建 1 个拉伸	输入数值 10,创建如图 15-15(b)所示的实体
选择对象或边界区域:↵	按 Enter 键,结束命令

（2）修改二。

操作如下：

命令：_PRESSPULL	单击▉图标按钮，启动"按住并拖动"命令
选择对象或边界区域：	拾取图 15-15（a）中的封闭线框 B
指定拉伸高度或 [多个(M)]： 指定拉伸高度或 [多个(M)]：**-10.**⏎ 已创建 1 个拉伸	输入数值-10，创建如图 15-15（c）所示的实体
选择对象或边界区域：⏎	按 Enter 键，结束命令

（3）修改三。

操作如下：

命令：_PRESSPULL	单击▉图标按钮，启动"按住并拖动"命令
选择对象或边界区域：	按住 Ctrl 键，同时拾取图 15-15（a）中的封闭线框 B，按 Enter 键结束选择
指定偏移距离或 [多个(M)]：**10.**⏎ 1 个面偏移	输入数值 10，创建如图 15-15（d）所示的实体
选择对象或边界区域：⏎	按 Enter 键，结束命令

（4）修改四。

操作如下：

命令：_PRESSPULL	单击▉图标按钮，启动"按住并拖动"命令
选择对象或边界区域： 选择了 1 个，共 1 个 选择边界区域： 选择了 1 个，共 2 个 选择边界区域： 选择了 1 个，共 3 个 选择边界区域：⏎	按住 Shift 键，同时拾取图 15-15（a）中的封闭线框 A、B、C，按 Enter 键结束选择
指定拉伸高度或 [多个(M)]： 指定拉伸高度或 [多个(M)]：10 已创建 3 个拉伸	输入数值 10，创建如图 15-15（e）所示的实体

（5）修改五。

操作如下：

命令：_PRESSPULL	单击▉图标按钮，启动"按住并拖动"命令
选择对象或边界区域： 选择了 1 个，共 1 个 选择边界区域： 选择了 1 个，共 2 个 选择边界-区域： 选择了 1 个，共 3 个 选择对象：⏎ 1 个已过滤，共 3 个	按住 Ctrl+Shift 键，同时拾取 15-15(a)中的封闭线框 A、B、C，按 Enter 键结束选择

指定偏移距离或 [多个(M)]: **10**↵ 3 个面偏移	输入数值 10，创建如图 15-15（f）所示的实体

15.9.2　利用夹点和对象"特性"选项板编辑基本实体

1．利用夹点编辑基本实体

利用夹点可以编辑基本实体（长方体、楔体、棱锥体、球体、圆柱体、圆锥体和圆环体等）的大小和形状，还可以利用夹点编辑通过"拉伸""旋转""放样"和"扫掠"命令创建的实体和曲面。

【例 15-10】　将图 15-16（a）所示的正四棱锥体编辑为图 15-16（d）所示的正六棱台体。

（a）正四棱锥体

（b）夹点拉伸操作

（c）对象"特性"选项板

（d）修改后的正六棱台体

图 15-16　利用夹点编辑基本实体

操作步骤如下：

第 1 步，选择正四棱锥体，将在其轮廓上显示夹点。

第 2 步，单击选定锥顶侧向夹点，将选定夹点移动到新位置，将正四棱锥体修改成正四棱台体，如图 15-16（b）所示。

第 3 步，选择正四棱台体，右击，在弹出的快捷菜单上选择"特性"命令，打开对象"特性"选项板，将其中的"侧面"数量由 4 改为 6。如图 15-16（c）所示。

　　　　　　AutoCAD 2019 中文版机械设计标准实例教程

第 4 步，按 Enter 键，结果如图 15-16（d）所示。

2．利用夹点编辑复合实体

复合实体是由基本实体通过"并集""差集"和"交集"等命令组合而成的实体。

【例 15-11】 利用夹点功能将图 15-17（a）所示的复合实体上部的长圆体部分移动到复合实体中间，结果如图 15-17（c）所示。

（a）移动前 （b）移动中 （c）移动后

图 15-17 利用夹点复合实体编辑

操作步骤如下：

第 1 步，按住 Ctrl 键，选择复合实体上部的长圆体部分，如图 15-17（b）所示。

第 2 步，调用"三维移动"命令，移动选中的长圆体部分到指定位置，如图 15-17（c）所示。

3．选择和操作子对象

可以对三维实体上的子对象（点、线、面）进行选择。按住 Ctrl 键，使用光标选择顶点、边和面，以创建要操作的子对象的选择集。可以按 Shift+Ctrl 组合键取消对子对象的选择。

【例 15-12】 将图 15-18（a）所示的复合实体的前端面后移并倾斜，结果如图 15-18（c）所示。

（a）面的夹点 （b）边的夹点 （c）修改后的实体

图 15-18 利用夹点编辑复合实体的子对象

操作方法如下：

第 1 步，按住 Ctrl 键，选择复合实体下方的正方体。

第 2 步，按住 Ctrl 键，选择如图 15-18（a）所示的复合实体下方的正方体前端面。

第 3 步，单击面上的夹点，使其成为热夹点。

第 4 步，输入向后移动的距离，按 Enter 键，然后按 Esc 键消除夹点。

第 5 步，按住 Ctrl 键，选择如图 15-18（b）所示的复合实体下方的正方体前端面上方的边。

第 6 步，单击边上的夹点，使其成为热夹点。

第 7 步，将热夹点沿 *Y* 轴方向移动，结果如图 15-18（c）所示。

注意： 选择面和边时，往往需先选择子实体，然后再选择子实体上的面和边。

15.10　利用"实体编辑"命令编辑三维实体

利用"实体编辑"命令可以编辑复杂的实体对象。对三维实体的边编辑有提取、压印、复制和着色等，对三维实体的面编辑有拉伸、倾斜、移动、偏移、删除和旋转等，对三维实体的体编辑有分割、抽壳、清除和检查等。

下面介绍常用的三维实体的面编辑命令——倾斜、偏移。

1．倾斜面

利用"倾斜面"命令可以按一个角度将面倾斜。

调用命令的方式如下：

- 功能区：单击"常用"选项卡"实体编辑"面板中的图标按钮或"实体"选项卡"实体编辑"面板中的图标按钮。
- 菜单：执行"修改"|"实体编辑"|"倾斜面"命令。
- 键盘命令：SOLIDEDIT。

操作步骤如下：

第 1 步，调用"倾斜面"命令。

第 2 步，命令提示为"选择面或 [放弃(U)/删除(R)]："时，选定需倾斜的面。

第 3 步，命令提示为"选择面或 [放弃(U)/删除(R)/全部(ALL)]："时，继续选择面，或者按 Enter 键结束选择。

第 4 步，命令提示为"指定基点："时，指定倾斜基点（倾斜轴上的第一点）。

第 5 步，命令提示为"指定沿倾斜轴的另一个点："时，指定倾斜轴上的第二点。

第 6 步，命令提示为"指定倾斜角度："时，输入倾斜角度。

第 7 步，按 Enter 键，退出面编辑。按 Enter 键，结束"实体编辑"命令。

【例 15-13】　将图 15-19（a）所示的长圆孔倾斜为如图 15-19（b）所示的锥形孔。

（a）倾斜面前　　　　　　　　　　　　　　　　（b）倾斜面后

图 15-19　倾斜面操作

操作如下：

命令：_SOLIDEDIT	单击图标按钮，启动"倾斜面"命令

实体编辑自动检查：SOLIDCHECK=1 输入实体编辑选项 [面(F)/边(E)/体(B)/放弃(U)/退出(X)] <退出>： **_FACE** 输入面编辑选项 [拉伸(E)/移动(M)/旋转(R)/偏移(O)/倾斜(T)/删除(D)/复制(C)/颜色(L)/材质(A)/放弃(U)/退出(X)] <退出>：**_TAPER**	系统提示相应的"倾斜面"命令启动过程
选择面或 [放弃(U)/删除(R)]：找到 4 个面	拾取要倾斜的长圆孔 4 个面
选择面或 [放弃(U)/删除(R)/全部(ALL)]：↵	按 Enter 键，结束对象选择
指定基点：	拾取倾斜轴上第一点，即圆心 A
指定沿倾斜轴的另一个点：	拾取倾斜轴上第二点，即圆心 B
指定倾斜角度：**20**↵	输入倾斜角度 20°
已开始实体校验 已完成实体校验	系统提示
输入面编辑选项 [拉伸(E)/移动(M)/旋转(R)/偏移(O)/倾斜(T)/删除(D)/复制(C)/着色(L)/放弃(U)/退出(X)] <退出>：↵	按 Enter 键，退出面编辑
实体编辑自动检查： SOLIDCHECK=1 输入实体编辑选项 [面(F)/边(E)/体(B)/放弃(U)/退出(X)] <退出>：↵	按 Enter 键，结束"实体编辑"命令

注意：倾斜角度输入正值，将减小实体体积或尺寸；倾斜角度输入负值，将增大实体体积或尺寸。

2．偏移面

利用"偏移面"命令可以按指定的距离或通过指定的点将面均匀地偏移。

调用命令的方式如下：

- 功能区：单击"常用"选项卡"实体编辑"面板中的□图标按钮或"实体"选项卡"实体编辑"面板中的□图标按钮。
- 菜单：执行"修改"|"实体编辑"|"偏移面"命令。
- 键盘命令：SOLIDEDIT。

操作步骤如下：

第 1 步，调用"偏移面"命令。

第 2 步，命令提示为"选择面或 [放弃(U)/删除(R)]："时，选定需偏移的面。

第 3 步，命令提示为"选择面或 [放弃(U)/删除(R)/全部(ALL)]："时，继续选择面，或者按 Enter 键结束面的选择。

第 4 步，命令提示为"指定偏移距离："时，指定偏移距离。

第 5 步，按 Enter 键，退出面编辑。按 Enter 键，结束"实体编辑"命令。

【例 15-14】 将图 15-20（a）中的孔沿壁面方向均匀地放大，完成后的图形如图 15-20（b）所示。

（a）偏移面前　　　　　　　　（b）偏移面后

图 15-20　偏移面操作

操作如下：

命令：_SOLIDEDIT	单击▢图标按钮，启动"偏移面"命令
实体编辑自动检查： SOLIDCHECK=1 输入实体编辑选项 [面(F)/边(E)/体(B)/放弃(U)/退出(X)] <退出>： _FACE 输入面编辑选项[拉伸(E)/移动(M)/旋转(R)/偏移(O)/倾斜(T)/删除(D)/复制(C)/颜色(L)/材质(A)/放弃(U)/退出(X)]<退出>：_OFFSET	系统提示相应的"偏移面"命令启动过程
选择面或 [放弃(U)/删除(R)]：找到 4 个面。	拾取要偏移的 4 个面
选择面或 [放弃(U)/删除(R)/全部(ALL)]：↵	按 Enter 键，结束对象选择
指定偏移距离：-5↵	输入偏移距离为-5
已开始实体校验 已完成实体校验	系统提示
输入面编辑选项 [拉伸(E)/移动(M)/旋转(R)/偏移(O)/倾斜(T)/删除(D)/复制(C)/着色(L)/放弃(U)/退出(X)] <退出>：↵	按 Enter 键，退出面编辑
实体编辑自动检查： SOLIDCHECK=1 输入实体编辑选项 [面(F)/边(E)/体(B)/放弃(U)/退出(X)] <退出>：↵	按 Enter 键，结束"实体编辑"命令

注意： 偏移距离输入正值，增大实体体积或尺寸；输入负值，减小实体体积或尺寸。

15.11 剖　切

"剖切"命令可以通过指定剖切平面对三维实体进行剖切。

调用命令的方式如下：

- 功能区：单击"常用"选项卡"实体编辑"面板中的图标按钮或"实体"选项卡"实体编辑"面板中的图标按钮。
- 菜单：执行"修改"|"三维操作"|"剖切"命令。
- 键盘命令：SLICE 或 SL。

操作步骤如下：

第 1 步，调用"剖切"命令。

第 2 步，命令提示为"选择要剖切的对象："时，选择要剖切的对象。

第 3 步，命令提示为"选择要剖切的对象："时，按 Enter 键，结束对象选择。

第 4 步，命令提示为"指定切面的起点或 [平面对象(O)/曲面(S)/Z 轴(Z)/视图(V)/XY/YZ/ZX/三点(3)] <三点>："时，输入 3，指定 3 个点来定义剪切平面。

第 5 步，命令提示为"指定平面上的第一个点：""指定平面上的第二个点：""指定平面上的第三个点："时，分别拾取剖切平面上的 3 个点。

第 6 步，命令提示为"在所需的侧面上指定点或 [保留两个侧面(B)] <保留两个侧面>："时，指定要保留的部分，或按 Enter 键将两个侧面都保留。

【例 15-15】 利用"剖切"命令对图 15-21（a）中的三维实体进行剖切，结果如图 15-21（b）所示。

（a）剖切前   （b）剖切后

图 15-21   剖切后的三维实体模型

操作如下：

命令：_SLICE	单击 ⬚ 图标按钮，启动"剖切"命令
选择要剖切的对象：找到 1 个	选择要剖切的三维实体
选择要剖切的对象：↵	按 Enter 键，结束对象选择
指定切面的起点或 [平面对象(O)/曲面(S)/Z 轴(Z)/视图(V)/XY/YZ/ZX/三点(3)] <三点>：	拾取剖切平面上的第一点，即点 A
指定平面上的第二个点：	拾取剖切平面上第二点，即点 B
在所需的侧面上指定点或 [保留两个侧面(B)]<保留两个侧面>：	拾取要保留的侧面上的点 P

15.12　上机操作实验指导十五：创建复杂零件三维实体模型

根据如图 15-22 所示的三视图，创建该零件的三维实体模型。

图 15-22　模型三视图及其轴测图

创建三维实体模型时，首先绘制长方体、楔体、棱锥体、球体、圆柱体、圆锥体和圆环体等基本几何体以及拉伸体、旋转体及扫掠体等简单体，再将这些基本几何体和简单体进行叠加或挖切组合。叠加可用布尔运算中的"并集"命令来实现。挖切可再细分为内部挖孔和外部切割。内部挖孔可根据孔和缺口的形状直接建立三维实体，再用布尔运算中的"差集"命令来实现，或者用"压印"及"按住并拖动"等命令来实现；而外部切割可用夹点编辑命令来实现。组合时应尽量先进行叠加，再对叠加后的新实体进行挖切。

如图 15-22 所示的模型可分解为长方体底板（基本几何体）、圆柱体主体（基本几何体）、凸台（旋转体）及楔形肋板（基本几何体），经叠加和挖切两种方式组合后形成三维实体模型。

本节主要涉及的命令包括"长方体"命令、"圆柱体"命令、"面域"命令、UCS 命令、"旋转"命令和本章介绍的"三维圆角"命令、"三维阵列"命令、布尔运算、视觉样式、"三维移动"命令和"按住并拖拉"命令等。

操作步骤如下：

第 1 步，设置绘图环境。

（1）将工作空间切换为"三维建模"，打开动态 UCS，显示"三维线框"视觉样式。

（2）启动"图形界限"命令，设置图幅大小为 420×297。

（3）单击"常用"选项卡的"图层和视图"面板中的"视图"下拉列表，选择"西南等轴测图"。

第 2 步，绘制底板。

（1）创建长方体。

操作如下：

命令：_BOX	单击□图标按钮，启动"长方体"命令
指定第一个角点或 [中心(C)]：<0,0,0>↵	确定长方体角点坐标为默认坐标（0,0,0）
指定其他角点或 [立方体(C)/长度(L)]：L↵	选择"长度"选项
指定长度：110↵	指定长方体长度为 110
指定宽度：65↵	指定长方体宽度为 65
指定高度或 [两点(2P)]：12↵	指定长方体高度为 12

（2）对 4 条棱边进行圆角处理，如图 15-23 所示。

（a）4 条要进行圆角处理的棱边

（b）圆角处理后

图 15-23　底板圆角处理

操作如下：

命令：_FILLETEDGE	单击 🔾 图标按钮，启动 "圆角边" 命令
半径 = 1.0000	系统提示，默认的圆角半径为 3
选择边或 [链(C)/半径(R)]：**R.↵**	选择 "半径" 选项
输入圆角半径或 [表达式(E)] <1.0000>：**9.↵**	输入圆角半径为 9
选择边或 [链(C)/半径(R)].	选择要进行圆角处理的棱边 1
选择边或 [链(C)/半径(R)]：	选择要进行圆角处理的棱边 2
选择边或 [链(C)/半径(R)]：	选择要进行圆角处理的棱边 3
选择边或 [链(C)/半径(R)]：	选择要进行圆角处理的棱边 4
选择边或 [链(C)/半径(R)]：↵	按 Enter 键，结束对象选择
已选定 4 个边用于圆角	系统提示
按 Enter 键接受圆角或 [半径(R)]：	按 Enter 键，结束命令

（3）绘制一个圆柱体，完成图形如图 15-24（b）所示。

操作如下：

命令：_CYLINDER	单击 🔾 图标按钮，启动 "圆柱体" 命令
指定底面的中心点或 [三点(3P)/两点(2P)/相切、相切、半径(T)/椭圆(E)]：	捕捉如图 15-24（a）所示的顶面圆心为中心点
指定底面的半径或 [直径(D)]：**4.5.↵**	输入圆柱体半径 4.5
指定高度或 [两点(2P)/轴端点(A)] <10.0000>：**−12.↵**	输入圆柱体高度−12

（a）圆心选择　　　　　（b）创建圆柱体效果　　　　（c）绘制另外 3 个圆柱体

图 15-24　绘制 4 个圆柱体

（4）绘制另外 3 个圆柱体，完成图形如图 15-24（c）所示。

操作如下：

命令：_3DARRAY	输入 3DARRAY，启动 "三维阵列" 命令
选择对象：找到 1 个	选择要阵列的对象为图 15-24（b）所示的圆柱体
选择对象：↵	按 Enter 键，结束对象选择
输入阵列类型 [矩形(R)/环形(P)] <矩形>：↵	按 Enter 键，选择默认阵列类型 "矩形"
输入行数 (---) <1>：**2.↵**	输入行数 2
输入列数 (‖‖) <1>：**2.↵**	输入列数 2
输入层数 (...) <1>：↵	按 Enter 键，选择默认层数 1
指定行间距 (---)：**47.↵**	输入行间距 47
指定列间距 (‖‖)：**92.↵**	输入列间距 92

（5）利用"差集"命令，在底板上挖孔。

操作如下：

命令：_SUBTRACT	单击◻图标按钮，启动"差集"命令
选择要从中减去的实体或面域...	提示开始选择从中减去的实体或面域
选择对象：找到 1 个	选择要从中减去的实体，即图 15-24（c）所示的底板
选择对象：↵	按 Enter 键，结束对象选择
选择要减去的实体或面域... 选择对象：指定对角点：找到 4 个	用 W 窗口选择要减去的实体，即图 15-24（c）所示的 4 个圆柱体
选择对象：↵	按 Enter 键，结束对象选择

第 3 步，绘制圆柱体主体。

操作如下：

命令：_CYLINDER	单击◻图标按钮，启动"圆柱体"命令
指定底面的中心点或 [三点(3P)/两点(2P)/相切、相切、半径(T)/椭圆(E)]：	在底顶面捕捉如图 15-25（a）所示的中心点，即圆柱体的圆心
指定底面的半径或 [直径(D)]：27↵	输入圆柱体半径 27
指定高度或 [两点(2P)/轴端点(A)] <10.0000>：50↵	输入圆柱体高度 50

（a）在底顶面选择圆柱体的圆心

（b）创建圆柱体后的效果

图 15-25　绘制圆柱体主体

第 4 步，绘制凸台。

（1）重新定义坐标系。

操作如下：

命令：_UCS	单击图标按钮，启动 UCS 命令
当前 UCS 名称：*没有名称*	系统提示
指定 UCS 的原点或 [面(F)/命名(NA)/对象(OB)/上一个(P)/视图(V)/世界(W)/X/Y/Z/Z 轴(ZA)] <世界>：_3	
指定新原点 <0,0,0>：	拾取圆柱主体的顶面圆心为新的 UCS 原点
在正 X 轴范围上指定点<52.5376,35.6546,-89.2658>：	拾取如图 15-26（a）所示的 X 轴方向上的一点
在 UCS XY 平面的正 Y 轴范围上指定点<51.5376, 36.6546, -89.2658>：	拾取如图 15-26（a）所示的 Y 轴方向上的一点

（2）根据凸台的尺寸，在 XY 面上绘制平面图形，如图 15-26（a）所示。

（a）在 XY 面上绘制的平面图形

（b）旋转生成的实体

图 15-26　绘制凸台

（3）将平面图形创建为面域。

操作如下：

命令：_REGION	单击 "常用" 选项卡 "绘图" 下滑面板中的 图标按钮，启动 "面域" 命令
选择对象：指定对角点：找到 6 个	使用光标选择图 15-26（a）中的二维封闭线框
选择对象：↵	按 Enter 键，结束对象选择
已提取 1 个环 已创建 1 个面域	系统提示已提取一个封闭线框，并创建为面域

（4）将创建的面域旋转为三维实体，如图 15-26（b）所示。

操作如下：

命令：_REVOLVE	单击 图标按钮，启动 "三维旋转" 命令
当前线框密度：ISOLINES=4	当前默认的显示回转体曲面的素线数为 4
选择要旋转的对象：找到 1 个	选择已创建的面域
选择要旋转的对象：↵	按 Enter 键，结束对象选择
指定轴起点或根据以下选项之一定义轴 [对象(O)/X/Y/Z] <对象>：	拾取旋转中心轴的起点
指定轴端点：	拾取旋转中心轴的端点
指定旋转角度或 [起点角度(ST)] <360>：↵	按 Enter 键，确定旋转角度为默认旋转角度 360°

（5）将旋转体移动至如图 15-27（a）所示的位置。

在 "三维线框" 视觉样式下，单击功能区的 "常用" 选项卡 "选择" 面板上的 （三维移动）图标按钮，选择如图 15-26（b）所示的旋转体，单击与移动方向一致的轴句柄，输入−25。

第 5 步，绘制楔形肋板。

（1）绘制如图 15-27（a）所示的二维图形（可直接从图 15-22 的二维空间中用 "复制" 命令复制二维图形，并在当前三维空间中用 "粘贴" 命令将其粘贴在 XY 平面上，注意肋板和圆柱的截交线），进行编辑修改。完成后的图形如图 15-27（b）所示。

（a）绘制二维图形   （b）编辑为封闭线框

图 15-27　创建肋板面域

（2）将修改后的二维图形利用"按住并拖动"命令拉伸为三维实体。完成后的图形如图 15-28（a）所示。

操作如下：

命令：_PRESSPULL	单击 图标按钮，启动"按住并拖动"命令
单击有限区域以进行按住或拖动操作	将拾取框移至二维平面图形内，直至其亮显，然后单击
已提取 1 个环 已创建 1 个面域	系统提示已提取一个封闭线框，并创建为面域
8.↵	输入数值 8，沿 Z 轴正向拉伸为三维实体

（3）使用"移动"命令将创建的楔体三维实体以中点 A 为基点移动至圆心 B 的位置，如图 15-28（b）所示，操作步骤略。

（a）创建肋板实体   （b）将肋板实体移动至所需位置

图 15-28　绘制肋板实体

第 6 步，对已创建的 4 个基本实体进行叠加组合，如图 15-29 所示。

（1）创建新实体。

操作如下：

AutoCAD 2019 中文版机械设计标准实例教程

图 15-29　创建的新实体

命令：_UNION	单击▣图标按钮，启动"并集"命令
选择对象：指定对角点：找到 4 个	选取要进行合并的 4 个已创建的三维模型
选择对象：↵	按 Enter 键，结束对象选取

（2）恢复世界 UCS。

操作如下：

命令：_UCS	单击▣图标按钮，启动 UCS 命令
当前 UCS 名称：*没有名称*	系统提示
指定 UCS 的原点或 [面(F)/命名(NA)/对象(OB)/上一个(P)/视图(V)/世界(W)/X/Y/Z/Z 轴(ZA)]<世界>：_W	选择世界坐标系

第 7 步，在新实体上挖带槽孔。

（1）打开动态 UCS，在三维实体顶面绘制如图 15-30（a）所示的二维平面图形，执行绘图命令时，动态 UCS 会临时将 UCS 的 *XY* 平面与顶面对齐。

（a）绘制二维平面图形

（b）挖出带槽孔

图 15-30　挖带槽孔

（2）执行"按住并拖动"命令，在圆柱主体中挖出带槽孔，如图 15-30（b）所示。

操作如下：

命令：_PRESSPULL	单击▣图标按钮，启动"按住并拖动"命令
单击有限区域以进行按住或拖动操作	将拾取框移至二维平面图形内，直至其亮显，然后单击

已提取 1 个环 已创建 1 个面域	系统提示已提取一个封闭线框，并创建为面域
-62.↵	输入数值-62

第8步，在凸台上挖水平孔。

（1）打开动态 UCS 时，在凸台端面上画 ∅16 的圆。执行画圆命令时，动态 UCS 会临时将 UCS 的 *XY* 平面与凸台端面对齐，如图 15-31（a）所示。

（2）执行"按住并拖动"命令，在凸台中挖去如图 15-31（b）所示的 ∅16 的圆柱孔。

操作如下：

命令：_PRESSPULL	单击▣图标按钮，启动"按住并拖动"命令
单击有限区域以进行按住或拖动操作	将拾取框移至二维平面图形内，直至其亮显，然后单击
已提取 1 个环 已创建 1 个面域	系统提示已提取一个封闭线框，并创建为面域
-40.↵	输入数值-40

（a）绘制圆   （b）挖出水平圆柱孔

图 15-31 挖水平圆柱孔

第9步，用不同的视觉样式显示创建的实体。

（1）在功能区"常用"选项卡的"视图"面板中，单击"视觉样式"下拉列表，选择"三维隐藏"图标，以"三维隐藏"视觉样式显示的实体效果如图 15-32 所示。

（2）在功能区"常用"选项卡的"视图"面板中，单击"视觉样式"下拉列表，选择"概念"图标，以"概念"视觉样式显示的实体效果如图 15-33 所示。

图 15-32 "三维隐藏"视觉样式显示   图 15-33 "概念"视觉样式显示

15.13 上机操作常见问题解答

1．选择实体的面时，往往会将所需的面和其他面一起选中，如何处理这一问题？

在"实体编辑"命令执行过程中选择面时，可按住 Shift 键，用光标拾取不需要的面，把这些面从选择集中删除。

用 Ctrl 键选择子对象面和边时，要从选择集中删除不需要的子对象，可以按住 Shift+Ctrl 组合键，用光标拾取不需要的面。

2．在建模过程中，如果先进行挖切，再进行叠加，常常出现多余的内部结构，如何处理这一问题？

在建模过程中，首先创建基本几何体和简单体，再进行组合。组合时应尽量先用"并集"命令进行叠加，然后再对叠加后的新实体进行挖切，这样就可避免将已被挖切的基本几何体叠加时出现多余的内部结构的问题。

例如，图 15-34 所示的实体存在多余的内部结构。此时，可创建一个与大圆柱孔大小相同的圆柱体，然后用"差集"命令将该圆柱体从图 15-35 所示的实体中减去，结果如图 15-35 所示。

图 15-34　有多余内部结构的实体

图 15-35　去除了多余内部结构的实体

15.14 操作经验和技巧

1．如何将如图 15-36 所示的实体中的非通孔修改为通孔？

直接使用"按住并拖动"命令，选择如图 15-36 所示的孔底，输入负的拉伸高度，即可将孔拉伸成如图 15-37 所示的通孔。如果孔底不可见，则很难选择到该面。此时，可用"动态观察"命令旋转实体，使孔底可见，如图 15-36 所示，再拾取该面。

图 15-36　没有形成通孔的实体

图 15-37　形成了通孔的实体

2. 如何利用对象"特性"选项板修改基本实体形状和大小？

基本实体包括基本几何体、拉伸体、旋转体、放样体和扫掠体等。修改基本立体的形状和大小时可直接利用"对象特性"选项板，但复杂立体不能修改。如图 15-38（a）所示的旋转体可通过对象"特性"选项板修改为如图 15-38（c）所示的剖切体。

（a）修改前　　　　　　　　（b）对象"特性"选项板　　　　　　　　（c）修改后

图 15-38　利用对象"特性"选项板修改基本立体形状

3. 如何使用状态行上的"过滤对象选择"开关灵活地修改实体？

利用状态行上的"过滤对象选择"开关，可以快速、精确地选取复合实体上的点、线、面及基本实体，再利用其上的夹点修改实体的形状和大小。

15.15　上　机　题

1. 根据如图 15-39 所示的支座的三视图和立体图，创建其三维实体模型。

图 15-39　支座的三视图和立体图

建模提示：

（1）创建底板拉伸体，然后创建 φ54 的圆柱体及 φ32 的圆柱体。

（2）使用"并集"命令合并 3 个实体。

（3）创建与两个水平孔和一个垂直孔形状相同的 3 个实体，最后用"差集"命令从原合并实体中减去水平孔实体和垂直孔实体，完成操作。

2．根据如图 15-40 所示的烟灰缸主俯视图和立体图，创建其三维实体模型。

图 15-40　烟灰缸主俯视图和立体图

建模提示：

（1）创建直径为 400、高为 100 的圆柱体，然后执行"倾斜面"命令，将圆柱面变为圆锥台面，如图 15-41 所示。

（2）执行"旋转"命令，按烟灰缸内腔尺寸（如图 15-40 所示）创建一个旋转体，然后执行"差集"命令从圆锥台中去除旋转体，结果如图 15-42 所示。

图 15-41　烟灰缸建模过程（1）

图 15-42　烟灰缸建模过程（2）

（3）在如图 15-43 所示的位置创建一个圆柱体，然后执行"三维阵列"命令，以烟灰缸轴线为中心，按环形阵列方式复制另外 3 个圆柱体，再执行"差集"命令，从烟灰缸中去除 4 个圆柱体，结果如图 15-44 所示。

图 15-43　烟灰缸建模过程（3）

图 15-44　烟灰缸建模过程（4）

（4）执行"圆角边"命令，对相应的边倒圆角，如图 15-45 所示。再执行"抽壳"命令，厚度为 10，使烟灰缸的三维实体转换为薄壳体，结果如图 15-46 所示。

图 15-45　烟灰缸建模过程（5）

图 15-46　烟灰缸建模过程（6）

　　AutoCAD 2019 中文版机械设计标准实例教程